高等职业教育"十二五"规划教材

化工装备安全技术

倾　明　主编

中国石化出版社

内 容 提 要

本书根据最新高等职业教育化工技术类专业人才培养目标以及化工装备安全课程的具体教学要求而编写，全书内容共分9章，包括化工安全概述，化学危险物质，防火防爆技术，工业防毒技术，电气、静电、雷电防护技术，压力容器安全技术，化工装置的安全检修，劳动防护与防护器具，环境保护与“三废”治理等内容。本书突出高等职业教育的特点，注重应用能力的培养，是一本应用性、实用性很强的教材。

本书可作为高等职业教育化工技术类专业的教材，也可作为企业职工培训教材，还可供广大安全、环保、消防技术人员及管理人员阅读参考。

图书在版编目(CIP)数据

化工装备安全技术 / 倾明主编. —北京:中国石化出版社,2013.1

高等职业教育“十二五”规划教材

ISBN 978-7-5114-1890-6

Ⅰ.①化… Ⅱ.①倾… Ⅲ.①化工设备-安全技术-高等职业教育-教材 Ⅳ.①TQ050.7

中国版本图书馆CIP数据核字(2012)第316939号

中国石化出版社出版发行

地址:北京市东城区安定门外大街58号

邮编:100011　电话:(010)84271850

读者服务部电话:(010)84289974

http://www.sinopec-press.com

E-mail:press@sinopec.com

北京科信印刷有限公司印刷

全国各地新华书店经销

*

787×1092毫米 16开本 19.5印张 477千字

2013年2月第1版　2013年2月第1次印刷

定价:38.00元

前　言

本书是根据最新高等职业教育化工技术类专业人才培养目标以及化工装备安全课程的具体教学要求而编写的，也可作为化工企业人员培训教材使用。

本书从高等职业教育的特点出发，力求突出“以应用为目的，以能力培养为目标”的教育理念，注重理论与实践相结合，重点突出，并结合典型事故案例进行分析，具有较强的针对性和实用性，并对教学内容精心选择、合理安排，注重工程应用和实际操作。

本书内容力求通俗易懂、涉及面宽，突出实际技能训练，按照“了解”、“理解”和“掌握”三个层次编写，在每章开头的“知识目标”中均有明确的说明以分清主次，“能力目标”说明了学习本章应该具有的技能，并在每一章后进行小结，对本章的重点、应该掌握的内容进行总结，层次分明，目标明确。

本书在编写过程中，注重理论与实践的结合，在每章结尾选编了一些与本章内容相关的典型事故案例，每个事故案例通过“事故经过”、“事故原因”、“事故教训”从三个方面进行分析说明，以便使读者能够加深对本章知识的理解和掌握，而对本章常见的一些违章行为，通过列举“违章行为”、“应用举例”、“纠正方法”从三个方面予以说明，从而避免了用大量文字叙述的繁琐，使读者能够从事故案例及违章行为分析中获得相关的安全知识，提高学生的学习兴趣。

全书内容分为9章：包括化工安全概述，化学危险物质，防火防爆技术，工业防毒技术，电气、静电、雷电防护技术，压力容器安全技术，化工装置的安全检修，劳动防护与防护器具，环境保护与“三废”治理等内容。

本书由兰州石化职业技术学院倾明担任主编，并编写第三章、第六章、第七章、第八章；兰州石化职业技术学院王宇飞编写第四章、第五章、第九章、附录；兰州石化公司魏宗琴编写第一章、第二章、复习题及参考答案。全书统稿工作由倾明完成。

本书由兰州石化职业技术学院王建勋教授主审。王教授对本书的初稿进行了详细的审阅，提出了很多宝贵的修改意见。本书在编写过程中参阅了一些国家、石化企业相关的标准、规范以及近几年出版的相近内容的教材和书目。在此，对王教授及全体审稿人员、相关作者及所有对本书的出版给予支持和帮助的同志表示衷心的感谢。

由于编者水平所限，书中疏漏甚至错误在所难免，请广大读者批评指正。

编　者

目　录

第一章 概 述

知识目标

- 了解炼油和化工生产过程；化工生产的特点；化工生产中的危险源。
- 掌握化工生产安全的重要性。

能力目标

- 实现炼油、化工安全生产。

第一节 炼油和化工生产简介

一、炼油生产简介

1. *炼油*

炼油厂是将油田开采出来的原油，也就是石油，通过应用一些物理化学的方法，将其分离、提炼、加工、生产出其他生产活动以及人们生活所需的基本石油产品的生产单位，生产这些产品的加工过程，常被称为石油炼制，简称炼油。石油炼制的过程如图1－1所示。

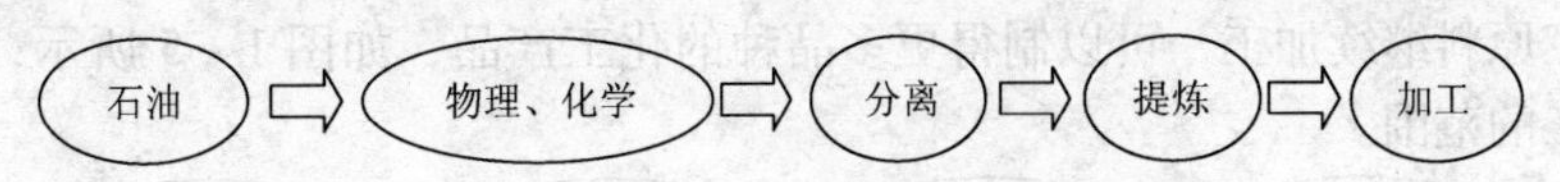

图1－1 石油炼制过程

2. *石油产品的分类*

石油产品可分为石油燃料、石油溶剂与化工原料、润滑剂、石蜡、石油沥青、石油焦等六类，其中，燃料产量最大，约占总产量的90%，各种润滑剂品种最多，约占总产量的5%，如图1－2所示。

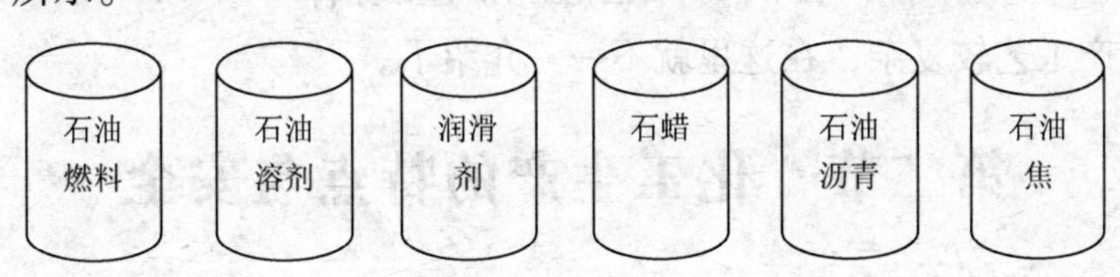

图1－2 石油产品的类型

3. *石油炼制的主要工艺*

石油炼制的主要工艺有常压蒸馏和减压蒸馏、原油的脱盐和脱水、催化裂化、催化重整、加氢裂化、延迟焦化、炼厂气加工与石油产品精制等过程，常见工艺装置如图1－3所示。

图1-3　常见石油炼制装置

二、化工生产简介

1. 化工生产

这里所讲的化工是石油化工，就是以石油产品为主要生产原料，通过复杂的化学反应过程，将石油产品加工、转变成为更加复杂的化工产品的过程，化工厂就是完成上述过程的生产单位。

2. 石油化工生产过程

生产化工产品的第一步是对原料油和气，例如丙烷、汽油、柴油等进行裂解，生成以苯、甲苯、二甲苯等为代表的基本化工原料；第二步是以基本化工原料生产多种化工有机原料及合成材料，如塑料、合成纤维、橡胶等。石油化工生产过程如图1-4所示。

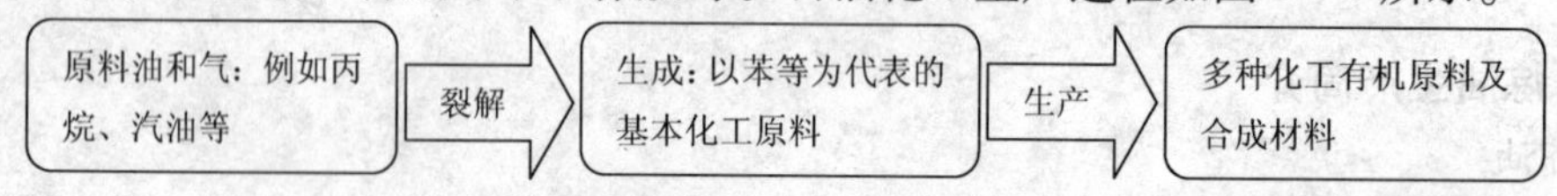

图1-4　石油化工生产过程

石油化工的基础原料主要有四类，分别是炔烃(如乙炔)、烯烃(如乙烯、丙烯、丁烯、丁二烯等)、芳烃(如苯、甲苯、二甲苯等)及合成气，由这些基础原料可以制备出各种重要的有机化工产品和合成材料。

有机化工原料继续加工，可以制得更多品种的化工产品，如图1-5所示，习惯上已不属于石油化工的范围。

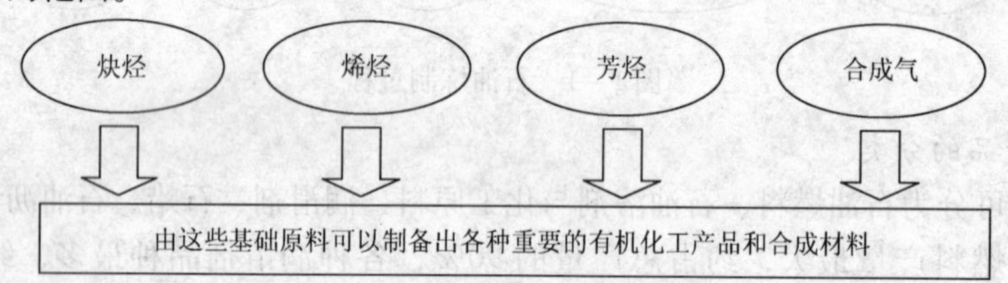

图1-5　石油化工生产基础原料

石油化工生产工艺较复杂，在这里就不一一介绍了。

第二节　化工生产的特点与安全

一、化工生产的特点

1. 化工生产所涉及的危险品多

化工生产所使用的原料、半成品和成品绝大部分是易燃、易爆、有毒、有腐蚀的化学品。因此，在生产中对这些原料和产品的存储和运输都提出了特殊的要求。

2. 化工生产的工艺条件苛刻

在化工生产中，有些化学反应是在高温、高压或低温、低压下进行。例如，在轻柴油裂解制乙烯，进而生产聚乙烯的过程中，裂解温度800℃，裂解气要在-96℃的条件下进行分离；纯度为99.99%的乙烯气体要在294MPa的压力下聚合，制成聚乙烯树脂。

3. 生产规模大型化

采用大型装置，可以明显降低单位产品的建设投资和生产成本，有利于提高劳动生产率。以生产化肥为例，20世纪50年代，合成氨的最大规模为6×10^4t/a；20世纪60年代初，合成氨的最大规模为12×10^4t/a；20世纪60年代末，合成氨的最大规模为30×10^4t/a；20世纪70年代，合成氨的最大规模为50×10^4t/a；目前合成氨的最大规模已达100×10^4t/a。

4. 生产方式日趋先进

生产方式已经从过去的手工操作、间断生产变为高度自动化、连续化生产，生产设备由敞开式变为密闭式，生产装置由室内走向露天，生产操作由分散控制变为集中控制，由手动操作变为计算机控制，如图1-6所示为合成氨工业中的中控室。

图1-6 合成氨工业中的中控室

二、安全在化工生产中的地位

化工生产具有易燃、易爆、易中毒、高温、高压、易腐蚀的特点，所以化工生产与其他行业相比，不安全的因素更多，危险性和危害性更大，所以对安全的要求也更高。

1. 安全生产是化工生产的首要任务

由于化工生产中具有易燃、易爆、有毒、有腐蚀性的物质多，高温、低温、高压设备也多，工艺条件复杂、操作控制严格，如果管理不细，操作失误，就可能发生火灾、爆炸、中毒事故等，影响生产的正常进行。轻则导致产品质量不合格、产量波动、成本加大以及生产环境污染，重则造成人员伤亡、设备损坏、建筑物倒塌以及环境严重污染等事故。

2. 安全生产是化工生产的保障

设备规模的大型化、生产过程的连续化、过程控制自动化，是现代化工生产的发展方向，但要充分发挥现代化工生产的优势，必须做好安全生产和环境保护的保障工作，确保生产设备长期、连续、安全运行，实现节能降耗，减少“三废”排放量。

3. 安全生产是化工生产的关键

我国要求化工新产品的研究开发项目，化工建设的新建、改建、扩建的基本建设工程项目，技术改造的工程项目，技术引进的工程项目等的安全生产措施和防治污染环境的技术措施应符合我国规定的标准，并做到与主体工程同时设计、同时施工、同时投产使用，这是管理单位、设计单位、监督检查单位和建设单位的共同责任，也是企业职工和安全、环保专业工作者的重要使命。

三、化工安全技术的发展趋势

化工安全生产技术是一门涉及范围很广、内容极为丰富的综合性学科，它涉及数学、物理、化学、生物、天文、地理、地质等基础学科，涉及电工学、材料学、劳动保护和劳动卫生学等应用学科，以及化工、机械、电力、冶金、建筑、交通运输等工程技术学科。

在过去几十年中，化工安全与环保的理论、技术和管理随着化学工业的发展和各学科知识的不断深化，取得了较大进步，同时对火灾、爆炸、雷电、静电、辐射、噪声、中毒和职业病等防范的研究以及对安全系统工程学、环境保护与清洁生产等相关领域的研究也在不断深入。

我国21世纪实施的科学发展观及可持续发展战略，对有效推行安全生产和清洁生产起到了指导作用。化工装置和控制技术的可靠性研究、化工设备故障诊断技术、化工安全与环境保护评价技术、安全系统工程的开发和应用以及防火、防爆和防毒技术都有了很快的发展，化工生产安全程度进一步提高，化工生产中的废气、废水、废渣等有毒物质的危害及处理技术的研究和开发都取得了进展，强化管理与监督工作更加严格，并且向着综合利用、进行循环经济生产方式发展，力争做到有毒有害物质达标排放，减少排放数量，直到零排放。

第三节　化工生产中的危险源

一、危险源

危险源是指在存储、使用、生产、运输过程中存在易燃、易爆及有毒物质，具有引发灾难性事故的能量。

二、化工生产中的危险源

根据危险源在事故发生中的作用，可以把危险源划分为两大类。

1. 第一类危险源

第一类危险源是把生产过程中存在的、可能发生意外释放的能量(能源或能量载体)或危险物质称第一类危险源。

2. 第二类危险源

第二类危险源是指在正常情况下，生产过程中的能量或危险物质受到约束或限制，不会发生意外释放，即不会发生事故，但是一旦这些约束或限制能量或危险物质的措施受到破坏或失效，则将发生事故，导致能量或危险物质约束或限制措施失效的各种因素称为第二类危险源。第二类危险源主要包括三个方面的因素，即人的失误、物的障碍和环境因素。

(1) 人的失误　人的失误可能直接破坏第一类危险源控制措施，造成能量或危险物质的意外释放。

(2) 物的障碍　物的障碍可能直接破坏对能量或危险物质的约束或限制措施。有时一种物的故障会导致另一种物的故障，最终造成能量或危险物质的意外释放。

(3) 环境因素　环境因素主要是指系统的运行环境，包括温度、湿度、照明、粉尘、通风换气、噪声等物理因素。不良的环境会引起物的障碍和人的失误，最终会造成能量或危险物质的意外释放。

三、重大危险源

1. 重大危险源的定义

《安全生产法》第九十六条规定，重大危险源是指长期地或者临时地生产、搬运、使用或者储存危险物品，且危险物品的数量等于或者超过临界量的单元(包括场所和设施)。

《重大危险源辨识》(GB 18218—2000)中对重大危险源定义为长期地或临时地生产、加工、搬运、使用或储存危险物质，且危险物质的数量等于或超过临界量的单元。

2. 化工生产过程中重大危险源的范围

按照国家制订的重大危险源衡量标准，一般将可能导致严重后果的危险设备、设施和危险场所均列入重大危险源的管理范围，以引起生产部门的重视。通常分为以下几个方面：

(1) 罐区和储存罐存有可燃气体、可燃性液体和有毒物质的储存罐区和储存罐。

(2) 存放炸药、弹药库、毒性物质、易燃易爆物品库区。

(3) 可能引起中毒和火灾、燃烧爆炸的危险生产场所。

(4) 企业危险建筑物。用于从事生产经营的危险厂房、库房等被确定为具有危险性的场所，面积大于1000m^2或工作人员在100人以上。

(5) 压力管道。输送剧毒、高毒或火灾危险性为甲、乙类，公称直径100mm，公称压力10MPa的介质管道；公称直径200mm以上的公用高压燃气管道；公称压力0.4MPa，公称直径400mm以上的长输管道。

(6) 锅炉。额定压力2.45MPa的蒸汽锅炉；额定水温在120℃，额定功率14MW以上的热水锅炉。

(7) 压力容器。储存剧毒、高毒、中毒三种类型物质的压力容器；工作压力$p \geq 0.1$MPa，且$pV \geq 100$MPa·m^3的压力容器；储存物质为可燃物质的容器；液化气陆路或铁路罐车。

第四节 事故案例分析

【案例一】可燃气体窜入凉水塔，遇电气火花着火爆炸

1. 事故经过

1999年12月23日20时20分，某石化公司动力厂18L三循凉水塔发生火灾爆炸事故，当晚三循操作人员听到外面有异常声音，起身到操作室后窗向外察看，发现水塔有跑水现象，当时水由三循水塔方向向东已流至三循操作室后面，当班班长对副班长喊了一声跑水了，就迅速拿上手电筒向三循水塔跑去，到达三循水塔后，发现水塔集水池中的水正翻滚着向外冒，于是转身又到工业水无阀滤池检查，看到滤池反冲洗水池内也在翻水花，马上将滤池上水阀门关闭(由此向南二、三、四三间)。当将第四间上水阀闸关死时，听到一声巨响，看到在检修院内冲起一团火光，随着爆炸声，当班班长眼前形成了一道向南向北发展的火墙，就迅速向北跑，火随着爆炸声一直向前窜，在身后形成一团团火柱，当班班长迅速跳进一沉淀池中。当从水面出来时看到，三循1#塔集水池及沉淀池已是一片火海，当副班长由水塔后面跑回操作室，操作室的人员已在联系消防队及向有关领导反应情况，烧坏凉水水塔一间。运行班当班班长处理及时，没有发生人员伤亡现象。

2. 事故原因

(1) 该厂120×10^4t/a重催装置由于装置冷换器冻裂，导致可燃气体泄漏窜入循环水中，从水塔水池内溢出，可燃气体浓度超标。

(2) 供水车间化验室库房电源不防爆，产生火花，造成三循凉水塔着火。

(3) 三循凉水塔周围没有安装可燃气体监测报警仪，循环水可燃气体泄漏情况不知道。

3. 事故教训

(1) 该厂120×10^4t/a重催装置运行操作人员责任心不强，可燃气体泄漏情况不知道。

(2) 重催装置可燃气体监测设施不全，没有及时发现可燃气体泄漏。

（3）供水车间对凉水塔发生火灾事故时的厉害程度认识不够。

（4）凉水塔周围没有安装可燃气体监测报警设施。

（5）供水管理和运行人员对专业知识掌握不够。

【案例二】碰撞产生火花，引燃溢出气体

1. 事故经过

某污水处理厂原油车间装车站台所处位置不符合安全技术规范的要求，属于重大事故隐患，为消除隐患，按照公司要求近期启用催化裂化罐区装车站台。由该公司工程处对启用催化裂化装车站台所需的两条管线组织施工，因配管碰头需要，从2000年5月24日起停止了火车装车站台装油工作，26日下午，根据施工进度，生产调度联系调进4节罐车，26日18时30分管线碰头结束后，调度组织试压检漏，19时44分操作工李某按照调度员的指令对灯煤管线泄压，并检查罐车做装油前的准备工作。当打开编号0916479号罐车上盖时闻到气味很大，随手盖上盖子，20时10分，第二次打开盖子的瞬间发生了闪爆，李某当场被烧伤，送医院检查诊断为：左手、躯体前后、脸、颈、臀等部位深浅Ⅰ度至Ⅱ度综合性烧伤，面积为28%。

2. 事故原因

（1）罐车内残余物料所产生的混合性可燃气体浓度达到燃烧爆炸条件，遇到火花产生爆鸣。0916479号罐车推进站前在烈日下曝晒，推进站后盖是紧封的，当打开上盖必然有可燃气体向上溢出，操作工李某在揭盖过程中产生火花，引燃混合性可燃气体，是造成事故的直接原因。

（2）管理工作不到位是造成事故的重要原因。

3. 事故教训

（1）进一步加强员工风险意识教育。

（2）该车间装油操作工李某在操作过程中产生火花，引起闪爆是事故的主要责任者。

（3）在日常工作中车间放松了对装油岗位人员的安全管理，不按规定着装，当闪爆发生后加重了人身伤害程度。

【案例三】过硫酸钾乱堆放，受热遇雨分解着火

1. 事故经过

1997年5月8日，某石化公司橡胶厂原胶乳车间二工段在生产调节剂“丁”的氧化釜平台上备放了31袋过硫酸钾，以便在调节剂生产时使用。到5月14日8时40分，由于堆放的过硫酸钾（编织袋装）靠近平台上的蒸汽伴管而受热和遇雨受潮，致使过硫酸钾急剧分解而着火。事故没有造成人员伤害，经济损失6000余元。

2. 事故原因

车间领导及管理人员对过硫酸钾在储存过程中防潮隔热的安全特性缺乏足够的认识和了解，从而把过硫酸钾任意堆放在靠近蒸汽伴管和易受潮湿的地方，使之在受热和多日阴雨潮湿的条件下急剧分解而引起着火。

3. 事故教训

（1）生产用过硫酸钾等原材料集中在仓库保管存放，用多少领多少，不许在平台上存放过硫酸钾原料，从根本上解决受潮受热分解的问题。

（2）进行全员安全技术教育，认真学习各化工原材料及助剂的存放使用安全特性和注意事项。妥善保管和正确使用各种物料和助剂。

（3）在全厂范围内举一反三，深刻吸取事故教训，结合工作实际，认真学习有关化学物品使用存放和运输过程中的安全技术特性，杜绝类似事故的发生。

【案例四】防火措施不落实，下水井发生闪爆

1. 事故经过

2003年6月3日16时10分，在某石化公司动力厂动力车间为新建500t/h除盐水装置安装新鲜水线施工前，车间开具一张二级火票同意动火，防火人员未按火票要求对动火半径15m范围内的下水井进行封堵。安全管理措施没有落实到位，在距地面1.5m的作业中，因大量焊接火星掉入未封存的下水井，使下水井中的可燃气体发生闪爆。

2. 事故原因

（1）现场防火人员没有按火票要求对动火半径15m范围内的下水井进行封堵，使焊接火星掉入未封存的下水井，导致下水井中的可燃气体发生闪爆。

（2）动火车间领导对火票制度执行不严，管理不细；车间领导和安全监督员没有认真落实火票制度。

（3）车间对员工的防火安全教育不够，对安全工作没有落实到位。

3. 事故教训

（1）该厂和车间进一步加强安全管理，从思想上、制度上查找差距。

（2）以此次事故教训查找安全管理上的漏洞，提高各班人员及全体员工执行安全制度的自觉性，严格执行各种安全生产制度，杜绝各类事故的发生。

（3）该厂和车间对各类动火填写情况公布，便于各级管理人员不定期地检查监督。

本章小结

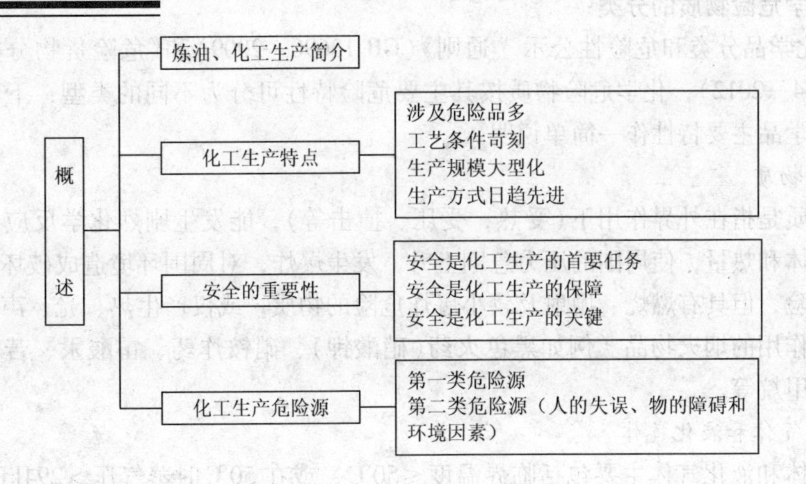

思考与练习

1. 化工生产中存在哪些不安全因素？
2. 如何认识安全在化工生产中的重要性？
3. 确定重大危险源的依据有哪些？

第二章　化学危险物质

知识目标

- 了解危险化学品的分类。
- 了解危险化学品的储存方法。
- 理解并掌握危险化学品的装卸和运输安全要求。

能力目标

- 能按要求包装、装卸、运输危险化学品。

第一节　化学危险物质的分类和特性

一、化学危险物质

化学危险物质是指具有燃烧、爆炸、毒害、腐蚀等性质，以及在生产、存储、装卸、运输等过程中，容易造成人身伤亡和财产损失的任何化学物质。

二、化学危险物质的分类

根据《化学品分类和危险性公示　通则》(GB 13690—2009)和《危险货物分类和品名编号》(GB 6944—2012)，化学危险物质按其主要危险特性可分为不同的类型，下面对部分常见的危险化学品主要特性作一简单说明。

1. 爆炸物质

爆炸物质是指在外界作用下(受热，受压、撞击等)，能发生剧烈化学反应，瞬间能产生大量的气体和热量，使周围的压力急剧上升，发生爆炸，对周围环境造成破坏，也包括无整体爆炸危险，但具有燃烧、抛射及较小爆炸危险的物质，或仅产生热、光、声响或烟雾等一种或几种作用的烟火物品。例如黑色火药(硝酸钾)、硝铵炸药、雷酸汞、苦味酸、硝化甘油、重氮甲烷等。

2. 压缩气体和液化气体

压缩气体和液化气体主要包括临界温度≤50℃，或在50℃时蒸气压＞294kPa的压缩或液化气体；温度在21.1℃时气体的绝对压力＞294kPa，或在37.8℃时雷德蒸气压＞275kPa的液化气体和加压溶解的气体。例如剧毒气体：如氯气、光气、溴甲烷、氰化氢等；易燃气体：如一氧化碳、乙烯、乙炔、液化石油气等；不燃气体：如氮、二氧化碳、氖等。

3. 易燃液体

易燃液体是指易燃的液体、液体混合物或含有固体物质的液体，但不包括由于其他危险特性已经列入其他类别的液体，按照闪点大小可分为三类：

(1) 低闪点液体　是指闭杯试验闪点＜－18℃的液体，如汽油、乙醚、丙酮等。

(2) 中闪点液体　是指－18℃≤闭杯试验闪点＜23℃的液体，如无水乙醇、乙酸乙酯等。

(3) 高闪点液体　是指23℃≤闭杯试验闪点≤61℃的液体，如二甲苯、正丁醇、松节油等。

4. 易燃固体、自燃物质和遇湿易燃物质

(1) 易燃固体　易燃固体是指燃点低，对热、撞击、摩擦敏感，容易被外部火源点燃，燃烧迅速并可散发出有毒烟雾或有毒气体的固体，但不包括已经列入爆炸品的物质。例如氢化钛、三硫化磷、亚磷酸二氢铅等。

(2) 自燃物质　自燃物质是指自燃点低，在空气中容易发生氧化反应，放出热量，可自行燃烧的物质。例如黄磷、三乙基铝、三异丁基铝、油布、油纸、浸油金属屑等。

(3) 遇湿易燃物质　遇湿易燃物质是指遇水或受潮时，能发生剧烈化学反应，放出大量的易燃气体和热量的物质，有的不需要明火，即能燃烧或爆炸。例如金属锂、金属钠、镁粉、铝粉、氢化钠、碳化钙等。

5. 氧化剂和有机过氧化物

(1) 氧化剂　氧化剂是指处于高氧化态，具有强氧化性，容易分解并放出氧和热量的物质，包括含有过氧基的无机物。其特点是本身不一定可燃，但能导致可燃物质的燃烧，对热、震动、摩擦比较敏感。

(2) 有机过氧化物　有机过氧化物是指分子组成中有过氧基的有机物。其特点是本身易燃易爆，易分解，对热、震动或摩擦较为敏感。例如，过氧化钠、氯酸钠、高锰酸钾、氯酸钾；二氯过氧化苯甲酰、过氧化二乙酰、过氧化苯甲酚；过氧化锌、过硫酸铬、亚硝酸钠、重铬酸钾；过醋酸、过氧化环已酮等。

6. 有毒物质

有毒物质是指进入人体后，累计达到一定量时，能与体液和器官组织发生生物化学作用，扰乱或破坏机体的正常生理功能，危及人生命的物质。例如，毒气(如光气、氰化氢等)、毒物(如硝酸、苯胺等)、剧毒物[如氰化钠、三氧化二砷、氯化高汞(汞)等]和其他有害物质。

7. 放射性物质

放射性物质是指放射性比活度大于 7.4×10^4 Bq/kg 的物质。主要包括 α 射线、β 射线和 γ 射线三种，射线主要是通过电离对机体造成损伤。

8. 腐蚀物质

腐蚀物质是指能灼伤人体组织并对金属等物品造成损害的固体或液体，与皮肤接触在4h 内出现坏死现象，温度在55℃时，对20号钢的表面均匀年腐蚀率超过6.25mm/a 的固体或液体。常见的腐蚀物质有硝酸、硫酸、盐酸、五氯化磷、二氯化硫、磷酸、甲酸、氯乙酰氯、冰醋酸、氯磺酸、氢氧化钠、硫化钾、甲醇钠、二乙醇胺、甲醛、苯酚等。

三、化学危险物质造成化学事故的主要特性

1. 易燃易爆性

易燃易爆性是指在常温常压下，经撞击、摩擦、热源、火花等火源的作用，能发生燃烧与爆炸。

燃烧爆炸能力的大小主要取决于物质的化学组成。一般来说，气体比液体、固体易燃易爆，主要是由于气体的分子力小，化学键容易断裂，无需溶解、溶化和分解。

2. 扩散性

化学事故中物质的溢出，可以向周围扩散。

气体的扩散性受气体本身密度的影响，相对分子质量越小的物质，越容易扩散，越容易引起爆炸与毒害作用。一般来说，气体的相对分子质量越小，物质越容易扩散，危害性也越大。

3. 突发性

化学物质引发的事故，多数是突发的，在很短的时间内发生危害。一般的火灾要经过起火、蔓延扩大、猛烈燃烧几个阶段，需要经历几分钟到几十分钟，而化学物质的燃烧往往是在短时间内浑然而起，迅速蔓延，燃烧、爆炸交替发生，危害性更大。

4. 危害性

当有毒的化学物质进入人体达到一定量时，便会引起机体结构的损伤，破坏正常的生理功能，从而引起中毒。

四、影响化学危险物质危险性的主要因素

1. 物理性质与危险性的关系

（1）沸点　沸点是指在标准大气压下物质由液态转变为气态的温度。沸点越低，汽化越快，越容易达到爆炸极限，越容易造成事故现场空气的高浓度污染。

（2）熔点　熔点是指在标准大气压下物质的溶解温度。熔点的高低与污染现场的洗消、污染物的处理有关。

（3）液体相对密度　液体相对密度是指在20℃下，物质的密度与4℃水的密度的比值。相对密度<1的液体发生火灾时，用水灭火是无效的，因为水是沉在燃烧着的液体下面，消防水的流动可使火势蔓延。

（4）饱和蒸汽压　饱和蒸汽压是指化学物质在一定温度下与其液体或固体相互平衡时的饱和蒸汽压力。在一定温度下，每种物质的饱和蒸汽压可认为是一个常数。发生事故时的温度越高，化学物质的蒸汽压越高，其在空气中的浓度相应增高。

（5）蒸气相对密度　蒸气相对密度是指在给定条件下，化学物质的蒸气密度与参比物质（空气）密度（空气为1）的比值。当蒸气相对密度<1时，该蒸气比空气轻，能在相对稳定的大气中趋于上升；当蒸气相对密度>1时，表示比空气重，泄漏后趋于集中在地面附近。

（6）蒸气/空气混合物的相对密度　蒸气/空气混合物的相对密度是指在与敞口空气相接触的液体或固体上方存在的蒸气与空气混合物相对于周围纯空气的密度。当相对密度值大于1.1时，该混合物可沿地面流动，并可能在低洼处积累；当其数值为0.9～1.1时，能与周围空气快速混合。表2-1为常见气体的蒸气相对密度。

表2-1　常见气体的蒸气相对密度

气　体	蒸气相对密度	气　体	蒸气相对密度	气　体	蒸气相对密度
乙炔	0.899	氢	0.07	氮	0.969
氨	0.589	氯化氢	1.26	氧	1.11
二氧化碳	1.52	氰化氢	0.938	臭氧	1.66
一氧化碳	0.969	硫化氢	1.18	丙烷	1.52
氯	2.46	甲烷	0.553	二氧化硫	2.22

(7) 闪点　闪点是指在标准大气压下，一种液体表面上方释放的可燃蒸气与空气完全混合后，可以闪燃5s的最低温度。闪点是判断可燃性液体蒸气由于外界明火而发生闪燃的依据。闪点越低，越容易在空气中形成爆炸混合物，越容易引起燃烧与爆炸。某些可燃液体的闪点如表2－2所示。

表2－2　某些可燃液体的闪点

物质名称	闪点/℃	物质名称	闪点/℃	物质名称	闪点/℃
戊烷	－40	丙酮	－19	乙酸甲酯	－10
己烷	－21.7	乙醚	－45	乙酸乙酯	－4.4
庚烷	－4	苯	－11.1	氯苯	28
甲醇	11	甲苯	4.4	二氯苯	66
乙醇	11.1	二甲苯	30	二硫化碳	－30
丙醇	15	乙酸	40	氰化氢	－17.8
丁醇	29	乙酸酐	49	汽油	－42.8
乙酸丁酯	22	甲酸甲酯	－20		

(8) 自燃温度或自燃点　自燃温度(自燃点)是指一种物质与空气接触发生起火或引起自燃的最低温度，并且在此温度下，即使无火源该物质也能继续燃烧。自燃温度不仅取决于物质的化学性质，而且还与物料的大小、形状和性质等因素有关。表2－3为某些可燃物质的自燃点。

表2－3　某些可燃物质的自燃点

物质名称	自燃点/℃	物质名称	自燃点/℃	物质名称	自燃点/℃
二硫化碳	102	苯	555	甲烷	537
乙醚	170	甲苯	535	乙烷	515
甲醇	455	乙苯	430	丙烷	466
乙醇	422	二甲苯	465	丁烷	365
丙醇	405	氯苯	590	水煤气	550～650
丁醇	340	萘	540	天燃气	550～650
乙酸	485	汽油	280	一氧化碳	605
乙酸酐	315	煤油	380～425	硫化氢	260
乙酸甲酯	475	重油	380～420	焦炉气	640
丙酮	537	原油	380～530	氨	630
甲胺	430	乌洛托品	685	半水煤气	700

(9) 爆炸极限　爆炸极限是指一种可燃气体或蒸气与空气的混合能引起着火或引燃爆炸的浓度范围。通常用体积分数来表示，其中最低浓度称为爆炸下限，最高浓度称为爆炸上限。

在混合物中，当可燃物浓度低于爆炸下限时，由于有过量的空气，其冷却作用阻止了火焰的蔓延；当可燃物浓度高于爆炸上限时，由于空气量不足，火焰不能蔓延。所以，可燃物浓度低于爆炸下限或高于爆炸上限时都不会发生爆炸，只有可燃物浓度在爆炸下限和爆炸上限之间的区域时，才有可能发生爆炸的危险。

爆炸极限范围越大，其发生爆炸的危险性就越大。某些常见物质的爆炸极限见表2－4。

表2－4 某些常见物质的爆炸极限

物质名称	爆炸极限/%		物质名称	爆炸极限/%	
	爆炸下限	爆炸上限		爆炸下限	爆炸上限
氢气	4.0	75.6	丁醇	1.4	10.0
氨气	15	28.0	甲烷	5.0	15.0
一氧化碳	12.5	74.0	乙烷	3.0	15.5
二硫化碳	1.0	60.0	丙烷	2.1	9.5
乙炔	1.5	82.0	丁烷	1.5	8.5
氰化氢	5.6	41.0	甲醛	7.0	73.0
乙烯	2.7	34.0	乙醚	1.7	48.0
苯	1.2	8.0	丙酮	2.5	13.0
甲苯	1.2	7.0	汽油	1.4	7.6
邻二甲苯	1.0	7.6	煤油	0.7	5.0
氯苯	1.3	11.0	乙酸	4.0	17.0
甲醇	5.5	36.0	乙酸乙酯	2.1	11.5
乙醇	3.5	19.0	乙酸丁酯	1.2	7.6
丙醇	1.7	48.0	硫化氢	4.3	45.0

（10）临界温度与临界压力　气体在加温加压下可以变为液体，能够使气体液化的最高温度称为临界温度，在临界温度下使其液化所需要的压力叫做临界压力。

2. 其他物理化学危险性

（1）电导性小于10^4pS/m的液体在流动搅拌时产生火灾与爆炸。

（2）呈粉末或微细颗粒物与空气充分混合经引燃而爆炸。

（3）化学物质存储时产生过氧化物，蒸发或加热后的残渣自燃而爆炸。

（4）聚合反应由于放出大量热量，有着火或爆炸的危险。

（5）有些化学物质加热可以引起剧烈燃烧或爆炸。

（6）有些化学物质和其他物质混合或燃烧时产生有毒气体。

（7）强酸或强碱与其他物质接触时可产生腐蚀作用。

3. 中毒危险性

在突发性的化学事故中，有毒化学物质能引起人员的中毒，其危险性就会大大增加。

第二节　化学危险物质的包装

一、安全技术要求

危险化学品必须要有严密良好的包装，可以防止危险化学品因接触雨、雪、阳光、潮湿空气和杂质而变质，或发生剧烈的化学反应而造成事故；可以避免和减少危险物品在储运过程中所受的撞击与摩擦，保证安全运输；也可防止危险化学品泄漏造成事故。因此，对于危险险化学品的包装，技术上应有严格要求，具体有以下几点：

（1）根据危险化学品的特性选用包装容器的材质。

（2）选择适用的封口密封方式和密封材料。

（3）根据危险化学品在运输、装卸过程中能够经受摩擦、撞击、振动、挤压及受热的程度，设计包装容器的机械强度。选择适用的材料作为容器口和容器外的衬垫、护圈，常用的材料有橡胶、泡沫塑料等。

二、包装容量和标志

（1）包装　危险化学品的包装应遵照《危险货物运输规则》、《气瓶安全检查规则》和原化学工业部《液化气体铁路槽车安全管理规定》等有关要求进行。

（2）包装容量　为便于搬运和装卸，危险化学品小包装容量不宜过大。

（3）包装标志　为便于人们提高对危险化学品的警戒，危险化学品包装容器外应有我国统一规定的包装标志，标志分为标记和标签，标记 4 个，标签 26 个，表 2－5 和表 2－6 分别摘自《危险货物包装标志》（GB 190—2009）。

表 2－5　GB 190—2009 危险货物包装标记

序　号	标　记　名　称	标　记　图　形
1	危害环境物质和物品标记	（符号：黑色；底色：白色）
2	方向标记	（符号：黑色或正红色；底色：白色） （符号：黑色或正红色；底色：白色）
3	高温运输标记	（符号：正红色；底色：白色）

表 2-6 GB 190—2009 危险货物包装标签

序号	标签名称	标签图形	对应的危险货物类项号
1	爆炸性物质或物品	 （符号：黑色；底色：橙红色）	1.1 1.2 1.3
		 （符号：黑色；底色：橙红色）	1.4
		 （符号：黑色；底色：橙红色）	1.5
		 （符号：黑色；底色：橙红色）	1.6
		* * 项号的位置——如果爆炸性是次要危险性，留空白 * 配装组字母的位置——如果爆炸性是次要危险性，留空白	
2	易燃气体	 （符号：黑色；底色：正红色）	2.1
		 （符号：白色；底色：正红色）	
	非易燃气体	 （符号：黑色；底色：绿色）	2.2
		 （符号：白色；底色：绿色）	

续表

序号	标签名称	标签图形	对应的危险货物类项号
2	毒性气体	 2（符号：黑色；底色：白色）	2.3
3	易燃液体	 3（符号：黑色；底色：正红色）  3（符号：白色；底色：正红色）	3
4	易燃固体	 4（符号：黑色；底色：白色红条）	4.1
	易于自燃的物质	 4（符号：黑色；底色：上白下红）	4.2
	遇水放出易燃气体的物质	 4（符号：黑色；底色：蓝色）  4（符号：白色；底色：蓝色）	4.3

续表

序号	标签名称	标签图形	对应的危险货物类项号
5	氧化性物质	5.1 （符号：黑色；底色：柠檬黄色）	5.1
	有机过氧化物	5.2 （符号：黑色；底色：红色和柠檬黄色） 5.2 （符号：白色；底色：红色和柠檬黄色）	5.2
6	毒性物质	6 （符号：黑色；底色：白色）	6.1
	感染性物质	6 （符号：黑色；底色：白色）	6.2
7	一级放射性物质	RADIOACTIVE I CONTENTS ACTIVITY 7 （符号：黑色；底色：白色，附一条红竖条） 黑色文字，在标签下半部分写上：“放射性”、“内装物____”、“放射性强度____”，在“放射性”字样之后应有一条红竖条	7A

续表

序　号	标签名称	标　签　图　形	对应的危险货物类项号
	二级放射性物质	 （符号：黑色；底色：上黄下白，附两条红竖条） 黑色文字，在标签下半部分写上："放射性"、"内装物____"、"放射性强度____"，在一个黑边框格内写上："运输指数"，在"放射性"字样之后应有两条红竖条	7B
7	三级放射性物质	 （符号：黑色；底色：上黄下白，附三条红竖条） 黑色文字，在标签下半部分写上："放射性"、"内装物____"、"放射性强度____"，在一个黑边框格内写上："运输指数"，在"放射性"字样之后应有三条红竖条	7C
	裂变性物质	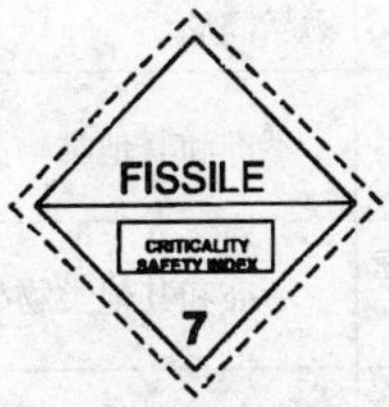 （符号：黑色；底色：白色） 黑色文字，在标签上半部分写上："易裂变"，在标签下半部分的一个黑边框格内写上："临界安全指数"	7E
8	腐蚀性物质	 （符号：黑色；底色：上白下黑）	8
9	杂项危险物质和物品	 （符号：黑色；底色：白色）	9

第三节 化学危险物质存储

危险化学品仓库是易燃、易爆和有毒物品存储的场所。库址必须选择适当，布局合理。建筑条件应符合《建筑设计防火规范》(GB 50016—2006)的要求，并进行科学管理，确保储存和保管的安全。

一、分类存储

危险化学品的储存应根据危险化学品品种特性，严格按照表 2－7 的规定分类存储。

表 2－7 危险化学品分类存储原则

物质名称	应用举例	储存原则	附注
爆炸性物质	叠氮化铅、雷汞、三硝基甲苯、硝胺炸药等	不准和其他类物品同储，必须单独储存	
易燃和可燃气液体	汽油、苯、二硫化碳、丙酮、甲苯、乙醇、松节油、樟脑油等	避热储存，不准与氧化剂及有氧化性的酸类混合储存	如数量很少，允许与固体易燃物质隔开后共存
压缩气体和液化气体、易燃气体	氢气、甲烷、乙烯、丙烯、乙炔、丙烷、甲醚、氯乙烷、一氧化碳、硫化氢等	除不燃气体外，不准和其他类物品同储	
不燃气体	氮气、二氧化碳、氖、氩等	除助燃气体、氧化剂外，不准和其他类物品同储	氯兼有毒害性
有毒气体	氯气、二氧化硫、氨气、氰化氢等	除不燃气体外，不准和其他类物品同储	
遇水或空气能自燃的物质	钾、钠、磷化钙、锌粉、铝粉、黄磷、三乙基铝	不准和其他类物品同储	钾、钠须浸入石油中，黄磷须浸入水中
易燃固体	红磷、萘、樟脑、硫磺、二硝基萘、三硝基苯酚等	不准和其他类物品同储	赛璐珞须单独储存
能形成爆炸性混合物的氧化剂	氯酸钾、氯酸钠、硝酸钾、硝酸钠、硝酸钡、次氯酸钙、亚硝酸钠、过氧化钠、过氧化钡、30%的过氧化氢等	除惰性气体外，不准和其他类物品同储	过氧化物有分解爆炸危险，应单独储存。过氧化氢应储存在阴凉处，表中的两类氧化剂应隔离储存
能引起燃烧的氧化剂	溴、硝酸、硫酸、铬酸、高锰酸钾、重铬酸钾等		
有毒物品	氯化钾、三氧化二砷、氯化汞等	不准和其他类物品同储，存储在阴凉、通风、干燥的场所，不要露天存放，不要接近酸类物质	
腐蚀性物质	硫酸、硝酸、氢氧化钠、硫化钠、苯酚钠等	严禁与液化气体和其他类物品同储，包装必须严密、不允许泄漏	

二、危险化学品储存的安全要求

危险物品的储存必须严格执行以下几点：

(1) 放射性物品不能与其他危险物品同库储存；

(2) 炸药不能与起爆器材同库储存；

(3) 仓库已储存炸药或起爆器材，在未搬出仓库前不能再搬进与储存规格不同的炸药或起爆器材同库储存；

（4）炸药不能和爆炸性药品同库储存；

（5）各类危险品不得与禁忌物料混合储存，灭火方法不同的危险化学品不能同库储存；

（6）所有爆炸物品都不能与酸、碱、盐类、活泼金属和氧化剂等存放在一起；

（7）遇水燃烧、易燃、易爆及液化气体等危险物品不能在露天场地储存。

三、专用仓库

（1）专用仓库　危险化学品必须储存在专用仓库或专用槽罐区域内，且不能超过规定储存的数量，与生产车间、居民区、交通要道、输电和电信线路留有适当的安全距离。

（2）专用仓库的修建　危险化学品专用仓库的修建应符合有关安全、防火规定，并应根据物品的种类、性质设置相应的通风、防爆、泄压、防害、防静电、防晒、调温、防护围堤、防火灭火和通信报警信号等安全设施。

四、专用仓库的管理

（1）危险物品专用仓库应设专人管理。要建立健全仓库物品出入库验收发放管理制度，特别是对储存剧毒、炸药、放射性物品的仓库，应严格地规定两人收发、两人记账、两人两锁、两人运输装卸、两人领用的相互配合监督安全的管理制。

（2）建立库区内防火制度，配备防火设施。严禁在库区内使用明火及带进打火机，禁止吸烟，进出人员不能穿易产生静电火花的衣物和带铁钉的鞋底，进入库区的机动车辆必须装有防火灭火的安全措施，库区内外设有明显的禁止动火的标志和标语，以警告群众周知。

（3）仓库应配备一定的安全防护用品和器具，供保管人员使用及进出人员临时借用。

（4）建立专用库区的安全检查和报告制度，及时消除隐患，确保安全。

第四节　化学危险物质的装卸与运输安全

根据危险化学品的种类和性质，要科学地安排装卸和运输，必须按照我国危险货物运输管理法规要求，组织管理工作，要做到三定，即定人、定车和定点；三落实，即发货、装卸货物和提货工作落实。装卸运输危险化学品应做好以下安全工作。

一、装卸场地和运输设备

（1）危险化学品的发货、中转和到货，都应在远离市区的指定专用车站或码头装卸货物。

（2）危险化学品的的运输设备，要根据危险化学品的类别和性质合理选用车、船等。

（3）装运危险化学品的车、船、装卸工具，必须符合防火防爆规定，并装设相应的防火、防爆、防毒、防水、防晒等设施，并配备相应的消防器具和防毒器具。

（4）危险化学品的装卸场地和运输设备（车、船等），在危险物品装卸前后都要进行清扫或清洗，扫出的垃圾和残渣应放入专用容器内，以便统一安全处理。

二、装卸和运输

（1）装运危险化学品应遵守危险货物配装规定，性质相抵触的物品不能一同混装。

（2）装卸危险化学品，必须轻拿轻放，防止撞击、摩擦和倾斜，不得损坏包装容器，包装外的标志要保持完好。

（3）装运危险化学品的车辆，应按指定的专人开车，并按指定的运输路线、指定的行驶速度运送货物。

（4）装运危险化学品的车船，不宜在繁华市区道路上行驶和停车，不能在行驶途中随意装上其他货物或卸下危险品。停运时应保持装运危险物品的车船与其他车船、明火场所、高压电线、仓库和居民密集的区域保持一定的安全距离，严禁滑车和强行超车。

三、人员培训和安全要求

（1）危险化学品的装卸和运输，应选派责任心强、经过安全防护技能培训的人员担任。

（2）装运危险化学品的车船上，应有装运危险物的警示标志。

（3）装卸危险化学品的人员，应按规定穿戴相应的劳动保护用品。

（4）运送爆炸、剧毒和放射性物品时，应按照公安部门规定指派押运人员。

四、危险化学品的使用和报废处理

1. 危险化学品的使用

（1）危险化学品特别是爆炸、剧毒、放射性物品的使用单位，必须按规定申报使用量和相应的防护措施，限期使用完，剩余量按退库保管。

（2）剧毒、放射性物品使用场所和领用人员，必须配备、穿戴特殊的个人防护器材，工作完更换保护器材后才能离开作业场所。

（3）严禁使用剧毒物品的人员直接用手触摸剧毒物品，不能在放置剧毒物品场所饮食，以防中毒，并应在保存使用剧毒物品场所配备一定数量的解毒药品，以备急救使用。

2. 危险化学品的报废处理

（1）爆炸、剧毒和放射性物品废弃物的报废处理，由使用单位提出申请，制定周密的安全保障措施，送当地有关管理部门批准后，在安全、公安人员的监督下进行报废处理。

（2）危险化学品的包装箱、纸袋、木桶以及仓库、车船上清扫的垃圾和废渣等，使用单位应严格管理、回收、登记造表、申请报废，经过上级主管职能单位批准，在安全技术人员和公安人员的监护下，进行安全销毁。

（3）铁制及塑料等包装容器，经过清洗或消毒合格后，可以再用或改用。

（4）企业生产使用的设备、管道及金属容器含有危险物品的，必须经过清洗或惰性气体置换处理合格后，方可报废拆卸，按废金属材料回收。

（5）化工企业生产中剩余农药、电石、腐蚀物、易燃固体和清扫储存的有毒废物，应严加管理，进行安全处理，不能随同一般垃圾废物运出厂外堆置，以防污染环境，危害人员。

第五节　事故案例分析

【案例一】顺酐装置“12.11”凝结水储罐闪爆事故

1. 事故经过

2006年12月11日，某石化公司借装置停工机会更改丁烷蒸发器（E－1301）蒸汽凝结水管线，即将丁烷蒸发器蒸汽冷凝水管线接到常压凝结水储罐顶（TK－1808）备用口，13时45分某建筑公司3名员工在常压凝水储罐（TK－1808）顶部进行配管焊接作业，14时21分电焊工在焊口打火，凝结水罐爆炸，罐体在底板焊缝母材处断开飞起，落在距原位东南方约70m处，在罐上工作的三名员工随即遇难。

事故发生后，该公司领导和应急小组立即赶赴现场进行救援指挥。启动了公司安全环保事故应急救援预案，将装置施工现场的作业人员紧急疏散到安全地带。现场勘查和监测结果表明，未对大气和水质等环境造成影响，未发生其他次生事故。

2. 事故原因

(1) 2×10^4 t/a 顺酐装置脱异丁烷塔进料换热器(E－1111)管程内的正丁烷因换热器内漏串入壳程，随壳程内的蒸汽凝液进入常压凝水储罐(TK－1808)，并在储罐聚积达到爆炸极限。

(2) 作业人员在储罐顶部预留口进行配管焊接作业时，焊渣落入罐内，致使罐中的正丁烷气体闪爆。

3. 事故教训

(1) 经事故调查认定，“12.11”事故是因生产单位和检修单位思想麻痹，对作业风险认识不足造成的。

(2) 该事故是一起未按规定进行书面安全技术交底、未办理设备交出单、动火管理制度和检维修管理制度不落实、安全措施不到位所造成的重大责任事故。

(3) 风险识别不到位。生产车间、施工单位管理人员缺乏炼化装置动火危险性的认识，没有意识到水系统、氮气系统、蒸汽系统因泄漏等原因可能串入可燃气(液)体，对常压凝水储罐(TK－1808)内可能存在易燃易爆介质认识不足，未制定和采取防范措施。

(4) 违反火票办理程序，执行动火制度不严格。动火点未作爆炸气体分析，动火作业措施没有落实就违规签发一级火票并实施动火作业。

(5) 在没有对检修计划的检修方案和安全技术交底进行确认、安全措施未落实的情况下，盲目安排作业人员进入现场进行作业，对作业现场的安全管理和监督检查不到位。

【案例二】苯胺装置“5.29”火灾事故

2006年5月29日15时28分，某石化公司有机厂苯胺装置废酸提浓单元，在检修过程中发生火灾事故，致4人死亡、4人重伤、7人轻伤。

1. 事故经过

2006年5月25日9时，根据公司大检修计划安排，有机厂苯胺车间分单元停车，经过倒空、清洗至28日，逐步开始办理当日检修设备交出手续。5月29日上午某建筑工程有限公司在废酸提浓单元室内一楼东南角进行落水管预制作业和建筑物维护作业；13时30分，该建筑公司粉刷班安排16人在1～4层进行建筑物维护作业；14时20分，该建筑公司综合班3人进行落水管预制作业。15时该石化公司维修分公司8人在1楼室内北侧进行酸性水罐(V－5104)拆除更换作业，同时该石化公司电气仪表分公司2人在酸性水罐(V－5104)顶部平台拆除该罐雷达液位表。15时28分许，由于在废酸提浓单元拆除$6m^3$酸性水罐(V－5104)作业过程中，松开下封头出口管法兰时，从该法兰口流出含苯酸性水，水中的苯在该罐围堰内累积，达到一定浓度后扩散，在北风的作用下，遇到建筑公司在东南角预制落水管电焊作业产生的明火，发生瞬间爆燃，致使在该单元作业的人员中共有4人死亡、11人受伤。

2. 事故原因

(1) 作业人员在废酸提浓单元拆除$6m^3$酸性水罐(V－5104)作业过程中，松开下封头出口管法兰时，从该法兰口流出含苯酸性水，水中的苯在该罐围堰内累积，达到一定浓度后扩散，在北风的作用下，遇到兴临公司在东南角预制落水管电焊作业产生的明火，发生瞬间爆燃。

(2) 停工操作人员违章操作。当班操作人员在停车过程中未严格按照操作法操作，按照操作法要求停止加料46min后停真空泵，而从查阅DCS趋势可知，实际操作是在停止加料3min后即停真空泵，导致游离苯从酸性水中析出，随酸性水进入酸性水罐。这是酸性水罐含苯的重要原因。

(3) 停车倒空过程违反操作规程。经对当班操作人员证明材料和V－5104罐液位DCS曲线、当班记录的综合分析，判断在废酸提浓单元停车后系统物料倒空过程中，酸性水罐V－5104实际未放尽倒空，初步计算有0.2m^{3}的酸性水，这是酸性水罐有酸性水的直接原因。

(4) 清洗过程违反操作规程。按照《检维修作业安全管理规定》的相关要求，“存有易燃、可燃、有毒有害、腐蚀性物料的设备、容器、管道在检修作业前，应进行相应的蒸汽吹扫、热水洗煮、中和、氮气置换，使其内部不再含有残余物料，同时按标准要求进行分析，合格后交检修单位检修”。但该厂废酸提浓单元停车后，没有对V－5104罐进行彻底清洗，就向检修单位办理了设备交出单。这是罐内有酸性水的另一直接原因。

(5) 作业现场管理存在漏洞。同一作业场所同时实施动火、建筑物维护、设备拆除等多项作业，交叉进行，缺乏合理安排和统一管理。动火监护人在监护期间，站在废酸提浓单元北门外，因不能及时观察到厂房内动火现场周围发生的异常变化，未能真正履行监护人职责。同时维修公司第五分公司的作业人员在拆卸V－5104罐出口法兰时，发现异常情况未及时采取措施，也未告知动火作业者。

(6) 风险识别不到位。该装置安全预评价和竣工验收评价报告中未对该单元苯的危险性进行阐述，因而没有对可能产生的危险进行识别，进而采取有效的防范措施。

【案例三】“6.5”液氨泄漏事故

湖北某化工厂因加氨阀门压盖破裂，填料滴漏液氨，维修工在安全措施不完全的情况下盲目检修处理，导致加氨阀门填料冲出，大股液氨喷泄，差一点酿成大事故。

1. 事故经过

2004年6月5日11时40分左右，该化工厂合成车间加氨阀填料压盖破裂，有少量的液氨滴漏。维修工徐某遵照车间指令，对加氨阀门进行填料更换。徐某没敢大意，首先找来操作工，关闭了加氨阀门前后两道阀门；并牵来一根水管浇在阀门填料上，稀释和吸收氨味，消除氨液释放出的氨雾；又从厂安全室借来一套防化服和一套过滤式防毒面具，佩戴整齐后即投入阀门检修。当他卸掉阀门压盖时，阀门填料跟着冲了出来，瞬间一股液氨猛然喷出，并释放出大片氨雾，包围了整个检修作业点，临近的甲醇岗位和铜洗岗位也笼罩在浓烈的氨味中，情况十分紧急危险。临近岗位的操作人员和安全环保部的安全员发现险情后，纷纷从各处提着消防、防护器材赶来。有的接通了消防水带打开了消火栓，大量喷水压制和稀释氨雾；有的穿上防化服，戴好防毒面具，冲进氨雾中协助抢险处理。闻讯后赶到的厂领导协助车间指挥，生产调度抓紧指挥操作人员减量调整生产负荷，关闭远距离的相关阀门，停止系统加氨，事故很快得到有效控制和妥善处理，并快速更换了阀门填料，堵住了漏点，一起因严重氨泄漏而即将发生的中毒、着火、有可能爆炸的重特大事故避免了。

2. 事故原因

(1) 合成车间在检修处理加氨阀填料漏点过程中，未制订周密完整的检修方案，未制订和认真落实必要的安全措施，维修工盲目地接受任务，不加思考就投入检修。

(2) 合成车间领导在获知加氨阀门填料泄漏后，没有引起足够重视，没有向生产、设备、安全环保部门按程序汇报，自作主张，草率行事，擅自处理。

(3) 当加氨阀门填料冲出有大量氨液泄漏时，合成车间组织不力，指挥不统一，手忙脚乱，延误了事故处置的最佳有效时间。

(4) 加氨阀前后备用阀关不死内漏，合成车间对危险化学品事故处置思想上麻痹、重视不够，安全意识严重不足。人员组织不力，只指派一名维修工去处理；物质准备不充分，现场现找、现领阀门；检修作业未做到“7 个对待”中的“无压当有压、无液当有液、无险当有险”对待。

3. 预防措施

(1) 安全环保部责成合成车间把此次加氨阀泄漏事故编印成事故案例，供全厂各车间、岗位学习，开展事故案例教育，并展开为期 1 周的事故大讨论，要求人人谈认识，人人写体会，签字登记在案。

(2) 责成合成车间将此次氨泄漏事故，编制氨泄漏事故处置救援预案，组织全员性的化学事故处置救援抢险抢修模拟演练，要求不漏一人地学会氨泄漏抢险抢修处置方法，把“预防为主”真正落到实处。

(3) 合成车间由分管工艺副主任负责组织 4 大班操作工和全体维修工，进行氨、氢、一氧化碳、甲醇、甲烷、硫化氢、二氧化碳等化学危险品的理化特性以及事故处置方法的安全技术知识培训，由车间安全员负责组织一次全员性的消防、防化、防护器材的使用知识培训，在合成车间内形成一道预防化学事故和防消事故的牢固大堤。

(4) 结合“安全生产月”活动，发动全厂职工提合理化建议，查找身边事故隐患苗头，力争对事故隐患早发现、早整改，及时处理，从源头上堵塞住事故隐患漏洞，为生产创造一个安全稳定的环境。

4. 经验教训

(1) 此次加氨阀填料泄漏事故，开始时思想重视不够，继而处置不当，充分暴露出该车间安全管理“小安则懈”的思想严重。

(2) 领导工作作风浮漂，查改隐患不主动、不细致。全局观念不强，发现隐患不汇报，自行其事，自作主张。

(3) 通过此次事故可以看出，安全无小事。整改隐患要从人的思想上抓起，管事要先管人，管人要先管好思想，首先铲除人思想上的不安全因素，麻痹、侥幸、冒险、蛮干的违章行为才能得以彻底根除。只有这样，才能保证安全生产。

【案例四】“3. 29”液氯泄漏事故

2005 年 3 月 29 日 18 时 50 分许，山东省运载液氯的罐式半挂车在京沪高速公路淮安段发生交通事故，引发车上罐装的液氯大量泄漏，造成 29 人死亡，456 名村民和抢救人员中毒住院治疗，门诊留治人员 1867 人，10500 多名村民被迫疏散转移，大量家畜(家禽)、农作物死亡和损失，直接经济损失 1700 多万元。京沪高速公路沭阳至宝应段交通中断 20h。

1. 事故经过

3 月 29 日 18 时 50 分许，山东籍鲁 H00099 罐式半挂车行至京沪高速公路沂淮江段南行线，左前轮爆胎，车辆方向失控后撞毁中央护栏，冲向对向车道，侧翻在北行线行车道内。

对面货车紧急避让不及，货车车体左侧与侧翻的罐车顶部发生碰刮，致使位于槽罐顶部的液相阀、气相阀八根螺丝全部断裂，液相阀、气相阀脱落，液氯发生泄漏。

2. 事故原因

（1）直接原因　槽车罐车使用报废轮胎，致使车辆左前轮爆胎。

（2）间接原因　一是由于违规运输，济宁市远达石化有限公司无准购证，非法长期购买剧毒危险化学品液氯；二是押运员王某缺乏应有的工作资质，据王某交待其押运员操作证系托人花300余元所办。

3. 整改与防范措施

（1）开展危化品运输专项整治。

（2）运输车辆喷涂安全标志。

（3）强化对驾驶人员和押运人员的培训。

（4）严格市场准入制度。

（5）运输剧毒、爆炸、易燃、放射性危险货物的，应当具备罐式车辆或厢式车辆、专用容器，车辆应当安装行驶记录仪或定位系统(GPS)。

本章小结

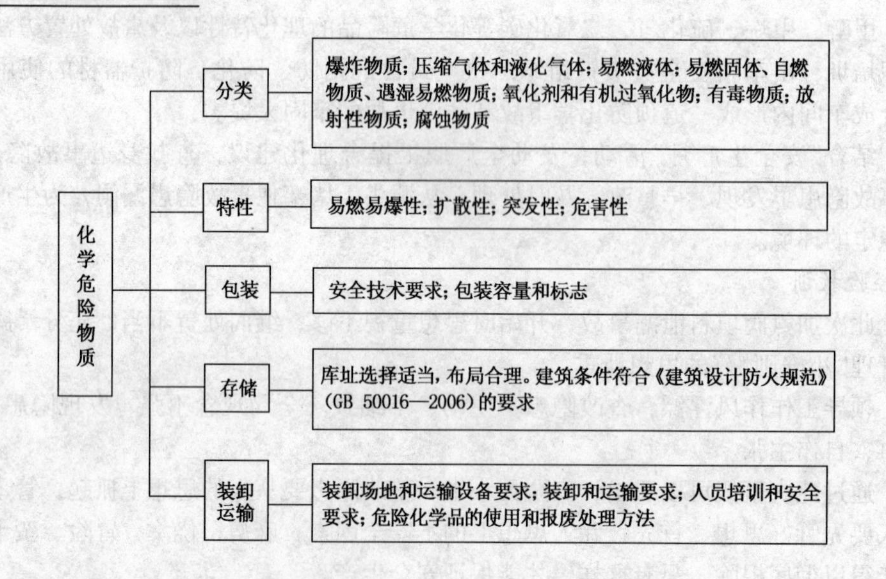

思考与练习

1. 化学危险品按其危险性划分为哪几类？
2. 化学危险品储存的基本安全要求是什么？
3. 化学危险品在装卸和运输中的安全要求有哪些？

第三章　防火防爆技术

知识目标

- 理解火灾爆炸事故产生的原因、影响因素、控制措施。
- 掌握燃烧的必要条件和燃烧的本质；掌握燃烧类型及特征参数。
- 了解爆炸类型；掌握爆炸极限及影响因素。
- 理解化工企业所采取的防火防爆的安全技术措施；熟练掌握各种消防器材的结构、灭火原理、使用方法及维护知识。了解化工企业常见的火灾爆炸事故。

能力目标

- 能运用所学的火灾爆炸相关知识，能够有效地防止火灾爆炸事故。
- 能选择合适的灭火装置，并能熟练操作灭火。

化工生产中使用的原料、生产中的中间体和产品很多都是易燃、易爆的物质，而化工生产过程又多为高温、高压，若设计不合理、制造不合格、操作不当或管理不善，容易发生火灾爆炸事故，造成人员伤亡及财产损失。因此，防火防爆对于化工生产的安全运行是十分重要的。

第一节　燃烧与爆炸基础知识

一、燃烧

燃烧是一种复杂的物理化学过程，是可燃物质与助燃物质发生的一种发光发热的氧化反应，其特征是发光、发热、生成新物质。例如：氢气在氯气中的反应属于燃烧反应，而铜与稀硝酸反应生成硝酸铜、灯泡通电后灯丝发光发热则不属于燃烧反应。

1. 燃烧条件

燃烧是有条件的，它必须在可燃物质、助燃物质和点火源这三个基本条件同时具备时才能发生。

（1）可燃物质　通常把所有物质分为可燃物质、难燃物质和不可燃物质三类。可燃物质是指在火源作用下能被点燃，并且当点火源移去后能继续燃烧直至燃尽的物质；难燃物质为在火源作用下能被点燃，当点火源移去后不能维持继续燃烧的物质；不可燃物质是指在正常情况下不能被点燃的物质。可燃物质是防火防爆的主要研究对象。

凡能与空气、氧气或其他氧化剂发生剧烈氧化反应的物质，都可称之为可燃物质。可燃物质种类繁多，按物理状态可分为气态、液态和固态三类。化工生产中使用的原料、生产中的中间体和产品很多都是可燃物质。气态如氢气、一氧化碳、液化石油气等；液态如汽油、甲醇、酒精等；固态如煤、木炭等。

（2）助燃物质　凡是具有较强的氧化能力，能与可燃物质发生化学反应并引起燃烧的物质均称为助燃物质。例如空气、氧气、氯气、氯酸钾等氧化剂。

(3) 点火源　凡能引起可燃物质燃烧的能源均可称之为点火源。常见的点火源有明火、电火花、炽热物体等。

可燃物、助燃物和点火源是导致燃烧的三要素，缺一不可，是必要条件。上述“三要素”同时存在，燃烧能否实现，还要看是否满足了数值上的要求。在燃烧过程中，当“三要素”的数值发生改变时，也会使燃烧速度改变甚至停止燃烧。

2. 燃烧过程

可燃物质的燃烧都有一个过程，这个过程随着可燃物质的状态不同，其燃烧过程也不同。各种物质的燃烧过程如图 3－1 所示。

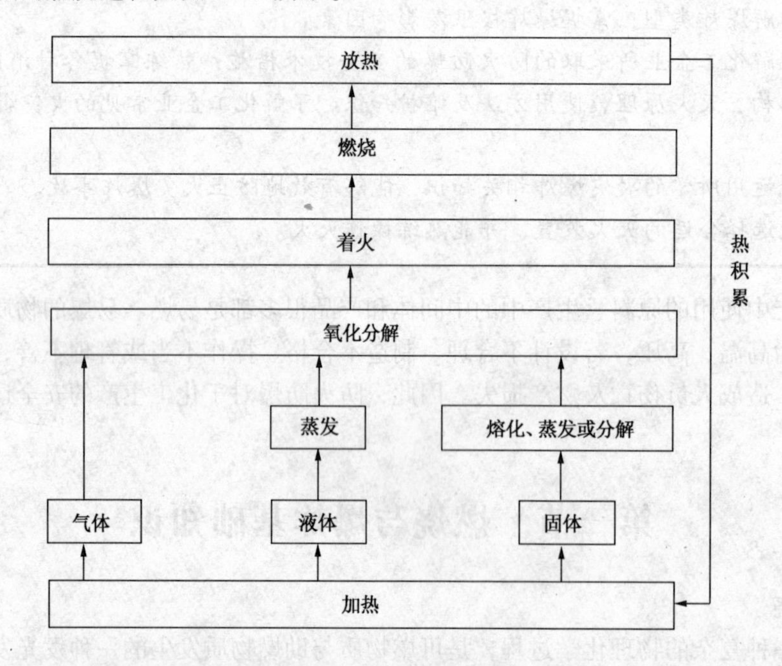

图 3－1　物质的燃烧过程

(1) 可燃气体最容易燃烧，只要达到其氧化分解所需的热量便能迅速燃烧。

(2) 可燃液体的燃烧是先蒸发为蒸气，蒸气再与空气混合而燃烧。

(3) 对于可燃固体，若是简单物质，如硫、磷及石蜡等，受热时经过熔化、蒸发、与空气混合而燃烧；若是复杂物质，如煤、沥青、木材等，则是先受热分解出可燃气体和蒸气，然后再空气混合而燃烧，并留下若干固体残渣。

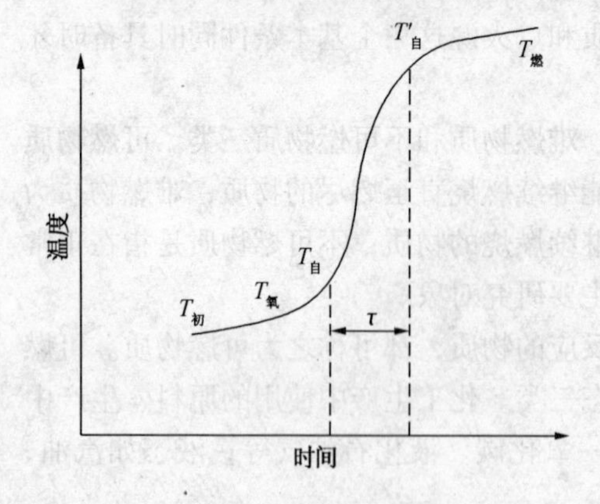

图 3－2　物质燃烧时温度的变化

物质在燃烧时，其温度变化如图 3－2 所示，$T_初$为可燃物开始加热的温度。最初一段时间，加热的大部分热量用于熔化或分解、汽化，故可燃物温度上升较缓慢。到达 $T_氧$后，可燃物质开始氧化，由于温度较低，故氧化速度不快，还需外界供给热量，此时若停止加热，尚不会引起燃烧。

如继续加热，至 $T_{自}$ 时，氧化产生的热量和系统向外界散失的热量相等，此时温度再稍有升高，超过平衡状态，即使停止加热，温度仍自行升高，到达 $T'_{自}$ 就着火燃烧起来。

3. 燃烧类型

根据燃烧的起因不同，燃烧可分为闪燃、着火和自燃三类。

(1) 闪燃　可燃液体的蒸气(包括可升华固体的蒸气)与空气混合后，遇到明火而引起瞬间(延续时间少于5s)燃烧，称为闪燃。液体能发生闪燃的最低温度，称为该液体的闪点。闪燃往往是着火先兆，可燃液体的闪点越低，越易着火，火灾危险性越大。一些物质的闪点见表2-2。

(2) 着火　可燃物质在有足够助燃物(如充足的空气、氧气的情况下)，在点火源的作用下引起持续燃烧的现象，称为着火。使可燃物质发生持续燃烧的最低温度，称为燃点或着火点。燃点越低，越容易着火。一些物质的着火点见表3-1。

表3-1　一些可燃物质的着火点

物质名称	着火点/℃	物质名称	着火点/℃	物质名称	着火点/℃
赤磷	160	聚丙烯	400	吡啶	482
石蜡	158~195	醋酸纤维	482	有机玻璃	260
硝酸纤维	180	聚乙烯	400	松香	226
硫磺	255	聚氯乙烯	400	樟脑	70

(3) 自燃　可燃物质受热升温而不需明火作用就能自行着火燃烧的现象，称为自燃。可燃物质发生自燃的最低温度，称为自燃点。自燃点越低，则火灾危险性越大。一些物质的燃点见表2-3。

二、爆炸

爆炸是物质发生急剧的物理、化学变化，在瞬间以机械功的形式释放出大量气体和能量的现象。由于物质状态的急剧变化，爆炸发生时会使压力猛烈增高并产生巨大的声响，其主要特征是压力的急剧升高。在化工生产中，一旦发生爆炸，就会酿成工伤事故，造成人身和财产的巨大损失，使生产受到严重影响。

1. 爆炸的分类

1) 按照爆炸能量来源的不同分类

按爆炸的能量来源不同可分为物理性爆炸、化学性爆炸和核爆炸三类，前两者比较常见。

(1) 物理性爆炸　物理性爆炸是是指物质的物理状态(如温度、体积、压力等)发生急剧变化而引起的爆炸现象。例如蒸汽锅炉、压缩气体、液化气体超压等引起的爆炸，都属于物理爆炸。

物理性爆炸的特征是在爆炸前后，物质的化学成分和化学性质均不发生变化。发生物理性爆炸时，气体或蒸汽等介质潜藏的能量在瞬间释放出来，会造成巨大的破坏和伤害。例如锅炉的爆炸就是因为过热的水迅速蒸发出大量蒸汽，使蒸汽压力不断提高，当压力超过锅炉的极限强度时而发生的爆炸。

(2) 化学性爆炸　化学性爆炸是指物质在短时间内完成化学反应，同时产生大量气体和能量而引起的爆炸现象。化学性爆炸的特征是在爆炸前后，物质的性质和化学成分均发生了根本的变化。例如用来制造炸药的硝化棉在爆炸时放出大量热量，同时生成大量气体(CO、

CO_2、H_2和水蒸气等)，爆炸时的体积竟会突然增大47万倍，燃烧在万分之一秒内完成，因而会对周围物体产生毁灭性的破坏作用。

化学性爆炸根据爆炸时所进行的化学反应的不同，又可分为以下三种：

① 简单分解的爆炸　这类物质在爆炸时分解为元素，并在分解过程中产生热量。属于这一类的物质有乙炔铜、乙炔银、碘化氮、叠氮铅等，这类容易分解的不稳定物质，其爆炸危险性是很大的，受摩擦、撞击甚至轻微震动即可能发生爆炸。例如乙炔银受摩擦或撞击时的分解爆炸，$Ag_2C_2 \longrightarrow 2Ag + 2C + Q$。

② 复杂分解的爆炸　这类物质包括各种含氧炸药，其危险性较简单分解的爆炸物稍低，含氧火药在发生爆炸时伴有燃烧反应，燃烧所需的氧由物质本身分解供给。例如苦味酸、梯恩梯(TNT)、硝化棉等都属于此类。

③ 爆炸性混合物的爆炸　这类爆炸发生在气相里。所有可燃气体、蒸汽和可燃粉尘与空气(或氧气)组成的混合物遇到明火发生的爆炸均属此类。例如一氧化碳与空气混合的爆炸反应，$2CO + O_2 + 3.76N_2 = 2CO_2 + 3.76N_2 + Q$。这类爆炸实际上是在火源作用下的一种瞬间燃烧反应。

爆炸性混合物的爆炸需要一定的条件，如可燃物质的含量、氧气的含量及明火源等，此类爆炸的危险性较上两类低，但由这类物质的爆炸造成的事故很多，损失很大。

2）按照爆炸的瞬时燃烧速度分类

(1) 轻爆　物质爆炸时的燃烧速度为每秒数米，爆炸时无多大破坏力，声响也不大。例如无烟火药在空气中的快速燃烧，可燃气体混合物在接近爆炸浓度上限或下限时的爆炸即属于此类。

(2) 爆炸　物质爆炸时的燃烧速度为每秒十几米至数百米，爆炸时能在爆炸点引起压力激增，有较大的破坏力，有震耳的声响。可燃气体混合物在多数情况下的爆炸，以及被压火药遇火源引起的爆炸即属于此类。

(3) 爆轰　物质爆炸的燃烧速度为1000～7000m/s。爆轰时的特点是突然引起极高压力，并产生超音速的“冲击波”。

2. 爆炸极限

1）爆炸极限

可燃性气体、蒸汽或粉尘与空气组成的混合物遇到点火源发生爆炸的极限浓度范围称为爆炸极限，通常用体积分数来表示。其中，在空气中能引起爆炸的最低浓度称为爆炸下限，最高浓度称为爆炸上限。一些可燃物质的爆炸极限见表2－4所示。

混合物中的可燃物只有在这两个含量之间，才会有燃烧爆炸的危险。混合物浓度低于爆炸下限时，由于混合物浓度不够及过量空气的冷却作用，阻止了火焰的蔓延；混合物含量高于爆炸上限时，则由于氧气不足，使火焰不能蔓延。

可燃性混合物的爆炸下限越低、爆炸极限范围越宽，其爆炸的危险性越大。稍有泄漏，则很容易进入爆炸下限，因此应特别防止物料的跑、冒、滴、漏现象。

某些爆炸上限较高的可燃气体，只需不多的空气进入设备和管道中就能达到爆炸的范围，所以应特别注意设备的密闭和保持正压，严防空气的进入。

2）爆炸极限的影响因素

爆炸极限受许多因素的影响，当温度、压力及其他因素发生变化时，爆炸极限也会发生变化。

（1）温度　一般情况下原始温度越高，爆炸极限范围越大，爆炸的危险性增大。

（2）压力　一般情况下压力越高，爆炸极限范围越大，尤其是爆炸上限显著提高。

（3）惰性介质及杂物　一般情况下惰性介质的加大可以缩小爆炸极限范围，当其浓度高到一定数值时可使混合物不发生爆炸。

（4）容器　容器直径越小，火焰在其中越难于蔓延，混合物的爆炸极限范围则越小。当容器直径或火焰通道小到一定数值时，火焰不能蔓延，可消除爆炸危险。

（5）氧含量　混合物中含氧量增加，爆炸极限范围扩大，尤其是爆炸上限会显著提高。

（6）点火源　点火源的能量、热表面的面积、点火源与混合物的作用时间等均对爆炸极限有影响。各种爆炸性混合物都有一个最低引爆能量，即最小点火能量。爆炸性混合物的点火能量越小，其燃爆危险性就越大。

3. 粉尘爆炸

1）粉尘爆炸

粉尘爆炸是粉尘粒表面和氧作用的结果，当粉尘表面达到一定温度时，由于热分解或干馏作用，粉尘表面会释放出可燃性气体，这些气体与空气形成爆炸性混合物而发生粉尘爆炸。因此，粉尘爆炸的实质是气体爆炸。

2）粉尘爆炸的影响因素

（1）物理化学性质　燃烧热越大的粉尘越易引起爆炸，如煤尘、碳、硫等；氧化速度越大的的粉尘越易引起爆炸，如煤、燃料等；越易带静电的粉尘越易引起爆炸；粉尘所含的挥发组分越大越易引起爆炸，如当煤粉中的挥发组分低于10%时不会发生爆炸。

（2）粉尘颗粒大小　粉尘的颗粒越小，其比表面积越大（比表面积是指单位质量或单位体积的粉尘所具有的总表面积），化学活性越强，燃点越低。粉尘的爆炸下限越小，爆炸的危险性越大。爆炸粉尘的粒径范围一般为0.1～100μm左右。

（3）粉尘的悬浮性　粉尘在空气中停留的时间越长，其爆炸的危险性越大。

（4）空气中粉尘的浓度　空气中粉尘只有达到一定的浓度，才可能会发生爆炸。因此粉尘爆炸也有一定浓度范围，即有爆炸下限和爆炸上限。由于通常情况下，粉尘的浓度均低于爆炸浓度下限，因此粉尘的爆炸上限浓度很少使用。表3－2列出了一些物质粉尘爆炸的下限。

表3－2　一些物质粉尘爆炸的下限

粉尘名称	云状粉尘的引燃温度/℃	云状粉尘的爆炸下限/（g/m^3）	粉尘名称	云状粉尘的引燃温度/℃	云状粉尘的爆炸下限/（g/m^3）
铝	590	37～50	聚丙烯酸酯	505	35～55
铁粉	430	153～240	聚氯乙烯	595	63～86
镁	470	44～59	酚醛树脂	520	36～49
炭黑	>690	36～45	硬质橡胶	360	36～49
锌	530	212～284	天然树脂	370	38～52
萘	575	28～38	砂糖粉	360	77～99
萘酚染料	415	133～184	褐煤粉		49～68
聚苯乙烯	475	27～37	有烟煤粉	595	41～57
聚乙烯醇	450	27～37	煤焦炭粉	>750	37～50

第二节 防火防爆技术

一、物料的火灾爆炸危险性评价指标

1. 气体

爆炸极限和自燃点是评价气体火灾爆炸危险性的主要指标。

(1) 气体的爆炸极限范围越大，爆炸下限越低，火灾爆炸的危险性越大。

(2) 气体的自燃点越低，越容易起火，火灾爆炸的危险性也越大。

(3) 气体化学活泼性越强，火灾爆炸的危险性越大。

(4) 气体或蒸汽在空气中的扩散速度越快，火焰蔓延得越快，火灾爆炸的危险性就越大。

(5) 密度大的气体易聚集不散，遇明火容易造成火灾爆炸事故。

(6) 易压缩液化的气体遇热后体积膨胀，压力增大，容易发生火灾爆炸事故。

2. 液体

闪点和爆炸极限是评价液体火灾爆炸危险性的主要指标。

(1) 闪点越低，越容易起火燃烧。

(2) 爆炸极限范围越大，危险性越大。

(3) 爆炸的温度极限越宽，温度下限越低，危险性越大。

(4) 液体的饱和蒸气压越大，越易挥发，闪点也就越低，火灾爆炸的危险性就越大。

(5) 液体受热膨胀系数越大，危险性就越大。

(6) 液体相对密度越小，蒸发速度越快，发生火灾的危险性越大。

(7) 液体流动扩散快，会加快其蒸发速度，易起火蔓延。

(8) 液体沸点越低，火灾爆炸危险性就越大。

3. 固体

固体的熔点、着火点、自燃点、比表面积及热分解性能等是评价固体火灾爆炸危险性的主要指标。固体燃烧一般要在汽化状态下进行。

(1) 熔点低的固体物质容易蒸发或汽化，着火点低的固体则容易起火。

(2) 自燃点越低，越容易着火。

(3) 同样的固体，比表面积越大，和空气中氧的接触机会越多，燃烧的危险性越大。

(4) 物质的热分解湿度越低，其火灾爆炸危险性就越大。

二、工艺装置的火灾爆炸危险性分析

化工装置的火灾和爆炸事故主要原因可以归纳为以下五项：

(1) 装置有隐患 包括高压装置中高温、低温部分材料选型不适当；接头结构和材料选型不适当；有容易使可燃物着火的电热装置；防静电措施不够完善；装置开始运转时无法预料的影响。

(2) 操作失误 包括阀门的误开或误关；燃烧装置点火不当；违规使用明火。

(3) 装置故障 包括储罐容器、配管的破损；泵和机械的故障；测量和控制仪表的故障。

(4) 不停车检修设备 包括带压力切断配管连接部位时发生无法控制的泄漏；破损配管

没有修复即在压力下降的条件下恢复运转，升压后物料泄漏；不知装置中有压力，而误将配管从装置上断开；在加压条件下，某一物体掉到装置的脆弱部分而发生破裂。

(5) 异常化学反应　包括反应物质匹配不当；不正常的聚合、分解等；安全装置配备不合理或不齐全。

三、防火防爆技术措施

防火防爆技术措施是防止可燃物、助燃物形成燃烧系统，消除和严格控制一切足以导致着火爆炸的点火源。

1. 火灾爆炸危险物质的控制

(1) 改革工艺，尽量不使用或少使用可燃物料，用难燃或不燃物质代替可燃物质。

(2) 对具有自燃能力的油脂以及遇空气自燃、遇水燃烧爆炸的物质，应采取隔绝空气、防水、防潮或通风、散热、降温等措施。

(3) 相互接触能引起燃烧爆炸的物质不能混存及接触，对机械作用比较敏感的物质要轻拿轻放。

(4) 易燃、可燃气体和液体蒸气要根据它们的饱和蒸气压考虑设备的耐压强度、储存温度、保温降温措施等。根据它们的闪点、爆炸范围、扩散性等采取相应的防火防爆措施。

(5) 某些物质如乙醚等，受到阳光作用可生成危险的过氧化物，因此，这些物质应存放于金属桶或暗色的玻璃瓶中。

(6) 采用惰性介质保护，通过对爆炸反应条件的控制，实现预防爆炸的目的。但使用惰性气体时必须注意防止使人窒息的危险。

2. 点火源的控制

在化工生产中的点火源主要包括：明火、高温表面、电气火花、静电火花、摩擦与撞击、化学反应热、光线及射线等。

(1) 明火　化工生产中的明火主要是指生产过程中的加热用火、维修用火及其他火源。加热易燃液体时，应尽量避免采用明火，而采用蒸汽、过热水、中间载热体或电热等；如果必须采用明火，则设备应严格密闭，并定期检查，防止泄漏。在确定的禁火区内，要加强管理，杜绝明火的存在。在有火灾爆炸危险的厂房内，应尽量避免焊割作业，必须进行切割或焊接作业时，应严格执行动火安全规定；此外，烟囱飞火、机动车的排气管喷火都可以引起可燃气体、蒸汽的燃烧爆炸，要加强对上述火源的监控与管理。

(2) 高温表面　在化工生产中，加热装置、高温物料输送管线及机泵等，其表面温度均较高，要防止可燃物落在上面，引燃着火。可燃物的排放要远离高温表面。如果高温管线及设备与可燃物装置较接近，高温表面应有隔热措施。加热温度高于物料自燃点的工艺过程，应严防物料外泄或空气进入系统。各种电气设备在设计和安装时，应考虑一定的散热或通风措施，防止电器设备因过热而导致火灾、爆炸事故。

(3) 电气火花及电弧　电器设备引起的火灾爆炸事故多为电火花和电弧造成的，因此所有电器设备的选择要满足防火防爆的要求。

(4) 静电火花　静电能够引起火灾爆炸的根本原因，在于静电放电火花具有点火能量。为防止静电放电火花引起的燃烧爆炸，可根据生产过程中的具体情况采取相应的防静电措施。

(5) 摩擦与撞击　化工生产中，摩擦与撞击是导致火灾爆炸的原因之一。例如机器上轴承等转动部件因润滑不均或未及时润滑而引起的摩擦发热起火、金属之间的撞击而产生的火花等。因此在生产过程中，设备要保持良好的润滑；搬运盛装可燃气体或易燃液体的金属容器时，严禁因摩擦与撞击而产生火花；防爆生产场所禁止穿带铁钉的鞋；禁止使用铁制工具等。

3. 工艺参数的控制

化工生产过程中的工艺参数主要包括温度、压力、流量及物料配比等。

(1) 温度控制　温度是化工生产中的主要控制参数之一。不同的化学反应都有其自已最适宜的反应温度。如果超温，反应物有可能加剧反应，造成压力升高，导致爆炸。温度过低有时会造成反应速度减慢或停滞，而一旦反应温度恢复正常时，则往往会因为未反应的物料过多而发生剧烈反应引起爆炸。温度过低还会使某些物料冻结，造成管路堵塞或破裂，致使易燃物泄漏而发生火灾爆炸。因此必须防止工艺温度过高或过低。在操作中必须注意控制反应温度，防止搅拌中断，正确选择传热介质。

(2) 压力的控制　正确地控制压力，防止设备泄漏而引起火灾爆炸。

(3) 投料控制　投料控制主要是指对投料速度、配比、顺序、原料纯度以及投料量的控制。要根据反应的不同，选择合适的投料速度、投料配比、投料顺序、原料纯度和投料量，防止因进料控制不合理而发生火灾爆炸事故。

(4) 溢料和泄漏的控制　化工生产中，发生溢料情况并不鲜见，然而若溢出的物料是易燃物，则是相当危险的，必须予以控制。

第三节　消防灭火技术

一、灭火原理

根据燃烧三要素，可以采取除去可燃物、隔绝助燃物(氧气)、将可燃物冷却到燃点以下等措施灭火。具体可采用窒息灭火法、冷却灭火法、隔离灭火法和化学抑制灭火法。

(1) 窒息灭火法　窒息灭火法是指阻止空气进入燃烧区或用惰性气体稀释空气，使燃烧因得不到足够的氧气而熄灭的灭火方法。例如用石棉布、浸湿的棉被、帆布、沙土等不燃或难燃材料覆盖燃烧物或封闭孔洞；用水蒸气、惰性气体通入燃烧区域内等都属于窒息灭火。

(2) 冷却灭火法　冷却灭火法是指将灭火剂直接喷洒在燃烧着的物体上，将可燃物质的温度降到燃点以下从而终止燃烧的灭火方法。也可将灭火剂喷洒在火场附近未燃烧的易燃物体上起冷却作用，防止其受辐射热的作用而起火。冷却灭火法是一种常用的灭火方法。

(3) 隔离灭火法　即将燃烧物质与附近未燃烧的可燃物质隔离或疏散开，使燃烧因缺少可燃物质而停止，隔离灭火法也是一种常用的灭火方法。这种灭火方法适用于扑救各种固体、液体和气体火灾。例如将可燃、易燃、易爆物质和氧化剂从燃烧区移出至安全地点，关闭阀门，阻止可燃气体、液体流入燃烧区等。

(4) 化学抑制灭火法　化学抑制灭火法是指使灭火剂参与到燃烧反应中去，起到抑制反应的作用，具体而言就是使燃烧反应中产生的自由基与灭火剂中的卤素离子结合，形成稳定分子或低活性的自由基，从而切断了氢自由基与氧自由基的连锁反应链，使燃烧停止。

二、灭火剂

灭火剂是能够有效地破坏燃烧条件，终止燃烧的物质。选择灭火剂的基本要求是灭火效果高，使用方便，来源丰富，成本低廉，对人和动物基本无害。灭火剂的种类很多，常见的有以下几种：

（1）水（及水蒸气）　水的来源丰富，取用方便，价格便宜，是常用的天然灭火剂。它可以单独使用，也可与不同的化学剂组合成混合液使用。水主要依靠冷却、窒息和隔离作用灭火。

（2）泡沫灭火剂　凡能与水相溶，并可通过化学反应或机械方法产生灭火泡沫的灭火药剂称为泡沫灭火剂。由于泡沫中填充大量气体，相对密度小，可漂浮于液体的表面或附着于一般可燃固体表面，形成一个泡沫覆盖层，使燃烧物表面与空气隔绝，同时阻断了火焰的热辐射，阻止燃烧物本身或附近可燃物的蒸发，起到隔离和窒息作用。泡沫析出的水和其他液体有冷却作用。同时，泡沫受热蒸发产生的水蒸气可降低燃烧物附近的氧浓度。

（3）二氧化碳及惰性气体灭火器　二氧化碳是以液态形式加压充装于钢瓶中，当它从灭火器中喷出时，由于突然减压，一部分二氧化碳绝热膨胀、汽化，吸收大量的热量，另一部分二氧化碳迅速冷却成雪花状固体，喷向着火处，立即汽化，起到稀释氧浓度的作用，同时又起到冷却作用；而且大量二氧化碳气体笼罩在燃烧区域周围，还能起到隔离燃烧物与空气的作用，当二氧化碳占空气浓度的30%～35%时，燃烧就会停止。

（4）卤代烷灭火剂　碳氢化合物中的氢原子完全地或部分地被卤族元素取代而生成的化合物被广泛地应用来作灭火剂。它主要依靠化学抑制作用和冷却作用来灭火。由于卤代烷灭火剂的毒性较高，同时会破坏遮挡紫外线的臭氧层，因而应严格控制使用。

（5）干粉灭火剂　干粉灭火剂是一种干燥、易于流动的微细固体粉末，由能灭火的基料和防潮剂、流动促进剂、结块防止剂等添加剂组成，在救火中，干粉在气体压力的作用下从容器中喷出，以粉雾形式灭火。它主要依靠化学抑制作用、隔离作用、冷却与窒息作用灭火。

（6）其他　用砂、土等作为覆盖物也可进行灭火，它们覆盖在燃烧物上，主要起到与空气隔绝的作用。其次，砂、土等也可从燃烧物吸收热量，起到一定的冷却作用。

三、消防器材与设施的应用

通常灭火器里装的是破坏不同物质燃烧条件、使燃烧终止的灭火剂，要做到正确选择、使用灭火器灭火。

灭火器的筒体通常为红色，并应用灭火器的名称、型号、灭火能力、灭火剂以及驱动气体的种类和数量，并以文字和图形说明灭火器的使用方法。灭火器由于结构简单、操作方便、轻便灵活、使用面广，是扑救初期火灾的重要消防器材。所以，选择适用的灭火器是有效扑救火灾的关键。

灭火器的种类，按其移动方式可分为手提式和推车式；按驱动灭火器的动力，我们常见到的是储压式，这里主要介绍储压式灭火器。

1. 干粉灭火器

（1）工作原理　干粉灭火器是以干粉为灭火剂，以二氧化碳或氮气为驱动气体的灭火器，主要是发挥它的抑制灭火功能。干粉是易于流动的微细固体粉末，灭火效率高，不腐蚀，毒性低，是目前应用较广泛的灭火器，按干粉灭火剂的种类可分为BC干粉灭火器、ABC干粉灭火器。

（2）适用范围　BC干粉灭火器适用于对液体、可熔化固体物质、气体物质初期火灾的扑救，如石油及其产品、油漆等易燃、可燃液体、可燃气体、电器设备的初期火灾。ABC干粉灭火器适用于对固体、液体和气体物质初期火灾的扑救。

(3) 使用方法　在室外使用灭火器灭火时，选择在上风方向喷射，使用手提式干粉灭火器时，操作者应先将提把上的保险销拔下，一手握住喷射软管前端喷嘴根部，对准火焰根部，另一手将压把压下，打开灭火器，进行喷射灭火。需连续喷射时，手应该始终压下压把，不能放开，否则会中断喷射。

推车式干粉灭火器是移动式灭火器中灭火剂量较大的灭火器材，它适用于石油化工企业和变电站、油库、仓库等场所，能迅速扑灭初期火灾，灭火时一般由两人操作，先将灭火器拉或推到火场的适当位置，一人先取下喷枪，展开出粉管，用双手紧握喷枪，对准火焰边缘根部，等拔掉保险销，打开灭火器阀门后，扣动扳机，干粉就从喷嘴喷出，由近至远灭火。值得注意的是，干粉灭火器扑救可燃、易燃液体火灾时，应对准火焰边缘根部扫射，但又要注意干粉气流不能直接冲击液面，以免液面飞溅引起火灾蔓延。如果使用ABC干粉灭火器，扑救固体可燃物的火灾时，应对准燃烧最猛烈处喷射，并向下左右扫射。

2. 空气机械泡沫灭火器

(1) 工作原理　空气机械泡沫灭火器是泡沫灭火剂通过雨水混溶，在驱动气压下，采用机械方法，产生泡沫灭火的灭火器。它的发泡性很强，较少的灭火剂就能产生大量的泡沫，覆盖在燃烧液体或固体的表面，大量吸热及阻止起火物与空气接触，达到终止燃烧的目的。它主要依靠冷却和窒息作用灭火。

(2) 适用范围　空气机械泡沫灭火器适用于扑救一般固体物质和非水溶性易燃、可燃液体的火灾，充装抗溶性泡沫灭火剂，可用于扑救水溶性易燃、可燃液体的火灾，

(3) 使用方法　空气机械泡沫灭火器与手提式干粉灭火器的使用方法一样，值得注意的是，喷射泡沫时，应经过一定缓冲后，使泡沫流动堆积在燃烧区灭火。另外，如果灭火器安装有喷枪，则在手提喷枪时，不得将进气口堵塞，以免影响发泡倍数和灭火效果。

3. 二氧化碳灭火器

(1) 工作原理　二氧化碳灭火器是高压储压式灭火器，是以液化的二氧化碳气体为灭火剂，并利用本身的蒸气压力作为喷射动力，依靠降低可燃物周围的氧气浓度，产生窒息作用和部分冷却作用灭火的灭火器。

(2) 适用范围　二氧化碳灭火器适用于易燃、可燃液体、可燃气体和低压电器设备、仪器仪表、图书档案、工艺品、成列品等初期火灾的扑救。可放置在贵重物品仓库、展览馆、博物馆、读书馆、发电机房等场所。但二氧化碳灭火器不可用于对轻金属火灾的扑救。

(3) 使用方法　使用手提式二氧化碳灭火器与手提干粉灭火器相同，灭火时操作者应先将开启把上的保险销拔下，然后一手持喇叭筒，一手提灭火器提把，顺风使喷筒从火源侧上方朝下喷射，喷射方向要保持一定角度，以使二氧化碳迅速覆盖火源，达到窒息灭火的目的。

4. 清水灭火器

(1) 工作原理　清水灭火器是一种以清水为灭火剂的灭火器，主要依靠清水的冷却和器物的窒息作用灭火。目前，我国只有少数地区使用。

(2) 适用范围　清水灭火器可设置于工厂、企业、公共场所等，适用于扑救如木、棉麻、纸张等A类物质火灾。不适用于扑救油脂、石油产品、电器设备和轻金属火灾。

（3）使用方法　清水灭火器使用方法与手提干粉灭火器基本一样，操作简单、方便、灵活。

四、灭火器的选择、维修和保养

1. 灭火器的选择

（1）扑救固体物质火灾（A类火灾）　应选择ABC干粉灭火器、泡沫灭火器或清水灭火器。

（2）扑救液体和可熔化固体物质的火灾（B类火灾）　应选用干粉灭火器、泡沫灭火器、二氧化碳灭火器。

（3）扑救气体火灾（C类火灾）　应选择干粉灭火器、二氧化碳灭火器。

（4）扑救金属火灾（D类火灾）　灭火器材应由设计部门和当地公安消防监督部门协商解决。

2. 灭火器的维护和保养

（1）灭火器都应该存放在通风、干燥、阴凉和取用方便的位置。

（2）远离热源，严禁烈日暴晒。

（3）要定期检查、维修、保证灭火器正常好用，如果失重、超量或者发现气体压力显示器的指针已经降到了红色区域，说明气压已经远远不能够满足灭火器的正常使用，应及时送到有资质的专门单位进行充装和维修。

五、火灾自动报警系统

火灾自动报警系统属于固定建筑消防设施，它是设置在建筑物中或其他场所，用于在火灾发生时能够及早发现并确认火灾，它能为有效扑救火灾和人员疏散创造必要的条件，从而减少火灾造成的财产损失和人员伤亡。

1. 火灾探测器

我们在宾馆、酒店，大型商场或娱乐场所等地方，随时可以看到的安装在天花板下的圆形器件叫火灾探测器，俗称火灾探头，火灾发生时，探测器通过对火灾产生的烟雾、温度、光辐射等因素的感应，产生电信号，通过线路将信号迅速传输到消防控制室的火灾报警控制器上，显示出火灾发生的详细地点和时间，从而达到早期发现火灾并及时采取有效扑救措施的目的。

2. 自动喷水灭火系统

自动喷水灭火系统属于固定建筑消防设施，它是设置在建筑中或其他场所，用于在火灾发生时及时扑救火灾，减少火灾损失和人员伤亡的建筑消防设施。它包括湿式、干式、干湿交替式与雨淋式喷水灭火等系统，南方广泛使用的湿式自动灭火喷水系统是以水为灭火剂的自动喷水灭火系统，在火灾发生后，当火场达到一定温度时，喷头动作后开始喷水灭火。此时，管网内的水压降低，相关检测部件将反馈信号传到控制器，启动消防水泵，这样持续给管网供水灭火。

3. 消火栓系统

消火栓系统是一种使用比较广泛的、易于操作的固定建筑的消防设施，绝大多数的建筑和其他场所都要安装该系统，它常分为建筑消火栓系统和市政消火栓系统。发生火灾后，首先是打开消火栓门，然后按紧急报警按钮，给控制室和消防泵房发出火灾信号，铺好水袋，将水袋接口连上消火栓接口和水枪，打开消火栓的闸阀，就可以出水灭火了。

六、火灾的扑救原则

实践证明，大多数火灾都是从小到大、由弱到强的。在生产过程中，及时地发现和扑救火灾，对安全生产有着重要的意义。

（1）报警要早，损失就小　由于火灾的发展很快，当发现起火时，在积极组织扑救的同时应立即报警。报警要沉着冷静，及时准确，说清楚起火的单位和具体部位、燃烧的物质、火势大小，以便消防人员根据火场情况制定相应救火措施。

（2）边报警，边扑救　在报警的同时要及时扑灭初期之火。火灾通常要经过初期阶段、发展阶段，最后到熄灭阶段的发展过程。在火灾的初期阶段，由于燃烧面积小，燃烧强度弱，放出的辐射热量少，是扑救的最有利时机。这种初期火灾一经发现，只要不错过时机，可以用很少的灭火器材，如一桶黄砂、一支灭火器或少量水就可能扑灭。所以就地取材、不失时机地扑灭初期火是极其重要的。

（3）先控制，后灭火　在扑救可燃气体、液体火灾时，可燃气体、液体如果从容器、管道中源源不断地喷洒出来，应首先切断可燃物的来源，争取灭火一次成功。如果在未切断可燃气体、液体来源的情况下，急于求成，盲目灭火，则是一种十分危险的做法。因为火焰一旦被扑灭，而可燃物继续向外喷散，特别是比空气重的气体外溢，极易沉积在低洼处，不易很快消散，遇明火或炽热物体等着火源还会引起复燃。如果气体浓度达到爆炸极限，甚至还能引起爆炸，很容易导致严重伤害事故。因此，在气体、液体着火后可燃物来源未切断之前扑救应以冷却保护为主，积极设法切断可燃物来源，然后集中力量把火灾扑灭。

（4）先救人，后救物　在发生火灾时，如果人员受到火灾的危险，应贯彻执行救人重于灭火的原则，先救人后疏散物质。要首先组织人力和工具，尽早、尽快地将被困人员抢救出来，在组织主要力量抢救人员的同时，部署一定的力量疏散物质，扑救火灾。

（5）防中毒，防窒息　许多化学物品燃烧时会产生有毒烟雾，大量烟雾或使用二氧化碳等窒息法灭火时，火场附近空气中氧含量降低可能引起窒息，所以在扑救火灾时人应尽可能站在上风向，必要时要佩戴防毒面具，以防发生中毒或窒息。

（6）听指挥，不惊慌　发生火灾时一定要保持镇静，采取迅速正确措施扑灭初期火灾，这就要求平时要组织演练，加强防火灭火知识学习，会使用灭火器材，才能做到一旦发生火灾时不会惊慌失措。此外，当由于各种因素，发生的火灾在消防队赶到后还未被扑灭时，为了卓有成效地扑救火灾，必须听从火场指挥员的指挥，互相配合，扑灭火灾。

七、火场的逃生与自救方法

火灾是人类共同的敌人，假如火灾不幸发生在你的身边，是坐以待毙，还是主动出击呢？答案是相当简单的，因为每一个人的生命只有一次，靠谁来保护生命呢，要靠社会力量，更要靠我们自已，那么，身处火场，如何逃生自救呢？

（1）保持头脑冷静　火灾突然发生后，对于身处火场者来说，惊慌失措是最致命的弱点，保持清醒的头脑，冷静思考，是作出良好逃生自救方式、快速反应的关键。怎样解除惊慌呢？专家介绍了一种简便的方法，该方法简称为自我暗示法：受灾者可以缓慢、单调地默念如下任意词序若干次，直到紧张心理被消除为止。“我感到很轻松、全身都在放松”；“不慌，我会逃出去的”；“我感觉很好，十分镇定”，在紧张、恐慌的心理排除后，遇难者若临危不乱，可以应用掌握的常识开始实施逃生自救。面对突如其来的初期火灾，有扑救能力的成年人，可以尝试利用现有条件灭火，但救火时要记住报火警（火警电话119），不要只顾灭火，等火势难以控制再报警就贻误了最佳的灭火时期，也将自己置于危险的境地。

（2）果断逃生　如果火势已经比较大，超过自己的扑救能力时，就不要尝试灭火了，这时的任务就是果断逃生。逃离时要随手关门，这样可以控制火势和延长逃生的时间，然后从背火的方向，按照疏散指示标志，从最近的安全通道迅速离开火场。如果是房外着火，身处房内者，开门查看火情前，要先试一下门把手或门板，如果是凉的，将门打开一个小缝，查看判断外部情况后，再选择逃生方案。当疏散人员众多时，大家必须听从指挥，有秩序地从火场安全疏散。千万不要争先恐后，互相拥挤，否则，很有可能造成互相践踏，酿成难以想象的悲剧。在逃生时提醒大家，千万不能乘坐载人载货电梯，因为在火灾情况下，乘坐电梯的人也可能随时因为电梯停电关机而陷入新的危险境地。

（3）智闯浓烟区　由于现代装修使用了大量易燃、可燃材料，造成火灾时产生大量有毒气体扩散蔓延，严重威胁被困人员的安全。所以，火场逃生必经浓烟区时，逃生者可以带上平时备用的防毒面具，如果现场没有备用的防毒面具时，我们还可以就地取材，把毛巾打湿水，折叠起来，捂住口鼻，会起到很好的防烟作用。若将干毛巾折叠16层，就能使透过毛巾的烟雾浓度减少到10%以下，即烟雾消除率可以达到90%以上，若将干毛巾折叠8层，这时烟雾消除率可以达到60%，试验证明在这种情况下，人在充满强烈刺激性烟雾15m长的走廊里缓慢行走，没有刺激性感觉。湿毛巾在消除烟雾和烟雾中刺激性物质方面，效果比干毛巾好得多，但毛巾过湿，会使呼吸阻力增大，造成呼吸困难，因此，在使用湿毛巾时，应将毛巾的含水量控制在毛巾本身重量的三倍以下，在穿越烟雾区时，即使感到呼吸阻力增大，也绝不能将毛巾从口鼻上拿开，因为一旦拿开则有可能立即中毒。在逃生的时候，不管是戴上防毒面具，还是用湿毛巾捂住口鼻，经过浓烟区时，由于浓烟带着热量往上走，在贴近地面的空气中，浓烟的危害往往是最低的，所以要尽量弯腰低身，手扶墙壁，必要时，可在地上匍匐前进以减少烟气的侵袭。

（4）冲出着火带　当火场逃生必须冲过火势不猛的着火地带时，我们再急也不能在毫无保护准备的的情况下乱冲，否则与自跳火坑没有区别。为了尽量避免被火灼伤，冲过着火带之前，我们可以把自己身上的衣帽、鞋袜用水浇湿，然后把浸湿的棉被、毯子披住全身，鼓足勇气，屏住呼吸，迅速果断地冲过着火带，即可成功逃生。

（5）逃向天台也是路　当向下疏散逃生的通道被烧烫或被浓烟封堵无法逃生时，这时如果能够沿疏散楼梯向上跑到楼顶天台，也是一个逃生的机会，在这里可以等待云梯车救援，在高层建筑逃生时，我们还可以等待直升飞机的救援。

（6）利用缓降器自救逃生　身处火场，当无法从所有通道逃生时，这时我们还可以通过备用的一种叫缓降器的器材自救逃生。

（7）利用救生袋自救逃生　救生袋是一种两端开口，供逃生者从高处进入其内部缓慢滑降的长条型袋状物。被困人员依靠自身的重量和不同的姿势来控制降落速度，通过缓慢降落地面而脱险。

（8）利用自制绳索自救逃生　火场逃生需要时，如用专用绳子救生最好。若没有绳子，自救者还可以将物品、床单、被罩、窗帘等结实地系在一起，打结时，先将每端打小结，再连接起来，打成牢固的大结，制成一根绳索后，可以把它的一端拴在室内的重物、桌子腿、牢固的窗等可以承重的地方，将人掉下或慢慢自行滑下，下落时，可带手套，如无手套，可用毛巾等代替，以防绳索将手勒伤，下滑时，要保证绳索能够承受你的体重，如果下到下面的某一楼层即可脱险，则不必要到达地面，可在下面某一个未起火的楼层，将玻璃踢破进入，然后转到安全的地方，迅速脱离离开火灾现场，但三楼以上的人慎用此法。

(9) 利用自然条件自救逃生　除上述的方法以外，如建筑物内没有其他设施可逃生时，被困者不妨还可以利用建筑物的自然条件进行自救逃生，如充分利用建筑物外的阳台、窗台、排水管、避雷针等自然条件，只要强度够也可以借助自救，但要注意坠楼意外。

(10) 避难自救法　遇到火灾暂时无法疏散到地面的人员和行动不便的人员，或者各种方法都尝试了却无法自救逃生时，也未必山穷水尽，因为这个时候还可以采取正确的避难措施。一些高层建筑和超高层建筑一般都设有避难层或避难间，火灾时人员可暂时疏散到避难层或避难间，避难层是为高层建筑内人员向上或向下疏散都需要较长时间而设置的，一般每隔不超过15层应设置一个单独的避难层或避难间，避难层所有的建筑材料都具有较长时间的抵抗火烧的能力，而且设置独立的通风空调系统，保障避难者有足够时间等待救援。

(11) 绝处求生　如果被困者所处的房间也已经被大火包围，且楼层只有两三层时，到了不跳楼就是死路一条的地步，那时只能孤注一掷，选择跳楼以求绝处逢生了。但跳楼前先选择一些弹簧床垫等富有弹性的东西往落地点抛下，然后手扶窗台向下滑，跳下时双手抱枕部，屈膝团身跳下，这样可以保证双脚先落地，以减少颅脑损伤与对内脏的伤害，提高生存的机会。

第四节　事故案例分析

【案例一】高压气体窜入，端盖打出，爆鸣着火

1. 事故经过

1995年5月25日凌晨3时40分，某化肥厂合成车间670#工号6#循环压缩机停车，换两个出口气缸阀门和一个入口气缸阀门，于9时40分四大班奉命充气试压，9时55分四大班工长鲍某开循环机新鲜气阀门充气至20MPa时，将6#循环机前套筒端头盖打出，爆鸣起火将鲍某腙关节擦伤，将钳工冯某腿、颈、面部烧伤。

2. 事故原因

6#循环机前套筒盘根是1995年3月初更换的，使用期三个月，盘根存在泄漏，但因生产急于开车，机械副主任张某认为盘根泄漏不太严重，故未进行处理就充气试压，结果造成高压气体窜入前套筒，由于充压速度较快，回气管回气不及时，是导致这次爆鸣着火伤人事故的直接原因。

3. 事故教训

(1) 循环机前套筒盘根备件要做充分的准备并及时更换。

(2) 今后充气试压要制定严密的操作程序，专人指挥。

(3) 车间对过去充气试压发生过爆鸣的设备、阀门、管线事故进行认真整理，编写成教育材料，组织全体员工学习，认真吸取事故教训，避免同类事故再次发生。

(4) 循环机函气回气管上装压力表。

(5) 甲醇系统填函气回气管，检修时要安排专人清理管内的蜡，确保回气管畅通。

(6) 管线震动要及时整改消除。

(7) 严格执行动火管理制度，认真审批，专人监护，确保安全。

【案例二】违章排放，引火烧身

1. 事故经过

1998 年 7 月 17 日 17 时 07 分，由于电网晃电，某公司化肥厂全厂停车。该公司大化肥装置化肥车间合成氨系统在复工过程中，炭黑回收岗位主操王某于 23 时 50 分在中控室发现 FA－107B(石脑油炭黑混合罐)液位上涨，且液位较高(经过 DCS 画面拷贝确认液位于 23 时 16 分开始上涨)。王某便通知现场操作工瞿某开 FA－107B 底部锥体 2 寸阀排液，并进行现场检查。18 日 0 时 2 分，液位最高升至 98.4%。瞿某便打开阀排液并检查确认为水后，开始排水。

0 时 5 分，FA－107B 液面降至 79.1%，此时王某通知瞿某关闭该阀，进行观察，发现 FA－107B 液位仍然上涨，于是平某指令瞿某检查现场，瞿某检查后告王某 GD－102B 密封水阀是开的，随即关闭该阀门，FA－107B 液面稳定在 94.3%。18 日 0 时 12 分王某指示瞿某第二次排液，6 分钟后，王某告诉瞿某液位降至 4%，瞿某说还有东西需再排一会儿，随之联系中断。0 时 20 分，在动力车向值班的仪表人员发现炭黑框架着火，立即电话报警。0 时 25 分两辆消防车出动，约 10min 后将火扑灭，在清理现场发现瞿某躺在三楼平台 FA－107B (混合罐)北侧楼板上，立即送该公司职工医院，经抢救无效死亡。

2. 事故原因

(1) 违章盲目操作　主操王某从中控室 DCS 画面上发现 FA－107B 液面由 9.8% 涨到 98.4% 时，不去详细了解罐内介质情况，而是盲目通知现场操作工瞿某进行排液，致使罐内存有的石脑油与水的混合物排出流到下层楼楼顶部有缺陷的防爆灯具内，发生短路，石脑油蒸气瞬间爆燃着火，这是造成事故的主要原因。

(2) 管理上存在漏洞　FA－107B 石脑油混合罐于 7 月 2 日至 9 日检修时进行过倒空处理，但在事故发生时，存有 9.8% 的液面，并且是从 9 日至 17 日长达 9 天时间中逐渐涨起来的，此情况没有引起车间重视。该化肥厂《安全技术规程》第 2.18.4 条“气化、碳黑回收安全操作规定”：可燃气体、液体、油、污水等有害物质禁止在装置内排放。但由于生产管理不严，致使现场排放物料现象司空见惯。这是发生事故的又一个原因。

(3) 安全意识差，操作素质低　现场操场作工瞿某进行排液作业时缺乏操作安全知识，排液速度过快，仅用 6min 时间，将液面由 94.3% 降到 4%，石脑油被带出，这是事故发生的直接原因。

3. 事故教训

(1) 加强对备用设备安全检查管理，严格检查确认制度，发现异常立即处理，不留隐患。

(2) 加强对职工特别是青年职工的安全技术知识、操作法的培训和特殊情况下的应变能力的培训。

(3) 严格执行操作规程，杜绝乱排乱放现象。

(4) 严格执行各类物料排放的安全管理制度，强化监督检查，杜绝同类事故的再次发生。

(5) 在全厂认真开展“反事故”安全活动，把事故的经过、原因、教训、措施通过各种会议认真传达、学习，并对照检查、深刻反思，真正从中吸取教训，搞好安全生产工作。

【案例三】液态烃受热变气体，遇明火爆燃烧伤三人

1. 事故经过

1999 年 1 月 25 日，某公司催化剂厂一套微球装置要清洗换热器。清洗前，副班操作工办理了相关手续，进行了管束残液处理，准备了引液胶管和燃火器具，随后打开换4排空阀，预备点燃明火。因换热器蒸汽加热疏水器堵塞，处理畅通后，液态烃出入口阀门处于关闭状态，管程内残留液态烃受热急剧膨胀，换热器浮头垫片被刺开，泄漏的液态烃四处扩散，操作室瓦斯报警，一名操作工听到后奔向现场，而与此同时，液态烃气体遇到附近的明火爆燃，将3名操作工的面部烧伤。

2. 事故原因

（1）换4在排空前，未将蒸汽阀关闭，致使液态烃被加热膨胀。

（2）排空区与明火区未设隔断区，无保护设施。

3. 事故教训

（1）换热器检修前，必须关闭上下游介质阀门和加热阀门。

（2）处理残液区与明火区须用气幕屏蔽隔断，加强防火防爆管理。

（3）处理液态烃（瓦斯）系统，应制定安全预案。

【案例四】交叉作业，协调不力，粉尘爆燃

1. 事故经过

1996年6月5日上午，某石油化工厂204车间聚合工段段长崔某安排化工王某、巩某、田某、刘某四人去D区清理S440振动筛，他们在用氮气吹扫振动筛中聚乙烯粉末时，在七楼负责化建动火监护任务的化工吴某发现楼下有粉尘飞扬，即让七楼动火暂停，约20min后五楼吹扫结束，开始用手工清理。同楼层的动火工作开始，七楼也恢复动火。至10时25分因七楼动火的电焊渣引燃振动筛内粉尘，造成爆燃，使在振动筛内干活的田某和筛旁的巩某、刘某三人被爆燃的火焰烧伤，送该公司职工医院烧伤科治疗。

2. 事故原因

（1）车间大检修组织工作不到位。工段安排清理S440的工作，早上没有向车间调度会打招呼，致使事故发生后车间领导无人知道这项工作是谁安排的，组织管理混乱是事故发生的根本原因。

（2）工段长在安排这项工作时，忽视多面交叉作业的不安全隐患，在安排工作时知道有交叉动火项目在进行，既未强调安全注意事项，又没向车间汇报，工作中考虑不周有失误，是事故发生的主要原因。

（3）作为接受工作任务的班长巩某等四人，对粉尘的着火爆炸性质认识不足，在吹扫过程和手工清理时，忽视安全，既没向同楼层和上层交叉动火的人提出要求动火暂停，也没对楼上动火可能掉下的火花采取任何安全防范措施，是事故发生的直接原因。

3. 事故教训

（1）车间对已发生的事故认真吸取教训，强调了组织协调、统筹安排等问题，但并没有在各工段中得到贯彻，以致工段为进度自行安排工作并忽视安全，导致同类事故重复发生。

（2）安全第一的思想没能真正树立，安排工作时忽视安全，工作中存在侥幸心理。

（3）对交叉作业的危险因素考虑不周，对粉尘爆炸和爆燃的性质认识不足。

（4）为使全厂职工都能从这起事故中吸取教训，安全科将此事故向全厂发出通报。在204车间召开事故现场会；204车间6月6日上午停工半天，进行整顿；对事故当事人举办学习班，吸取教训，提高认识。

（5）安全科组织编写关于粉尘着火爆炸性质及事故教训学习材料，以安全简讯的形式发至班组，在全厂开展一次学习讨论、提高认识的活动。

【案例五】违章施工，火星点燃泄漏丙烯着火

1. 事故经过

2004年4月21日16时45分，某石油化工厂中产车间316罐区西泵房丙烯泵由于轴封泄漏，在距泵房一墙之隔的某维修公司正在安装一条*DN*50管线，电焊火星从地面墙壁留下的一小孔溅出，瞬间引燃可燃气体，被在场的维修施工人员立即用干粉灭火器将火扑灭。事故造成丙烯泵电缆烧坏。

2. 事故原因

（1）丙烯泵由于轴封泄漏可燃气体，车间未及时发现，办理了施工用火，是导致事故发生的直接原因。

（2）施工单位与生产单位配合协调不够，现场监护不到位。

3. 事故教训

（1）加强设备管理，保证设备完好。

（2）加强现场检查，发现泄漏及时处理，并停止一切用火作业。

【案例六】违章使用不防爆工具，产生火花着火

1. 事故经过

2004年10月25日，某石油化工厂聚乙烯二车间早晨调度会安排通知某公司回收队对现场废料进行回收，当天回收队因在104车间有回收作业，没有到聚乙烯二车间。26日车间早晨调度会当班班长王某要求车间通知回收队回收S412的废料，回收队到车间后，王某办理完进车证后，因其他工作随即离去。回收队在没有任何车间工艺人员配合下，直接去清理F620－1排放池中的预聚物（预聚物中含有少量的正己烷和催化剂），在清理过程中没有按规定使用不产生火花的木器或铜质工具，而用铁锹直接装排放池中的预聚物粉料。11时左右，由于在清理过程中铁锹与地面摩擦产生火花引起着火，回收队的三位人员立即跑出F620－1正己烷沉降罐围堰。当班人员王某、付某、姚某等岗位人员在控制室看到火光后立即跑到现场将火扑灭。

2. 事故原因

（1）回收队在清理过程中，违章使用铁制器具产生火花，是发生事故的直接原因。

（2）违反安全操作规程。回收队只办理了进车票，没有与车间联系就直接进入现场作业，现场作业没有车间工艺人员的配合是发生事故的重要原因。

（3）车间安全管理有漏洞，对施工作业监督力度不够，对该项作业的排放方案规定的安全措施没有落到实处，是发生事故的又一主要原因。

3. 事故教训

（1）严格排放池中预聚物粉料作业的管理，实行作业票许可制度，专人负责，领导审批，作业过程实行专人监护。

（2）重新编制排放清理预聚物粉料的安全注意事项。

（3）完善排放过程中的工艺，彻底消除排放安全隐患。

（4）现场加挂安全警示牌，提醒排放、清理回收人员注意安全，使用防爆工器具。

本章小结

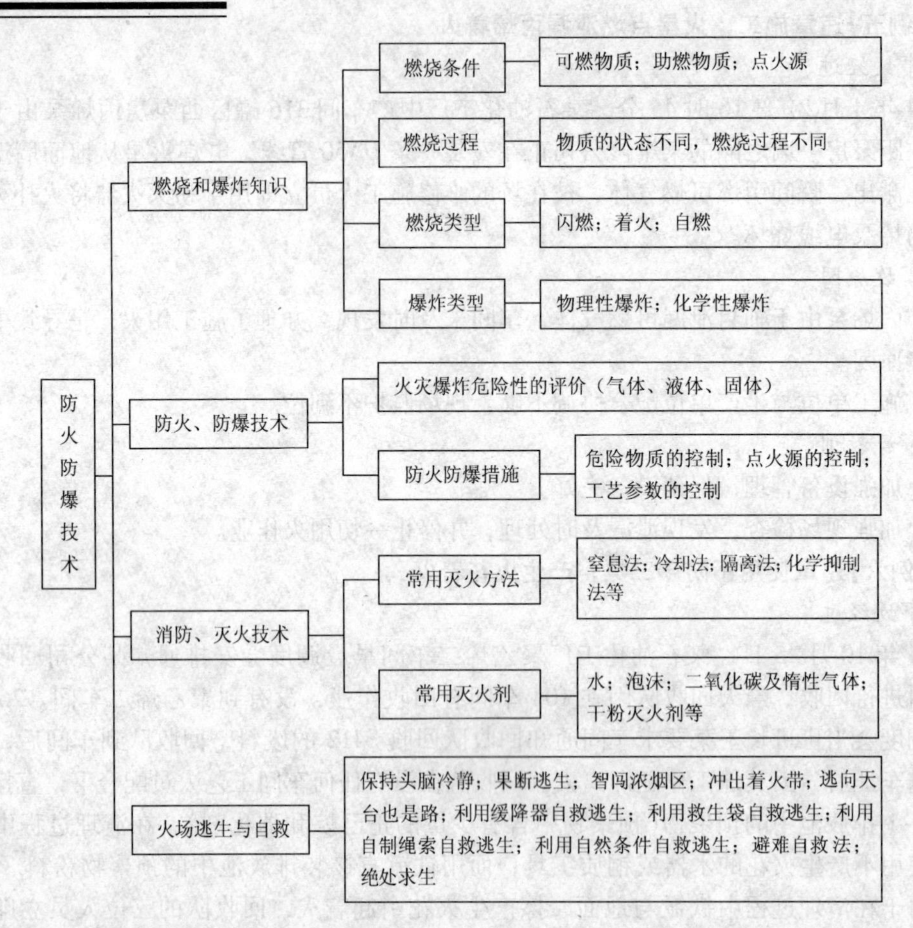

思考与练习

1. 何谓燃烧的“三要素”？它们之间的关系如何？
2. 何谓闪燃、着火、自燃？三者有何区别？
3. 何谓轻爆、爆炸、爆轰？三者有何区别？
4. 在化工生产中，工艺参数的安全控制主要指哪些内容？
5. 水的灭火原理是什么？它能扑救什么样的火灾？哪些物质着火不能使用水扑救？
6. 常用灭火器如何使用？使用时应注意什么问题？如何保养？
7. 防止化工火灾与爆炸的控制内容主要有哪些？
8. 何谓爆炸极限？爆炸时会发生哪些现象？为何具有破坏作用？
9. 爆炸性混合物的爆炸条件是什么？
10. 生产装置的初期火灾应如何扑救？
11. 常用的火灾逃生与自救方法有哪些？

第四章 工业防毒技术

知识目标

- 了解毒性物质的分类，熟悉常见毒物的中毒危害。
- 理解掌握毒性物质侵入人体的途径。
- 理解掌握职业中毒的技术防护措施和个人防护措施。
- 了解一些中毒事故的案例分析。

能力目标

- 能针对不同的毒物，选择正确的防护措施。
- 在中毒现场，能够合理自救。

第一节 工业毒物的分类

在化工生产中，其原料、中间产物以及成品大多是有毒有害的物质。由于这些物质在生产过程中形成粉尘、烟雾或气体，如果散发出来便会侵入人体，引起各种不同程度的损害，严重的就成为职业中毒或职业病。

一、毒物

广义的毒物是指凡作用于人体并产生有害作用的物质。而狭义的毒物概念是指少量进入人体即可导致中毒的物质。通常所说的毒物主要是指狭义的毒物。而工业毒物是指在工业生产过程中所使用或生产的毒物。

毒物侵入人体后与人体组织发生化学或物理化学作用，并在一定条件下破坏人体的正常生理机能，引起某些器官和系统发生暂时性或永久性的病变，这种病变称之为中毒。

应该指出，毒物的含义是相对的。首先，物质只有在特定条件下作用于人体才具有毒性；其次，物质只要具备了一定的条件，就可能出现毒害作用。

二、工业毒物的分类

化工生产中，工业毒物是广泛存在的，由于毒物的化学性质各不相同，因此分类的方法很多。

1. 按物理形态分类

(1) 气体　是指在常温常压下呈气态的物质。例如常见的一氧化碳、氯气、氨气、二氧化硫等。

(2) 蒸气　是指液体蒸发、固体升华而后形成的气体。前者如苯、汽油蒸气等，后者如熔磷时的磷蒸气等。

(3) 烟　又称烟尘或烟气，为悬浮在空气中的固体微粒，直径一般小于1μm。有机物加热或燃烧时可产生烟，如塑料、橡胶热加工时产生的烟；金属冶炼时也可产生烟，如炼钢、炼铁时产生的烟尘。

（4）雾　是指悬浮于空气中的液体微粒，多为蒸气冷凝或液体喷射所形成。例如铬电镀时产生的铬酸雾，喷漆作业时产生的漆雾等。

（5）粉尘　是指悬浮在空气中的固体微粒，其直径一般大于1μm，多为固体物料经机械粉碎、研磨时形成或粉状物料在加工、包装、储运过程中产生。例如制造铅丹颜料时产生的铅尘、水泥、耐火材料加工过程中产生的粉尘等。

2. 按化学类属分类

（1）无机毒物　主要包括金属与金属盐、酸、碱及其他无机化合物。

（2）有机毒物　主要包括脂肪族碳氢化合物、芳香族碳氢化合物及其他有机物。随着化学合成工业的迅速发展，有机化合物的种类日益增多，因此有机毒物的数量也随之增加。

3. 按毒作用性质分类

（1）刺激性毒物　如酸的蒸气、氯、氨、二氧化硫等均属此类毒物。

（2）窒息性毒物　常见如一氧化碳、硫化氢、氰化氢等。

（3）麻醉性毒物　芳香族化合物、醇类、脂肪族硫化物、苯胺、硝基苯等均属此类毒物。

（4）全身性毒物　其中以金属为多，如铅、汞等。

三、工业毒物的毒性

1. 毒性及其表示

毒性的计算单位一般以化学物质引起实验动物某种毒性反应所需的剂量来表示。对于吸入中毒，用空气中该物质的浓度表示。某种毒物的剂量（浓度）越小，表示该物质毒性越大。“剂量”通常是用毒物的毫克数与动物的每千克体重之比（即mg/kg）来表示。“浓度”常用每立方米（或升）空气中所含毒物的毫克或克数（即mg/m^3、g/m^3、mg/L）来表示。

2. 毒性评价指标

通常用实验动物的死亡数来反映物质的毒性。

（1）LD_{100}或LC_{100}　称为绝对致死剂量或浓度，是指使全组染毒动物全部死亡的最小剂量或浓度。

（2）LD_{50}或LC_{50}　称为半数致死剂量或浓度，是指使全组染毒动物50%死亡的剂量或浓度，是将动物实验所得的数据经统计处理而得的。

（3）MLD或MLC　称为最小致死剂量或浓度，是指使全组染毒动物中有个别动物死亡的剂量或浓度。

（4）LD_0或LC_0　称为最大耐受剂量或浓度，是指使全组染毒动物全部存活的最大剂量或浓度。

3. 毒物的急性毒性分级

在各种评价指标中，常用LD_{50}或LC_{50}来衡量毒物的毒性的大小，按照LD_{50}或LC_{50}大小，可将毒物的急性毒性分为分为5级，即剧毒、高毒、中等毒、低毒、微毒五级，具体如表4-1所示。

4. 影响毒物毒性的因素

（1）物质的化学结构对毒性的影响　分子化学结构不同，毒性也不同。例如在脂肪族烃类化合物中，其麻醉作用随分子中碳原子数的增加而增加；化合物分子结构中的不饱和键数量越多，其毒性越大；一般分子结构对称的化合物，其毒性大于不对称的化合物。

表4-1　化学物质急性毒性分级

毒性分级	大鼠一次经口 LD_{50}/[mg/kg(体重)]	6只大鼠吸入4h死亡2~4只的浓度/(mg/m^3)	兔涂皮时 LD_{50}/[mg/kg(体重)]	对人可能致死量	
				g/kg(体重)	60kg体重总量/g
剧毒	<1	<10	<5	<0.05	0.1
高毒	1~	10~	5~	0.05~	3
中等毒	50~	100~	44~	0.5~	30
低毒	500~	1000~	350~	5.0~	250
微毒	5000~	10000~	2180~	>15.0	>1000

(2) 物质的物理化学性质对毒性的影响　毒物(如在体液中)的可溶性越大，其毒性作用越大；毒物的挥发性越大，毒性越大；毒物的颗粒越小，即分散度越大，毒性越大。

(3) 毒物的联合作用　在生产环境中，现场人员接触到的毒物往往不是单一的，而是多种毒物共存。这时毒物的毒性可能存在三种情况。当两种以上的毒物同时存在于作业现场环境中时，它们的综合毒性为各个毒物毒性作用的总和(称为相加作用)；多种毒物联合作用的毒性大大超过各个毒物毒性的总和(称为相乘作用)；多种毒物联合作用的毒性低于各个毒物毒性的总和(称为拮抗作用)。

(4) 生产环境和劳动强度与毒性的关系　生产环境如温度、湿度、气压等的不同也能影响毒物的作用。例如高温条件可促使毒物挥发，使空气中毒物的浓度增加；环境中较高的湿度，也会增加某些毒物的毒性；高气压可使溶解于液体中的毒物量增多。劳动强度大，呼吸量大，吸收毒物的速度加快，越容易中毒。

(5) 个体因素与毒性的关系　在同样条件下接触同样的毒物，往往有些人长期不中毒，而有些人却发生中毒，这是由于人体对毒物的耐受性不同所致。

第二节　工业毒物的危害

一、工业毒物进入人体的途径

工业毒物进入人体的途径有三种，即呼吸道、皮肤和消化道，其中最主要的是呼吸道，其次是皮肤，经过消化道进入人体仅在特殊情况下才会发生。

(1) 经呼吸道进入　毒物经呼吸道进入人体是最主要、最危险、最常见的途径。因为凡是呈气态、蒸发态或气溶胶状态的毒物均可随时伴随呼吸过程进入人体；在全部职业中毒者中，大约有95%是经呼吸道吸入引起的。

(2) 经皮肤进入　毒物经皮肤进入人体的途径主要有表皮屏障和毛囊，极少数是通过汗腺导管进入。毒物经皮肤进入人体的速度和数量，除了与毒物的脂溶性、水溶性浓度和皮肤的接触面积有关外，还与环境中气体温度、湿度等条件有关。

(3) 经消化道进入　毒物从消化道进入人体，主要是由于不遵守卫生制度，或误服毒物，或发生事故时毒物喷入口腔等所致。这种中毒情况一般比较少见。

二、工业毒物在人体内的分布、生物转化及排出

毒物被人体吸收后，人体通过神经、体液的调节将毒性减弱，或将其蓄积于体内，或将其排出体外，以维持人体与外界环境的平衡。

(1) 毒物在人体内的分布　毒物被人体吸收后，由于毒物本身的理化特性及体内组织生

化特点，可使毒物相对集中于某些组织或器官中，即表现出毒物对这些组织的“亲和力”或“选择性”，如铅、汞、砷等金属、类金属毒物，主要分布在骨骼、肝、肾、肠、肺等部位；苯、二硫化碳等溶剂类毒物多布于骨骼、脑髓和脂肪的组织中；脂溶性毒物易与脂肪组织、乳糜粒亲和；碘对甲状腺、汞对肾脏等有特殊亲和力。

（2）毒物的生物转化　毒物被吸收到体内后会发生一系列化学变化，称为生物转化，也就是毒物在体内的代谢。其代谢过程有：氧化、还原、水解、合成，其中氧化过程最多。多数毒物经代谢后，其毒性降低，这就是毒物的解毒作用。少数毒物代谢过程中毒性反而增大，但经进一步代谢后，仍可失去或降低毒性。代谢过程主要是在肝脏中进行，在其他组织中只有部分的代谢作用。

（3）毒物的排出　人体内毒物的排出，有的是以其原形排出，有的则是经过生物转化形成一种或几种代谢产物排出体外。进入人体内的毒物在转化前和转化后，均可由呼吸道、肾脏及肠道途径排出。主要排出途径是肾、肝胆、肺，其次是汗腺、唾液、乳汁等。

气体及易挥发性毒物主要经呼吸道排出，如在体液中几乎不起变化的苯、汽油及水溶性小的三氯甲烷、乙醚等，均可很快地以原形态经呼吸道排出；水溶性毒物大部分经肾脏排出；重金属及少数生物碱等经肠道排出。

总之，毒物通过不同的途径排出是一种解毒方式，然而在毒物排出时，有时可对排出部位产生毒作用。

三、职业中毒分类

在毒物分布较集中的器官和组织中，即使停止接触，仍有该毒物存在。如果继续接触，则该毒物在此器官或组织中的量会继续增加，这就是所谓的毒物蓄积作用，当蓄积超过一定量时，就会表现出慢性中毒的症状。按照中毒症状出现的时间早晚，职业中毒可分为慢性中毒、急性中毒和亚急性中毒三类。

（1）慢性中毒　慢性中毒是指长时间内有低浓度毒物不断进入人体，逐渐引起的病变。慢性中毒绝大部分是由蓄积性毒物所引起的，往往在从事该毒物作业数月、数年或更长时间后才出现症状，如慢性铅、汞、锰的中毒。

（2）急性中毒　急性中毒是由于在短时间内有大量毒物进入人体后突然发生的病变。它具有发病急、变化快和病情重的特点。急性中毒可能在当班或下班几个小时内或最多1～2天内发生，多数是因为生产事故或工人违反安全操作规程所引起的，如一氧化碳的中毒。

（3）亚急性中毒　亚急性中毒介于急性与慢性中毒之间，病变较急性的时间长，发病症状较急性缓和的中毒，如二氧化碳、汞的中毒等。

四、职业中毒对人体的系统及器官的损害

职业中毒可对人体多个系统或器官造成损害，主要包括神经系统、血液和造血系统、呼吸系统、消化系统、肾脏及皮肤等。

1. 急性中毒对人体的危害

（1）对呼吸系统的危害　如刺激性气体、有害蒸气、烟雾和粉尘等毒物，吸入后会引起窒息、呼吸道炎症和肺水肿等病症。

（2）对神经系统的危害　如四乙基铅、有机汞化合物、苯、二硫化碳、环氧乙烷、甲醇及有机磷农药等，作用于人体会引起中毒性脑病、中毒性周围神经炎和神经衰弱症状，出现头晕、头痛、乏力、恶心呕吐、嗜睡、视力模糊、幻觉、复视、出现植物神经失调以及不同程度的意识障碍、昏迷、抽搐等，甚至出现神经分裂、狂躁、忧郁等症状。

（3）对血液系统的危害 如苯、硝基苯等，作用于人体可导致白细胞数量变化、高血红蛋白和溶血性贫血。

（4）对泌尿系统的危害 如升汞（氯化汞俗称升汞）、四氯化碳等，作用于人体可引起急性肾小球坏死，造成肾损坏。

（5）对循环系统的危害 如锑、砷、有机汞农药、汽油、苯等，均可引起心律失常等心脏病症。

（6）对消化系统的危害 如经口的汞、砷、铅等中毒，均会引起严重恶心、呕吐、腹痛、腹泻等症状；硝基苯、三硝基甲苯等会引起中毒性肝炎。

（7）对皮肤的危害 如二硫化碳、苯、硝基苯等，会刺激皮肤，造成皮炎、湿疹、痤疮、毛囊炎、溃疡、皮肤干裂、瘙痒等症状。

（8）对眼睛的危害 化学物质接触眼部或飞溅入眼部，可造成色素沉着、过敏反应、刺激炎症、腐蚀灼伤等。

2. 慢性中毒对人体的危害

慢性中毒的毒物作用于人体的速度缓慢，要经过较长的时间才会发生病变，或长期接触少量毒物，毒物在人体内积累到一定程度引起病变。慢性中毒一般潜伏期比较长，发病缓慢，因此容易被忽视。

由于慢性中毒病理变化缓慢，往往在短期内很难治愈。慢性中毒依不同的毒物的毒性不同，造成的危害也不同。常见的慢性中毒引起的病症有中毒性脑脊髓损坏、神经衰弱、精神障碍、贫血、中毒性肝炎、肾衰、支气管炎、心血管病变、癌症、畸形、基因突变等。

五、常见毒物及其危害

表4－2为常见有毒物质的危害程度和中毒表现。

表4－2 常见有毒物质的危害与预防

物质类型	典型物质	危害性
金属有毒物质	铅	可通过呼吸道和消化道进入人体，主要影响血红色素的合成，造成贫血，还可以引起血管痉挛、高血压等，对脑、肝等器官也有损害
	汞	以蒸气经呼吸道进入人体，与体内的活性酶发生作用，使酶失去活性，造成细胞损坏，导致中毒，如口腔炎、肾脏及肝脏损害等
有机溶剂	苯	主要经过呼吸道进入人体，经过皮肤仅能进入少量，主要损害中枢神经系统和造血系统
	甲苯	主要以蒸气态经呼吸道进入人体，皮肤吸收很少，表现为中枢神经系统麻醉作用和植物性神经功能紊乱症状
窒息性气体	一氧化碳	一氧化碳主要经呼吸道进入体内，与血液中血红蛋白的结合能力极强，造成全身组织缺氧
	硫化氢	主要经呼吸道进入人体，可引起结膜炎、角膜炎甚至角膜溃疡等，严重者可引起肺炎及肺水肿，嗅觉神经末梢麻痹，神经衰弱症侯群及植物性神经功能紊乱
刺激性气体	氯气	损害上呼吸道及支气管黏膜，引起支气管炎，严重的会引起肺水肿，高浓度吸入可造成心脏停跳及死亡
	二氧化硫	被吸入呼吸道后在黏膜表面形成硫酸和亚硫酸，产生强烈刺激和腐蚀作用，大量吸入可引起喉水肿、肺水肿，造成窒息

续表

物质类型	典型物质	危害性
刺激性气体	光气	毒性比氯气大10倍，经呼吸道进入，主要危害是干扰细胞正常代谢，导致化学性肺炎和肺水肿，甚至死亡
	氨	对上呼吸道有刺激和腐蚀作用，高浓度吸入可引起化学灼伤，损伤呼吸道和肺泡，发生支气管炎、肺炎和肺水肿
高分子聚合物	氯乙烯	主要经呼吸道进入人体内，可引起急性中毒，严重者可出现肝脏病变和手指骨髓病变
有机农药	六六六	主要危害神经系统，可引起头晕、头痛，严重者可使意识丧失、呼吸衰竭。慢性中毒可引起黏膜刺激、头昏、头痛、全身肌肉无力、四肢疼痛，晚期造成肝、肾损坏

六、防毒措施

生产过程的密闭化、自动化是解决毒物危害的根本途径。采用无毒、低毒物质代替剧毒物质是从根本上解决毒物危害的首选办法，但不是所有毒物都能找到无毒、低毒的代替物。因此，在生产过程中采取控制毒物的卫生工程技术措施很重要。

（1）密闭、通风排毒系统　系统由密闭罩、通风管、净化装置和通风机构成。

（2）局部排气罩　就地密闭、就地排出、就地净化，是通风防毒工程的一个重要的技术准则。排气罩就是实施毒源控制、防止毒物扩散的具体技术装置。按照构造分为密闭罩、开口罩两种类型。

（3）排出气体的净化　化工生产中的无害化排放是通风防毒工程必须遵守的重要准则。根据输送介质特性和生产工艺的不同，有害气体的净化方法也有所不同，大致分为洗涤法、吸收法、吸附法、袋滤法、静电法、冷凝法、燃烧法等。

（4）个体防护　凡是接触毒物的作业都应规定有针对性的个人卫生制度，必要时应列入操作规程。例如不准在作业场所吸烟、吃东西、班后洗澡，不准将工作服等带回家中等。属于作业场所的保护用品有防护服装、防尘口罩和防毒面具等。

（5）建立健全规章制度　根据有害物质的生产工艺过程、传播方式、毒害作用等，制定相应的安全卫生操作规程以及严格的检查和消除生产装置上物料的跑、冒、滴、漏等管理制度。

七、急性中毒的现场救护

在化工生产和检修现场，由于设备突发性损坏或泄漏，致使大量毒物外溢（逸）造成作业人员急性中毒。急性中毒往往病情严重，且发展变化快，因此必须全力以赴，及时抢救。

（1）救护者的个人防护　急性中毒发生时，毒物多由呼吸系统和皮肤进入人体，因此，救护者在进入危险区抢救之前，首先要做好呼吸系统和皮肤的个人防护，佩戴好供氧式防毒面具或氧气呼吸器，穿好防护服。进入设备内抢救时要系上安全带，然后再进行抢救。

（2）切断毒物来源　救护人员进入现场以后，除对中毒者进行抢救外，同时应侦查毒物来源，并采取果断措施切断其来源，以防止毒物继续外溢（逸）。对于已经扩散出来的有毒气体或蒸气应立即启动通风排毒设施或开启门窗，以降低有毒物质在空气中的含量，为抢救工作创造有利条件。

（3）采取有效措施防止毒物继续侵入人体　救护人员进入现场后，应迅速将中毒者转移至有新鲜空气处，以保持呼吸畅通；清除毒物，防止其沾染皮肤和黏膜。当皮肤受到腐蚀性毒物灼伤，不论其吸收与否，均应立即采取相应措施进行清洗，防止伤害继续加重。

（4）促进生命器官功能恢复　中毒者若停止呼吸，应立即进行人工呼吸，心脏停止应立即进行人工复苏胸外挤压，与此同时，还应尽快请医生进行紧急处理。

（5）及时解毒和促进毒物排出　发生急性中毒后应及时采取各种解毒及排毒措施，降低或消除毒物对机体的作用。

第三节　事故案例分析

【案例一】某石化公司丙烯腈厂中毒亡人事故

2000年12月22日2时50分左右，某石化公司丙烯腈车间丙酮氰醇装置操作人员马某一人违章进入现场作业，中毒死亡。

1. 事故经过

2000年12月22日凌晨，丙烯腈车间丙酮氰醇工段一班班长苗某在班前检查，发现丙酮氰醇工段吸收液循环泵流量偏低，提醒副操巡检时要注意防冻。2时30分左右，丙酮氰醇工段化工一组副操马某在没有得到当班班长指派的情况下，没戴防毒面具和氢氰酸报警器，一人违章进入现场，处理吸收液管线。2时50时左右班长苗某及主操发现丙酮氰醇控制室固定式氢氰酸报警器报警。苗某立即带领副操刘某到现场进行检查，在丙酮氰醇装置310泵房西侧门口发现马某中毒倒地。

2. 事故原因

（1）违章作业　马某违反安全规章制度，进入剧毒区没有佩戴必要的防护用具，没有携带便携式氢氰酸报警器，没有经当班班长批准，独自进入现场；对吸收液管线进行吹扫作业前，没有对胶管进行检查就先开导淋阀门，造成含氢氰酸废水从胶管破损处溅出，剧毒气体吸入导致事故发生。

（2）违反工艺规程　V－3124罐废水没有按规定加新鲜水稀释，使V－3124中废水氢氰酸含量偏高。

（3）车间、工段对安全管理有漏洞　安全教育培训工作不到位，对安全规章制度监督检查不到位，安全生产责任制没有层层落实，习惯性违章时有发生，是这起事故发生的间接原因。

3. 事故教训及防范措施

（1）规章制度不落实，安全管理工作不到位。工厂各项安全规章制度虽然制定了，但是执行不好，对违章违纪现象监督检查不到位。

（2）生产管理不到位，缺乏过程控制检查约束力。V－3124是吸收生产过程中不凝气的废水罐，车间规定用清水一个班置换一次，但实际缺少监控检查的手段，事后调查造成马某中毒死亡的废水中氢氰酸浓度含量很高，暴露出生产管理不到位，缺乏过程控制检查约束力。

（3）车间对安全工作重视不够，职工安全意识淡薄，安全意识不强，部分人产生麻痹思想，个别员工进入有毒现场也较随意，车间对安全工作强调得多，落实检查不到位，没有把安全工作真正落到实处，从严管理的要求和力度不够，违章作业经常发生。忽视各项管理和安全工作，特别是在标本兼治上力度不够，尽管大家一直强调安全，也层层签订了责任状，但是责任还没有落到实处，安全生产和遵章守纪意识还没有成为广大员工的自觉行动。

（4）缺乏有效的管理措施。对生产工艺中出现的非正常操作的处理，没有行之有效的管理规定，因此也缺乏必要的安全措施。非正常状态的各项操作处于非受控状态。

（5）总结教训：召开事故现场会和全厂有关人员大会，认真吸取这次事故教训，对职工进行安全教育，提高职工安全意识和自我保护能力，实现“要我安全”到“我要安全”的观念转变，加强安全培训、演练，不断提高员工安全技能。

（6）加强相关知识培训：加强氰化物防护和救治知识培训，提高车间领导、职能人员及班组长的安全管理水平，堵塞漏洞，杜绝类似事故的重复发生。

（7）严格执行各项规章制度，严禁各种习惯性违章。凡是进入有毒区域人员，必须两人以上，携带便携式报警仪、戴好面具、穿防护鞋，违反规定者，一律严肃处理。

（8）加强非正常生产工艺操作的管理，制定《非正常操作管理规定》，实现管理规范化要求，安全措施有相应职能人员及班组长确认。所有安全措施落实到位，相关人员到场确认签字后，方可进行非正常操作，使非正常操作全过程、全方位、全天候都处于受控状态。为了深刻吸取事故教训，工厂把每年12月22日定为丙烯腈厂“安全警示日”，警示提醒和教育职工不要忘记惨痛的教训。

【案例二】某石化公司腈纶厂丙烯腈装置的中毒事故

2008年11月6日，某石化公司腈纶厂丙烯腈车间岗位操作工陈某在巡检时，发现仪表维护工赵某面向下倒在合成泵房AA－1202 pH计仪表柜内，立即报驻厂急救中心进行抢救，并送医院救治，后经抢救无效死亡。

1. 事故经过

2008年11月6日10时05分，某石化公司腈纶厂丙烯腈车间岗位操作工关某发现该装置合成泵房AA－1202 pH计仪表测量值不准，打电话向工建四公司仪表维护人员报修，仪表维护工赵某接电话后于10时20分到现场查看情况。13时13分，丙烯腈车间岗位人员陈某在巡检时发现赵某面向下倒在合成泵房AA－1202 pH计仪表柜内，立即报驻厂急救中心进行抢救，对事故现场进行警戒封闭，并送医院救治，后经抢救无效于14时30分左右死亡。

2. 事故原因

1）直接原因

赵某违章操作，长时间吸入较高浓度氢氰酸是该起事故的直接原因。事故后，调查组通过现场勘察、调用事发当日的监控录像、DCS数据、查找规章制度、作业记录以及对事故当日有关人员进行询问调查等，初步认定员工赵某在10时20分对AA－1202 pH计仪表进行处理时导致物料泄漏，瞬间局部空间氢氰酸浓度超标造成中毒，失去逃生能力。

2）管理原因

（1）赵某违章操作。赵某接到报修电话后未通知仪表车间和丙烯腈车间有关人员，单独一人、无人监护、未携带防毒面具、未开工作票，对合成泵房AA－1202 pH计仪表进行检查处理，造成中毒后无人救援。

（2）对合成泵房内AA－1202 pH计仪表检修作业危害识别不全面，没有意识到在该区域作业存在氢氰酸中毒的风险。

（3）AA－1202 pH计仪表柜未设置正压通风系统，有毒气体聚积排不出去，存在安全隐患。

3. 事故暴露出的问题及应吸取的教训

（1）反违章禁令贯彻落实不到位，习惯性违章行为依然存在。对员工图省事、走捷径，不严格执行作业票制度等习惯性违章行为，没有行之有效的措施来制止。

（2）仪表检修作业管理不严不细，制度执行上存在漏洞。没有严格执行票证管理制度和检维修操作规程制度，管理粗放。

（3）对作业区域危险认识不足，风险识别不细致、不到位。尤其是在有毒、有害岗位进行检修作业时，危害识别不全面，对风险的辨识、认知能力有限。

【案例三】某石化分公司炼油厂硫磺回收装置硫化氢中毒事故

2002年8月27日17时10分许，在某石化分公司北围墙外环行东路，位于该公司动力厂污水处理车间大门处东西长约400m的范围，有行人和司机出现中毒，共导致沿线过往的15辆机动车的驾乘人员和行人共50人相继中毒。路过此路段的某供销公司司机等人立即向110、该公司120报警。17时15分许，该公司职工医院救护车先后赶到现场，迅速展开救治，随即将受伤人员送往医院。受伤人员中有40人被送往该公司职工医院抢救，其余中毒人员被地方急救中心送往地方医院进行抢救。其中4人送到医院时已经死亡；4人伤势较重，其中一人在9月1日经抢救无效死亡；直接经济损失200万元。

1. 事故经过

某烷基化装置为了做好旧烷基化装置的拆除工作，装置逐步在进行处理，经检查废酸沉降罐(容-7)内约剩30t反应产物，因抽出线已拆除，无法回抽处理，由车间向分厂打出报告，申请分厂联系收油单位将容-7内的废反应产物进行回收。

在办妥废油回收申请手续后，2002年8月27日15时左右，烷基化车间主任带领车间管理工程师、安全员，协助三联公司污油回收队装车。由于从容-7罐顶人孔处用蒸汽往复泵抽油泵不上量，三人商量后从容-7底部抽油，并决定检查容-7底部放空管线是否畅通。在管线试通过程中，利用地下风压罐的顶部放空线将容-7灌中的部分酸性废油排入含硫污水系统，其中地下风压罐排空线到含硫污水井的管线上的2寸阀门开启了两扣，排放时间约为10~15min。

酸液通过管道经过几十米的距离进入含硫污水管线，与含硫污水混合，硫酸与硫化钠反应产生硫化氢气体。随着反应的进行，气体量增加，充满管道内部空间后，气体膨胀产生一定的压力，硫化氢气体在管道中随污水运移，经过800m左右的距离到达污水处理场外的观察井，由于压力的存在，硫化氢气体通过观察井口排出。

通过观察井口排到地面的硫化氢，由于排放口高度较低(高2.45m)，且观察井附近三面是墙(高2.22m)，一面通向环行东路，在当时风速很小(0.7m/s，风向东南偏东)的情况下，比空气重的硫化氢从观察井口排出后大部分沉降到地面积聚，并向无遮挡的南面道路扩散。事故发生时，行驶于污水处理场外道路上的车辆，恰遇观察井瞬间排放的高浓度硫化氢，车厢内兜进高浓度的硫化氢并聚积，使车内人员较长时间地接触硫化氢，导致了车内人员的中毒。在硫化氢浓度达到760mg/m^{3}以上时，导致车辆内人员重度中毒，接触时间达到一定限度或抢救不及时则可能导致死亡。由于汽车驶过，沿着汽车行驶方向产生负压，带动空气沿汽车行驶方向流动，导致泄漏排放的硫化氢气体随气流流动，在公路上形成带状分布，故发生事故区域呈带状分布。

2. 事故原因

(1) 经过对以上情况的分析，认定造成本次事故的直接原因是由于旧烷基化装置通过气体放空管线向含硫污水系统排放高浓度废酸，与含硫污水中的硫化物反应产生硫化氢气体，通过观察井排放，由于沿地面扩散到公路上时浓度较高，造成过往汽车内的人和路上行人的中毒、死亡。

(2) 造成本次事故的间接原因是环行东路边的观察井未封闭。

(3) 造成本次事故的管理原因是对职工的安全教育和培训不够；安全管理不到位，在非正常作业时没有制定风险评价、削减措施，不能及时纠正生产中的违章行为。

【案例四】违章脱碱操作，硫化氢中毒致死

1. 事故经过

1999年10月4日，某炼油厂8-16班减粘装置减粘岗位操作工侯某接班后，因瓦斯碱洗塔－4液面高，加热炉带液，于9时30分左右出外进行脱碱操作，9时30分左右，塔－4液面由95%下降到80%，此时操作室内硫化氢报警仪发出报警，同时侯某返回操作室。当时车间主任提出注意安全，9时50分左右，侯某又出外进行现场处理，此时液面又下降到46%，班长给司泵岗位打电话，司泵岗位没人接电话，班长准备出外查看，此时司泵员急速跑向操作室汇报，侯某熏倒了，班长及车间主任迅速跑向泵房，将侯某从泵房抬出，进行人工呼吸。此时，救护车赶到，将侯某送入该厂职工医院进行抢救，经抢救无效，于10月5日9时5分死亡。

2. 事故原因

（1）减粘工艺含硫渣油在裂解反应过程中，硫化物即被分解还原为硫化氢，含硫干气需碱洗脱硫后到加热炉作为燃料。脱碱操作工本应从室外塔－3（塔－3与塔－4为一整体组合塔）二层平台 *DN*40 密闭脱碱系统进行操作。但侯某却从减粘泵房碱循环泵－7/2*DN*15 的放空阀脱碱，使大量硫化氢外泄至泵房内，是导致侯某硫化氢中毒的直接原因。

（2）到现场检查未佩戴防毒器具是事故发生的又一原因。

3. 事故教训

（1）将泵7出口的导淋阀后管线由 $\phi20$ 改为 $\phi6$，只限采样分折，严禁脱液。

（2）严格执行《防止硫化氢中毒的管理规定》和《防止中毒窒息十条规定》。

（3）在水泵房内增设一台硫化氢报警仪。

本章小结

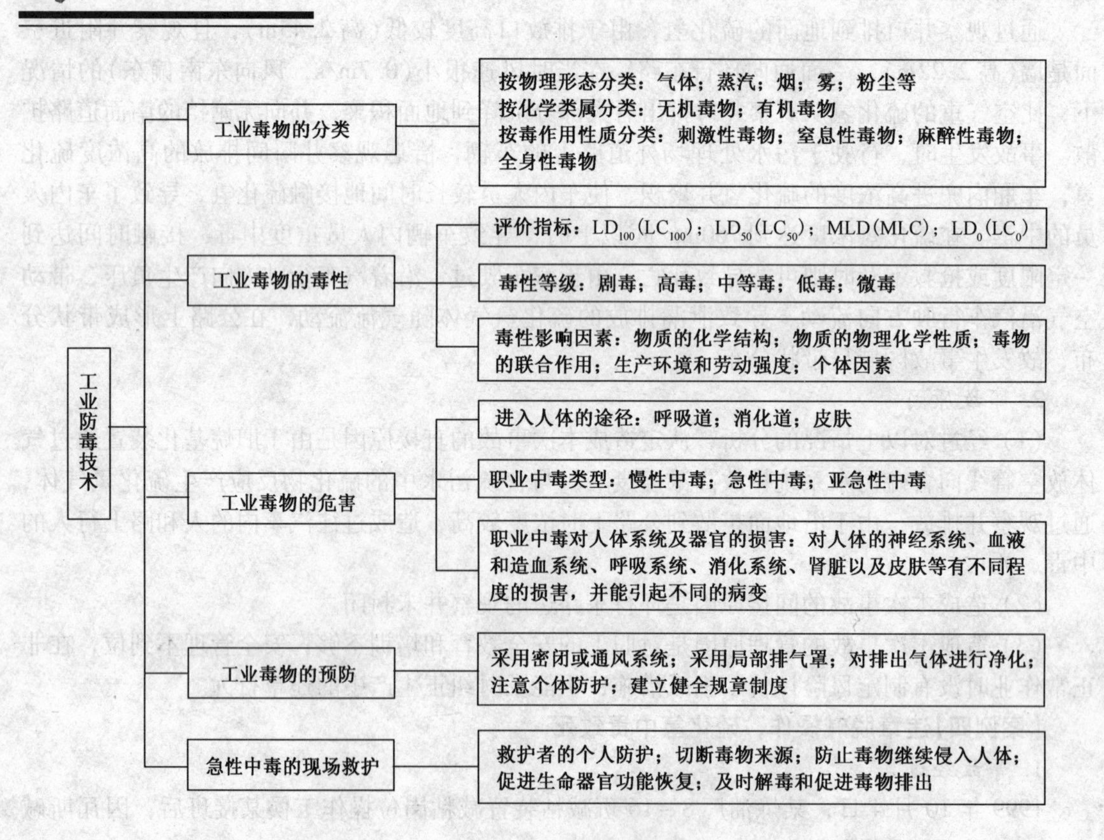

思考与练习

1. 为什么说毒物的含义是相对的?
2. 如何确定职业中毒?
3. 试分析影响毒物毒性的因素?
4. 举例说明工业毒物按其物理形态可分为哪五大类?
5. 如何衡量和表示工业毒物的毒性?
6. 简述毒物侵入人体的途径有哪些?
7. 急性中毒对人体各系统有何危害?
8. 防止中毒有哪些措施?
9. 怎样进行现场急救?
10. 简述防毒综合措施?

第五章　电气、静电、雷电防护技术

知识目标

- 了解掌握触电方式、触电原因与雷电现象的基本知识。
- 掌握工业防触电、防雷击等安全技术措施，并学会触电的急救方法。
- 理解静电产生的原因，掌握静电的危害及防护措施。
- 了解防雷装置分类及用途，掌握人体防雷电措施。
- 事故的案例分析。

能力目标

- 采取正确的防护措施，能有效防止触电、静电、雷电事故的发生。
- 在触电、静电、雷电事故现场，能够合理自救。

第一节　电气安全技术

一、电气安全基本知识

1. 电气安全

电气安全是指电气设备和线路在安装、运行、维修和操作过程中不发生人身和设备事故。

2. 电流对人体的伤害

当人体接触带电体时，电流会对人体造成程度不同的伤害，即发生触电事故。触电事故可分为电击、电伤和电磁场生理伤害三种形式。

（1）电击　电击是指电流通过人体、破坏人的心脏、呼吸及神经系统的正常生理功能，绝大部分触电死亡的事故都是由电击造成的。电击又可分为直接电击和间接电击。直接电击是指人体直接接触及正常运行的带电体所发生的电击；间接电击是指电气设备发生故障后，人体触及意外带电部位所发生的电击。

（2）电伤　电伤是指电流转变成其他形式的能量造成的人体伤害，包括电能转化成热能造成的电弧烧伤、灼伤和电能转化成化学能或机械能造成的电印记、皮肤金属化及机械损伤、电光眼等。电伤不会引起人触电死亡，但可造成局部伤害、致残或造成二次事故发生。

（3）电磁场生理伤害　在高频电磁场的作用下，使人出现头晕、乏力、记忆力减退、失眠等神经系统的症状，称为电磁场生理伤害。

3. 发生触电事故的主要原因

（1）缺乏电气安全知识　例如向有人正在工作的电气线路或电气设备上误送高、低压电，造成工人触电事故；用手触摸已经破坏了的电线绝缘和电气机具保护外壳形成触电事故等。

（2）违反操作规程　例如在高、低压电线附近施工或运输大型设备，施工工具和货物碰击损坏高、低压电线，形成接地或短路事故；带电连接临时照明电线及临时电源线，形成电火花；火线误接在电动工具外壳上，导致接地及触电事故等。

（3）维护不良　例如大风刮断的高、低压电线未能及时修理；胶盖开关破损长期不予修理等造成事故。

（4）电气设备存在事故隐患　例如电气设备和电气线路上的绝缘保护层损坏而漏电；电气设备外壳没有接地而带电；闸刀开关或磁力启动器缺少保护壳而触电等。

触电事故多由两个以上因素构成，统计表明90%以上的事故是由于两个以上原因引起的，仅一个原因的不到8%，两个原因的占35%，三个原因的占38%，四个原因的占20%。应当指出，由操作者本人过失所造成的触电事故是较多的。

4. 引起触电事故的几种形式

（1）单相触电　是指当人体站立地面，手部或其他部位触及带电导体造成的触电事故，如图5－1(a)所示。这类事故一般都是由于开关、灯头、导线及电动机有缺陷而造成的。

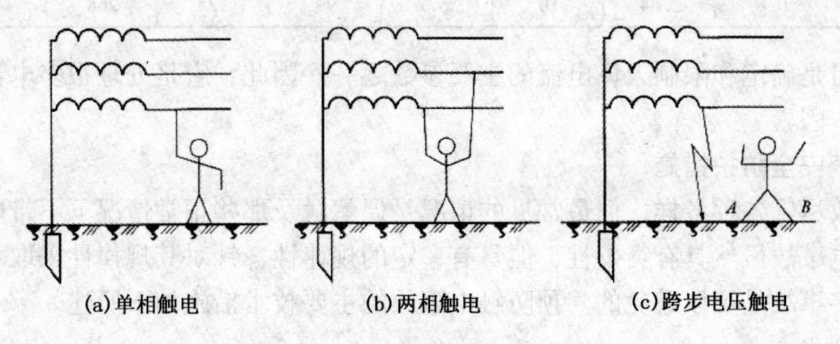

(a)单相触电　(b)两相触电　(c)跨步电压触电

图5－1　触电事故形式

（2）两相触电　是指当人体不同部位同时触及对地电压不同的两相带电体造成的触电事故，如图5－1(b)所示。这类事故的危险性大于单线电击，常常是由于工作中操作不慎而造成的。

（3）跨步电压触电　当带电体发生接地故障时，在接地点附近会形成电位分布，当人体在接地点附近，两脚间所处不同电位而产生的电位差，称为跨步电压。当高压接地或大电流流过接地装置处时，均可出现较高的跨步电压，并将会危及人身安全，如图5－1(c)所示。

（4）高压电击　是指发生在1000V以上的高压电气设备上的触电事故。当人体即将接触高压带电体时，高电压将空气击穿，使空气成为导体，进而使电流通过人体形成触电事故。这种触电事故不仅对人体造成内部伤害，其产生的高温电弧还会烧伤人体。

5. 触电事故对人体伤害程度的影响因素

（1）电流强度的大小　通过人体的电流越大，人体的生理反应越明显，感觉越强烈，致命的危险性就越大。

（2）通电时间的长短　通电时间越长，触电的危险性也就越大。

（3）电流流经人体的途径　电流流经人体的途径不同，所产生的危险程度也不同。从手到脚的途径最危险，这条途径电流将通过心脏、肺部和脊髓等重要器官。从手到手或脚到脚的途径虽然伤害程度较轻，但在摔倒后，能够造成电流通过全身的严重情况。

（4）电流频率的高低　电流频率的高低对触电事故的伤害程度有很大影响，由试验得知，频率为30～300Hz的触电事故最危险。在此范围之外，频率越高或越低，对人体的危害程度反而会相对小一些，但并不是说就没有危险性。

(5) 电压的大小　在人体电阻一定时，作用于人体的电压越高，则通过人体的电流就越大，电击的危险性就越大。

(6) 人体电阻的大小　当电压一定时，人体电阻越小，通过人体的电流就越大，触电的危险性就越大。电流通过人体的具体路径为：皮肤→血液→皮肤。

人体电阻包括体内阻抗和皮肤电阻两部分。体内电阻较稳定，一般不低于500Ω。皮肤电阻主要由角质层决定。角质层越厚，电阻就越大。如果角质层有损坏，则人体电阻将大为降低。影响人体电阻的因素很多。除皮肤厚薄外，皮肤潮湿、多汗、有损伤等都会降低人体电阻。表5－1是随着电压而变化的人体电阻。

表5－1　随着电压而变化的人体电阻

电压 U/V	12.5	31.3	62.5	125	220	250	380	500	1000
人体电阻 R/Ω	16500	11000	6240	3530	2222	2000	1417	1130	640
电流 I/mA	0.8	2.84	10	35.2	99	125	268	1430	1560

人体电阻是确定和限制人体电流的主要参数之一。因此，它是处理很多电器安全问题必须考虑的基本因素。

二、电气安全防护措施

触电事故尽管各种各样，但最常见的情况是偶然触及那些正常情况下不带电而意外带电的导体。触电事故虽然具有突发性，但具有一定的规律性，针对其规律性采取相应的安全技术措施，很多事故是可以避免的。预防触电事故的主要技术措施如下所述。

1. 认真做好绝缘

绝缘是用绝缘物把带电体封闭起来。绝缘材料分为气体、液体和固体三大类。

(1) 气体　通常采用空气、氮、氢、二氧化碳和六氟化硫等。

(2) 液体　通常采用矿物油（变压器油、开关油、电容器油和电缆油）、硅油和蓖麻油等。

(3) 固体　通常采用陶瓷、橡胶、塑料、云母、玻璃、布、纸以及某些高分子材料等。

电气设备的绝缘应符合其相应的电压等级、环境条件和使用条件，应能长时间耐受电气、机械、化学、热力以及生物等有害因素的作用而不失效。

2. 采用安全电压

安全电压是制定电气安全规程和系列电气安全技术措施的基础数据，它取决于人体电阻和人体允许通过的电流。我国规定安全电压额定值的等级为42V、36V、24V、12V和6V。例如在矿井、多导电粉尘等场所使用36V行灯，在特别潮湿场所或进入金属内应使用12V行灯。

3. 严格屏护

屏护就是使用屏障、遮栏、护罩、箱盒等将带电体与外界隔离。某些开启式开关电器的活动部分不方便绝缘，或高压设备的绝缘不能保证人在接近时的安全，均应采取屏蔽保护措施，以免发生触电或电弧伤人等事故。屏护装置所用材料应有足够的机械强度和耐火性能；金属材料制成的屏护装置必须接地或接零；必须用钥匙或工具才能打开或移动屏护装置；屏护装置应悬挂警示牌；屏护装置应采用必要的信号装置和联锁装置。

4. 保持安全间距

带电体与地面之间，带电体与其他设备之间，带电体之间，均需保持一定的安全距离，以防止发生过电压放电、各种短路、火灾和爆炸事故。

5. 合理选用电气装置

合理选用电气装置是减少触电危险和火灾爆炸危害的重要措施。选择电气设备时主要根据周围环境的情况，例如在干燥少尘的环境中，可采用开启式或封闭式电气设备；在潮湿和多尘的环境中，应采取封闭式电气设备；在有腐蚀性气体的环境中，必须采取封闭式电气设备；在有易燃易爆危险的环境中，必须采用防爆式电气设备。

6. 采用漏电保护装置

当设备漏电时，漏电保护装置可以切断电流防止漏电引起触电事故。漏电保护器可以用于低压线路和移动电具等方面。一般情况下，漏电保护装置只用做附加保护，不能单独使用。

7. 保护接地和接零

接地与接零是防止触电的重要安全措施。

(1) 保护接地 接地是将设备或线路的某一部分通过接地装置与大地连接。当电气设备的某相绝缘损坏或因事故带电时，接地短路电流将同时沿接地体和人体两条通路流通。接地体的接地电阻一般为4Ω以下，而人体电阻约为1000Ω，因此通过接地体的分流作用而使流经人体的电流几乎为零，这样就避免了触电的危险。

(2) 保护接零 接零是将电气设备在正常情况下不带电的金属部分(外壳)用导线与低压电网的零线(中性线)连接起来。当电气设备发生碰壳短路时，短路电流就由相线流经外壳到零线(中性线)，再回到中性点。由于故障回路的电阻、电抗都很小，所以有足够大的故障电流使线路上的保护装置(熔断器等)迅速动作，从而将故障的设备断开电源，起到保护作用。

8. 正确使用防护用具

电工安全用具包括绝缘安全用具(绝缘杆与绝缘夹钳、绝缘手套与绝缘靴、绝缘垫与绝缘站台)、登高作业安全用具(脚扣、安全带、梯子、高登等)、携带式电压和电流指示器、临时接地线、遮栏、标志牌(颜色标志和图形标志)等。

三、触电事故的救护

1. 触电急救的原则

触电事故发生后，必须不失时机地进行急救，尽可能减少损失。触电急救应动作迅速，方法正确，使触电者尽快脱离电源是救治触电者的首要条件。

2. 触电事故现场急救方法

1) 低压触电

当发现有人在低压(对地电压为250V以下)线路触电时可采用下面方法进行急救：

(1) 触电地点附近有电源开关或插头，立即拉开电源开关，切断电源。

(2) 如果远离电源开关，可用有绝缘的电工钳剪断电线，或者用带绝缘木把的斧头、刀具砍断电源线。

(3) 如果是带电线路断路造成的触电，可利用手边干燥的木棒、竹竿等绝缘物，把电线拨开或用衣物、绳索、皮带等将触电者拉开，使其脱离电源。

（4）如果触电者的衣物很干燥，且未曾紧缠在身上，可用一手抓住触电者的衣物拉离电源。但因触电者的身体是带电的，其鞋子的绝缘也可能遭到破坏，故救护人员不得接触触电者的皮肤，也不能触摸他的鞋。

2）高压线路触电

高压线路因电压高，救护人员不能随便去接近触电者，必须慎重采取抢救措施。

（1）立即通知有关部门停电。

（2）戴上绝缘手套，穿上绝缘靴，用相应电压等级的绝缘工具拉开开关。

（3）抛掷裸金属线使线路短路接地，迫使保护装置动作，断开电源。抛掷金属线前，应注意先将金属线一端可靠接地，然后抛掷另一端，被抛掷的另一端切不可触及触电者和其他人。

3）现场复苏法

人触电以后，会出现神经麻痹、呼吸中断、心脏停止跳动等迹象，外表上呈现昏迷不醒的状态，但不应认为是死亡，而应该看作是“假死状态”。有条件时应立即把触电者送医院急救，若不能马上送到医院应立即就地急救，尽快使心肺复苏。

（1）呼吸复苏术　触电者若停止呼吸，应立即进行人工呼吸。人工呼吸方法有俯卧压背式、振背压胸式和口对口(鼻)式三种。最好采用口对口式人工呼吸法，如图5－2所示。其具体做法是：置触电者于向上仰卧位置，救护者一手托起触电者下颚，尽量使头部后仰，另一手捏紧触电者鼻孔，救护者深吸气后，对触电者吹气，然后松开鼻孔。如此有节律地、均匀地反复进行，每分钟吹气12～16次，直至触电者可自行呼吸为止。如果触电者牙关紧闭，可进行口对鼻吹气，做法同上。

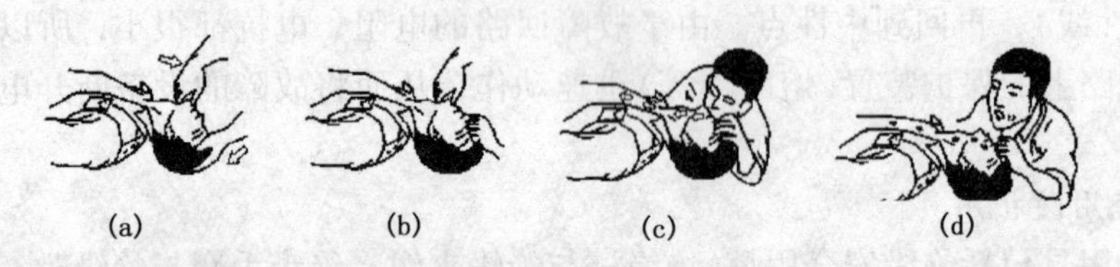

图5－2　口对口人工呼吸法

（2）心脏复苏术　触电者若心跳停止应立即进行人工心脏复苏，采用胸外心脏按压法，如图5－3所示。其具体做法是：救护者将一手掌的根部放在触电者胸骨下半段(剑突以上)，另一手掌叠于该手背上，肘关节伸直，借救护者自己身体的重力向下加压，一般使胸骨陷下3～4cm为宜，然后放松，如此反复有节律地进行，每分钟约60～70次，挤压时动作要稳健有力、均匀规则，不可用力过大过猛，以免造成肋骨折断、气血胸和内脏损伤等。

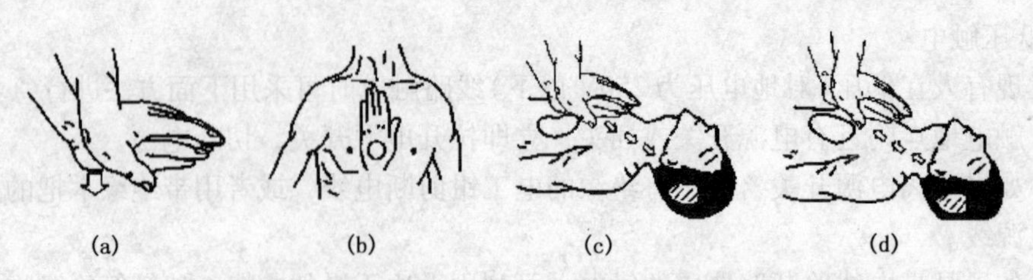

图5－3　胸外心脏挤压法

第二节　静电防护技术

一、静电危害及特性

1. 静电的产生

静电通常是指静止的电荷，它是由物体间的相互摩擦或感应而产生的。在工业生产中，静电现象也是很常见的。特别是在石油化工部门，塑料、化纤等合成材料生产部门，橡胶制品生产部门，印刷和造纸部门，纺织部门以及其他制造、加工、运输高电阻材料的部门，都会经常遇到有害的静电。

2. 静电的危害

在化工生产中，静电的危害主要有三个方面，即引起火灾和爆炸、静电电击和引起生产中各种困难而妨碍生产。

(1) 引起火灾和爆炸　静电放电可引起可燃、易燃液体蒸气、可燃气体和可燃粉尘的着火、爆炸。在化工生产中由静电火花引起爆炸和火灾事故是静电最为严重的危害。

在化工操作过程中，操作人员在活动时，穿的衣服、鞋以及携带的工具与其他物体摩擦时，就可能产生静电。当携带静电荷的人走近金属管道和其他金属物体时，人的手指或脚趾会释放出电火花，往往酿成静电灾害。

(2) 静电电击　橡胶和塑料制品等高分子材料与金属摩擦时，产生的静电荷往往不易泄漏。当人体接近这些带电体时，就会受到意外的电击。这种电击是由于从带电体向人体发生放电，电流流向人体而产生的。同样，当人体带有较多静电电荷时，电流流向接地体，也会发生电击现象。

静电电击不是由电流持续通过人体的电击，而是由静电放电造成的瞬间冲击性电击。这种瞬间冲击性电击不至于直接使人死亡，人大多数只是产生痛感和震颤，但是，在生产现场却会造成指尖负伤，或因为屡遭电击后产生恐惧心理，从而使工作效率下降。

(3) 静电影响生产　在某些生产过程中，如不消除静电，将会妨碍生产或降低产品质量。例如静电使粉尘吸附在设备上，影响粉尘的过滤和输送；在聚乙烯的物料输送管道和储罐内常发生物料结块、熔化成团的现象，造成管路堵塞等。

3. 静电的特性

(1) 电量小，危险性大　化工生产过程中产生的静电电量都很小，但电压却很高，其放电火花的能量大大超过某些物质的最小点火能量，所以容易引起着火爆炸，危险性很大。

(2) 静电泄漏速度慢　在绝缘体上静电泄漏很慢，带电体保留危险状态的时间也长，危险程度增加。

(3) 静电导体所带的电荷不易导走　绝缘的静电导体所带的电荷平时无法导走，一有机会放电，全部自由电荷将一次经放电点放掉，因此带有相同数量静电荷和表观电压的绝缘的导体要比非导体危险大。

(4) 远端放电　若厂房中一条管道或部件产生了静电，其周围与地绝缘的金属设备就会在感应下将静电扩散到远处，并可在预想不到的地方放电，或使人受到电击，它的放电是发生在与地绝缘的导体上，自由电荷可一次全部放掉，因此危害性很大。

(5) 尖端放电　静电电荷密度随表面曲率增大而升高，因此在导体尖端部分电荷密度最大，电场最强，能够产生尖端放电。尖端放电可导致火灾、爆炸事故的发生，还可使产品质量受损。

(6) 静电屏蔽　静电场可以用导电的金属元件加以屏蔽。例如可以用接地的金属网、容器等将带静电的物体屏蔽起来，不使外界遭受静电危害。

二、静电防护措施

1. 静电危害产生的条件

静电一旦具备下列条件就能酿成火灾爆炸事故：

(1) 有产生静电的来源。

(2) 静电得以积累，有足够的静电电压产生火花放电。

(3) 有能引起火花放电的合适间隙。

(4) 产生的电火花要有足够的能量。

(5) 在放电间隙和周围环境中有易燃易爆混合物。

因此，只要采取适当的措施，消除以上五个基本条件中的任何一个，就能有效防止静电引起的火灾爆炸。

2. 静电危害的防护措施

(1) 控制场所危险程度　为了防止静电危害，可以采取减轻或消除所在场所周围环境火灾、爆炸危险性的间接措施。

(2) 控制工艺　控制输送物料的流速以限制静电的产生；选用合适的材料，使生产过程中产生的静电相互抵消，从而达到消除或减少静电；增加静止时间，待静电消散后再进行有关的操作；改变灌注方式，减少因灌注液体时的冲击而产生的静电。

(3) 采用泄漏导走法　泄漏导走法是指将静电接地，使之与大地连接，消除导体上的静电。这是消除静电最基本的方法。可以利用工艺手段对空气增湿、添加抗静电剂，使带电体的电阻率下降，或规定静置时间和缓冲时间等，使所带的静电荷得以通过接地系统导入大地。

(4) 采用静电中和法　静电中和法是利用静电消除器产生的消除静电所必须的离子来对异性电荷进行中和。但是如果使用方法不当或失误会使消除静电效果减弱，甚至导致灾害的发生，所以必须掌握静电消除器的特性和使用方法。

(5) 人体静电的防护措施　采用金属网或金属板等导电材料遮蔽带电体，以防止带电体向人体放电；穿防静电工作鞋，将人体所带静电荷通过防静电工作鞋及时泄漏掉；在易燃场所入口处，安装导电金属的接地通道，当操作人员从通道经过后，可以导除人体静电；采用导电性地面，不但能导走设备上的静电，而且有利于导除积累在人体上的静电。

第三节　防雷技术

一、雷电的形成

雷电是一种自然现象，当地面蒸发的水蒸气在上升过程中遇到上部冷空气时会形成小水滴而形成积云，此外，水平移动的冷空气团或热气团在其前锋交界面上也会形成积云。云中水滴受强气流吹袭时，通常会分成较小和较大的部分，在此过程中发生了电荷的转移，形成带相反电荷的雷云。随着电荷的增加，雷云的电位逐渐升高。当带有不同电荷的雷云或雷云与大地凸出物相互接近到一定程度时，将会发生激烈的放电，同时出现强烈闪光。由于放电时温度可达到20000℃，空气受热急剧膨胀，随之发生爆炸的轰鸣声，这就是电闪和雷鸣。

二、雷电的危害

雷击时，雷电流很大，雷电压也极高。因此雷电有很大的破坏力，它会造成设备或设施的损坏，造成大面积停电及生命财产的损失。其危害主要有以下几个方面：

(1) 电性质破坏　雷电放电产生极高的冲击压力，可击穿电气设备的绝缘，损坏电气设备和线路，造成大面积停电。绝缘损坏会引起短路，导致火灾或爆炸事故。二次反击的放电火花也能够引起火灾和爆炸。绝缘的损坏还为高压窜入低压、设备漏电提供了危险条件，并可能引起严重触电事故。

(2) 热性质破坏　强大雷电流通过导体时在极短的时间将转换为大量热量，产生的高温会造成易燃物燃烧，或金属融化飞溅，从而引起火灾、爆炸事故。

(3) 机械性质破坏　由于热效应使雷电通道中木材纤维缝隙或其他结构缝隙里的空气剧烈膨胀，同时使水分及其他物质分解为气体，因而在被雷击物体内部会出现强大的机械压力，使被击物体遭受严重破坏或造成爆裂事故。

(4) 电磁感应　雷电的强大电流所产生的强大交变电磁场会使导体感应出较大的电动势，并且还会在结构闭合回路的金属物中感应出电流，这时如果回路中有的地方接触电阻较大，就会发生局部发热或发生火花放电，这对于存放易燃、易爆物品的场所是非常危险的。

(5) 雷电波入侵　雷电在架空线路、金属管道上会产生冲击电压，使雷电波沿线路或管道迅速传播。若侵入建筑物内可造成配电装置和电气线路绝缘层击穿产生短路，或使建筑物内易燃易爆品燃烧和爆炸。

(6) 防雷装置上的高电压对建筑物的反击作用　当防雷装置受雷击时，在接闪器、引下线和接地体上均具有很高的电压。如果防雷装置与建筑物内外的电气设备、电气线路或其他金属管道的相隔距离很近，他们之间就会产生放电，这种现象称为反击。反击可能引起电气设备绝缘破坏，金属管道烧穿，甚至造成易燃、易爆品着火和爆炸。

(7) 雷电对人的危害　雷击电流若迅速通过人体，可立即使人的呼吸中枢麻痹、心室颤动、心跳骤停，以致使脑组织及一些主要脏器受到严重损坏，出现休克甚至突然死亡。雷击时产生的火花、电弧，还会使人遭到不同程度的灼伤。

三、雷电防护措施

1. 防雷装置

一般采用防雷装置来避雷电。一套完整的避雷装置包括接闪器（避雷针、避雷线、避雷网、避雷带）或避雷器以及引下线和接地装置。

(1) 接闪器　接闪器的作用是把雷电流引向自身，借引下线引人大地，从而抑制雷击的发生。避雷针、避雷线、避雷网、避雷带以及建筑物的金属层面（正常时能形成爆炸性混合物，电火花会引起强烈爆炸的工业建筑物和构筑物除外）均可作为接闪器。

① 避雷针主要用来保护露天变电所的配电设备、建筑物、构筑物、储罐区等。

② 避雷线主要用来保护电力线路。

③ 避雷网和避雷带主要用来保护建筑物。

④ 避雷器主要用来保护电力设备。

(2) 引下线　引下线即为接闪器网与接地装置的连接线。一般由金属导体制成，常用的有圆钢、扁钢。引下线应不少于两条，与接地网焊接牢固。

(3) 接地装置 接地装置的作用是流散雷电电流，其性能是否符合要求，主要取决于它的流散电阻。流散电阻与接地装置的结构形式和土质等因素有关，其数值通常不应大于10Ω，若过大则不利于雷电流的流散。防雷装置每年在雷雨季节前应做一次完整性、可靠性和接地电阻值的测试检验和修理。

2. 人体防雷电措施

雷电活动时，由于雷云直接对人体放电，产生对地电压或二次反击放电，都可能对人体造成电击。因此，应注意安全防护。

1) 安全防护措施

(1) 当有雷电时应避免进入和接近不加保护的小型建筑、仓库和棚舍等；未采取防雷保护的帐篷及临时掩蔽所；非金属车顶或敞篷的汽车；空旷的田野、运动场、游泳池、湖泊和海滨；铁丝网、晾衣绳、架空线路、孤立的树木等。

(2) 雷雨活动时，应避免使用金属柄的雨伞、推自行车或接触电气设备、电话以及金属管道装置。

(3) 雷雨活动时，应尽快躲入采取防雷保护措施的住宅和其他建筑物；地下掩蔽所、地铁、隧道和洞穴；大型金属或金属框架结构建筑物。应寻找低洼地区，避开山顶和高地，寻找茂密树林。如果处于暴露区域，孤立无援，当雷电来临时感到头发竖起，这预示将遭雷击，此时应立即蹲下，身子向前弯曲，并将手放在膝盖上，切勿在地下躺平，也不得把手放在地上。

2) 雷雨中预防雷击注意事项

(1) 不打手机；

(2) 不在雨中狂奔；

(3) 不在大树下避雨；

(4) 不在水边湖边逗留；

(5) 不在水中嬉戏；

(6) 不宜在雷雨中打伞。

第四节 事故案例分析

【案例一】误入霹雷带，电弧灼伤人

1. 事故经过

1999年4月6日11时11分，某石化公司化肥厂电气车间检修班长李某与检修工董某、裴某、王某等六人进行3517线路春检，在3517引入线室清扫工作结束后，王某与裴某到二变找牛某取走一串大门钥匙，又到3517开关所进行清扫，在清扫工作未结束的情况下，王某对李某说“我去还钥匙”。王进入3517引线室找手套，错将正在运行的3516引入线室门打开，误入避雷器带电间隔，造成王某双脚电击伤，头部、面部、手Ⅱ度电弧烧伤。

2. 事故原因

(1) 违章作业。王某误入正在运行3516引入线室，进入35kV带电体的不安全区域，高压电对人体放电，电弧将王电击灼伤，是事故发生的直接原因。

(2) 变电所值班员牛某思想麻痹，工作失职，擅自将配电室钥匙交给王某，给王某错开3516引入线室的门造成机会，是这起事故的主要原因。

(3) 电气车间设备检修管理存在漏洞，值班电工与检修电工交接手续无明确严格的规定，把全部钥匙串在一起，没有严格的对位措施，是发生这起事故的又一原因。

3. 事故教训

(1) 电气车间应建立健全设备检修交接班制度。对变电所引入线室、变压器室、主开关室等大门门锁的开关，要有具体的操作说明。并要求组织全车间每个职工认真学习，熟知掌握，对制度和规定的执行情况进行检查考核。

(2) 加大车间内部安全管理的力度，必须将各变压器、开关柜的钥匙分开，做到用哪个，对位取哪个，明确值班人员负责开关门锁，做到施工负责人和现场监护人分工明确，责任到人。进一步提高检修职工安全意识、素质、操作技能和遵章守纪的自觉性，杜绝违章指挥、违章作业、违反劳动纪律的现象。

(3) 细化各类电气安全作业票证的填写、办理、审批手续的细则和规定，做到使用正确化、规范化、标准化。

(4) 加强对职工，特别是青年职工的安全技术知识、操作法和特殊情况下应变能力的培训，同时加强电气设备检修中的安全监督等措施的落实，严防同类事故的再次发生。

(5) 电气车间要对全厂配电室、变电所等电气设备的编码、位号，进行一次仔细认真的普查核实，错码、错号应立即进行纠正，防止检修中触电事故的发生。

【案例二】超过警戒线，触电被烧伤

1. 事故经过

2004年8月20日11时25分，某石化公司污水处理厂机动设备部电工李某在协助某供电分局统计高压用电设备时，发生电弧灼伤事故，李某左手、右肘及右大腿内侧共4%面积灼伤，深度为Ⅱ~Ⅲ度。

2004年8月17日，该供电局用电班王某通知污水处理厂机动设备部副主任(主管电气)，要求对污水处理厂进网变电所高压开关柜及计量设备的型号进行核对复查。8月20日上午9时20分，机动设备部电气技术员董某安排低温水电工班电工李某配合供电分局对4#变电所设备进行核对复查。供电分局王某、高某两人开车来到污水厂后，在电气技术员董某的陪同下，先对化工污水处理部1#、2#变电所的高压柜、电容器、油断路器进行了登记。10时50分，王某、高某两人开车到低温水处理部4#变电所，值班电工李某配合工作，由于4#变电所真空断路器的标牌在高压柜内，供电局王某要求李某打开5#高压出线柜门，王某站在板凳上用手电照明查看真空断路器的标牌，王某看不清楚，要求李某帮助查看，王某下板凳后，李某站在板凳上向内查看标牌时身体与真空断路器下侧高压母线距离过近，发生10kV高压弧光放电，造成电弧灼伤事故。

2. 事故原因

(1) 违章作业　按照《电业安全技术规程》规定，人体距离高压(10kV)带电体的安全距离应大于70cm，李某在帮助供电局查看标牌时小于安全距离，违反了《电业安全技术规程》规定，查看真空断路器标牌时身体与高压母线之间发生了弧光放电，造成灼伤事故，是导致事故的直接原因。

(2) 管理工作不到位　按照该石化公司安全管理规定，员工在调换工作岗位后，要进行岗位技术培训和安全教育，经考核合格后才能上岗操作，李某调换到低温水电工班后，车间未对其进行正规岗位技能培训、考试，只是班长带领到变电所作了简单的系统交底和模拟操作，李某没有完全掌握高压系统的运行方式，技术不熟练，不能独立作业。5#高压柜从井群反送电，断路器下侧母线带电，柜体没有带电标识。供电局管理人员在作业内容变更后，未及时与厂主管部门进行业务联系，违章指挥李某打开柜门查看内部标牌是导致事故的又一重要原因。

检查核对断路器、电容器、电流互感带、电压互感群等高压开关柜内部设备，必须办理第一种工作票，按照停电、验电和挂接地线的作业程序，在安全措施落实后才能作业，这是电业管理的基本规定，供电局王某要求李某打开柜门，自己站在板凳上，一支脚踩在高压柜隔板上查看核对带电高压柜内的设备标牌是严重违章的，要求李某替自己查看更是违章的。作为电业主管部门业务工作人员，应自觉执行电业管理规定，当打开高压柜门查看断路器标牌时，应保持安全距离，当看不清标牌时，应立即停止工作，不应该身体靠近高压母线，更不应该将脚踩在高压柜隔板上。

(3) 管理职责不清　供电局这次的核定复查，没有文件，没有书面通知，没有书面工作计划，没有工作内容清单，口头讲述的工作内容与实际工作内容不一致，造成机动设备部门在安排陪检工作时缺乏针对性。8月20日上午9时前，低温水电工班班长带领另外一名值班电工到远离变电所的大桥上进行维修作业，变电所李某一人值班，供电局的违章指挥、违章作业无人制止，李某替供电局查看断路器标牌小于安全距离时无人监护，无人阻止。

3. 事故教训

(1) 员工调整工作岗位后，要按照管理规定进行岗位技能培训，并经考试合格后才能上岗作业。要使员工掌握设备的性能、系统的运行方式、电气倒闸操作的方法和步骤，提高员工的技术素质，提高员工的安全生产意识和自我保护意识。此次事故反映出事故责任者业务不熟悉，思想麻痹，对变电所运行方式不清楚，当供电分局提出要打开5#出线柜门时没有提出正确的反对意见，随即打开了带有10kV电压的高压开关柜门，迈出了走向事故的关键一步，这次事故虽然是一个轻伤事故，但教训是非常深刻的。目前，该污水处理厂按照公司的安排进行了业务整合，人员变动大，对调整到新岗位上的所有人员要进行必要的技能培训和安全考试，尤其是岗位操作人员，必须做到考试合格才能上岗操作，确保员工能够正确操作，从而保证安全。

(2) 严格执行安全生产管理制度，严格执行电气专业“三三二五”管理制度，各项安全防范措施必须落实到位。这次事故中的违章指挥、违章作业证明了违章就是事故的道理。严格执行制度是安全生产的根本保证，每一名员工都要时时刻刻牢记这个道理。各种作业必须按规定办理相应的作业票证，杜绝无票证作业，并落实好安全防范措施。杜绝违章指挥，杜绝违章作业。要加强执行制度的力度，厂安全环保科、各生产管理部的安全管理人员要加强监督检查力度，对一切违反规章制度的行为坚决予以纠正。

(3) 切实落实安全生产责任制。做每一项工作都必须落实具体工作责任，防止管理或作业过程中出现空缺。事故发生后，低温水电工班长不知道事故的发生，也不知道4#变电所供电分局作业，说明安排布置工作不够严密。在今后的工作中，要严格管理程序，要将每一项的工作责任落实到具体人头上，逐级进行安全生产责任分解，层层把关，真正做到每一个员工知道自己工作的具体内容，知道自己所做的每项工作都要承担相应的安全责任。科室部门领导和各级管理人员在安排具体工作时要做到预知预想，要知道每项工作的危险因素和防范措施，从而保护员工的生命安全，保护设备的安全运行。

（4）认真吸取事故教训，举一反三，杜绝各类事故的发生。厂立即将事故发生的原因、事故的教训和防范措施传达到全体员工，开展一次反事故大讨论，机动设备部立即组织对调换岗位的作业人员进行技术培训，8 月 30 日前完成培训考试工作，其他单位 9 月 5 日以前完成转岗员工的技能培训工作，各单位要在 8 月底以前对转岗人员进行安全教育和考试。要查找消除事故隐患。低温水 4#变电所是运行几十年的老设备，没有“五防”安全措施，5#、7#高压出线柜的设计与现运行方式不能保证人身安全，要从设备或运行方式上进行改变，消除事故隐患，防止类似事故的发生。

【案例三】系统倒电，电压降低，系统停车

1. 事故经过

2000 年 5 月 7 日 15 时 50 分，某石化公司化肥厂电气车间职工将大化肥用电负荷倒至 1114 线路时，1114 线路的系统电压降低，造成大化肥系统 A、B 锅炉的引风机、送风机、一次风机、磨焊机等电机低电压保护动作，A、B 锅炉跳车，大化肥系统停车。

2. 事故原因

新建 220t/h 煤锅炉（C 锅炉）在设计时考虑不周。将大化肥系统 1#电站二段电源进行了改动，由 1114 线路经 C 锅炉电站（2#电站）再供给，中间经过两个电抗器（增加一个电抗器），因此电压降较大，当大化肥负荷突然转移到 1114 线路时，瞬间电压的降幅过大，造成电气设备低电压保护装置动作，系统停车。

3. 事故教训

（1）大化肥 1#电站的电源尽可能避免由 1114 线路经 2#线路经 2#电站供电。

（2）在停车大检修期间，将 A、B 锅炉的高压电机的低电压保护及氨变的 ATS 装置解除。

（3）经过不断的摸索经验，逐步改进操作方法，在 1113 和 1114 线路并列后，采用逐步提高 1114 线路电压的办法，转移大化肥的用电负荷，防止 1114 线路因突然增加负荷瞬间低电压。

（4）大化肥系统的电源在由 1114 线路供电期间，禁止大设备的启动。

（5）大化肥 1#电站的二段电源由 1114 线路直接供给。

【案例四】违章作业，电站停电

1. 事故经过

1999 年 12 月 8 日 16 时 45 分，某石化公司化肥厂 1#电站岗位值班电工接班后，按要求对供电系统进行全面检查，在检查时发现，发电机负荷 8000kW，系统电压 6100V，觉得较低，就联系电调提高系统电压。调度员下达了提高系统电压的指令，零变值班电工按指令的要求，把 1113 变压器分解开关从 6 挡调到 8 挡，电压从 6. 1kV 升到 6. 3kV，要系统稳定到 20 时以后，生产的后系统开车。由于蒸汽量不足，发电机负荷又从 8000kW 降到 4000kW，系统电压从 6. 3kV 至 6. 2kV 不到，值班乙给生产调度打电话，问“后面开好了没有，汽机能否加负荷”，生产调度回答说“后面的系统开稳以后汽机再加负荷”，值班乙又问“开稳定还要多长时间”，生产调度说“说不上”，然后值班乙对值班甲说“发电机负荷 4000kW，系统电压不到 6. 2kV”。值班甲说“我们与电调联系一下，把电容器投上（目的是提高系统电压，系统功率因数)”。20 时 30 分，值班甲与电调联系能否投用电容器，调度员说“办操作票，投 1#、2#电容器”。值班甲填好操作票，又问“现在能否操作”，调度员说“可以操作，但要把批准人栏目填上我和于某”。值班甲接到允许操作指令后，对值班乙说“你在上面监盘，我下去操作”。20 时 40 分，值班甲到二楼配电室去操作，在投电容器瞬间，照明灭、亮，接着出现开关跳闸的声音，随后，值班甲向电调汇报电站停电情况。

2. 事故原因

(1) 初步分析，电容器在投用瞬间，1#电站、发电系统参数，在电网内产生了电压振荡和高次谐波，干扰 ECP 控制系统的输出，使 EPC 盘辈制系统发出了跳馈电线开关的误动作信号，致使 1#电站Ⅰ段、本变 1#变压器，合成氨变高压Ⅰ段、尿素变高Ⅰ段、空压站配 1#变压器、渣场配变压器；Ⅰ段、空压站配 2#变压器、煤运配 2#变压器等 8 条馈电线停电。

(2) 车间管理不到位。同类故障今年 9 月以前也曾经发生过，而只跳渣场一条馈电线，车间也对渣场馈电线及开关进行了检查，没有发现问题，故没能引起车间的足够重视；电工在操作前、操作过程中违章、蛮干，制作假票、一人操作，严重违反电气安全技术规程和电气票证管理制度；在劳动组织方面存在一定问题，作为一班之长的调度员，因安全意识不强，电站操作情况不熟悉，所以没有及时安排人员协助电站的操作。

3. 事故教训

(1) 在查清故障原因前，1#电站 1 号、2 号电容器禁止投用。

(2) 1#电站的 ECP(电气控制)盘暂时停用。

(3) 加强车间管理，提高安全意识，合理调整劳动组织。

(4) 严格贯彻执行电气安全技术规程和票证管理制度，严把票证审批关，加大考核力度，杜绝违章、蛮干、假票、错票。

【案例五】测量不当发生短路，空压机卸载系统停车

1. 事故经过

1999 年 12 月 19 日凌晨 5 时 30 分，某石化公司化肥厂大化肥工艺操作人员通知仪表维修人员，反映空压机组 GB001 的防喘阀 FV001 不能正常动作。仪表工史某、王某赴现场进行处理。在处理过程中，为区分调节器和调节阀两系统的故障，错将万用表功能挡打在电流测量挡上去测量输出电压，造成 FV001 输出回路短路，导致 FV001 阀全开，空压机卸载，造成合成氨装置停车。

2. 事故原因

(1) 主要操作者史某在测量电压时，错将万用表功能挡打在电流测量挡上，引起短路，为主要原因。

(2) 监护人员王某监护不力，是引起事故的次要原因。

3. 事故教训

(1) 针对本次事故，仪表车间要进行一次车间范围的标准器具和工具的使用方法培训，防止类似事故的发生。

(2) 对全厂关键性的调节阀进行升级管理，制定维护保养、检修及校验制度。

(3) 结合本次事故，加强职工责任心的教育，使操作者和监护人员各自负起应有的责任。

本章小结

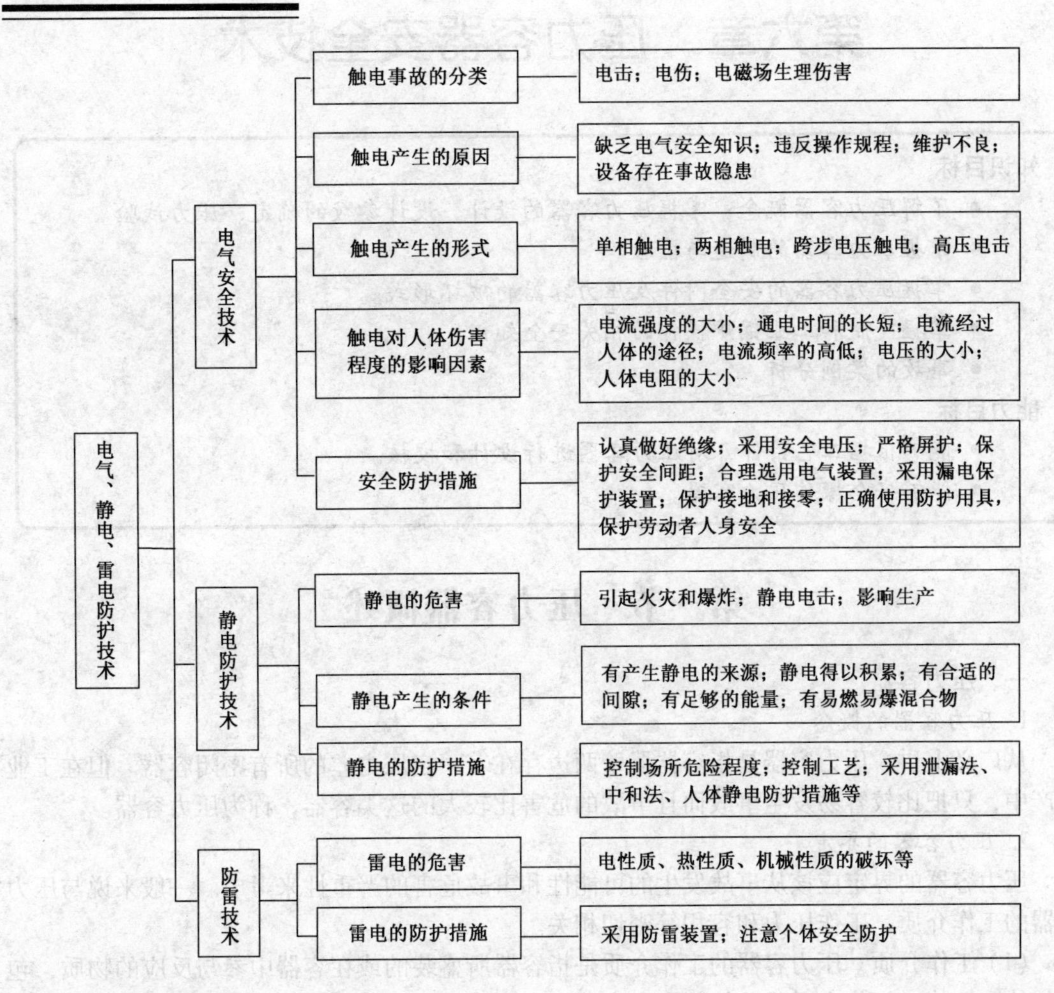

思考与练习

1. 简述电流对人体的作用？
2. 人体触电的原因有哪些？触电方式有哪几种？
3. 电流对人体有何伤害？什么是电击、电伤？
4. 化工生产中应采用哪些防触电措施？
5. 化工企业职工应如何进行触电急救？
6. 什么是保护接地和保护接零？其目的是什么？
7. 静电具有哪些特性？
8. 化工生产中的静电危害主要发生在哪些环节？
9. 防止静电危害可采取哪些措施？
10. 雷电有哪些危害？
11. 在化工生产中应采取哪些防雷措施？

第六章　压力容器安全技术

知识目标

- 了解压力容器概念；掌握压力容器的设计、设计参数的确定、压力试验。
- 掌握压力容器的制造与检验。
- 掌握压力容器的安全附件及压力容器的破坏形式。
- 掌握气瓶和工业锅炉操作的相关安全知识。
- 事故的案例分析。

能力目标

- 能够根据工艺条件，对压力容器进行设计和校核。
- 能够安全操作压力容器。

第一节　压力容器概述

一、压力容器

1. 压力容器的概念

从广义上讲，压力容器是指容器器壁两边存在着一定压力差的所有密闭容器。但在工业生产中，只把比较容易发生事故而且事故的危害比较大的这类容器，称为压力容器。

2. 压力容器的界定

压力容器的界定应该从事故发生的可能性和事故危害的严重性来考虑。一般来说与压力容器的工作介质、工作压力和容积等密切相关。

(1) 工作介质　压力容器的工作介质是指容器所盛装的或在容器中参与反应的物质，包括气体和液体。工作介质是液体的压力容器，由于液体的压缩性很小，因此在卸压爆炸过程中，所释放的能量也很小；工作介质是气体的压力容器，因为气体有很大的压缩性，因此在容器爆炸时，气体瞬时卸压膨胀所释放的能量要比介质为液体的爆炸能量大数百倍至数万倍。

(2) 压力容器的工作压力和容积　压力容器的工作压力是指容器在正常使用过程中所承受的最高压力载荷，一般来说工作压力越高或者容器的容积越大，则容器爆炸时气体膨胀所释放的能量越大，事故的危害性就越严重。

(3) 我国《压力容器安全技术监察规程》中对压力容器的界定　我国完全纳入《压力容器安全技术监察规程》适用范围的压力容器，应同时具备下列三个条件：

① 高工作压力 $p_w \geqslant 0.1$MPa(不含液体静压)。

② 内直径(非圆形截面指其最大尺寸) ≥0.15m，且容积 $V \geqslant 0.025\text{m}^3$。

③ 盛装介质为气体、液化气体或最高工作温度≥标准沸点的液体。

二、压力容器的分类

为了便于对压力容器的设计、制造、安装使用和维护、检验等各个环节按类别进行全过程的管理和追踪，必须对压力容器进行分类。根据不同类别的压力容器，采用不同的管理方法和管理措施，既可节约管理成本，又可确保压力容器安全。

1. 按容器的壁厚分类

(1) 薄壁容器(指相对壁厚较薄)　外直径与内直径之比≤1.2。

(2) 厚壁容器　外直径与内直径之比>1.2。

2. 按壳体承压的方式分类

(1) 内压容器　内部介质压力>外界压力。

(2) 外压容器　内部介质压力<外界压力。

3. 按容器的工作壁温分类

(1) 高温容器　设计温度≥550℃。

(2) 常温容器　设计温度为-20~200℃。

(3) 低温容器　设计温度≤-20℃。

4. 按壳体的几何形状分类

分为球形容器、圆筒形容器、其他特殊形状容器等。

5. 按容器的制造方法分类

分为焊接容器、锻造容器、铆接容器、铸造容器、有色金属容器和非金属容器等。

6. 按容器的安放形式分类

分为立式容器、卧室容器等。

7. 按压力等级分类

根据现行《压力容器安全技术监察规程》，按压力容器的设计压力(p)可划分为低压、中压、高压、超高压四个等级。具体的划分标准如下：

(1) 低压容器(代号 L)　$0.1MPa \leqslant p < 1.6MPa$。

(2) 中压容器(代号 M)　$1.6MPa \leqslant p < 10MPa$。

(3) 高压容器(代号 H)　$10MPa \leqslant p < 100MPa$。

(4) 超高压容器(代号 U)　$p \geqslant 100MPa$。

8. 按工艺用途分类

按照压力容器在生产工艺过程中的工作原理，可分为以下几种：

(1) 反应压力容器(代号 R)　主要用于完成介质的物理、化学反应，这类容器的压力源于两种，如反应器、反应釜、合成塔、聚合釜等。

(2) 换热压力容器(代号 E)　主要用于完成介质的热量交换，将介质加热或冷却，如热交换器、冷却器、冷凝器、加热器等。

(3) 分离压力容器(代号 S)　主要是用于完成介质的流体压力平衡、缓冲和气体净化分离，如分离器、净化塔、回收塔等。按所用的净化方法命名为吸收塔、洗涤塔、干燥塔、汽提塔、除氧器等。

(4) 储存压力容器(代号 C，其中球罐代号为 B)　主要用于储存或盛装气体、液体、液化气体等介质，保持介质压力的稳定。如常用的压缩气体储罐、压力缓冲器等都属于这类容器。

9. 按危险性和危害性分类

按压力等级、容器内介质的危险性及生产中所起的作用等把容器分为三类，即第一类容器、第二类容器、第三类容器。

(1) 符合下列情况之一的为一类压力容器(代号为Ⅰ)：

① 低压容器(仅限非易燃或无毒介质)；

② 易燃或有毒介质的低压分离容器和换热容器。

(2)符合下列情况之一的为二类压力容器(代号为Ⅱ)：

① 中压容器；

② 毒性程度为极度和高度危害介质的低压容器；

③ 易燃介质或毒性程度为中度危害介质的低压反应容器和低压储存容器；

④ 低压管壳或余热锅炉；

⑤ 低压搪玻璃压力容器。

(3)符合下列情况之一的为三类压力容器(代号为Ⅲ)：

① 高压容器；

② 毒性程度为极度和高度危害介质的中压容器；

③ 易燃或毒性程度为中度危害介质，且设计压力 p 与容积 V 的乘积大于或等于 $10MPa \cdot m^3$(即 $pV \geqslant 10MPa \cdot m^3$)的中压储存容器；

④ 易燃或毒性程度为中度危害介质，且 $pV \geqslant 0.5MPa \cdot m^3$ 的中压反应容器；

⑤ 毒性程度为极度和高度危害介质，且 $pV \geqslant 0.2MPa \cdot m^3$ 的低压容器。

⑥ 高压、中压管壳式余热锅炉，包括用途属于压力容器并主要按压力容器标准、规范进行设计和制造的直接受火焰加热的压力容器；

⑦ 中压搪玻璃压力容器；

⑧ 使用按相应标准中抗拉强度规定值下限大于等于540MPa 的强度级别较高的材料制造的压力容器；

⑨ 移动式压力容器包括铁路罐车(介质为液化气体、低温液体罐)或汽车、液化气体运输车(半挂)、低温液体运输车(半挂)、永久气体运输车(半挂)和罐式集装箱(介质为液化气体、低温液体)等；

⑩ 容积大于等于 $50m^3$ 的球形储罐，容积大于 $50m^3$ 的低温绝热压力容器。

三、压力容器的标记

压力容器注册编号的前三个代号分别是上述分类法的代号，具体表示如下：

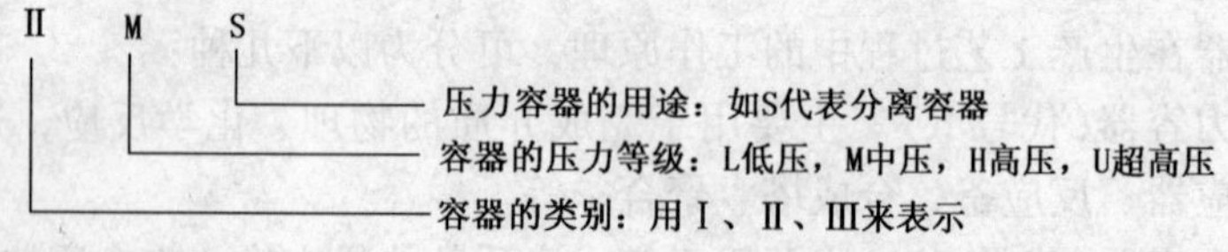

四、压力容器的特点

1. 压力容器应用广泛

压力容器的用途和应用的领域十分广泛，它是在化学工业、能源工业、科研和军工等国民经济的各个部门都起着重要作用的设备。仅在化工行业，压力容器是化工行业实现正常生产必不可少的重要设备，几乎每一个工艺过程都离不开压力容器，它在化工生产所有的设备中约占80%，广泛用于传质、传热、化学反应和物料存储等方面。例如化工生产中常用的空气压缩设备，压缩气体的储运装置，制冷装置的冷凝器、蒸发器冷冻剂储罐，生产中的各种反应设备等都是压力容器。

2. 压力容器是容易发生恶性事故的特殊设备

尽管压力容器类型不同，形状各异，但它们都有共同的特点，即全部是密闭储存介质、承受压力负荷、容易发生事故且危害性较大的特定设备。尤其在化工企业生产中，容器储存的介质又具有易燃、易爆或有毒等性质，一旦发生事故，一方面设备本身爆炸破裂，另一方面还可能造成这些特殊设备内部介质的外泄漏，引起二次爆炸、着火燃烧或毒气弥漫，导致厂毁人亡恶性事故的发生。

五、压力容器安全的影响因素

压力容器是一种比较容易发生事故，而且事故危害性又特别严重的特殊设备。随着压力容器的广泛使用，若对其控制、管理、监督不严，那么它所带来的安全隐患，甚至是灾难性的隐患，将会时刻威胁人民生命财产安全。

设备事故率的影响因素较多，也十分复杂，它不但与整个工业领域的各项技术水平有关，而且还与社会文化和人的素质有关。在相同的条件下，压力容器的事故率要比其他机械设备高得多，究其原因，主要有以下几个方面。

1. 技术条件

(1) 使用条件比较苛刻　压力容器不但承受着大小不同的压力载荷(在一些情况下还是脉动载荷)和其他载荷，而且有的还是在高温或深冷的条件下运行，工作介质又往往具有腐蚀性，工况环境比较恶劣。

(2) 容易超负荷　容器内的压力常常会因操作失误或发生异常反应而迅速升高，而且往往在尚未发现的情况下容器即已破裂。

(3) 局部应力比较复杂　例如在容器开孔周围及其他结构不连续处，常会因过高的局部应力和反复的加载卸载而造成疲劳破裂。

(4) 常隐藏有严重缺陷　焊接或锻制的容器常会在制造时留下微小裂纹等严重缺陷，这些缺陷若在运动中不断扩大或在适当的条件(如使用温度、工作介质特性等)下都会使容器突然破裂。

2. 使用管理

(1) 使用不合法。购买一些没有压力容器制造资质的工厂生产的设备作为承压设备，并非法当作压力容器使用，以避开使用注册登记和检验等安全监察管理，留下无穷的后患。

(2) 容器虽合法，但管理操作不符合要求。企业不配备或缺乏懂得压力容器专业知识和了解国家压力容器有关法规、标准的技术管理人员。压力容器操作人员未经必要的专业培训和考核，无证上岗，极易造成操作事故。

(3) 压力容器管理处于“四无”状态。一无安全操作规程，二无建立压力容器技术档案，三无压力容器持证上岗操作人员和相关管理人员，四无定期检验管理。这些原因使压力容器和安全附件处于盲目使用、盲目管理的失控状态。

(4) 擅自改变使用条件，擅自修理改造。经营者无视压力容器的安全，为了适用某种工艺的需要，随意改变压力容器用途和使用条件，甚至是带“病”操作，违章超负荷、超压生产等造成严重后果。

(5) 地方政府的安全监察管理部门和相关行政执法部门管理不到位。安全监察管理部门和相关行政执法部门的工作不到位，特别是规模较小、分布广的民营、私营企业的激增，使压力容器的安全监察管理存在盲区和管理不到位的现象，留下了管理的死角，助长了压力容器的违规使用和违规管理。

六、我国压力容器的管理和监察

1. 我国压力容器的使用和管理

在我国众多使用压力容器的企业中，国有企业和大型外资、合资企业对压力容器的使用和管理较为规范，特别是石油、化工行业中的大中型企业，他们有丰富的使用管理经验，加之有一批专业和职能较为齐全、技术较为全面、经验较为丰富的压力容器技术管理人员，使我国在压力容器的使用和管理方面，从总体上来说比较规范和成功。

2. 存在的问题

随着社会的发展，各种所有制的企业层出不穷，个体户、合资企业、独资企业等的出现，特别是民营经济等非公有经济，他们生产规模较小，并受经济利益的驱使和心存侥幸等因素的影响，在生产上往往只注重配方、工艺，而忽视对压力容器这类特殊的危险设备的管理，企业中甚至没有专门的相关技术管理人员和持证上岗的操作人员。从容器的订购到安装、使用、管理等均未经过法定程序和有效的监察，为压力容器的使用埋下了安全隐患。

3. 解决措施

2002年11月1日起施行的《中华人民共和国安全生产法》，对压力容器这类特殊设备的使用作了强制性的规定。对压力容器使用单位，要求各类企业必须依法使用压力容器，从选购、安装、使用、管理与修理改造等都必须按相应的法规要求进行，从而从法律的角度保证了压力容器的安全运行。

第二节　压力容器的设计

压力容器是恶性事故易发的设备，即使是小的故障，如泄漏或局部变形，虽然不会直接导致灾难性事故，但要求工厂停车检查或检修。一旦停机，企业直接损失或间接损失有时是非常大的。因此，为了压力容器长期连续安全地生产运行，必须根据生产工艺要求和压力容器的技术性能，围绕压力容器安全管理的几个重要环节，即设计、制造、安装、竣工验收、立卡建档、培训教育、精心操作、加强维护、科学检修、定期检验、事故调查和报废处理等，抓好压力容器安全管理的各项工作，做到压力容器安全运行。

一、容器的强度计算

压力容器的强度计算包括设计计算和校核计算两部分。

1. 设计计算

设计计算是由已知的工艺条件，如压力、温度、介质等，设计一台新的容器所进行的计算过程。

2. 校核计算

校核计算是对现有的容器改变使用条件，或进行安全性能的检验所进行的计算。

二、圆筒和球壳的强度计算

1. 设计计算

1）圆筒容器的设计计算厚度

设计温度下圆筒容器的设计计算厚度按公式(6－1)计算：

$$\delta = \frac{p_c D_i}{2[\sigma]^t \phi - p_c} \tag{6-1}$$

式中　δ——圆筒的计算厚度，mm；

p_c——圆筒的计算压力，MPa；

D_i——容器的内直径，mm；

$[\sigma]^t$——圆筒材料在设计温度下的许用应力，MPa；

ϕ——圆筒的焊缝接头系数。

此式适用范围为：$p_c \leqslant 0.4[\sigma]^t\phi$，且不超过35MPa。

2）球形容器的设计计算厚度

球形容器的设计计算厚度按公式(6－2)计算：

$$\delta = \frac{p_c D_i}{4[\sigma]^t\phi - p_c} \tag{6-2}$$

式中各符号的意义同公式(6－1)。此式适用范围为：$p_c \leqslant 0.6[\sigma]^t\phi$，且不超过35MPa。

2. 校核计算

1）圆筒形容器

圆筒形容器的校核按公式(6－3)计算：

$$[p_w] = \frac{2[\sigma]^t\phi\delta_e}{D_i + \delta_e} \tag{6-3}$$

式中　$[p_w]$——容器的最大允许工作压力，MPa；

δ_e——容器的有效厚度，mm，$\delta_e = \delta_n - C$（式中δ_n为容器的名义厚度；C为容器的厚度附加量，等于钢板或钢管的厚度负偏差C_1与腐蚀裕量C_2之和）；

其他符号的意义与公式(6－1)相同。

2）球形容器

球形容器的校核按公式(6－4)计算：

$$[p_w] = \frac{4[\sigma]^t\phi\delta_e}{D_i + \delta_e} \tag{6-4}$$

式中各符号的意义与公式(6－3)相同。

三、封头的强度计算

1. 椭圆形封头

椭圆形封头是由半个椭球壳和一段高度为h的直边部分所组成，如图6－1所示。直边部分的作用是使椭圆壳和圆筒的连接边缘与封头和圆筒焊接连接的接头错开，避免边缘应力与热应力叠加的现象，改善封头和圆筒连接处的受力状况。

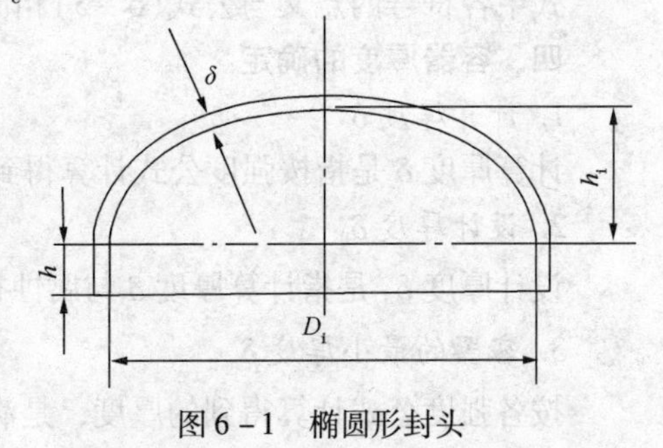

图6－1　椭圆形封头

当椭圆形封头的$\frac{D_i}{2h_i}=2$时，称为标准椭圆形封头。标准椭圆形封头应力分布均匀，在同等条件下与圆筒有大致相同的厚度，便于焊接连接，经济合理，所以GB 150推荐采用标准椭圆形封头。椭圆形封头的设计按式(6－5)计算，校核按式(6－6)计算。

1）设计计算

$$\delta = \frac{Kp_c D_i}{2[\sigma]^t\phi - 0.5p_c} \tag{6-5}$$

式中　K——椭圆形封头的形状系数，$K = \frac{1}{6}\left[2 + \left(\frac{D_i}{2h_i}\right)^2\right]$，也可查GB 150，对标准椭圆形封头，$K = 1.00$；

其他符号的意义与公式(6－1)相同。

2）校核计算

$$[p_w] = \frac{2[\sigma]^t\phi\delta_e}{KD_i + 0.5\delta_e} \tag{6-6}$$

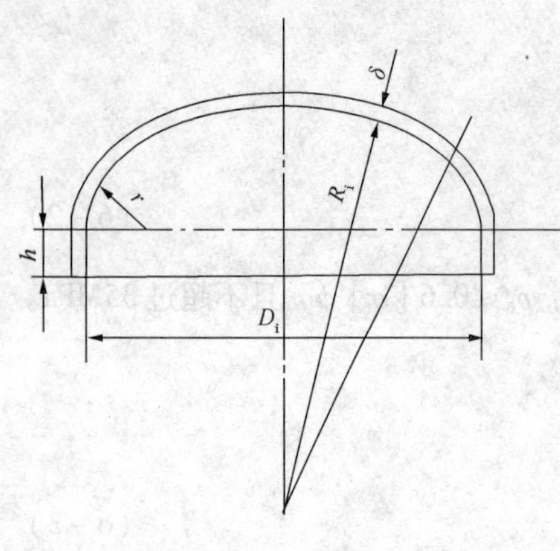

图6-2 碟形封头

式中各符号的意义与公式(6-3)相同。

2. 蝶形封头

碟形封头是由半径为R_i的部分球面、高度为h的直边部分及连接以上两部分的半径为r的过渡区所组成，如图6-2所示。GB 150中推荐取$R_i=0.9D_i$，$r=0.17D_i$。碟形封头的设计按式(6-7)计算，校核按式(6-8)计算。

1）设计计算

$$\delta=\frac{Mp_cR_i}{2[\sigma]^t\phi-0.5p_c} \tag{6-7}$$

式中 M——碟形封头的形状系数，$M=\frac{1}{4}\left(3+\sqrt{\frac{R_i}{r}}\right)$，也可查GB 150，对标准碟形封头，$M=1.13$；

R_i——碟形封头球面部分内半径，mm；

其他符号的意义与公式(6-1)相同。

2）校核计算

$$[p_w]=\frac{2[\sigma]^t\phi\delta_e}{MR_i+0.5\delta_e} \tag{6-8}$$

式中各符号的意义与公式(6-3)相同。

四、容器厚度的确定

1. 计算厚度δ

计算厚度δ是指按强度公式计算得到的厚度，是满足容器强度要求的最小值。

2. 设计厚度δ_d

设计厚度δ_d是指计算厚度δ与腐蚀裕量C_2之和，即：$\delta_d=\delta+C_2$。

3. 容器的最小厚度δ_{min}

按各强度公式计算得到的厚度，是满足容器强度要求的最小值，这个厚度并不能满足容器在制造、运输和安装过程中对容器刚度的要求，因此GB 150中对圆筒形容器加工成形后(不包括腐蚀裕量C_2)的最小厚度作了如表6-1所示限制。

表6-1 容器的最小厚度δ_{min} mm

容 器 材 料	最小厚度δ_{min}	容 器 材 料	最小厚度δ_{min}
碳素钢，低合金钢	$\delta_{min}\geq 3$mm	标准椭圆形封头，碟形封头	$\delta_{min}\geq 0.15\%D_i$
高合金钢	$\delta_{min}\geq 2$mm	其他椭圆形、碟形封头	$\delta_{min}\geq 0.3\%D_i$

4. 名义厚度δ_n

名义厚度δ_n一般是指设计厚度δ_d加上钢板厚度负偏差C_1后向上圆整至钢板标准规格的厚度，即$\delta_n=\delta_d+C_1$，此值应标在设计图样上。名义厚度可按图6-3所示来求得。

5. 有效厚度δ_e

有效厚度是指名义厚度δ_n减去厚度附加量$C=C_1+C_2$的值。即：

$$\delta_e=\delta_n-(C_1+C_2)，且\delta_e>\delta$$

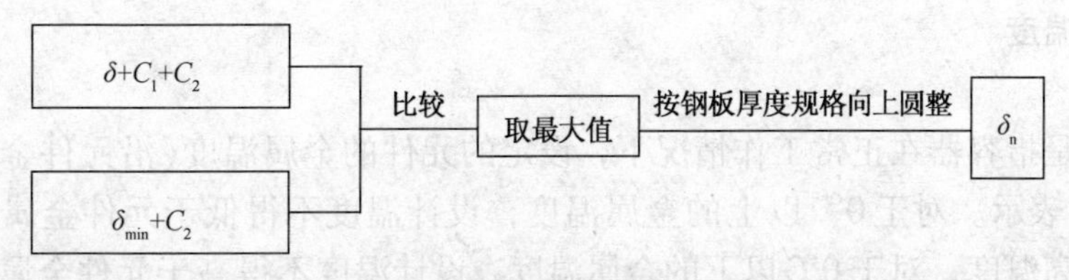

图 6-3　名义厚度的确定

第三节　压力容器设计参数的确定

一、设计压力

1. 基本概念

（1）设计压力 p　是指设定的容器顶部的最高工作压力，用 p 表示，设计压力应标在容器的名牌上，与相应的设计温度一起作为设计载荷，其值不低于工作压力 p_w。

（2）工作压力 p_w　是指正常操作情况下容器顶部可能出现的最高压力，用 p_w 表示。

（3）计算压力 p_c　是指在相应的设计温度下，用以确定容器元件厚度的压力称为计算压力，用 p_c 表示，计算压力 p_c 等于设计压力 p 加上容器工作时所承受的液柱静压力，当元件各部位的液柱静压力小于 5% 的设计压力时，也可忽略不计。

2. 设计压力的确定

（1）当容器上装有安全阀时，设计压力应大于等于安全阀的开启压力，取开启压力为 1.1～1.05 倍的工作压力。

（2）当容器上装有爆破片装置时，容器的设计压力与爆破片的形式、载荷的性质及爆破片的制造精度等因素有关，具体数值可按 GB 150 的有关规定进行确定。

（3）当容器系统中装有安全控制装置，而单个容器上无安全控制装置且各个容器之间的压力降难以确定时，其设计压力可按表 6-2 确定。

表 6-2　设计压力　MPa

工作压力 p_w	设计压力 p	工作压力 p_w	设计压力 p
$p_w \leqslant 1.8$	$p_w + 0.18$	$4.0 < p_w \leqslant 8.0$	$p_w + 0.4$
$1.8 < p_w \leqslant 4.0$	$1.1p_w$	$p_w > 8.0$	$1.05p_w$

（4）盛装液化气体或混合液化石油气的容器，设计压力可按表 6-3 确定。

表 6-3　常见盛装液化气体或混合液化石油气的容器的设计压力　MPa

容器类别		设计压力/MPa
液化气容器（无保冷设施）	液　氨	2.16
	液　氯	1.62
	丙　烯	2.16
	丙　烷	1.77
	正丁烷、异丁烷、正丁烯、异丁烯、丁二烯	0.79
混合液化石油气容器（无保冷设施）	$1.62\ \text{MPa} < p_{50} \leqslant 1.94\ \text{MPa}$	以丙烯为相关组分，设计压力 2.16MPa
	$0.58\ \text{MPa} < p_{50} \leqslant 1.62\ \text{MPa}$	以丙烷为相关组分，设计压力 1.77MPa
	$p_{50} \leqslant 0.58\ \text{MPa}$	以已丁烷为相关组分，设计压力 0.79MPa

注：p_{50} 为混合液化石油气 50℃时的饱和蒸气压，表中的 1.94MPa、1.62MPa、0.58MPa 分别为丙烯、丙烷、己丁烷 50℃时的饱和蒸气压。

二、设计温度

1. 基本概念

设计温度是指容器在正常工作情况下，设定的元件的金属温度(沿元件金属截面温度的平均值)，用 t 表示。对于0℃以上的金属温度，设计温度不得低于元件金属在工作状态下可能达到的最高温度；对于0℃以下的金属温度，设计温度不得高于元件金属可能达到的最低温度。

2. 设计温度的确定

(1) 容器内介质被热载体或冷载体直接加热时，设计温度按表6-4确定。

表6-4 设计温度 ℃

传热方式	设计温度 t	传热方式	设计温度 t
外加热	热载体的最高工作温度	内加热	被加热介质的最高工作温度
外冷却	冷载体的最低工作温度	内冷却	被冷热介质的最低工作温度

(2) 容器内介质用蒸汽直接加热或被内置加热元件(如加热盘管、电热元件等)间接加热时，其设计温度取被加热介质的最高工作温度。

(3) 对于液化气用压力容器，当设计压力确定后，其设计温度就是与其对应的饱和蒸气温度。

(4) 对储存用压力容器(包括液化气储罐)，当壳体温度仅由大气环境条件确定时，其设计温度可取该地区历年来月平均气温的最低值，或据实计算。

(5) 容器内壁与介质直接接触且有外保温时，设计温度按表6-5确定。

表6-5 设计温度 ℃

最高或最低工作温度 t_w ①	设计温度 t	最高或最低工作温度 t_w	设计温度 t
$t_w \leqslant -20$	$t_w - 10$	$15 \leqslant t_w \leqslant 350$	$t_w + 20$
$-20 \leqslant t_w \leqslant 15$	$t_w - 5$(但最低仍为 -20)	$t_w > 350$	$t_w + (5 \sim 10)$ ②

① 当工作温度范围在0℃以下时，考虑最低工作温度，当工作温度范围在0℃以上时，考虑最高工作温度；当工作温度范围跨越0℃时，按对容器不利的情况考虑。

② 当碳素钢容器的最高工作温度为420℃以上，铬钼钢容器的最高工作温度为450℃以上，不锈钢容器的最高工作温度为550℃以上时，其设计温度不再增加裕量。

三、许用应力

1. 基本概念

(1) 许用应力　是指容器壳体、封头等受压元件所用材料的许用强度，它是由材料的各极限应力 σ_S、σ_b、σ_s^t、σ_n^t、σ_D^t 除以相应的安全系数来确定的。

(2) 安全系数　是指为了保证容器受压元件的强度有足够的安全储备量而设定的一个强度“保险”系数，它是可靠性和先进性相统一的系数，是考虑了材料的力学性能、载荷条件、设计计算方法、加工制造及使用等方面的不确定因素后确定的。

2. 许用应力的确定

为了使用方便和取值统一，GB 150—2011 中给出了常用材料在不同温度下的许用应力，可直接查用。部分钢板的许用应力如表6-6所示。

表 6－6 碳素钢和低合金钢钢板许用应力

钢号	钢板标准	使用状态	厚度/mm	室温强度指标		在下列温度(℃)下的许用应力/MPa																注
				R_m/MPa	R_{eL}/MPa	≤20	100	150	200	250	300	350	400	425	450	475	500	525	550	575	600	
Q245R	GB 713	热轧，控轧，正火	3～16	400	245	148	147	140	131	117	108	98	91	85	61	41						
			>16～36	400	235	148	140	133	124	111	102	93	86	84	61	41						
			>36～60	400	225	148	133	127	119	107	98	89	82	80	61	41						
			>60～100	390	205	137	123	117	109	98	90	82	75	73	61	41						
			>100～150	380	185	123	112	107	100	90	80	73	70	67	61	41						
Q345R	GB 713	热轧，控轧，正火	3～16	510	345	189	189	189	183	167	153	143	125	93	66	43						
			>16～36	500	325	185	185	183	170	157	143	133	125	93	66	43						
			>36～60	490	315	181	181	173	160	147	133	123	117	93	66	43						
			>60～100	490	305	181	181	167	150	137	123	117	110	93	66	43						
			>100～150	480	285	178	173	160	147	133	120	113	107	93	66	43						
			>150～200	470	265	174	163	153	143	130	117	110	103	93	66	43						
Q370R	GB 713	正火	10～16	530	370	196	196	196	196	190	180	170										
			>16～36	530	360	196	196	196	193	183	173	163										
			>36～60	520	340	193	193	193	180	170	160	160										
18MnMoNbR	GB 713	正火加回火	30～60	570	400	211	211	211	211	211	211	211	207	195	177	117						
			>60～100	570	390	211	211	211	211	211	211	211	203	192	177	117						
13MnNiMoR	GB 713	正火加回火	30～100	570	390	211	211	211	211	211	211	211	203									
			>100～150	570	380	211	211	211	211	211	211	211	200									
15CrMoR	GB 713	正火加回火	6～60	450	295	167	167	167	160	150	140	133	126	122	119	117	88	58	37			
			>60～100	450	275	167	167	157	147	140	131	124	117	114	111	109	88	58	37			
			>100～150	440	255	163	157	147	140	133	123	117	110	107	104	102	88	58	37			
14Cr1MoR	GB 713	正火加回火	6～100	520	310	193	187	180	170	163	153	147	140	135	130	123	80	54	33			
			>100～150	510	300	189	180	173	163	157	147	140	133	130	127	121	80	54	33			
12Cr2Mo1R	GB 713	正火加回火	6～150	520	310	193	187	180	173	170	167	163	160	157	147	119	89	61	46	37		
12Cr1MoVR	GB 713	正火加回火	6～60	440	245	163	150	140	133	127	117	111	105	103	100	98	95	82	59	41		
			>60～100	430	235	157	147	140	133	127	117	111	105	103	100	98	95	82	59	41		

续表

钢号	钢板标准	使用状态	厚度/mm	室温强度指标		在下列温度(℃)下的许用应力/MPa																注
				R_m/MPa	R_{eL}/MPa	≤20	100	150	200	250	300	350	400	425	450	475	500	525	550	575	600	
12Cr2Mo1VR		正火加回火	30~120	590	415	219	219	219	219	219	219	219	219	219	193	163	134	104	72			1
16MnDR	GB 3531	正火,正火加回火	6~16	490	315	181	181	180	167	153	140	130										
			>16~36	470	295	174	174	167	157	143	130	120										
			>36~60	460	285	170	170	160	150	137	123	117										
			>60~100	450	275	167	167	157	147	133	120	113										
			>100~120	440	265	163	163	153	143	130	117	110										
15MnNiDR	GB 3531	正火,正火加回火	6~16	490	325	181	181	181	173													
			>16~36	480	315	178	178	178	167													
			>36~60	470	305	174	174	173	160													
15MnNiNbDR	—	正火,正火加回火	10~16	530	370	196	196	196	196													1
			>16~36	530	360	196	196	196	193													
			>36~60	520	350	193	193	193	187													
09MnNiDR	GB 3531	正火,正火加回火	6~16	440	300	163	163	163	160	153	147	137										
			>16~36	430	280	159	159	157	150	143	137	127										
			>36~60	430	270	159	159	150	143	137	130	120										
			>60~120	420	260	156	156	147	140	133	127	117										
08Ni3DR	—	正火,正火加回火,调质	6~60	490	320	181	181															1
			>60~100	480	300	178	178															
06Ni9DR	—	调质	6~30	680	560	252	252															1
			>30~40	680	550	252	252															
07MnMoVR	GB 19189	调质	10~60	610	490	226	226	226	226													
07MnNiVDR	GB 19189	调质	10~60	610	490	226	226	226	226													
07MnNiMoDR	GB 19189	调质	10~59	610	490	226	226	226	226													
12MnNiVR	GB 19189	调质	10~60	610	490	226	226	226	226													

注1:该钢板的技术要求见 GB 150—2011 中的附录 A。

四、焊接接头系数

1. 基本概念

焊接制造的容器，在焊缝中可能存在着夹渣、气孔、裂纹及未焊透等缺陷，使焊缝及热影响区的强度受到削弱，为了补偿焊接时可能出现的焊接缺陷对容器强度的影响，引入了焊接接头系数，它是接头处材料的强度与母材强度之比，用 ϕ 表示。

2. 焊接接头系数的确定

焊接接头系数的取值与接头的形式及对其进行无损检测的长度比例有关，由 GB 150—2011 的规定可按表 6－7 确定。

表 6－7 焊接接头系数的确定

焊接接头形式	无损检测的长度比例	
	100%	局 部
双面焊对接接头或相当于双面焊的对接接头	1.0	0.85
单面焊对接接头或相当于单面焊的对接接头	0.9	0.8

五、厚度附加量

1. 基本概念

容器的壁厚不仅要满足强度和刚度的要求，还要考虑钢材的厚度负偏差和介质对容器的腐蚀，所以在确定容器厚度时引入钢板或钢管的厚度负偏差 C_1 和腐蚀裕量 C_2，二者之和称为厚度附加量，用 C 表示。

2. 厚度附加量的确定

（1）一般钢板的厚度负偏差按表 6－8 选取。

表 6－8 钢板的厚度负偏差 mm

钢板标准	GB/T 3274—2007 GB/T 3280—2007 GB/T 4237—2007 GB/T 4238—2007							
钢板厚度	>5.5～7.5	>7.5～25	>25～30	>30～34	>34～40	>40～50	>50～60	>60～80
厚度负偏差 C_1	0.6	0.8	0.9	1.0	1.1	1.2	1.3	1.8

（2）不锈复合钢板及钢管厚度负偏差可通过 GB 150—2011 查取。

（3）腐蚀裕量 C_2 可根据介质的腐蚀性及容器的设计寿命来确定，对介质为压缩空气、水蒸气及水的碳素钢、低合金钢容器，腐蚀裕量不小于 1mm；当资料不全难以具体确定时，可参考表 6－9 选取。

表 6－9 腐蚀裕量 mm

容器类别	碳素钢低合金钢	铬钼钢	不锈钢	备 注
塔器及反应器壳体	3	2	0	
容器壳体	1.5	1	0	包括双面
换热器壳体	1.5	1	0	
热衬里容器壳体	1.5	1	0	
不可拆内件	3	1	0	
可拆内件	2	1	0	
裙 座	1	1	0	

需要强调的是，腐蚀裕量只对发生均匀腐蚀破坏有意义，对于应力腐蚀、氢腐蚀、晶间腐蚀等非均匀腐蚀，采用增加腐蚀裕量的办法效果并不明显，这时应采用选耐腐蚀材料或其他防腐办法。

【例题】某化工厂反应釜，其内直径为1400mm，工作温度为5～150℃，工作压力为1.5MPa，釜体上装有安全阀，其开启压力为1.6 MPa，釜体材料为0Cr18Ni10Ti钢板，双面对接焊、全部无损检测。试确定反应釜筒体和封头的厚度。

解：

1）设计参数的确定

（1）设计压力　当容器上装有安全阀时，设计压力应大于等于安全阀的开启压力，取开启压力的(1.1～1.05)倍的工作压力(p_w = 1.5MPa)，即

$$p = (1.05 \sim 1.10)p_w = (1.05 \sim 1.10) \times 1.5 = 1.575 \sim 1.65(\text{MPa})$$

所以取安全阀的开启压力，即设计压力p = 1.6MPa。

（2）设计温度　当容器内壁与介质直接接触且外界有保温时，设计温度按表6－5确定(工作温度：5～150℃)。所以设计温度取：

$$t = 150 + 20 = 170(℃)$$

（3）计算压力　题目中未给出确定液柱静压力的条件，所以取液柱静压力为零，则计算压力为：

$$p_c = p = 1.6\text{MPa}$$

（4）许用应力　根据GB 150—2011中表C.1“高合金钢钢板钢号近似对照表”查得0Cr18Ni10Ti的统一数字代号为S32168，查表6－6，钢在20℃时$[\sigma]$ = 137 MPa，在170℃时用内插法求得：

$$[\sigma]^{170} = 134.2\text{MPa}。$$

（5）焊接接头系数　对接双面焊、全部无损检测，查表6－7，取焊接接头系数为：

$$\phi = 1.00$$

（6）腐蚀裕量　查表6－9，得腐蚀余量为：

$$C_2 = 0$$

（7）钢板厚度负偏差　先假设钢板厚度在8～25mm之间，按表6－8查得钢板厚度负偏差为：

$$C_1 = 0.8\text{mm}$$

2）筒体厚度的确定

（1）计算厚度

$$\delta = \frac{p_c D_i}{2[\sigma]^t \phi - p_c} = \frac{1.6 \times 1400}{2 \times 134.2 \times 1.00 - 1.6} = 8.4(\text{mm})$$

（2）设计厚度

$$\delta_d = \delta + C_2 = 8.4 + 0 = 8.4(\text{mm})$$

（3）最小厚度

对于高合金钢容器，最小厚度不小于2mm，取δ_{min} = 2mm。

（4）求名义厚度

$$\delta + C_1 + C_2 = 8.4 + 0.8 + 0 = 9.2(\text{mm})$$

$$\delta_{\min} + C_2 = 2 + 0 = 2(\text{mm})$$

比较9.2mm和2mm的值，取较大值9.2mm，按钢板厚度规格向上圆整得名义厚度为$\delta_n = 10\text{mm}$，在初始假设的8～25mm之内，所以原来假设的钢板厚度负偏差是正确的。否则要重新进行计算。

3. 封头厚度确定

(1) 计算厚度　采用标准椭圆形封头，形状系数$K = 1.00$，则计算厚度为：

$$\delta = \frac{Kp_c D_i}{2[\sigma]^t\phi - 0.5p_c} = \frac{1 \times 1.6 \times 1400}{2 \times 134.2 \times 1.00 - 0.5 \times 1.6} = 8.37(\text{mm})$$

$$\delta + C_1 + C_2 = 8.37 + 0.8 + 0 = 9.17(\text{mm})$$

按钢板厚度规格向上圆整得：$\delta_n = 10(\text{mm})$。

(2) 有效厚度

$$\delta_d = \delta_n - (C_1 + C_2) = 10 - (0.8 + 0) = 9.2(\text{mm})$$

$$0.15\% D_i = \frac{0.15}{100} \times 1400 = 2.1(\text{mm})$$

$$9.2\text{mm} > 2.1\text{mm}$$

满足标准椭圆封头的要求，即$\delta_{\min} > 0.15\% D_i$条件成立。

第四节　压力容器的压力试验

一、压力试验的目的

(1) 压力试验　容器的压力试验是在超过设计压力的压力下，对容器进行试运行的过程。

(2) 压力试验的目的　检查容器的宏观强度、焊缝的致密性及密封结构的可靠性，及时发现容器钢材、制造及检修过程中存在的缺陷，是对材料、设计、制造及检修等各环节的综合性检查。通过压力试验将容器的不安全因素在正式使用前充分暴露出来，防患于未然。

二、压力试验的对象

(1) 新制造的容器。

(2) 改变使用条件，且超过原设计参数并经强度校核合格的容器。

(3) 停止使用两年后重新启用的容器。

(4) 使用单位从外单位拆来新安装的或本单位内部移装的容器。

(5) 用焊接方法修理改造、更换主要受压元件的容器。

(6) 需要更换衬里(重新更换衬里前)的容器。

(7) 使用单位对安全性能有怀疑的容器。

三、压力试验

1. 压力试验的方法

压力试验有液压试验和气压试验两种。一般都采用液压试验，因为液体的压缩性很小，所以液压试验比较安全。只有对不宜做液压试验的容器才进行气压试验，如内衬耐火材料不易烘干的容器、生产时装有催化剂不允许有微量残液的反应器壳体等。

2. 压力试验要求

(1) 对需要进行热处理的容器，必须将所有焊接工作完成并经热处理后方可进行液压试验，如果试验不合格需要补焊或补焊后又经热处理的，必须重新进行压力试验。

（2）对剧毒介质和设计要求不允许有微量介质泄露的容器，在进行液压试验后还要做气密性试验。

（3）压力试验前容器各连接部位的紧固螺栓必须装配齐全、紧固妥当，必须用两个经校正的量程相等的压力表，并装在容器便于观察的部位。压力表的量程应在试验压力的2倍左右，不低于1.5倍或高于4倍的试验压力。

3. 液压试验

凡是在压力试验时不会导致发生危险的液体，在低于其沸点温度下都可作为液压试验的介质，一般用清洁水作为试压液体。液压试验应按图6-4要求进行。

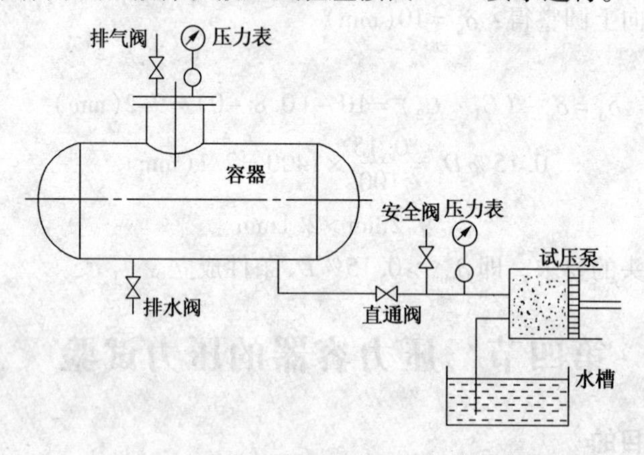

图6-4　液压试验装置

（1）液压试验时应先打开放空口，充液至放空口有液体溢出时，表明容器内空气已排尽，再关闭放空口的排气阀。

（2）试验过程中应保持容器表面干燥。待容器壁温与液体温度接近时开始缓慢升压至设计压力，确认无泄漏后继续升压到规定的试验压力，保压30min，然后将压力降至规定试验压力的80%，并保持足够长的时间(一般不少于30min)，以便对所有的焊接接头及连接部位进行检查，如发现有泄漏应进行标记，卸压修补后重新试压，直至合格为止。

（3）在保压期间不得采用连续加压的做法维持压力不变，也不得带压紧固螺栓或向受压元件施加外力。

（4）液压试验时无渗漏、无可见的变形，试验过程中无异常的声响，对拉伸强度$\sigma_b>$ 510MPa的钢材经表面无损检测抽查未发现裂纹即为合格。

（5）对碳素钢、16MnR和正火15MnVR钢容器液压试验时，液体温度不得低于5℃，其他低合金钢容器液体温度不得低于15℃；如果由于板厚等因素造成材料的无延性转变温度升高时，则需要相应提高试验液体的温度。其他钢种容器液压试验温度按图样规定。

（6）液压试验完毕后，应将液体排尽并用压缩空气将内部吹干。

（7）对奥氏体不锈钢制造的容器用水进行试验后，应采取措施除去水渍，防止氯离子腐蚀；无法达到这一要求时，应控制水中氯离子的含量不超过25mg/L。

4. 气压试验

气体的可压缩性很大，因此气压试验比较危险，对高压容器和超高压容器不宜做气压试验。气压试验时必须有可靠的安全措施，该措施需试验单位技术总负责人批准，并经本单位安全部门现场检查监督。气压试验应按下列方法和要求进行：

(1) 气压试验所用气体应为干燥、清洁的空气、氮气或其他惰性气体。容器做定期检查时，若其内有残留易燃气体存在将导致爆炸时，不得使用空气作为试验介质。对碳素钢和低合金钢容器，试验用气体温度不得低于15℃，其他钢种的容器按图样规定。

(2) 气压试验时应缓慢升压至规定试验压力的10%且不超过0.05MPa，保压5min后对容器的所有焊接接头和连接部位进行初步泄漏检查，合格后继续缓慢升压至规定试验压力的50%，然后按每级为规定试验压力10%的级差逐步升到规定的试验压力。保压10min后将压力降至规定试验压力的87%，并保压不少于30min，进行全面的检查，如有泄漏则卸压修补后再按上述规定重新试验。在保压期间不得采用连续加压的做法维持压力不变，也不得带压紧固螺栓或向受压元件施加外力。

(3) 气压试验时容器无异常响声，经肥皂液或其他检漏液检查无漏气，无可见异常变形即为合格。试验过程中若发现有不正常现象，应立即停止试验，待查明原因后方可继续进行试验。

5. 气密性试验

(1) 气密性试验的必要性　对剧毒介质和设计要求不允许有微量介质泄漏的容器，在液压试验后还要做气密性试验。

(2) 气密性试验的要求　进行气密性试验时，一般应将容器的安全附件装配齐全，如需投用前在现场装配安全附件，应在压力容器的质量证明书中注明装配安全附件后需再次进行现场气密性试验。

(3) 试验步骤　首先确定试验压力，试验压力一般取容器设计压力的1.05倍；其次试验时缓慢升压至规定的试验压力，保压10min后降至设计压力；第三对所有的焊接接头及连接部位进行泄漏检查，对小型容器亦可侵入水中检查，如有泄漏则卸压修补后重新进行液压试验和气密性试验。

四、压力试验时容器的强度校核

压力试验是在高于工作压力的情况下进行的，所以在进行试验前应对容器在规定的试验压力下的强度进行理论校核，满足要求时才能进行压力试验的实际操作。

1. 试验压力的确定

试验压力是进行压力试验时规定容器应达到的压力，其值反映在容器顶部的压力表上。容器的试验压力按如下方法确定。

(1) 液压试验时试验压力　液压试验时试验压力按式(6-9)确定。

$$p_T = 1.25p\frac{[\sigma]}{[\sigma]^t} \tag{6-9}$$

式中　p_T——容器的试验压力，MPa；

p——容器的设计压力，MPa；

$[\sigma]$——容器元件材料在试验温度下的许用应力，MPa；

$[\sigma]^t$——容器元件材料在设计温度下的许用应力，MPa。

(2) 气压试验时试验压力　气压试验时试验压力按式(6-10)确定。

$$p_T = 1.15p\frac{[\sigma]}{[\sigma]^t} \tag{6-10}$$

2. 确定试验压力时的注意事项

在确定试验压力时应注意以下几点:

(1) 容器铭牌上规定有最大允许工作压力时，公式中以最大允许工作压力代替设计压力。

(2) 容器各元件(圆筒、封头、接管、法兰及紧固件等)所用材料不同时，应取各元件材料的$\frac{[\sigma]}{[\sigma]^t}$比值中最小者。

(3) 立式容器、卧式容器进行液压试验时，其试验压力按式$p_T = 1.25p\frac{[\sigma]}{[\sigma]^t}$确定的值再加上容器立置时圆筒所承受的最大液柱静压力。

(4) 容器的试验压力(液压试验时为立置和卧置两个压力值)应标在设计图纸上。

3. 压力试验前容器应力的校核

(1) 液压试验时圆筒的应力及应满足的条件为式(6-11)所示。

$$\sigma_T = \frac{(p_T + p_L)(D_i + \delta_e)}{2\delta_e} \leqslant 0.9\phi\sigma_S(\sigma_{0.2}) \quad (6-11)$$

式中 σ_T——试验压力下圆筒的应力，MPa;

p_L——压力试验时圆筒承受的最大液柱静压力，MPa;

$\sigma_S(\sigma_{0.2})$——圆筒材料在试验温度下的屈服点(或0.2%屈服强度)，MPa;

其他符号的意义与前面已介绍的相同。

(2) 气压试验时圆筒的应力及应满足的条件如式(6-12)所示。

$$\sigma_T = \frac{p_T(D_i + \delta_e)}{2\delta_e} \leqslant 0.8\phi\sigma_S(\sigma_{0.2}) \quad (6-12)$$

式中各符号的意义与公式(6-11)相同。

第五节 压力容器的制造与检验

压力容器在运行过程中，不仅受操作压力和介质温度的作用，还同时伴有介质引起的各种腐蚀、冲刷磨损等。压力容器能否在设定的环境与工艺条件(压力、温度、介质特性)下安全运行，首先取决于容器本身的安全可靠性，这种可靠性，除了在设计上符合安全要求外，在制造上也应确保制造质量。根据设计图样的技术要求，严格按有关的规定和标准进行制造。

一、壳体的成型

压力容器的本体，大多是圆筒形壳体加两端封头，大部分的壳体、封头都属于薄壁结构。压力容器最常用的制造方法是卷制焊接筒身与旋压成型的冲压封头，用焊接或法兰连接的方法连成一体。

1. 封头成型

封头成型的方法大致可分为两大类：一种是在水压机或油压机上，利用胎膜冲压成型；另一种是在旋压机上旋压成型。

(1) 冲压成型 冲压成型封头的钢板毛坯最好是整块钢板，需要拼接时，拼接焊缝的布置应符合有关标准的规定。冲压封头时，将钢板毛坯置于水压机(油压机)的下冲模之上，通常还用压边圈将钢板周围压紧，再用上冲模冲压钢板，封头在上下冲模之间成型。不用压边圈而钢板厚度又较薄时，钢板材料在切向压应力作用下会失去稳定，形成皱折和鼓包。

冲压成型的优点是被冲压的封头直径一般不受限制，而且只要水压机的承载能力足够，封头的壁厚也可不受限制。其缺点是封头壁厚较薄时，封头成型质量难于保证，易产生皱折和鼓包。

(2) 旋压成型　这种方法的优点是能较好地控制尺寸，对薄壁大尺寸封头的加工，可以保证其旋压质量，如国内就成功地旋压过直径为4.8m、壁厚为4mm的奥氏体不锈钢封头。其不足之处是无法旋压壁厚尺寸较大的封头。

2. 筒身卷焊

通常是用钢板在专用设备上弯卷成筒节，再由筒节对焊而成。当钢板较薄时，可以冷卷；当钢板在弯卷中变形较大(超过5%)，或者钢板较厚而卷板机功率较小时，可以热卷。用卷板机卷制筒身的过程为：

(1) 校平钢板(厚度>30mm的可不校平)，根据筒身的展开图划线。

(2) 火焰切割下料(薄钢板也可以机械切割)；加工钢板边缘，清除下料时钢板边缘金属组织变坏部分，并加工焊接坡口。

(3) 拼接钢板的拼接焊缝的布置应符合标准规定。

(4) (热卷时)加热钢板的加热温度约1000℃左右。

(5) 在卷板机上弯卷钢板，装配纵缝，焊接纵缝，热处理，在卷板机上进行热校圆。

(6) 无损探伤检查，发现缺陷进行修补，并对修补部分再次进行无损探伤检查。

(7) 加工筒节两端的坡口；装配各筒节之间的环缝，并进行焊接成型整个筒节。

3. 壳体的总装与热处理

1) 壳体的总装

封头与筒身的环缝装配是与筒节间的环缝装配一起进行的，并一起完成各道环缝的焊接，对各环缝进行无损探伤检查及缺陷返修。此后的工序大致是：

(1) 在壳体上划管孔线，并检查是否正确；按划线位置加工管孔。

(2) 装焊管接头，并进行无损探伤检查；将壳体进行退火处理。

(3) 装配人孔盖；装焊水压试验接管；对壳体进行水压试验。

(4) 切割接管上的水压试验管盖，并在接管上加工坡口；在筒体内装设工艺附件；

(5) 最后进行油漆、包装等。

2) 壳体的热处理

热处理是保证壳体制造质量的重要技术手段。一个壳体在制造过程中，往往需要进行不止一次的热处理，甚至一道主要焊缝焊接后，就要进行一次热处理，其中最常见的是退火处理。采用电渣焊的壳体，焊后需要进行正火处理。

对于不同用途、不同使用条件的压力容器壳体，由于其结构尺寸和材质、壁厚不同，加工制造的工序也不完全相同。但一般都有较多工序，涉及多种工艺、设备和众多的加工制造检验人员，要保证产品质量并非易事，必须认真抓好每一个环节，特别是焊接、热处理、装配、卷制、冲压、检验等主要环节，避免产生缺陷或把缺陷控制在允许范围之内，以保证压力容器在使用时的安全可靠。

二、焊接

壳体的焊接，是重要的是筒身(包括封头、筒节法兰等)纵向焊缝、环向焊缝的焊接，是压力容器壳体制造过程中最关键的工序。常用的焊接方法为埋弧自动焊和电渣焊。筒身环向焊缝的焊接几乎全部采用埋弧自动焊，筒壁较薄的纵向焊缝也采用埋弧自动焊。电渣焊用于焊接壁厚筒节的纵向焊缝，只要在被焊纵向焊缝间保持适当的间隙，不用开坡口即可一次焊成。

1. 焊接前的基本要求

1）对焊工的基本要求

压力容器的焊接质量，在很大程度上决定于焊工的技术熟练程度，因此，所有承压部件的焊接都应由经过考试合格的焊工施焊。在我国，存在两种焊工资格。

（1）锅炉压力容器持证焊工　是指一般压力容器焊工，应具备经质量技术监督部门考试合格后确认的操作项目的技能，这种焊工通常称为锅炉压力容器持证焊工，即按原劳动部颁发的《锅炉压力容器焊工考试规则》考试合格的焊工。

（2）焊工技能判定　是指对特殊用途或类别压力容器施焊的焊工，还应实际考核其操作项目的技能。

焊工必须按照焊接工艺规程的规定进行焊接，并在自已所焊的承压部件上打钢印，对焊接质量负责。压力容器主要受压元件焊缝附近50mm处的指定部位，应打上焊工代号钢印。对无法打钢印的，如低温容器、不锈钢容器等，应用简图记录焊工代号，并将简图列入产品质量证明书提供给用户。

2）焊接工艺评定

是指在压力容器焊接前，以所用钢材的焊接性能试验为基础，根据压力容器的特点、技术条件的要求，在与产品实际制造条件相同的条件下，进行的焊接工艺验证性试验。其目的是为了验证所制定的焊接工艺，包括焊接材料的选择、焊接方法、焊接程序、焊接规范、预热、热处理等及焊工技能，能否保证焊接接头的质量，满足产品的设计要求。如果压力容器产品在施焊前不进行焊接工艺评定，那么即使是经无损探伤合格的焊缝，其焊接接头的使用性能也不一定能满足要求，这将使压力容器产品的安全性能大大降低。

2. 焊缝表面质量的要求

（1）焊缝外形尺寸应符合技术标准和设计图样的规定。

（2）焊缝和热影响区表面不得有裂纹、气孔、弧坑和肉眼可见的夹渣等缺陷，焊缝上的熔渣和两侧污物必须清除干净。

（3）焊缝与母材应圆滑过渡。用标准抗拉强度大于540MPa的钢材及Cr－Mo低合金钢材制造的压力容器、奥氏体不锈钢材制造的压力容器、低温压力容器、球形压力容器以及焊接系数1.0的压力容器，其焊缝表面不得有咬边；除上述以外的压力容器的焊缝表面的咬边深度不得大于0.5mm，咬边的连续长度不得大于100mm，焊缝两侧咬边的总长度不得超过该焊缝长度的10%。

（4）角焊缝的焊脚尺寸，应符合技术标准和设计图样要求，外形应平缓过渡。

3. 压力容器组焊要求

（1）不宜采用十字焊缝。相邻的两筒节间的纵缝和封头拼接焊缝与相邻筒节的纵缝应错开，其焊缝中心线之间的外圆弧长一般应大于筒体厚度的3倍，且不小于100mm。

（2）在压力容器上焊接的临时吊耳和拉筋的垫板等，应采用与压力容器壳体相同或在力学性能和焊接性能方面相似的材料，并用相适应的焊材及焊接工艺进行焊接。

（3）临时吊耳和拉筋的垫板割除后留下的焊疤必须打磨平滑，并应按图样规定进行渗透检测或磁粉检测，确保表面无裂纹等缺陷。打磨后的厚度不应小于该部位的设计厚度。

（4）不允许用大锤敲打或用千斤顶顶压等强力组装。受压元件之间或受压元件与非受压元件组装时的定位焊，若保留成为焊缝金属的一部分，则应按受压元件的焊接要求施焊。

4. 焊后热处理

焊后热处理的目的是消除焊接残余应力、防止冷裂纹和改善焊接接头性能。压力容器承压部件是否必须进行焊后热处理，主要决定于焊接应力的大小、材料对焊接裂纹的敏感性以及容器工作介质、对材料是否具有应力腐蚀的特性。同样的材料，焊件越厚，焊接残余应力就越大。所以器壁比较厚的容器，必须进行焊后热处理，如碳钢制造的容器壁厚大于34mm，低合金钢制造的容器壁厚大于30mm(16MnR)或大于28mm(15MnVR)。

冷成型的筒体，即使厚度没有达到上述的规定，但如果变形量很大，也应进行热处理，以改善冷作后的力学性能。对于一般的冷卷圆筒，规定必须进行热处理的条件如下：碳钢及16MnR钢，壁厚不小于公称直径的3%的；其他低合金钢，壁厚不小于公称直径的2.5倍的。冷成型的凸形封头，变形量都较大，一般都要进行热处理。

介质在工作条件下有可能对压力容器材料产生应力腐蚀的容器，承压部件都必须经过焊后热处理。低温容器的母材为碳钢、低合金钢，且焊接接头厚度大于16mm时，也应在施焊后进行消除应力的焊后热处理。

压力容器的焊后热处理，一般采用整体处理。经这样处理后，壳体的温度比较均匀，不存在温度梯度，消除应力效果较好。只有在条件确实不允许的情况下才考虑采用分段热处理。分段热处理时，重叠加热部分应不小于150mm。炉外部分应采取保温措施，使容器不至于产生过大的温度梯度。在加热的交接处不应有开孔、接管和其他不连接的结构。

消除焊接残余应力的热处理，也有的采用焊缝局部加热的方法。环焊缝和修补后的焊缝，允许局部加热处理。局部加热处理的焊缝，要包括整条焊缝。焊缝每侧加热宽度不得小于壳体名义厚度的2倍，靠近加热部位的壳体应采取保温措施。

奥氏体不锈钢或有色金属制造压力容器焊接后，一般不要求做热处理，如有特殊要求需进行热处理时，应在图样上注明。

三、制造缺陷

1. 焊接缺陷

在国内外所发生的大量压力容器事故中，有相当一部分是由焊接缺陷直接或间接引起的。由于焊接加工工艺的特点，焊接过程中有些缺陷是难以避免的。但要保证压力容器不因制造质量而发生事故，就必须要求它不存在危险性缺陷和超出允许范围的一般性缺陷。

1）表面缺陷

表面缺陷主要包括咬边、弧坑、电弧擦伤和焊缝尺寸不符合要求等缺陷。

（1）咬边是指焊缝边缘母材上，受电弧烧熔形成的凹槽，咬边主要是由焊接电流太大和运用焊条不当造成的。

(2) 弧坑是指焊缝收尾处产生的下陷，弧坑主要是由于熄弧时间过短或薄板焊接时使用电流过大造成的。对埋弧自动焊来说，主要是没有分两步停止焊接，即未先停送丝，后切断电源。

(3) 电弧擦伤是指由于焊条、焊把与焊件偶然接触或地线与焊件接触不良，在焊件表面短暂引起电弧而造成的伤痕。

(4) 焊缝尺寸不符合要求主要表现在焊缝长度和宽度不够，焊波宽窄不齐，表面高低不平，焊脚两边不均匀，焊缝下陷或过分加高等。它主要是由于焊接坡口角度不当、装配间隙不均匀、焊接规范选择不当、操作不当造成的。

2) 气孔和夹渣

气孔是由于焊接熔池在高温时，吸收了较多的气体，以及其内部冶金反应产生了大量气体，这些气体在焊缝快速冷却时，来不及逸出而残留在焊缝金属内，形成气孔。根据气孔产生的部位不同可分为内部气孔和外部气孔；根据气孔形状的不同可分为圆形气孔、椭圆形气孔和条形气孔；根据气孔分布情况不同可分为单个气孔、连续气孔和密集气孔。形成气孔的气体来源很多，如熔池周围的空气，溶解于母体、焊丝及焊条等金属中的气体，焊条药皮或焊剂受热融化时产生的气体，焊丝和母体上的油、锈等脏物受热分解产生的气体及各种冶金反应产生的气体。

夹渣是指夹杂在焊缝中的非金属杂质。夹渣主要是由于坡口角度过小、焊接电流过小、熔渣黏度过大等使熔渣浮不到熔池表面而引起的，以及焊条药皮在焊接时成块脱落未被熔化造成的；多层多道焊时，每道焊缝的熔渣未清除干净等都会引起夹渣。

3) 未焊透和未熔合

未焊透是指待焊两部分母材之间未被电弧热熔化而留下的空隙。未焊透常发生在单面焊接根部和双面焊接中部，如图 6－5 所示。它主要是由于接头的坡口角度过小、间隙过大或钝边过大；双面焊时背面清根不彻底；焊接功率过小或焊接速度过快等原因造成的。

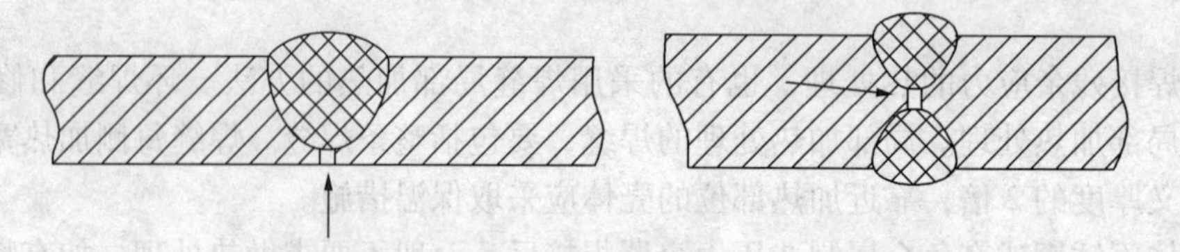

图 6－5 未焊透

未熔合是指焊缝金属与母体之间及各层焊缝金属之间彼此没有完全熔合在一起的现象。未熔合产生的原因主要是焊接能量过小；焊条、焊丝或焊炬火焰偏于坡口一侧或由于焊条偏心使电弧偏于一侧，母材或前一层焊缝未充分熔化就被填充金属覆盖；母材坡口或前一层焊缝表面有锈或污物，焊接时由于温度不够，未能将其熔化而盖上填充金属等。

4) 裂纹

裂纹是指焊接中或焊接后，在焊接接头部位出现的局部破裂的现象。

裂纹按其在焊缝处产生的部位不同可分为纵向裂纹(裂纹的走向沿着焊缝方向)、横向裂纹(裂纹的走向则垂直焊缝方向)、根部裂纹(裂纹产生于焊缝底部与母材连接处)、热影响区裂纹(裂纹产生于焊接热影响区的裂纹，有纵向和横向之分)等。

按裂纹产生的温度和时间不同还可分为热裂纹(一般是指焊缝开始结晶凝固到相变之前这一段时间和温度区间产生的裂纹)、冷裂纹(焊接接头在冷却至300℃以下时产生的裂纹)、再热裂纹(指一般含有钒、铬、钼、硼等合金元素的低合金高强度钢、耐热钢，经受一次焊接热循环后，在再次经受加热的过程中产生的裂纹)等。裂纹可能出现在焊接接头表面，也可能深藏于焊接接头内部，严重时甚至沿厚度贯穿整个焊接接头。

5）组织缺陷

组织缺陷是难于发现而又十分危险的缺陷。组织缺陷主要包括过热、过烧和疏松；淬硬性马氏体组织；奥氏体不锈钢的晶间腐蚀等。

（1）过热、过烧和疏松　过热是指金属在高温下表面变黑起氧化皮，内部晶粒粗大而变脆的现象。过烧是指金属在高温下不仅晶粒变得粗大，而且晶间被氧化，使晶粒间的连接受到破坏的现象。疏松是指被氧化的金属粗大晶粒之间还有夹杂物存在。过热、过烧和疏松主要是由于火焰功率过大、焊接速度太慢、火焰在某局部停留时间过长、采用氧气火焰施焊或焊丝成分不合格、焊接场所风力过大等原因造成的。过热、过烧和疏松严重降低钢材的强度和塑性，对焊件安全影响极大。

（2）淬硬性马氏体组织　马氏体是钢材淬火时形成的一种硬而脆的组织。马氏体的塑性和韧性很差，而且在形成马氏体过程中，金属体积显著膨胀，形成很高的组织应力，极易导致裂纹的产生。因此，马氏体组织特别是片状马氏体组织是非正常的焊接组织，应加以防范和消除。预热和焊后加热是预防产生马氏体的有效措施，焊后热处理则可以有效地消除马氏体。

（3）奥氏体不锈钢的晶间腐蚀　奥氏体不锈钢在450～850℃的温度范围内停留一段时间后，由于碳化铬的析出，造成晶间贫铬，使晶间严重丧失抗腐蚀性能，产生晶间腐蚀。晶间腐蚀从根本上破坏了金属晶粒间的连接，导致金属力学性能的全面降低，是十分危险的缺陷。

2. 加工成型与组装缺陷

加工成型与组装中产生的缺陷主要是：几何形状不符合要求，包括表面凹凸不平、截面不圆、接缝错边和对接接缝角变形等缺陷。

（1）表面凹凸不平　表面凹凸不平主要产生在凸形封头上，主要包括封头表面局部的凹陷或突出，主要是由于压制成型时所用模具不合适或手工成型操作不当所造成。

（2）截面不圆　筒体在同一截面上存在直径偏差，常因卷板操作不当造成。

（3）错边　是指两块对接钢板，沿厚度方向没有对齐而产生的错位。筒体纵向焊缝和环向焊缝都有可能产生错边，如图6－6所示，但环缝错边较多。

（4）角变形　是指对接的板边虽已对齐，但两对接钢板的中心线不连续，形成一定的棱角，如图6－7所示，因此这样的缺陷也称棱角度。筒体的纵缝和环缝都有可能产生角变形，但以纵缝角变形居多，这是由于卷板前钢板边缘没有预弯或预弯不当造成的。

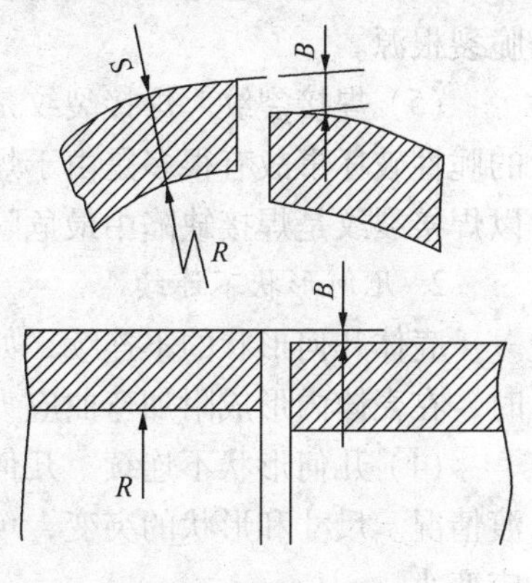

图6－6　错边

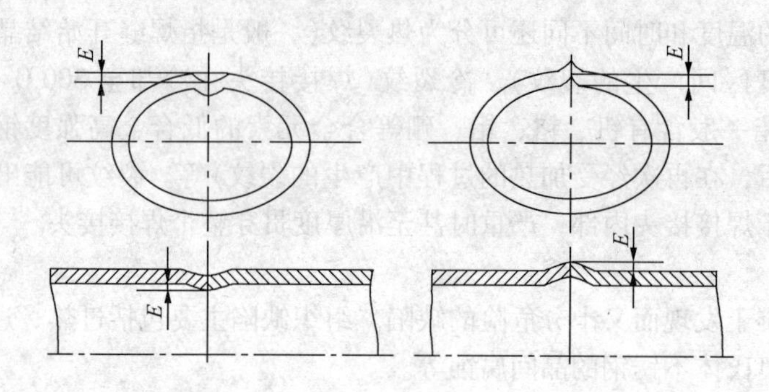

图 6-7 角变形

四、制造缺陷对安全的影响

制造过程中所产生的缺陷，主要有缺口、几何形状不连续、较大的附加应力等。它们对壳体的安全使用都有重要的影响。

1. 缺口

大部分焊接缺口，如咬边、未焊透、气孔、夹渣和焊缝凹陷等，都会在焊缝或焊缝附近形成缺口。一方面由于缺陷的存在，减少了焊缝的承载截面积，削弱了焊缝的静力抗拉强度，严重时还会导致壳体的延性破坏；另一方面，由于缺口的存在，改变了缺口周围的受力条件，不利于材料的塑性变形，使之趋于或处于脆性状态，同时还引起缺口根部的应力集中，容易产生裂纹和使裂纹扩展，导致壳体的脆性破裂、疲劳破裂或应力腐蚀破裂。带有缺口的各类焊接缺陷对壳体安全的影响主要表现在以下几方面：

(1) 焊缝凹陷　焊缝凹陷严重时会削弱焊缝的静载强度，但作为一种缺口，通常是平缓过渡，即根部的曲率半径较大，不会引起严重的应力集中。

(2) 气孔和夹渣　气孔和夹渣一般属于体积型缺陷，可以减小焊缝的承载截面积。但一些试验资料表明，气孔率≤7%的焊缝，可以忽略其对静力强度的影响。而由于气孔和夹渣引起的应力集中，对焊缝的疲劳强度有较明显的影响，气孔率超过3%时，疲劳强度下降50%左右。

(3) 对接焊缝的未焊透　在焊缝中形成明显的缺口，产生较为严重的应力集中，所以，未焊透往往是脆性破坏和疲劳破坏的根源。

(4) 咬边　咬边是一种比较尖锐的缺口，根部应力集中比较严重，是仅次于裂纹的一种脆裂根源。

(5) 焊接裂纹　焊接裂纹是最尖锐的一种缺口，它的缺口根部曲率半径接近于零，壳体的脆性破坏事故有很多是由于焊接裂纹引起的，裂纹还会加剧疲劳破坏的应力腐蚀破坏，所以焊接裂纹是焊接缺陷中最危险的一种缺陷，也是压力容器中最危险的一种缺陷。

2. 几何形状不连续

壳体几何形状的不连续，如表面凹凸不平、截面不圆和接缝角变形等，当壳体承受压力时，在壳体内形成附加弯曲应力和切应力，导致局部应力过高。

(1) 几何形状不连续　几何形状不连续所引起的附加应力的大小，取决于不连续处的过渡情况。尺寸和形状的突变，可以引起很大的附加应力。如果变化十分缓和，则附加应力相应变小。

(2) 截面不圆　截面不圆是筒节与筒节、筒节与封头接缝处形成错边的原因之一。此外，不圆的筒体承受内压时，由于它的“趋圆”变形，在筒体上产生周向附加弯曲应力。

(3) 表面局部凹陷和凸出　表面局部凹陷和凸出所产生的影响，其严重程度决定于凹陷或凸出的大小和深度。一般来说，直径越大，深度越小，几何形状的变化就越平缓，对安全的影响也就越小。

(4) 焊缝过分加强　焊缝过分加强(凸起)也会造成局部结构的不连续，引起局部附加应力。这种缺陷往往不被人们注意。它虽然不会影响焊缝的静力强度，但却显著降低构件的疲劳强度。

(5) 接缝错边　接缝错边一般都在焊接时用熔注金属填补过渡，但其形状的变化仍然比较明显，这种缺陷和接缝角变形都是在几何形状不连续中影响最大的缺陷。严重的错边和角变形也可直接造成壳体断裂事故。

3. *残余应力*

在壳体经受焊接和冷加工(压制、弯卷)之后，常常在壳体内残留一部分应力，焊接残余应力的大小取决于焊接对焊缝收缩变形的约束程度，焊件越厚，刚性越大，焊后残余应力就越大，应力状态也越复杂。

冷加工产生的残余应力与加工变形的程度有关，冷加工变形越大，残余应力就越大，有时残余应力可以达到使壳体产生裂纹或使裂纹扩展的程度。

如果所用材料的韧性较差，就会在没有外力的作用下使壳体自行破裂或者是使壳体先产生裂纹，然后在承受压力时产生破裂，留存在壳体内的残余应力即使不至于产生破裂，但在壳体承压后会增大壳壁的应力水平，加剧壳体的疲劳破坏和腐蚀破坏。

五、检验与验收

检验与验收工作，必须依照图纸及相关标准进行检查，主要包括筒体和封头、允许偏差、焊缝检查、无损检测、耐压试验和气密性试验等。

六、出厂要求

压力容器出厂时，制造单位应随容器至少向用户提供以下技术文件和资料：

(1) 竣工图样。竣工图样上应有设计单位资格印章(复印章无效)，若制造中发生了材料代用、无损检测方法改变、加工尺寸变更等，制造单位应按照设计修改通知单的要求在竣工图样上直接标注，标注处应有修改人和审核人的签字及修改日期，竣工图样上应加盖竣工图章，竣工图章上应有制造单位名称、制造许可证编号和“竣工图”字样。

(2) 产品质量证明书及产品铭牌的拓印件。

(3) 压力容器产品安全质量监督检验证书(未实施监检的产品除外)。

(4) 移动式压力容器还应提供产品使用说明书(含安全附件使用说明书)、随车工具及安全附件清单、底盘使用说明书等。

(5) 强度计算书。

(6) 压力容器受压元件(封头、锻件等)的制造单位，应按照受压元件产品质量证明书的有关内容，分别向压力容器制造单位和压力容器用户提供受压元件的质量证明书。

(7) 需现场组焊的压力容器竣工并经验收后，施工单位除按规定提供上述技术文件和资料外，还应将组焊和质量检验的技术资料提供给用户。

(8) 现场组焊压力容器的质量验收，应有当地安全监察机构的代表参加。

(9) 移动式压力容器还必须完成罐体、安全附件及底盘的组装，并经压力试验和气密性试验及其他试验合格后方可出厂。

第六节 压力容器的安全附件

压力容器的安全附件，是指为了保障压力容器的安全运行而装设在压力容器上，或装设在有代表性的压力容器系统上的一种能显示、报警、自动调节或消除压力容器运行过程中可能出现的不安全因素的所有附属装置，也称为压力容器的安全装置。压力容器的安全附件主要包括安全阀、爆破片、紧急放空阀、液位计、压力表、单向阀、限流阀、温度计、喷淋冷却装置、紧急切断装置、防雷击装置等。

一、安全附件的一般要求

1. 压力容器的安全泄放量

压力容器绝对禁止超压运行，在容器上装设安全泄放装置的目的，就是为了使容器在超压时，能把压力介质及时排出，所以安全泄放装置的泄放量只有大于容器的安全泄放量，容器内的压力才不会继续升高，从而保证压力容器的安全运行。

压力容器的安全泄放量，就是指压力容器在超压时，为保证容器的压力不再继续升高，在单位时间内必须泄放的气体量。

(1) 对于产生压力气体设备的附属容器，例如与压缩机直接相连的缓冲器、油水分离器及其他压缩机储气罐等，其安全泄放量应取压缩机的最大产气量。

(2) 废热锅炉的汽包等容器的安全泄放量，应取该废热锅炉的最大生产能力。这是因为这类压力容器内不可能产生气体，其安全泄放量主要取决于输入容器气量的多少。

(3) 对于非设备附属容器，如气体储槽、蒸汽包等，它们不是由单一设备直接输入气体的压力容器，因此其安全泄放量可由进气管直径和气体流速来确定。

2. 压力容器的安全附件装设要求

(1) 在生产过程中，因物料的化学反应使其内压增加的容器、盛装液化气体的容器、压力来源处没有安全阀和压力表的容器、最高工作压力小于压力来源处压力的容器等，必须装设安全阀(或爆破片)和压力表。

(2) 当容器内的介质具有黏性大、腐蚀或有毒等特性时，则应装设爆破片或采用爆破片与安全阀共用的组合式结构。

(3) 盛装液化气体的容器和槽车，必须安装液面计或自动液面指示器、限流阀或紧急切断装置。

(4) 低温、高温容器以及其他必须控制壁温的容器，必须装设测温仪表或超限报警装置。

(5) 为了防止介质倒流，需安装单向阀。

二、安全阀

1. 安全阀的作用

压力容器的设计压力是容器在正常工作过程中可能产生的最高压力。因此，在内压低于该值的情况下使用，压力容器可以安全运行，但当压力超过设计压力时，容器发生破坏的可能性大大增加。因此，安全阀的作用是当压力容器内的压力超过正常工作压力时，能自动开启，将容器内的气体排出去一部分，而当压力降低到正常工作压力时，又能自动关闭，以保证压力容器不致因超压运行而发生事故。

安全阀开放时，由于容器内的气体从阀中高速喷出，常常发出较大的声响，从而也起到一种自动报警的作用。

为了防止超压运行，除在运行中压力不可能超过设计压力的容器以外，原则上所有压力容器都应装设安全阀。

2. 安全阀的基本结构

安全阀是由阀体、阀瓣和加载机构等三个主要部分组成。在安全阀内，阀瓣通过某种加载机构，被紧压在阀体的阀座上。

3. 安全阀的工作原理

当容器内压力为正常工作压力时，加载机构施加于阀瓣上的载荷略大于流体压力所产生的作用于阀瓣上的总压力，安全阀处于关闭状态。

当容器的内压超过设计压力时，这种关系被打破，内压对阀瓣的作用力将大于加载机构施加的载荷，于是阀瓣被顶离阀座，安全阀开启，气体从阀瓣与阀座间的缝隙处向外排出。

在排放气体的同时，容器内的压力下降，当内压降至正常值时，阀瓣在加载机构载荷的作用下重新被压紧在阀座上，安全阀又处于关闭状态。因此，通过调节加载机构施加在阀瓣上的载荷，便可获得所需的安全阀开启压力。开启压力即指安全阀阀瓣在运行条件下开始升起、介质连续排出时的瞬时压力。

4. 安全阀的分类

1）按加载机构分类

（1）重块式安全阀　它利用重块来平衡内部流体作用在阀瓣上的力，并通过加减重块的方式来调整阀的开启压力。重块式安全阀是一种最古老的安全阀，由于它体积庞大、笨重、校验麻烦，因此已很少使用。

（2）杠杆式安全阀　它利用杠杆原理，如图6-8所示，在杠杆的一端使用重量较小的重锤，以此获得较大的作用力来平衡内部流体作用在阀瓣上的力。杠杆式安全阀结构简单，通过移动重锤的位置或改变重锤的质量来调整安全阀的开启压力比较方便和准确，而且所加的载荷不因阀瓣的升高而增加，又适宜用于温度较高的场合。但加载机构比较容易振动，常因振动而产生泄漏，且当安全阀开启后，到完全恢复密封时的压力较低，有的要降到工作压力的70%，这对连续生产十分不利，特别是结构仍比较笨重，因此不适合在高压容器中使用。

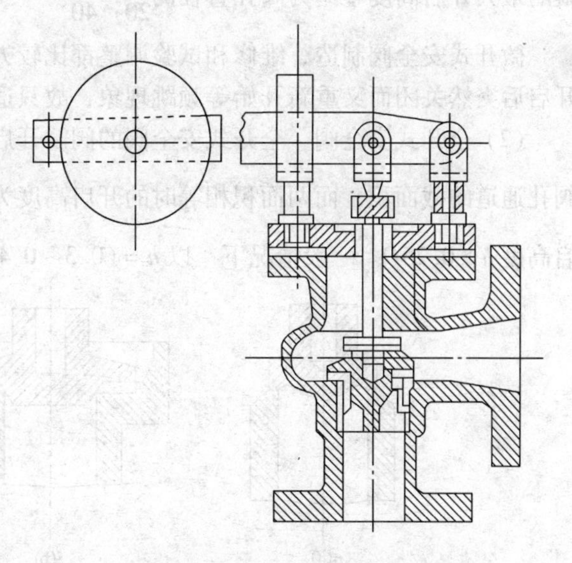

图6-8　杠杆式安全阀

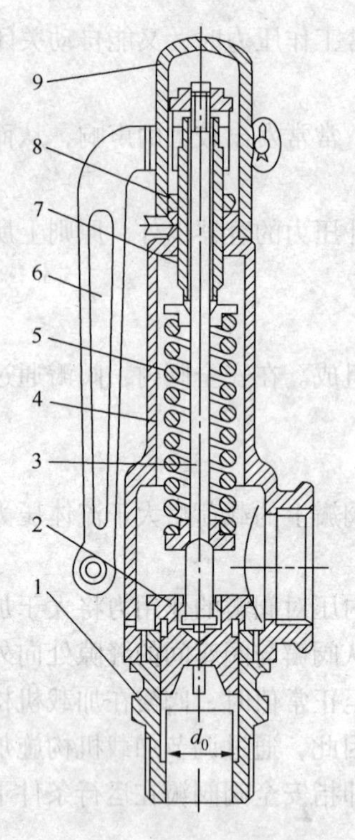

图6-9 弹簧式安全阀

1—阀体；2—阀瓣；3—阀杆；4—阀盖；5—弹簧；6—提升手柄；7—调整螺杆；8—锁紧螺母；9—阀帽

（3）弹簧式安全阀　弹簧式安全阀的结构如图6-9所示，其工作原理是利用压力弹簧的力来平衡内部流体作用在阀瓣上的力，并通过调节弹簧的压缩量来调整安全阀的开启压力，弹簧式安全阀结构轻便紧凑、灵敏度较高、对振动不太敏感、可装设在任何位置，因此应用最为普遍。但随着阀瓣的升高，弹簧的压力同时增大，作用在阀瓣上的力也跟着增加，这对安全阀的迅速开启不利。此外，当安全阀在高温下长期使用时，阀上弹簧的弹力将会逐渐减小而产生泄漏，所以它不适宜用于温度较高的场合。

2）按阀瓣开启高度分类

安全阀在单位时间内的排气量，取决于阀座内径以及在内压作用下阀瓣上升高度的大小。按照阀瓣的开启高度，安全阀可分为微开式和全开式两种。

（1）微开式安全阀　这种安全阀的封闭机构比较简单，它由普通的阀瓣和阀座组成，如图6-10(a)所示，当压力容器超压时，内部流体对阀瓣所产生的作用力只能把阀瓣顶离阀座至一个较小的高度，气体从一个很小的环隙中排出，环隙的面积小于阀孔通道的截面积，阀瓣的最大开启高度 h 约为阀孔直径的$\frac{1}{20}\sim\frac{1}{40}$。

微开式安全阀制造、维修和试验调整都比较方便，但由于有效排气截面积小，且会出现开启后突然关闭而又重新开始等频跳现象，故只适用于排气量不大、要求不高的场合。

（2）全开式安全阀　全开式安全阀的阀瓣开启高度达到最大值时，其环隙的面积将大于阀孔通道的截面积，而两面积相等时的开启高度为阀孔直径的$\frac{1}{4}$，即全开式安全阀的最大开启高度 $h>0.25D$。一般情况下，以 $h=(0.3\sim0.4)D$ 为好，有时甚至达到 $0.6D$。

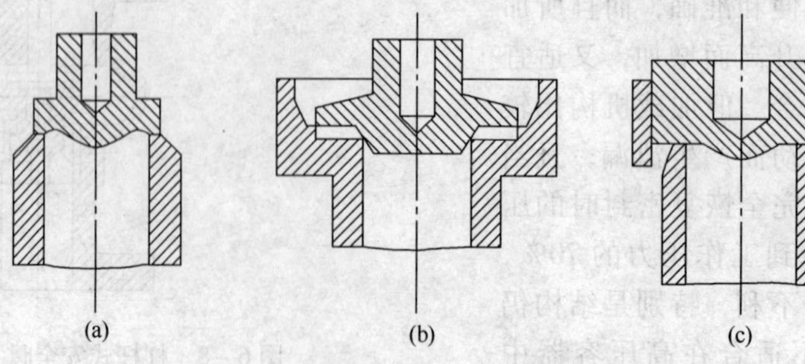

图6-10　安全阀的封闭机构结构示意图

为增大阀瓣的开启高度，可采用如图6－10(b)、(c)所示的封闭机构。图(b)是通过增大气体压力直接作用的阀瓣面积，以此使阀瓣进一步升高，但效果不太显著。图(c)是利用气流对阀瓣的反作用使阀瓣升得更高的一种结构。

3）按气体排放的方法分类

按气体排放的方法分类，还可以分为全封闭式、半封闭式和敞开式三种。

(1) 全封闭式安全阀　处理和储存有毒、易燃气体的容器介质不能向外泄漏，经安全阀的气体必须全部通过泄放管排放，因此此种安全阀称作全封闭式安全阀。

(2) 半封闭式安全阀　当介质是不会污染环境的气体时，可采用半封闭式安全阀，其一部分气体通过泄放管排出，另一部分从阀盖与阀杆之间的间隙中漏出。

(3) 敞开式安全阀　敞开式安全阀是指没有装设泄放管的连接结构，多用于压缩空气等容器上，气体从阀瓣上方直接进入周围的大气空间。

5. 安全阀的额定限放量

额定限放量是指实际限放量中，允许作为限放装置使用基准的该部分排量。当容器内的压力超过正常的工作压力达到安全阀的排放压力时，安全阀开启，容器内的气体通过阀座排出。要使内压经过短时间的排气后很快降回到正常工作压力，安全阀的额定泄放量必须大于容器的安全泄放量。

6. 安全阀的选用

(1) 形式的选择　按安全阀加载机构的形式来选择，对于工作压力不高、温度较高的容器大多选用杠杆式，高压容器大多选用弹簧式；按安全阀气体排放方式来选择，如果容器的工作介质为有毒、易燃、易爆的气体或者是制冷剂或其他会污染大气的气体应选用封闭式，空气及其他不会污染环境的气体可采用半封闭式和敞开式；按安全阀封闭机构的形式来选择，高压容器以及安全泄放量较大而强度裕度不多的中、低压容器应采用全开式安全阀，以减少容器的开孔面积，避免器壁强度削弱较多。

(2) 压力范围　安全阀的开启压力可通过加载机构来调节，但必须注意到，每种安全阀都有一定的工作压力范围。选用安全阀时不应把工作压力较低的安全阀强行加载用在压力较高的容器上，同时也不应把工作压力较高的安全阀过分卸载用在压力较低的容器上。

(3) 额定泄放量　不论选用何种结构或形式的安全阀，都必须具有足够的额定泄放量，并不得小于压力容器的安全泄放量。只有这样，才能保证在超压时将容器内的介质及时排出以及把内压降至正常的工作压力。

安全阀上一般都附有铭牌，注明阀门型号、阀门进口管公称直径、开启压力、额定泄放量等项目。但如果所用的工作介质及其工作压力、温度与铭牌不同，或安全阀的额定泄放量未知时，则应选用相应的计算公式进行换算，并要求其额定泄放量不小于容器的安全泄放量。

在某些场合下还要注意安全阀的保护。例如对于开启压力大于3.0MPa的蒸汽用安全阀或介质温度超过235℃的气体用安全阀，应采取能防止泄放介质直接冲蚀弹簧的措施，如带散热器的安全阀等。

当安全阀有可能承受附加背压时，则应选用带波纹管的安全阀。

7. 安全阀的安装

(1) 直接相连、垂直安装　安全阀应与容器本体直接相连，并装在容器的最高位置，液化气体储槽上的安全阀必须装设在它的气相部位。用于液体的安全阀应安装在正常液面以下，安全阀的口径至少为公称直径15mm(管径)。由于特殊原因，安全阀确实难以装在容器本体上时，可考虑装在出口管路上，但在安全阀装设处与容器之间的管路上，应避免突然拐弯、截面局部收缩等结构，以免增加管路阻力，引起污物积聚发生堵塞等。一般情况下禁止在泄放装置与容器之间或泄放装置与泄放口之间装设其他任何阀门或引出管，对于处理和储存易燃、有毒或黏性大介质的压力容器，为便于泄放装置清扫、更换，可以在容器和安全阀之间装上截止阀，但必须符合一定的条件。

安装杠杆式安全阀时，必须严格保持阀杆的铅垂位置。弹簧式安全阀也应垂直于地平面安装，以免它们的动作受到影响。

(2) 保持畅通，稳固可靠　为了减少安全阀排放时的阻力，其进口和封闭式安全阀的泄放管等，在安装时应保持畅通，泄放管应尽量避免曲折急转弯，尽可能采用短而垂直的排出管。安全阀与容器本体的连接短管的流通界面计、特殊情况下装设的截止阀以及安全阀泄放管的流通截面积都不得小于安全阀流通截面积，从而当管线内存在或发生泄放背压力时，不会使泄放装置的泄放量低于为保护容器的安全所需的泄放量。阀进口管道中的压力降应不大于开启压力的3%，阀排出管线的阻力应不大于阀门开启压力的10%，如果数个安全阀装在与容器本体相接的同一个管道上时，则管道的流通截面积应不小于所有安全阀流通截面积之和的1.25倍。泄放管原则上应一阀一根，并禁止在泄放管上装设任何阀门。当两只以上的安全阀共同使用一根泄放管时，泄放总管的截面积不应小于所有安全阀出口管截面积的总和，并适当地考虑泄放管段的压力降，不使安全阀产生明显的背压。氧气等可燃气体或其他能相互产生化学反应的气体不能共同用一根泄放管。

安装时，安全阀与它连接管路上的连接螺栓应均匀上紧，以免阀体内产生附加应力，破坏安全阀零件的同心度，影响其正常工作。

泄放管应有可靠的支撑和固定措施，以免使安全阀承受由管道重量、风雪及振动等载荷引起的附加应力。安全阀的安装位置还应考虑便于日常的检查、维护和检修。

(3) 防止腐蚀，安全排放　安全阀的泄放管内如有可能积聚冷凝液体或雨水侵入时，则应在能将其全部排净的地方设置敞口的排污口，以防积液对安全阀和泄放管的腐蚀。若积液为有毒、易燃易爆等介质时，还应用泄漏管接至安全的地方并应有相应的措施，以防冬季冻结而堵塞，泄漏管上也不得装设任何阀门。安全阀和泄漏管要尽量避免雨、雪、尘埃等的侵入和积聚，对装设在室外的安全阀应有可靠的防冻措施。

根据泄漏介质的不同特性应采取相应的措施，做到安全排放。有毒介质要引入封闭系统；易燃易爆介质可以排入大气中，最好引入火炬排放，当排入大气时，应引至远离明火和存放易燃物而且通风良好的场所排放。

泄漏管必须逐段用导线可靠接地以消除静电的作用；排放时的温度高于可燃气体自燃点时，则应考虑排放后的防火措施或者将气体冷却至自燃点以下再排入大气；气液混合物只允许气体排放，排放前必须先经过气液分离；当介质为腐蚀性的可燃气体等时，与其直接接触的泄放管等必须有相应的防腐蚀措施。

8. 安全阀的调试

为保证安全阀能正常工作，还应进行校正调整。安全阀的校正调整系统主要包括阀加载的校正和调节圈的调整。加载校正是通过加载机构调节施加在阀瓣上的载荷来校正安全阀的开启压力；调解圈调整是通过调整阀上调节圈的位置来调整安全阀的泄放压力和回座压力。

安全阀的开启压力，不得超过容器的设计压力，并应考虑到静压头和恒定的背压的影响。安全阀的额定泄放压力不得超过开启压力的1.1倍。开启压力的允许偏差，当泄放压力≤0.48MPa时，为±0.013MPa；当泄放压力>0.48MPa时，为±3%。

锅炉用安全阀的容量规格规定的额定泄放压力为开启压力的103%，若用于压力容器可不再做试验。此时，由于容器的泄放压力为开启压力的110%，故阀门的容量规定应再乘以以下比值：$\frac{1.10p_r+0.101}{1.03p_r+0.101}$。

泄放装置的动作压力(指安全阀的开启压力或爆破片的爆破压力)还应符合以下要求：

(1) 当使用单个泄放装置时，动作压力不大于容器的最大允许压力。

(2) 当泄放容器是由多个泄放装置提供时，只需调整其中一个至不大于容器的最大允许压力，其他装置可调定到较高压力下泄放，但不得超过最大允许压力的105%。

(3) 当安装辅助的泄放装置时，为防止爆炸起火或其他外来热源所引起的超压，动作压力调定至不大于容器最大允许压力的1.08倍。

(4) 经调试合格的安全阀，检验人员和监督人员应当场填写检验记录和签字，并应注意使调整加载的装置和调整圈可靠固定，不致发生意外的变动。如杠杆式安全阀应通过防止重锤自动移动的装置将重锤予以固定；弹簧式安全阀应予铅封，以防随便拧动，调整螺丝。

(5) 安全阀调整时所用压力表的精度不得低于1级，表盘直径一般应不小于150mm。

9. 安全阀的维护与定期检验

(1) 日常维护　安全阀在使用过程中应加强日常的维护保养，经常保持清洁，防止腐蚀及防止泄放管和阀体弹簧等被油污、脏物堵塞；经常检查铅封是否完好，防止杠杆式安全阀的重锤松动或被移动，防止弹簧式安全阀的调节螺丝被随意拧动；发现泄漏应及时更换和维修，禁止用加大载荷(如过分拧紧弹簧式安全阀的调节螺丝或在杠杆式安全阀的杠杆上外加重物等)的方法来消除泄漏；为防止阀瓣和阀座被气体中的油垢等脏物黏住，致使安全阀不能正常开启，对用于空气、蒸汽或虽带有黏滞性脏物而不会造成环境污染的其他气体的安全阀，可根据气体的具体情况进行定期人工手提排气。

(2) 定期检验　为保证安全阀灵敏、可靠，每年至少应做一次定期检验。定期检验的内容一般包括动态检查和解体检查。动态检查主要检查安全阀的开启压力、回座压力、密封程度以及在额定泄放压力下阀的开启高度等，其要求与安全阀调试时相同。解体检查主要是在安全阀动态检查不合格或在运行中已发现有泄漏等异常情况时进行，主要检查安全阀的所有零件有无裂纹、伤痕、磨损、腐蚀、变形等情况，并根据缺陷的大小和损坏程度予以修复或更换，最后组装进行动态检查。

三、爆破片

1. 工作原理

爆破片是压力容器受压密封系统中防止超压的安全附件之一。在设计爆破温度下，当容器内的压力超过正常工作压力并达到爆破片的标定爆破压力时，爆破片即自行爆破，容器内的气体通过爆破口向外排出，从而避免了容器本体发生重大恶性事故。

2. 结构形式

爆破片装置是由爆破片和夹持器等组成。爆破片是在标定爆破压力和设计爆破温度下，能够迅速爆破而起到卸压作用的元件；夹持器则是具有设计给定的排放口直径，能够保证爆破片边缘牢固夹紧密封，并能使爆破片获得准确爆破压力的一对配合件。

单片式爆破片仅有一层爆破元件，而组合式爆破片则由爆破元件、托架、加强环、密封膜等组成。

爆破片的形式有金属平板型、普通正拱型、开缝正拱型、反拱型爆破片及石墨爆破片等。

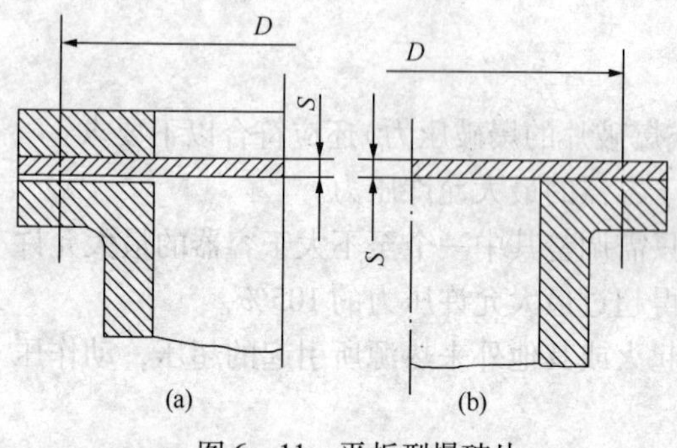

图 6－11　平板型爆破片

（1）平板型爆破片　平板型爆破片由塑性金属或石墨组成，是一块很薄的平板，通过法兰夹紧或直接用螺栓压紧在容器的短管法兰上，如图 6－11 所示。

平板型爆破片结构简单，安装方便，但爆破元件的抗疲劳性能较差，一般只用于操作压力较稳定以及压力不高的场合。

（2）拱型金属爆破片　拱型金属爆破片是经液压加工成凸形薄片，夹持器用沉头螺钉将其夹紧，然后装在容器的接口管法兰上，如图 6－12(a)所示。

直径较大、要求不太严格的爆破元件，可直接利用接管的法兰将其夹紧，如图 6－12(b)所示，但安装比较困难，容易装偏和在操作压力不大的情况下滑脱；直径较小的爆破元件，可用螺纹套管通过垫圈将其压紧，如图 6－12(c)所示。

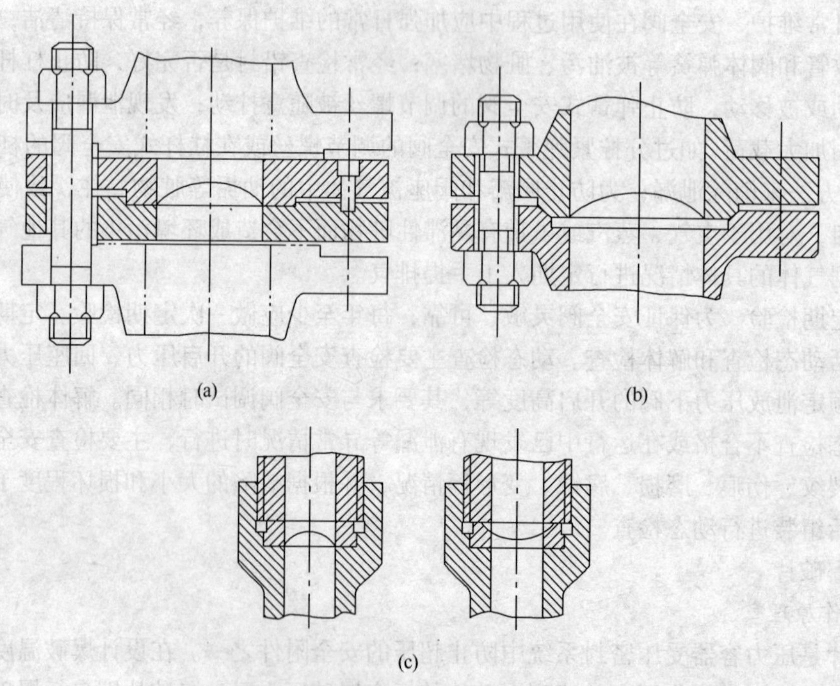

图 6－12　拱型爆破片

拱形爆破片的设计爆破压力和实际爆破压力(由试验测得)的误差较平板型小，并具有较高的抗疲劳能力，可用于高压或超高压场合。但其结构较平板型复杂，制造成本高，且安装也不方便。

(3) 普通正拱形爆破片　普通正拱形爆破片为拉伸破坏型，它由单层塑型金属材料制成，片的凹面侧向着介质，受载后引起拉伸破坏。

(4) 开缝正拱形爆破片　开缝正拱形爆破片由两片曲率相同的普通正拱形爆破元件组合而成，片的凹面侧向着介质，受载后引起失稳破坏。

3. 爆破片的特点

爆破片密封性能较好，当容器在正常的工作压力下运行时能保持严密不漏，并且具有卸压速度快、气体内所含的污物对其影响较小等优点。但卸压后的爆破片不能重复使用，容器也必须停止运动，所以它一般只用于超压可能性较小以及装设阀型安全泄放装置不能确保压力容器安全运行的场合。

4. 爆破片的应用

爆破片一般应用于以下场合：

(1) 由于物料的化学反应或其他原因使内压在瞬间急剧上升的场合，而安全阀由于受惯性的影响不能及时开启和泄放压力。

(2) 工作介质为剧毒气体或极为昂贵气体的场合，使用各种形式的安全阀一般在正常工作时也总会有微量的泄漏。

(3) 工作介质易于结晶、聚合或带有黏性，容易堵塞安全阀或使安全阀的阀瓣和阀座黏住的场合。

(4) 气体排放口径＜12mm 或＞150mm，要求全量泄放或全量泄放时要求毫无阻碍的场合。

(5) 其他安全阀所不能满足的场合。

5. 爆破片的设计计算

爆破片的设计计算包括结构选型、材料选用、额定泄放面积计算、容器设计压力确定和爆破片厚度的计算等。

爆破片的设计压力一般为工作压力的 1.25 倍，对压力波动幅度较大的容器，其设计破裂压力还要相应大一些，但在任何情况下，防爆片的爆破压力都不得大于容器设计压力，一般爆破片材料的选择、膜片的厚度以及采用的结构形式，均是经过专门的理论设计计算和试验测试而定的。

6. 爆破片的安装

(1) 对于有腐蚀性介质和盛装易燃或有毒、剧毒介质的容器，当设置爆破片时，设计人员必须在图样上注明爆破片的材料和设计时所确定的爆破压力，以免错用爆破片而发生事故。

(2) 爆破片与容器的连接管线应为直管，阻力要小，管线通道横截面积不得小于爆破元件的泄放面积。

(3) 爆破片的泄放管线应尽可能垂直安装，该管线应避开邻近的设备和一般为操作人员所能接近的空间，若流体为易燃、有毒或剧毒介质时，则应引至安全地点做妥善处理。

(4) 爆破片排放管线的内径应不小于爆破元件的泄放口径，若爆破片破裂有碎片产生时，则应装设拦网或采用其他不使碎片堵塞管道的措施。

(5) 爆破片应与容器液面以上的气相空间相连，对普通正拱型爆破片也允许安装在正常液位以下。

(6) 爆破片的安装要可靠，夹紧装置和密封垫圈表面不得有油污，夹持螺栓要上紧，以防爆破元件受压后滑脱。

(7) 运行中注意观察，经常检查法兰连接处有无泄漏，一旦发现应及时作出处理。

(8) 由于特殊要求，在爆破片和容器间必须装设切断阀时，则要检查阀的开闭状态，并应有具体措施确保运行中使阀处于全开位置。

(9) 爆破片或安全阀装置的结构、所在部位及安装都应便于检查和修理，且不应失灵。

7. 爆破片和安全阀装置组合使用

爆破片和安全阀的组合使用是一种组合型的安全泄放装置，当安全阀与爆破片并联时，对受压设备起到双重保护作用，能进一步提高设备的安全性；当串联组合使用时，既可以防止安全阀的泄漏，又可以避免爆破片爆破后使容器不能继续运行。

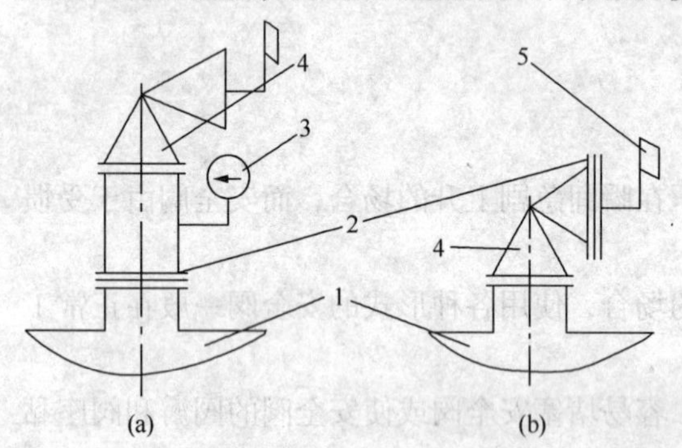

图 6-13 组合型安全装置示意图
1—容器；2—爆破片；3—压力表；
4—安全阀；5—排空或接至系统

(1) 爆破片和安全阀装置并联配合 并联组合时，爆破片破裂后的泄放面积仍应满足前述要求。并且爆破片的额定爆破压力小于等于容器的最大允许压力，而安全阀的开启压力则取略低于爆破片的额定爆破压力。

(2) 爆破片和安全阀装置串联组合 常见的串联组合型安全泄放装置为弹簧式安全阀和爆破片的组合使用，爆破片可设在安全阀入口侧，也可设在出口侧，如图 6-13 所示。

爆破片设在安全阀入口侧，图 6-13(a)所示，为了防止容器内介质腐蚀或堵塞安全阀，利用爆破片将安全阀与介质隔开，并且当容器内部压力不超过最高工作压力的10% ~15%时，爆破片爆破，安全阀自行开启或关闭，容器可继续运行。这种结构，要求安全阀和爆破片具有与单独使用时同样的性能，即爆破片的破裂对安全阀的正常动作没有任何妨碍。所以在任何情况下爆破片破坏后的开口面积必须≥安全阀进口面积的86%，并且在中间需装设压力表、旋塞、放空管或报警装置，以便能及时发现爆破片的泄漏或破裂。

爆破片设在安全阀出口侧，如图 6-13(b)所示，对于介质是比较洁净的昂贵气体或剧毒气体，可采用在安全阀出口侧装设爆破片的结构，它既可利用爆破片来防止安全阀的泄漏，又可使爆破片免受载荷交变作用而产生疲劳失效。为使安全阀在容器超压时能及时开启排气，在安全阀和爆破片之间必须设有引出导线，将由安全阀泄漏出的气体及时、安全地排出或回收。

8. 爆破片的定期检验

爆破片要定期更换，每年至少一次。当发现容器超压时爆破片未破裂或者正常运行中爆破片已有明显变形时，应立即更换。对更换下来的爆破片应进行爆破压力试验，并将试验数据进行整理，分析和归档以供今后设计时参考。为了减少误差，爆破元件的爆破压力试验或复验应尽可能在与使用情况相同的条件下进行，包括试验温度、试验用介质以及爆破元件的夹紧装置等，试验用的压力表精度应不低于1级，有关结果应填写记录。当使用弹簧管压力表时，表盘直径应不小于150mm，被测爆破压力应在表面量程的1/3 ~2/3 范围内。对于压缩型爆破片，试验用的介质必须是气体。爆破片的试验方法按有关标准进行。

四、防爆帽

爆破帽也是一种断裂型的安全泄压装置。由于它的外形似“帽”，所以命名为爆破帽。爆破帽的样式较多，但基本结构与作用原理是一样的。它的主要元件就是一个一端封闭、中间具有一薄弱断面的厚壁短管，用可拆连接的方式装在容器上。当容器内的压力超过规定，致使它的薄弱断面上的拉伸应力达到材料的强度极限时，爆破帽即从薄弱断面处断裂，气体即可由管孔中排出。为了防止爆破帽断裂后飞出伤人，在它的外面常装有保护装置。

爆破帽的特点是结构简单，制造也比较容易，而且爆破压力误差较小，比较易于控制，但一般只适用于超高压容器，因为这些容器的安全泄压装置不需要有太大的泄放面积，而且爆破压力较高，爆破帽的薄弱断面可以保持有较大的厚度，使它易于加工制造。

五、压力表

压力表是用来测量压力的仪表，在压力容器上装设压力表后，可直接测量出容器内介质的压力值，以便在发生异常情况时，可及时发现和作出处理。压力测量仪器种类很多，按照结构和工作原理，一般可分为液柱式、弹性元件式、活塞式和电量式四大类，其中弹性元件式压力测量仪表使用最多。

1. 弹性元件式压力测量仪表

弹性元件式压力测量仪表是利用弹性元件的弹性力与被测压力相互平衡的原理，根据弹性元件的变形程度来确定被测的压力值。其优点是结构牢固、密封可靠，具有较高的准确度，对使用条件的要求也不高。缺点是使用期间必须经常检修、校验，且不宜用于测定频率较高的脉动压力和具有强烈振动的场合。

弹性元件式压力测量仪表根据弹性元件结构特点可分为单圈弹簧管式、螺旋形(多圈)弹簧管式、薄膜式(又分为波纹平膜式和薄膜式)、波纹筒式、远距离传送式等多种形式。目前，在压力容器中广泛采用单弹簧管式压力表。当工作介质具有腐蚀性时，也常采用波纹平膜式压力表。

(1) 单弹簧管压力表　单弹簧管压力表是将压力介质通入弹簧弯管内，利用弯管的受内压变形，并经放大后读出其压力值，根据变形量的传递机构又可分为扇形齿轮式和杠杆式两种，如图 6－14 所示。

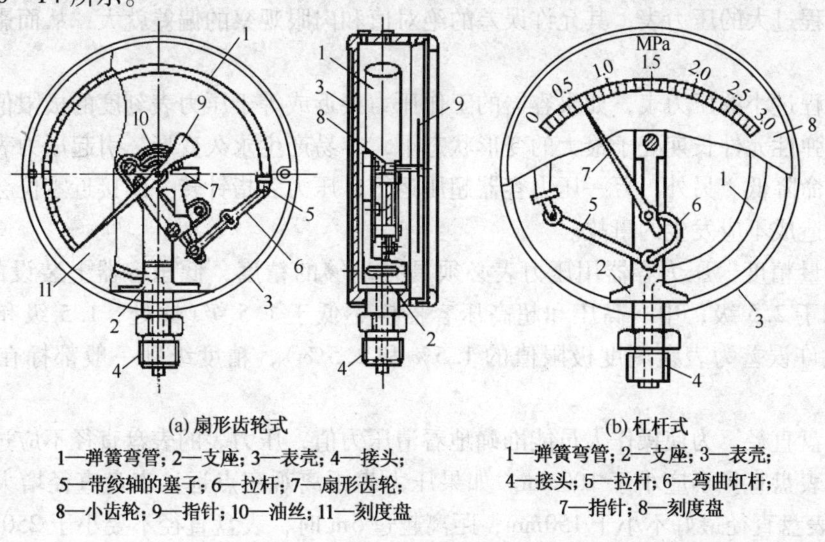

(a) 扇形齿轮式
1—弹簧弯管；2—支座；3—表壳；4—接头；
5—带绞轴的塞子；6—拉杆；7—扇形齿轮；
8—小齿轮；9—指针；10—油丝；11—刻度盘

(b) 杠杆式
1—弹簧弯管；2—支座；3—表壳；
4—接头；5—拉杆；6—弯曲杠杆；
7—指针；8—刻度盘

图 6－14　单弹簧管压力表

扇形齿轮式单弹簧管式压力表制造简单、轻便、操作可靠、价格低廉，有均匀易读的刻度，压力的测量范围广，因此，在无其他特殊要求的场合一般都使用这种压力表，如图6-14(a)所示。

杠杆式的单弹簧管式压力表由于采用杠杆传动机构，将弹簧弯管在压力作用下的变形量按一定比例放大，因此它具有更高的准确度，而且比较耐震，但其指针只能在90°的范围内转动，如图6-14(b)所示。

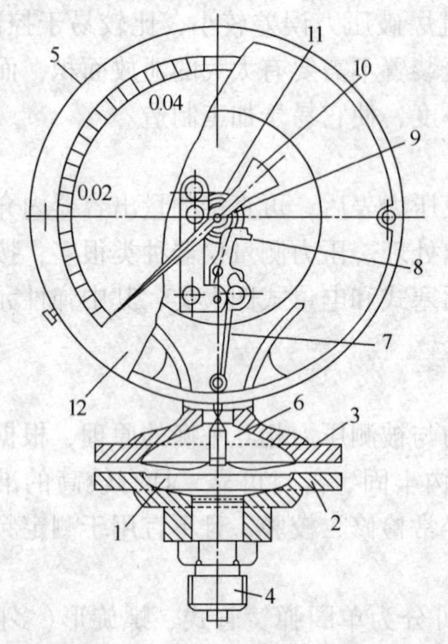

图6-15 波纹平膜式压力表

1—平面薄膜；2—下法兰；3—上法兰；4—接头；5—表壳；6—销柱；7—拉杆；8—扇形齿轮；9—小齿轮；10—指针；11—游离；12—刻度盘

(2) 波纹平膜式压力表 波纹平膜式压力表的结构如图6-15所示，弹性元件是波纹形的平面薄膜，当薄膜下侧通入压力介质时，薄膜受压向上凸起，通过传动机构，从而读出压力的数值。由于薄膜中心的最大挠度不能超过1.5~2mm，因此要用较高的传动比。这种压力表对震动和冲击不太敏感，而且更主要的是它可在薄膜底面用抗腐蚀金属制成保护膜，因此在石油化工中，常用来测量具有腐蚀性介质的压力，但波纹平膜式压力表的灵敏度和准确度都较低，且不能用于较高的压力，其压力使用范围一般小于3.0MPa。

2. 压力表的选用

压力表应根据被测压力的大小、安装位置的高低、介质的性质(如温度、腐蚀性等)来选择精度等级、最大量程、表盘大小以及隔离装置。

(1) 量程 压力表的最大量程，即表盘刻度极限值与容器的工作压力应相适应，压力表的量程一般为最高工作压力的1.5~3倍，最好取2倍，在稳定压力下，最高工作压力不应超过刻度极限值的70%；在波动压力下，不应超过60%。

选择量程过大的压力表，其允许误差的绝对值和肉眼观察的偏差就大，从而影响压力读数的准确性。

选择量程过小的压力表，如果容器的工作压力接近或等于压力表刻度的极限值，则会使压力表中的弹性元件长期处于最大的变形状态下，容易产生永久变形，引起压力表的误差较大和使用寿命降低。另外，万一压力容器超压运行，压力表指针转一圈接近零位会误认为无压力，从而造成不应发生的事故。

(2) 测量精度 压力容器用压力表必须具有足够的精度，低压容器上装设的压力表，精度应不低于2.5级；中、高压和超高压容器应不低于1.5级(此处，1.5级和2.5级分别表示其允许误差为表盘刻度极限值的1.5%和2.5%)，精度级别一般都标在压力表的表盘上。

(3) 表盘直径 为使操作人员能准确地看清压力值，压力表的表盘直径不应过小。在一般情况下，表盘直径不应小于100mm。如果压力表距离观察点远，表盘直径增大，距离超过2m时，表盘直径最好不小于150mm；距离越过5m时，表盘直径不要小于250mm。超高压容器压力表的表盘直径应不小于150mm。

3. 压力表的安装

在压力表安装和使用过程中，必须注意压力表的质量。未经检验合格、无铅封和过期未校验的压力表均不准使用，在使用过程中，如发现压力表指示失灵、刻度不清、表盘玻璃破裂、铅封损坏、卸压后指针不回零位等情况时，应立即进行更换。

(1) 压力表的接管应直接与压力容器的本体相连接 当压力容器的工作介质为蒸汽时，接管上还应设有一段弯管，使蒸汽在这一段弯管内冷凝，以免温度过高引起表内弹性元件变形，影响压力表的精度。

(2) 压力表的安装位置应使操作人员看得清楚 刻度盘面与操作人员的视线应垂直或向前倾斜30°，并且有足够的光线，但应避免受到辐射热、冻结及振动的影响。

(3) 压力表与容器的接管中应装有三通旋塞 为了便于装拆压力表，压力表与容器的接管中应装有三通旋塞，旋塞应设在垂直管段上，并使旋塞手柄与管线同向时为开启状态，以免开闭混淆引起错误操作。对高压和超高压容器一般用阀来代替旋塞，此时也必须采用外螺杆式压力表等，以防止开闭失误。当接管上连接一段弯管时，旋塞应设在弯管和压力表之间的垂直管段上。

(4) 装设充填有液体的隔离缓冲装置 对于盛装高温、强腐蚀性介质的容器，应在压力表和容器的连接管路上装设充填有液体的隔离缓冲装置，或选用抗腐蚀的波纹平膜式压力表等。当装设隔离装置时，充填液不应与工作介质起化学反应或生成物理混合物。

(5) 压力表的固定 每只压力表最好固定在相同压力的容器上，这样可根据容器的最高许用压力，在压力表刻度盘上划出警戒红线。但不应将警戒红线画在压力表的玻璃上，以免玻璃转动产生错觉。

4. 压力表的使用和维护

(1) 压力表的表盘玻璃应保持洁净、明亮，使指针指示的压力值清晰可见。

(2) 压力表的连接管要定期吹洗，以免堵塞。

(3) 压力表必须定期检验。压力表的校验应符合国家计量部门的有关规定，一般每6个月校验一次，经检验合格的压力表应有铅封和检验合格证，注明下次校验日期或校验有效期。校验后的压力表应加铅封，未经检验合格的和无铅封的压力表均不准安装使用。

(4) 使用中的压力表应根据设备的最高工作压力，在它的刻度盘上划明警戒红线，但注意不要涂画在表盘玻璃上，一则会产生很大的视差，二则玻璃转动导致红线位置发生变化使操作人员产生错觉，造成事故。

(5) 在容器运行期间，如发现压力表指示失灵、刻度不清、表盘玻璃破裂、泄压后指针不回零位、铅封损害等情况，应立即校正或更换。

六、液面计

液面计是压力容器的安全附件，一般压力容器的液面显示多用玻璃板液面计。石油化工装置的压力容器，如各类液化石油气体的储存压力容器选用各种不同作用原理、结构和性能液位指示仪表，介质为粉体物料的压力容器多数选用放射性同位素料位移表以指示粉体的料位高度。

不论选用何种类型的液面计或仪表，均应符合《容规》规定的安全要求，主要有以下几个方面：

(1) 应根据压力容器的介质、最高工作压力和温度正确选用。

(2) 在安装使用前，低、中压容器液面计应进行1.5倍液面计公称压力的水压试验；高压容器液面计应进行1.25倍液面计公称压力的水压试验。

(3) 盛装0℃以下介质的压力容器，应选用防霜液面计。寒冷地区室外使用的液面计，应选用夹套型或保温型结构的液面计。易燃、毒性程度为极强、高度危害介质的液化气体压力容器，应采用板式或自动液面指示计，并应有防止泄露的保护装置。

(4) 要求液面指示平稳的，不应采用浮子(标)式液面计。

(5) 液面计应安装在便于观察的位置，如液面计的安装位置不便于观察，则应增加其他辅助设施，如大型压力容器还有集中控制的设计和警报装置。液面计的最高和最低安全液位应作出明显的标记。

(6) 压力容器操作人员应加强液面计的维护管理，经常保持液面计的完好和清晰。应对液面计实行定期检修制度，使用单位可根据运行实际情况，在管理制度中具体规定。

(7) 液面计有下列情况之一的，应停止使用：超过检验周期、玻璃板(管)有裂纹、破碎、阀件固死、经常出现假液位。

(8) 使用放射性同位素料位移检测仪表时，应严格执行国务院发放的《放射性同位素与射线装置放射防护条例》的规定，采取有效保护措施，防止使用现场放射危害。

另外，化工生产过程中，有些反应压力容器和储存压力容器还装有液位检测报警、温度检测报警、压力检测报警及连锁等，既是生产监控仪表，也是压力容器的安全附件，都应该按有关规定的要求、加强管理。

第七节　压力容器的破坏形式

压力容器常常会由于设计结构不合理、制造质量差、使用维护不当或其他原因而发生破裂，而且破裂事故的形式往往多种多样，并且很多是在规定的使用期限内发生，这些压力容器破裂事故的发生，严重危及人身安全，因此必须加以预防。

要防止压力容器在运行过程中破裂，就必须了解、掌握压力容器各种破坏形式的破裂机理、产生原因、主要特征等，掌握压力容器发生破裂的规律，以便找出正确的防止破裂的措施和避免发生事故的办法。

一、韧性破坏

1. 韧性破坏概念

韧性破坏是指压力容器在内部压力的作用下，容器器壁上产生的应力达到了器壁材料的强度极限时发生断裂的一种破坏形式。

2. 韧性破坏的机理

压力容器的金属材料在外力作用下，引起变形和破坏的过程大致可分为三个阶段，即弹性变形阶段、弹塑性变形阶段和断裂阶段。

(1) 弹性变形阶段　是指当对材料施加的外力不超过材料固有的弹性极限值时，一旦外力消失，材料仍能回复到原来的状态，而不产生明显的残余变形。

(2) 弹塑性变形阶段　是指当对材料施加的外力超过材料固有的弹性极限值时，材料开始屈服变形后，仍继续施加外力并超过材料的屈服极限，材料将产生很大的塑性变形，当外载荷消失后，材料不再恢复原状，塑性变形仍将保留。

（3）断裂阶段 是指材料发生塑性变形后，如施加外力继续增加，当应力超过了材料的强度极限后，材料将发生断裂。

3. 韧性破坏的特征

（1）器壁上有明显的伸长变形 由于容器筒体四壁受力时，其环向应力（$\sigma_2=\frac{pD}{2\delta}$）是轴向应力（$\sigma_1=\frac{pD}{4\delta}$）的2倍，所以明显的塑性变形主要表现在：容器的直径增大，容积增大，壁厚减薄，而轴向增长较小，产生“腰鼓形”变形。当容器发生韧性破坏时，圆周长的最大增长率和容积的变形率可达10%～20%。

（2）断口呈暗灰色纤维状 碳钢或低合金钢的韧性断裂发生在夹杂物位置，断裂时形成纤维空洞，在拉应力作用下，使夹杂物与基本界面脱开，同时空洞长大并聚集成裂纹，直至断裂，所以在断裂处形成锯齿形的纤维断口，这种断裂多数属于穿晶断裂，即裂纹发展途径是穿过晶粒的，因此断口没有闪烁的金属光泽而成暗灰色。

由于这种断裂是先滑移而后断裂，其断裂方式一般是切断，即断裂的宏观表面平行于最大切应力方向，与拉应力成45°角，所以裂口是斜断的，断口不平齐。

（3）容器一般不是碎裂 韧性破裂容器的材料一般是塑性和韧性较好的，所以破裂方式一般不是破裂成碎片，而只是裂开一个口子，裂缝的宽度与容器爆破时所释放的能量有关，能量大的裂口较宽，能量小的裂口较窄。

（4）容器实际爆破压力接近于计算爆破压力 金属的韧性断裂是经过大量的塑性变形，而且在外力的作用下引起的应力达到了金属的断裂强度时所发生的，所以韧性破裂的压力容器的器壁上产生的平均应力，一般都达到或接近了材料的抗拉强度，即它的实际爆破压力往往与计算爆破压力非常相近。

4. 造成韧性破坏的原因

（1）盛装液化气体介质的容器充装过量 对盛装液化气体介质的容器，应按照规定的充装系数充装，即留有一定的气相空间，这是因为液化气体随环境温度的增高，其饱和蒸气压显著增大，如液氯钢瓶充满液体后，当温度每升高1℃，瓶内压力增加将超过1MPa，随着温度的继续升高，瓶内压力会不断增大，容器器壁上的应力也相应增大，当达到材料的强度极限时即可发生断裂。

（2）压力容器超温、超压运行 压力容器在运行过程中，如果操作人员违反操作规程、操作失误、安全装置不全或失灵，往往会造成压力容器超温、超压；或因投料不当，造成反应速度过快，引起温度、压力的急剧增高，当容器器壁应力达到材料的强度极限时，即可导致容器破坏。

（3）容器壳体选材不当或容器安装不符合安全要求 如果选用压力容器壳体材料的强度较低，或压力容器安装错误，压力来源处的压力高于压力容器的设计压力或最高工作压力，但又无可靠的减压装置，则有可能导致破坏。

（4）维护保养不当 因维护保养不当，压力容器器壁将发生大面积的腐蚀，造成壁厚减薄，在正常工作压力下，容器器壁一次薄膜应力超过材料的屈服极限，造成受压部件整体屈服而发生破裂。

5. 事故预防

（1）在设计制造压力容器时，要选用具有足够强度和厚度的材料，以确保压力容器在规定的工作压力下安全使用。

(2) 压力容器应按照规定工艺参数运行，安全附件应安装齐全、正确，并确保灵敏可靠。

(3) 使用中加强巡回检查，严格按照工艺参数进行操作，严禁压力容器超温、超压、超负荷运行，防止过量充装。

(4) 加强维护保养工作，采取有效措施防止腐蚀性介质及大气对压力容器的腐蚀。如果发现容器器壁严重腐蚀以致变薄，或运行中容器器壁产生明显塑性变形时，应立即停止使用。

二、脆性破坏

1. 脆性破坏概念

脆性破坏是指压力容器在破裂时，没有明显的塑性变形，破裂时容器器壁的压力也远远小于材料的强度极限，有的甚至还低于材料的屈服极限，这种破坏与脆性材料的破裂很相似，故称为脆性破坏。

2. 脆性破坏的机理

(1) 钢的冷脆性　钢在低温条件下，其冲击韧性显著降低，这种现象称为钢的冷脆性。钢由韧性状态转变为低温脆性状态时极易产生断裂，这种现象称为低温脆性断裂。

(2) 钢的蓝脆性　低碳钢在300℃左右时会出现强度升高、塑性降低的区域，这种现象称为材料的蓝脆性。如果在压力容器制造和使用过程中，正好在蓝脆温度范围内经受变形应力的作用，就有可能产生蓝脆，从而导致断裂事故的发生。

(3) 钢的热脆性　某些钢材如果长期停留在400～500℃ 温度范围之内，当温度冷却至室温时，其冲击值有明显的下降，这种现象称为钢的热脆性，此时压力容器如果经受变形应力的作用，也有可能导致脆性断裂。

3. 脆性破坏的特征

(1) 容器器壁没有明显的伸长变形　脆性破裂的容器一般都没有明显的伸长变形，许多在水压试验时脆性破裂的容器，其试验压力与容积增量的关系在破裂前基本还是线性关系，且容器的容积变形还是处于弹性状态，有些脆性破裂成多块的压力容器，如果将碎块组拼起来再测量其周长，往往与原来的周长相同或变化甚微，而且容器的壁厚一般也没有变薄。

(2) 裂口平齐、断口呈金属光泽的结晶状　脆性断裂一般是正应力引起的解体断裂，所以裂口平齐，并且与主应力的方向垂直。容器断裂的纵缝，裂口与容器表面垂直，环向断裂时，裂口与容器的中心线相垂直。脆性断裂往往是晶界断裂，所以断口呈闪烁金属光泽的结晶状。在壁厚较厚的容器断口上，还常常可以找到人字形的纹路(辐射状)，其尖端指向裂纹源，即始裂点，始裂点往往是有缺陷或几何形状突变的地方。

(3) 容器常破裂成碎块　由于脆性断裂的容器材料多为强度较高、韧性较差，而脆性断裂的过程，又是裂纹迅速扩展的过程，破裂往往是在某一瞬间发生的，容器内的压力很难通过一个小裂口释放，所以常常将容器爆裂成碎片并飞出，因此造成的危害比延性破裂更大。

(4) 事故多在温度较低的情况下发生　由于金属材料的断裂韧性随温度降低而下降，所以脆性破裂事故一般都发生在温度较低的情况下。

4. 造成脆性破坏的原因

(1) 温度　因为钢在低温下或某一特定的温度范围内，其冲击韧性将急剧下降。

(2) 裂纹性缺陷　压力容器受压元件一旦产生裂纹，其尖端前缘会产生很高的应力峰值，且应力状态也发生变化，变为三相拉伸应力，在这个区域，实际的应力要比按常规方式计算的数值高得多，材料的实际强度比无裂纹的理想材料的强度低得多，所以，即使材料具有较高的冲击韧性，但当裂纹性缺陷的尺寸达到一定值时，仍可能发生脆性断裂。

5. 事故预防

(1) 提高容器的制造质量，特别是焊接质量，是防止容器脆性破坏的重要措施。因为容器结构尺寸的突变、不连续以及焊缝中裂纹性缺陷的存在，会造成容器局部区域应力集中，容易形成脆性断裂源。

(2) 容器材料在使用条件下应具有较好的韧性。材料的韧性差是造成脆性破裂的另一主要因素，因此在选择材料时，应选用在使用温度下仍能保持较好韧性的材料。

由于材料的断裂韧性不仅与其化学成分有关，而且还与其金相组织有关，因此在制造过程中，焊接及热处理工艺必须合理，使用过程中应防止压力容器材料的韧性降低，开停容器时避免压力的急剧变化，防止压力容器材料的断裂韧性因加载速度过快而降低。

(3) 加强对压力容器的维护保养和定期检验工作，及时消除检验中发现的裂纹性缺陷，确保压力容器的安全运行。

三、疲劳破坏

1. 疲劳破坏概念

疲劳破坏是指压力容器器壁在反复加压和卸压的过程中，受到交变载荷的长期作用，没有经过明显的塑性变形而导致容器断裂的一种破坏形式。

疲劳破裂是突然发生的，因此具有很大的危险性，据有关资料统计，压力容器在运行过程中的破坏事故有75%以上是由疲劳引起的。

2. 疲劳破坏机理

(1) 低应力高周疲劳　也称为高循环疲劳，材料的破坏循环次数一般在10^5次以上，而相应的应力值较低，在材料的弹性范围之内可以承受周次的交变载荷作用而不会产生疲劳破坏，但当外载超过这个弹性范围内的应力值极限后，材料就容易发生断裂。弹簧、传动轴等的疲劳就属此类。

(2) 高应力低周疲劳　也称低循环疲劳，材料承受的应力水平较高，交变应力的幅度较大，但交变周次较少，破坏循环的次数一般低于$10^4 \sim 10^5$，当容器材料在较高应力水平下，承受交变周次超过了$10^2 \sim 10^5$次后，材料就容易发生断裂。例如压力容器、燃气轮机零件等的疲劳。

3. 疲劳破坏的特征

(1) 容器疲劳破坏时没有明显的塑性变形　由于容器的疲劳破坏是在局部应力较高的部位或材料缺陷处开始产生微裂纹，然后在交变应力的作用下，微裂纹逐渐扩展为疲劳裂纹，最终突然断裂。在这个过程中器壁的总体应力水平较低，器壁整体截面处于弹性范围之内，所以疲劳破坏时容器不会有明显的变形，疲劳破裂后的压力容器，其直径没有明显增大，大部分壁厚也没有变薄。

（2）疲劳断裂与脆性破坏的断口形貌不同　疲劳断口存在两个明显的区域，一个是疲劳裂纹产生及扩展区，另一个是最终断裂区。大多数压力容器的变化周期较长，裂纹扩展较为缓慢，所以有时仍然能见到裂纹扩展的弧形纹路。如果断口上的疲劳线比较清晰，还可以根据它找到疲劳裂纹的策源点，这个策源点和断口的其他地方的形貌不同，策源点往往产生在应力集中的地方，特别是容器的接管处。

（3）容器的疲劳破坏只是一般性开裂　这是由于疲劳裂纹穿透容器器壁而造成泄漏失效，不像韧性断裂时形成撕裂，也不像脆性破裂时产生碎片。

（4）疲劳破坏总是在经过多次的反复加压和卸压后发生　压力容器的开、停车一次可视为一个循环周次，在运行过程中，容器内介质压力的波动也是载荷，如果交变载荷变化较大，开停车次数较多，容器就容易发生疲劳破坏。

4. 造成疲劳破坏的原因

（1）内部因素　压力容器存在着局部高应力区（如压力容器的接管、开孔、转角以及其他几何形状不连接处，在焊缝附近以及钢板原有缺陷等都会有不同程度的应力集中，有些地方的局部应力比计算压力大好多倍），其峰值应力会超过材料的屈服极限，随着载荷的周期性变化，该部位将产生很大的应力变化幅度，具备了微裂纹向疲劳裂纹扩展开裂的条件。

（2）外部因素　压力容器存在着反复交变载荷，这种交变载荷的形式，不是对称循环型，而是变化幅度大的非对称循环载荷，例如间隙式操作的压力容器，容器内的压力、温度波动较大；周围环境对压力容器造成的强迫振动；外界风、雨、雪、地震对容器造成的周期性外载荷等都会导致疲劳破坏。

5. 事故预防

（1）压力容器的制造质量应符合要求，避免先天性缺陷，以减少过高的局部应力。

（2）在压力容器的安装过程中，应注意防止外来载荷源的影响，以减少压力容器本体的交变载荷。

（3）在压力容器的运行过程中，要注意操作的正确性，尽量减少增压、卸压操作的次数，操作中要防止温度、压力波动过大。

（4）对无法避免的外来载荷、无法减少开停次数的压力容器，制造前应作疲劳设计，以确保压力容器不致发生疲劳破裂。

四、腐蚀破坏

1. 腐蚀破坏的概念

腐蚀破坏是指制造压力容器的材料在腐蚀性介质作用下，引起容器器壁由厚变薄或材料的组织结构发生改变、力学性能降低，使压力容器的承载能力不够而发生的破坏形式。

2. 金属腐蚀破坏的形态

1）均匀腐蚀

金属的均匀腐蚀是指金属在整个暴露表面上或者大部分面积上产生程度基本相同的化学或电化学腐蚀。均匀腐蚀也称全面腐蚀，遭受全面腐蚀的容器，是以金属的厚度逐渐变薄的形式导致最后的破坏，但从工程角度看，全面腐蚀并不是威胁很大的腐蚀形态，因为容器的使用寿命，可以根据简单的腐蚀试验进行估计，设计时可考虑足够的腐蚀裕度，但是腐蚀速度与环境、介质、温度、压力等有关，所以每隔一定时间，需要对容器腐蚀状况进行检测，否则也会产生意想不到的腐蚀破裂事故。

2）局部腐蚀

局部腐蚀是指材料表面的区域性腐蚀，这是一种危险性较大的腐蚀形态，并经常在突然间导致事故，局部腐蚀主要包括：

（1）电偶腐蚀　只要有两种电极电位不同的金属相互接触或用导体连通，在电解质存在的情况下就有电流通过，通常电极电位较高的金属腐蚀速度降低甚至停止，称为阴极，电极电位较低的金属腐蚀速度增大，称为阳极。

（2）孔蚀　是指金属表面产生小孔的一种局部腐蚀，孔蚀一般容易在静止的介质中发生，通常沿重力方向发展。

（3）选择性腐蚀　当金属合金材料与某种特定的腐蚀性介质接触时，介质与金属合金材料中的某一元素或某一组分发生反应，使其被脱离出去，这样的腐蚀称为选择性腐蚀，选择性腐蚀一般在不锈钢、有色金属和铸铁等材料中发生。

（4）磨损腐蚀　是指由于腐蚀性介质与金属之间的相对运动，使腐蚀过程加速的现象，又称为冲刷腐蚀。例如冷凝器管壁的磨损腐蚀，腐蚀流体既对金属表面的氧化物产生机械冲刷破坏，又不断地与暴露出来的金属新鲜表面发生剧烈的化学或电化学腐蚀，所以腐蚀速度较快。

（5）缝隙腐蚀　暴露于电解质溶液中的金属表面上的缝隙和其他隐蔽区域内常常发生强烈的局部腐蚀，这种腐蚀与孔洞、垫片底面、塔接缝、表面沉积物、螺母和铆钉帽下的缝隙内积存少量的静止溶液有关，一些表面钝化致密氧化物的金属（如不锈钢、铝等）容易产生缝隙腐蚀。

3）晶间腐蚀

金属的腐蚀发生在晶粒边界或晶粒边界附近，而晶粒边界本身的腐蚀较小的一种腐蚀形态称为晶间腐蚀。晶间腐蚀会造成晶粒脱落，使容器材料的强度和伸长率显著下降，但仍然保持原有的金属光泽而不容易被发现，所以危害性很大。

奥氏体不锈钢经常发生晶间腐蚀，这种腐蚀往往发生在不锈钢由高温缓慢冷却或在敏感温度范围之内（450～850℃），晶粒中铬离子与过饱和的碳化合形成碳化铬（$Cr_{23}C_6$）在晶界析出，由于铬的扩散速度较慢，这样生成的碳化铬所需的铬必须要从晶界附近获取，造成晶界附近区域含铬量降低，即所谓的“贫铬”现象，从而降低了不锈钢的耐腐蚀性能，导致晶间腐蚀。

由于焊接过程中热影响区正处于敏感温度范围之内，所以焊接过程也容易造成晶间腐蚀，因此在对不锈钢容器施焊时，应严格控制焊接电流、返修次数以减少热量的输入。

4）断裂腐蚀

断裂腐蚀是材料在腐蚀性介质和应力的共同作用下产生的，两者缺一不可，其中应力可以是静载拉伸应力，也可以是交变应力。断裂腐蚀主要包括应力腐蚀和疲劳腐蚀。

（1）应力腐蚀　应力腐蚀是金属在拉应力和特定的腐蚀性介质的共同作用下发生断裂破坏的一种形式，这是一种极其危险的腐蚀形态，常常在没有先兆的情况下发生局部腐蚀，裂纹一旦出现，它的扩散速度比其他局部腐蚀速度快得多，其裂纹大体向垂直于拉应力方向发展，裂纹形态有晶间形、空晶形和两者兼有的混合型。

（2）疲劳腐蚀　疲劳腐蚀是金属在交变应力和腐蚀性介质同时作用下产生破裂的一种形

式，这种破裂常常产生于振动部件，在动载荷应力的作用下，所有的金属材料，即使是纯金属也会发生疲劳腐蚀，疲劳腐蚀可以有多条裂纹，裂纹通常发源于一个深蚀孔，通常呈锯齿形，尖端较钝。

5）氢损伤

由于氢渗进金属内部而造成金属性能恶化的现象称为氢损伤，也称为氢破坏。由于氢的原子半径较小，最容易渗入钢或其他金属内部，氢离子被还原成初生态的氢，随后复合生成分子氢。当初生态的氢复合生成氢分子的过程受到环境阻碍时，就促进了初生态的氢向钢或其他金属内部渗透，引起渗氢。氢损伤主要包括：

(1) 氢鼓包　是指由于氢进入金属内部而产生的局部变形，甚至四壁遭到破坏。

(2) 氢脆　是指由于氢进入金属内部而引起韧性和抗拉强度的降低。

(3) 脱碳　是指由于湿氢进入钢中，使钢中碳含量减少，强度降低。

(4) 氢腐蚀　是指在高温下氢与合金中的组分反应造成的腐蚀。

3. 金属腐蚀的机理

压力容器的金属腐蚀虽然有各种各样的形态和特征，但就其腐蚀产生的机理而言，通常分为化学腐蚀和电化学腐蚀两大类。

1）化学腐蚀

化学腐蚀是容器金属与周围介质直接发生化学反应而引起的金属腐蚀，这类腐蚀主要包括金属在干燥或高温气体中的腐蚀、金属在非电解质溶液中的腐蚀。典型的化学腐蚀有高温氧化、高温硫化、钢的渗碳与脱碳、氢腐蚀等。

(1) 高温氧化　是指金属在高温下与介质或周围环境中的氧作用而形成金属氧化物的过程。

(2) 高温硫化　是指金属在高温下与含硫介质(如硫蒸气、硫化氢、二氧化硫)作用生成硫化物的过程。

(3) 钢的渗碳　是指高温下某些碳化物(如CO和烃类)与钢铁接触时发生分解生成游离态碳而渗入钢内生成碳化物的过程，渗碳降低了钢材的韧性。

(4) 钢的脱碳　是指由于钢中的渗碳体在高温下与介质发生脱碳反应，使得钢表面渗碳体减少，导致金属表面硬度和疲劳极限降低。

(5) 氢腐蚀　是指钢受高温、高压氧的作用引起组分的化学变化，使钢材的强度和塑性下降，断口成脆性断裂的现象。

2）电化学腐蚀

电化学腐蚀是指容器金属在电解质溶液中，由于电化学反应而引起的腐蚀。电化学腐蚀是由于微电池的存在而造成的微电池腐蚀，在电化学腐蚀中，既有电子的得失，又有电流的形成。绝大部分压力容器是由碳钢或不锈钢制造的，它们含有夹杂物，当与电解质接触时，由于夹杂物的电位高形成微阴极，而铁的电位低形成微阳极，这就形成许多微小的电池，称为微电池，它所造成的腐蚀称为微电池腐蚀。

在实际生产中，形成微电池的原因很多，如金属表面和介质总是不均一；金属表面有微孔，孔内金属是阳极；金属表面被划伤时，划伤处是阳极；金属内应力分布不均匀时，应力较大处为阳极。此外，温度和介质的浓度不均一等也会构成微电池而造成电化学腐蚀。

4. 造成金属腐蚀的原因

压力容器腐蚀的形态很多，形成原因也是多种多样的，主要包括：压力容器维护保养不当；材料选择不当或未采取有效防腐措施；结构不合理，或焊接不符合规范要求；介质中杂质的影响。.

5. 事故防范

(1) 根据介质选用合适厚度的防腐蚀材料。

(2) 对奥氏体不锈钢容器应严格控制氯离子含量，并避免在不锈钢敏感温度下使用，防止破坏不锈钢表面的钝化膜和防止晶间腐蚀的产生。

(3) 选择有腐蚀隔离措施的容器以避免腐蚀介质对容器壳体产生腐蚀。例如在容器内表面涂防腐层，在容器内加衬里，或采取复合钢板制造容器等。

(4) 选用结构合理、设计制造质量符合国家标准和要求的容器。容器由于结构不合理(如几何形状突变)、焊接工艺不合理、焊接质量差、强行组装、表面粗糙等都会造成较大残余应力，最终可能导致容器腐蚀破裂。

(5) 使用中采取适当的工艺措施降低腐蚀速度。例如在中性碱溶液中和在锅炉水系统中除氧，避免介质直接冲刷容器壳体及受压部件；在容器使用、维修中避免机械损伤，避免或减小外部附加应力等。

(6) 为减少电化学腐蚀的危害，也可采用阴极保护法。

五、蠕变破坏

1. 蠕变破坏概念

蠕变破坏是指压力容器的壁温高于某一限度时，即使应力低于屈服极限，容器材料也会发生缓慢的塑性变形，这种塑性变形经过长期的积累，最终会导致压力容器的破坏。蠕变破坏比较少见，但对高温容器不可忽视。

2. 蠕变破坏的机理

金属材料在高温下，其组织会发生明显的变化，晶粒长大，珠光体和某些合理成分有球化或团絮状倾向，钢中碳化合物还可能析出石墨等，有时还可能出现蠕变的晶间开裂或疏松微孔；某些情况下材料的金相组织会发生改变，使金属材料的韧性下降。

3. 蠕变破坏的特征

蠕变破坏往往发生在容器温度达到或超过了其材料熔化25%~35%的时候，一般碳素钢的蠕变温度界限为350~400℃，部分低合金钢的蠕变温度界限大于450℃；蠕变破坏是高温及拉应力长期作用的结果，因而通常有明显的塑性变形，其变形量的大小取决于材料的塑性；蠕变破坏时的应力值低于材料在使用温度下的强度极限。

4. 造成蠕变破坏的原因

压力容器发生蠕变破坏往往是由于容器长期在某一高温下运行，即使其应力低于材料的屈服极限，材料也能发生缓慢塑性变形；压力容器因选材不当或结构不合理造成蠕变破坏；压力容器由于结垢、结炭、结疤等影响传热，造成局部过热产生蠕变破坏。

5. 事故预防

选择满足高温力学性能要求的合金钢材料制造压力容器；选用结构合理、制造质量符合标准的压力容器；在使用中防止容器局部过热；经常维护保养，消除积垢、结炭可有效防止容器破坏事故的发生。

六、压力冲击破坏

1. 压力冲击破坏的概念

压力冲击破坏是指容器内的压力，由于各种原因而急剧升高，使壳体受到高压力的突然冲击而造成的破裂爆炸。其产生的原因有可燃气体的爆炸，聚合釜内产生爆聚，反应器内反应失控产生的压力或温度的急剧升高，液化气体在容器内由于压力突然释放而产生的爆沸等。

2. 冲击破坏的分类与机理

在压力容器内突然发生高速的压力冲击，大部分是由于不正常情况下的化学反应所引起的，也有一些是由于物质相变等物理现象引起的，常见的压力冲击类型及其产生的原因如下。

1）可燃气体与助燃气体(氧、空气)反应爆炸　如果两种气体(可燃气体与助燃气体)在压力容器内的混合比例在爆炸极限的范围之内，遇到适当的条件就会被点燃而形成燃烧波，并在容器内以极高的速度迅速扩延和传播，形成压力冲击。造成可燃气体和助燃气体同时混入同一容器内的原因有以下几个方面：

(1) 阀门泄漏　阀门泄漏使可燃气体通过关闭着的阀门流入空气或氧气的容器内，或者可燃气体储罐的连接密封结构失效漏入空气中。

(2) 操作失误　操作失误有可能造成可燃气体与助燃气体的混合。

(3) 两种气瓶混装　常见的是氢气瓶充装氩气，或用氢气瓶充装氧气，因充装前没有认真检查，而原有的气瓶又有较多的剩余气体，结果造成混合气体爆炸，这种爆炸有时在直接充装中爆炸，有时在使用时爆炸。

2）聚合釜的爆炸

单分子的聚合大都是放热反应，因此必须适当控制其反应速度并进行充分冷却，如果釜内反应失控，将会迅速聚合，放出大量的热量，使压力急速上升，造成“爆聚”，使聚合设备受压力冲击而断裂。常见的原因有以下两种：

(1) 催化剂使用不当，使反应加速放出大量的热量。

(2) 冷却装置失效，使热量不能及时散去。

3）压力容器内的反应失控

化工生产过程当中，很多工艺过程是放热的，特别是放热的分解反应，如果反应失控，反应后气体体积将会增加并伴随着产生大量的热，产生压力冲击使容器断裂。常见的原因有以下几种：

(1) 原料投入时计量错误或器具失灵。

(2) 原料不纯，特别是含有对反应起加速作用的杂质等。

(3) 搅拌和冷却装置失效。例如因为突然停电，搅拌器停止工作或突然停水，冷却装置未能起冷却作用等。

4）液化气体的“爆沸”

盛装液化气体的压力容器，容器内液化气体处于气、液两相相对平衡状态，但如果容器内压力突然释放，例如气态空间与大气相通，则容器内饱和蒸气压骤减，气液平衡状态被打破，容器内液体出现过热现象而瞬间急剧蒸发，产生大量的气体而冲击容器器壁，也会造成容器器壁的压力冲击断裂。可能产生气体“爆沸”的原因主要有以下几种：

(1) 在容器上误装爆破片，因容器内压力升高，爆破片断裂。

(2) 容器壳体局部开裂。

(3) 两种沸点相差悬殊的液化气体突然混入一个容器内。

3. 压力冲击破坏的特征

(1) 壳体碎裂　压力冲击破坏的容器，常常产生大量的碎块，这是其主要特征，它的碎裂程度一般都超过脆性断裂的壳体，如果是可燃性混合气体在容器内爆炸而造成的压力冲击断裂，还有可能是粉碎性爆炸。

(2) 壳体内壁附有化学反应产物和痕迹　因为压力冲击断裂大多是由于容器内物料发生燃烧或其他非正常化学反应而产生的，所以在壳体或碎片的内壁常发现反应物或观察到金属经过高温烘烤的痕迹。

(3) 断裂时常伴有高温产生　放热反应产生的高温气体，在壳体被压力冲击而断裂后随即排出，会使周围的物料燃烧或被烘烤，还常常因此而产生火灾，断裂时壳体或碎块的温度也比较高。

(4) 断口形貌类似脆性断裂　压力冲击破裂的断面一般没有或只有很薄的一层剪切唇，断口是平直的，开裂的方向也没有一定的规律性。

(5) 容器释放的能量较大　发生压力冲击破裂的压力容器，根据其周围所造成的破坏情况估算破坏能量，往往要比理论计算的能量大得多。

4. 事故预防

压力冲击破坏往往是在瞬间发生的，造成的危害也相当严重，必须加以防范，压力冲击破裂是压力容器在非正常工况状态下引起的爆炸事故，因此必须从根本上加以预防。常用的预防措施主要包括以下几方面。

1) 完善规程和管理制度

(1) 生产工艺设计、操作规程的管理制度　凡有可能产生异常工况的压力容器，在操作规程中必须注明防范措施和操作方法。例如可燃气体介质与助燃气体介质之间的系统关联管线，必须配置可靠的切断装置，以防止可燃气体与助燃气体混合而发生冲击破坏。

当生产系统不能采取盲板隔离或需经常性的工艺变换而间歇使用时，必须在关联管线上装设两只切断阀门，且两只切断阀门之间应加装放空阀，并注明这些阀门的操作步骤和操作要求，对于一些工艺过程可能出现副反应等非正常化学反应的压力容器，生产工艺设计、操作规程中必须严格控制工艺指标和操作要求。

对于压缩气体及液化气体的充装，必须按国家的有关标准规定，制定完善的气瓶充装操作规程，特别是液化气体在运输、储存、销售、使用各环节中的使用规程。

(2) 检修规程和管理制度　压力容器发生压力冲击破裂不少与检修有关，因此，必须根据压力容器的生产工艺状况、介质的特性结合检修内容，制定压力容器或生产系统的检修规程，包括检修前介质的置换、关联系统的切断、抽加盲板、检修后试压、气密试验以及系统置换等工作。

(3) 仪器仪表安全附件保养规程　仪器仪表是压力容器生产控制的“眼睛”，要防止压力容器发生压力冲击破裂，必须确保仪器、仪表侧量和显示的准确性，要有严格的检测和维护保养规程和管理制度，以确保压力容器安全附件准确有效。

2）加强现场的管理和作业人员的培训

（1）加强对规程制度的管理，包括检查和考核，杜绝违章现象的发生。

（2）压力容器的管理人员、操作人员及有关的检修检测人员必须经过专门的培训，持证上岗。

（3）对压力容器的操作、检修、检测必须一丝不苟，加强巡回检查和多重检查的管理责任制，使规程制度落实到点、落实到人，从而杜绝压力容器异常情况的出现。

第八节 压力容器的安全使用

一、压力容器的使用和管理

为了确保压力容器的安全运行，必须加强对压力容器的安全管理，消除弊端，防患于未然，不断提高其安全可靠性。

1. 压力容器的安全技术管理

要做好压力容器的安全技术管理工作，首先要从组织上保证，这就要求企业要有专门的机构，并配备专业人员即具有压力容器专业知识的工程技术人员负责压力容器的技术管理及安全监察工作。

压力容器的技术管理工作内容主要有：贯彻执行有关压力容器的安全技术规程；编制压力容器的安全管理规章制度，依据生产工艺要求和容器的技术性能制定容器的安全操作规程；参与压力容器的入厂检验、竣工验收及试车；检查压力容器的运行、维修和压力附件校验情况；压力容器的校验、维修、改造和报废等技术审查；编制压力容器的年度定期维修计划，并负责组织实施；向主管部门和当地劳动部门报送当年的压力容器的数量和变动情况统计报表、压力容器定期检验的实施情况及存在的主要问题；压力容器的事故调查分析和报告，检验、焊接和操作人员的安全技术培训管理，压力容器使用登记及技术资料管理等。

2. 建立压力容器的安全技术档案

压力容器的技术档案是正确使用容器的主要依据，它可以使我们全面掌握容器情况，摸清容器的使用规律，防止发生事故。容器调入或调出时，其技术档案必须随同容器一起调入或调出。对技术资料不全的容器，使用单位应对其所缺项目进行补充。

压力容器的技术档案应包括：压力容器的产品合格证，质量证明书，登记卡片，设计、制造、安装技术等原始的技术文件和资料，检查鉴定记录，验收单，检修方案及实际检修情况记录，运行累计时间表，年运行记录，理化检验报告，竣工图以及中高压反应容器和储运容器的主要受压元件强度计算书等。

3. 压力容器使用单位及人员的要求

压力容器的使用单位应在工艺操作规程中明确提出压力容器安全操作的要求。其主要内容有：操作工艺指标(含介质状况、最高工作压力、最高或最低工作温度)；岗位操作法(含开、停车操程序和注意事项)；运行中应重点检查的项目和部位、可能出现的异常现象和防止措施、紧急情况的处理、报告程序等。压力容器的使用单位应对操作人员进行安全教育和考核，操作人员应持安全操作证上岗操作。

压力容器发生下列情况之一时，操作人员应立即采取紧急措施，并按规定程序报告本单位有关部门：

(1) 工作压力、介质急剧变化以及介质温度或壁温超过许用值，采取措施仍不能得到有效控制。

(2) 主要受压元件发生裂缝、鼓包、变形、泄漏等危及安全的缺陷。

(3) 安全附件失效及接管、紧固件损坏，难以保证安全运行。

(4) 发生火灾直接威胁到压力容器安全运行。

(5) 过量充装、液位失去控制、压力容器与管道严重震动、危及安全运行等。

压力容器内部有压力时，不得进行任何修理或紧固工作。对于特殊的生产过程，需在开车升(降)温过程中带压、带温紧固螺栓的，必须按设计要求制定有效的操作和防护措施，并经使用单位技术负责人批准，在实际操作时，单位安全部门应派人进行现场监督。

以水为介质产生蒸汽的压力容器，必须做好水质管理和检测，没有可靠的水质处理措施不应投入运行。

运行中的压力容器，还用保持容器的防腐、保温、绝热、静电接地措施完好。

二、压力容器的定期检验

压力容器的定期检验是指在压力容器使用过程中，每隔一定期限采用各种适当而有效的方法，对容器的各个承压部件和安全装置进行检验和必要的试验，通过检验，发现容器存在的缺陷，使它们在还没有危及容器安全之前即被消除或采取适当措施进行特殊监护，以防压力容器在运行中发生事故。

1. 定期检验的要求

压力容器的使用单位，必须认真安排压力容器的定期检验工作，按照《在用压力容器检验规程》的规定，由取得检验资格的单位和人员进行检验，并将年检计划报主管部门和当地的锅炉压力容器安全监察机构，锅炉压力容器安全监察机构负责监督检查。

2. 定期检验的内容

压力容器的定期检验主要包括外部检查、内部检查和全面检查。

(1) 外部检查　是指专业人员在压力容器运行中定期的在线检查，检查的主要内容包括：压力容器及其管道的保护层、防腐层、设备铭牌是否完好；外表有无裂纹、变形、腐蚀和局部鼓包；所有焊缝、承接元件及连接部位有无泄漏；安全附件是否齐全、可靠、灵活好用；承压设备的基础有无下沉、倾斜，地脚螺丝、螺母是否齐全完好；有无振动和摩擦；运行参数是否符合安全技术操作规程；运行日志与检修记录是否保存完整等。

(2) 内部检查　是指专业检修人员在压力容器停机时的检验，检验内容除外部检验的全部内容外，还包括腐蚀、磨损、裂纹、衬里情况、壁厚测量、金相检验、化学成分分析和硬度测试等。

(3) 全面检验　全面检验除内、外部检验的全部内容外，还包括焊缝无损探伤和耐压试验。焊缝无损探伤长度一般为容器焊缝总长的 20% 。耐压试验是承压设备定期检验的主要项目之一，目的是检验设备的整体强度和致密性，绝大多数承压设备进行耐压试验时用水作介质，故常常把耐压试验叫做水压试验。

3. 定期检验的周期

压力容器的检验周期应根据容器的制造和安装质量、使用条件、维护保养等情况，由企业自行确定，一般情况下，压力容器每年至少进行一次外部检查，每三年进行一次内、外部检验，每六年进行一次全面检查，装有催化剂的反应容器以及装有填充物的大型压力容器，其检验周期由使用单位根据设计图纸和实际使用情况确定。压力容器的检验周期根据具体情况可适当延长或缩短。

有下列情况之一的，内、外部检验期限应适当缩短：

（1）介质对压力容器材料的腐蚀情况不明，介质对材料的腐蚀程度率大于0.25mm/a，以及设计所确定的腐蚀数据严重不准确；

（2）材料焊接性能差，制造时曾多次返修；

（3）首次检查；

（4）使用条件差，管理水平低；

（5）使用期超过15年，经技术鉴定，确认不能按正常检验周期使用，检验员认为应该缩短的。

有下列情况之一的，内、外部检验期限可以适当延长：

（1）非金属衬里完好，但其检验周期不应超过9年；

（2）介质对材料腐蚀速率低于0.01mm/a，或有可靠的耐腐蚀金属衬里，通过一至两次内、外部检验，确认符合原要求，但不应超过10年。

有下列情况之一的，内、外检验合格后，必须进行耐压试验：

（1）用焊接方法修理或更换主要受压元件；

（2）改变使用条件且超过原设计参数；

（3）更换新衬里前；

（4）停止使用两年后重新复用；

（5）新安装或移装；

（6）无法进行内部检验；

（7）使用单位对压力容器的安全性能有怀疑。

因特殊情况，不能按期进行内、外部检验或耐压试验的使用单位必须申请理由，提前3个月提出申报，经单位技术负责人批准，由原检验单位提出处理意见，省级主管部门审查同意，发放《压力容器使用证》的锅炉压力容器安全检查机构备案后，方可延长，但一般不应超过12个月。

三、压力容器的维护保养

1. 试用期间压力容器的维护保养

（1）消除压力容器的跑、冒、滴、漏　压力容器的连接部件及密封部位由于磨损或密封面损坏，或因热胀冷缩、设备振动等原因使紧固件松动或预紧力减小造成连接不良，经常会产生跑、冒、滴、漏现象，不仅浪费原料、能源、污染环境，还常引起或加速局部腐蚀，甚至引发容器的破坏事故，因此，要加强在用压力容器巡回检查，注意观察，及时消除跑、冒、滴、漏现象。

（2）保持完好的防腐层　工作介质对材料有腐蚀性容器，应根据工作介质对容器壁材料的腐蚀作用，采取适当的防腐措施。因为通常采用防腐介质防止介质对器壁的腐蚀，如涂层、搪瓷、衬里、金属表面钝化处理、钒化处理等，防腐层一旦损坏，工作介质将直接接触器壁，局部腐蚀会就加速，所以必须使防腐涂层或衬里保持完好。

（3）保护好保温层　对于有保温层的压力容器，要检查保温层是否完好，防止容器壁裸露。因为保护层一旦脱落或局部损坏，不但会浪费能源，影响容器效率，而且容器的局部温差变化较大，会产生温差应力，引起局部变形，影响正常运行。

(4) 减少或消除容器的振动　容器的振动不但会使容器上的紧固螺栓松动，还会由于振动的方向性，使容器接管根部产生附加应力，引起应力集中，而且当振动频率与容器的固有频率相同时，会发生共振现象，造成容器的倒塌。因此，当发现容器存在振动时，应采取适当的措施，如割断振源、加强支撑装置等，以消除或减轻容器的振动。

(5) 维护保养好安全装置　维护保养好安全装置和计量仪表，使它们始终处于灵敏准确、使用可靠状态。安全装置附件上面及附近不得堆放任何有碍其动作、指示或影响灵敏度、精度的物料、介质、杂物，必须保证各安全装置安全附件外表的整洁。

2. 停用期间的维护保养

停止运行的压力容器尤其是长期停用的压力容器，一定要将内部介质排放干净，清除内部的污垢、附着物和腐蚀产物，对于腐蚀性介质，排放后还需经过置换、清洗、吹干等安全技术处理，使容器内壁干燥和洁净。

要注意防止容器的“死角”内积有腐蚀性介质。为了减轻大气对停用容器外表面的腐蚀，应保持容器表面清洁，并保持容器及周围环境的干净。要保持容器外表面的防腐油漆完好无损，发现油漆脱落或刮落时要及时补涂。有保温层的容器，还要注意保温层下的防腐和支座处的防腐。

第九节　气瓶安全技术

气瓶是指在正常环境下(－40～60℃)可重复充气使用的公称工作压力(表压)为1.0～30MPa、公称容积为0.4～1000L的盛装压缩气体、液化气体或溶解气体等的移动式压力容器如图6－16所示。

图6－16　各种类型的气瓶

一、气瓶的分类

1. 按充装介质的性质分类

(1) 压缩气体气瓶　压缩气体因其临界温度小于－10℃，常温下呈气态，所以称为压缩气体，这类气瓶一般都以比较高的压力充装气体，目的是增加气瓶单位容积充装量，提高气瓶利用率和运输效率。

(2) 液化气体气瓶　液化气体气瓶充装时都以低温液态灌装，有些液化气体的临界温度较低，装入瓶内后受环境温度的影响而全部汽化；有些液化气体的临界温度较高，装瓶后在瓶内始终保持易燃气液平衡状态，因此可分为高压液化气体(临界温度大于或等于－109℃，且小于或等于70℃)和低压液化气体(临界温度大于70℃)。

(3) 溶解气体气瓶　专门用于盛装乙炔的气瓶，由于乙炔气瓶极不稳定，故必须把它溶解在溶剂(常见的为丙酮)中。气瓶内装满多孔性材料，以吸收溶剂，乙炔瓶充装乙炔气，一般要求分两次进行，第一次充气后静置8h以上，再进行第二次充气。

2. 按制造方法分类

(1) 钢制无缝气瓶　是指以钢坯为原料，经冲压拉伸制造，或以无缝钢管为材料，经热旋压收口收底制造的钢瓶，这类气瓶主要用于盛装压缩气体和高压液化气体。

(2) 钢制焊接气瓶　是指以铜板为原料，经冲压卷焊制造的钢瓶，这类气瓶主要用于盛装低压液化气体。

(3) 缠绕玻璃纤维气瓶　是指以玻璃纤维加黏结剂缠绕或碳纤维制造的气瓶，这类气瓶由于绝热性能好、质量轻，多用于盛装呼吸用压缩空气，供消防、毒区或缺氧区域作业人员随身背挎并配以面罩使用。

3. 按公称工作压力分类

(1) 高压气瓶　公称工作压力为30MPa、20MPa、15MPa、12.5MPa、8MPa；

(2) 低压气瓶　公称工作压力为5MPa、3MPa、2MPa、1.6MPa、1MPa。

二、气瓶的安全附件

1. 安全泄压装置

气瓶的安全泄压装置是为了防止气瓶在遇到火灾等高温时瓶内气体受热膨胀而发生破裂爆炸，如图6－17所示，气瓶常见的泄压附件有爆破片和易熔塞。

2. 其他附件(防震圈、瓶帽、瓶阀)

(1) 防震圈　气瓶装有两个防震圈保护装置，如图6－18(a)所示，用来防止气瓶在充装、使用、搬运过程中因流动、震动、碰撞而损坏瓶壁以致发生脆性破坏。

(2) 瓶帽　瓶帽是瓶阀的防护装置，如图6－18(b)、(c)、(d)所示，它可避免气瓶在搬运过程中因碰撞而损坏瓶阀，保护出气口螺纹不被损坏，防止灰尘、水分或油脂等杂物落入阀内。

(3) 瓶阀　瓶阀是控制气体出入的装置，一般是用黄铜或钢制造，如图6－17所示。充装可燃气体的钢瓶的瓶阀，其出气口螺纹为左旋；盛装助燃气体的气瓶，其出气口螺纹为右旋。瓶阀的这种结构可有效地防止可燃气体与非可燃气体的错装。

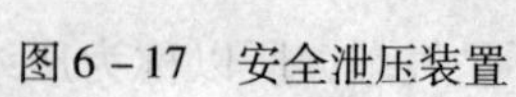

图6－17　安全泄压装置

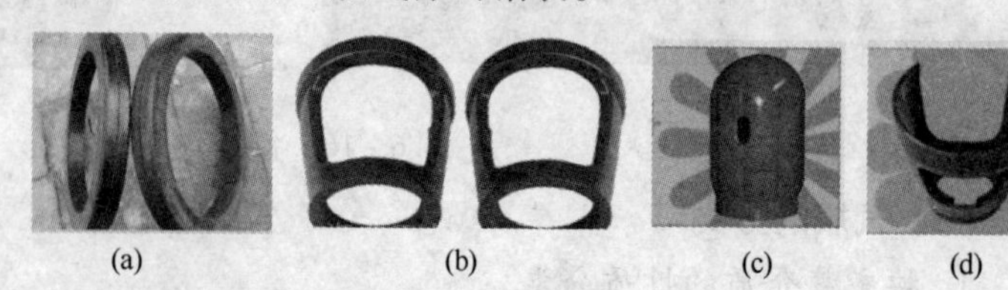

(a)　(b)　(c)　(d)

图6－18　气瓶的安全附件

三、气瓶的颜色

国家标准《气瓶颜色标记》对气瓶的颜色、字样和色环作了严格的规定，表6－10是常见气瓶的颜色。

表 6-10 常见气瓶的颜色

序 号	气瓶名称	化学式	外表面颜色	字 样	字样颜色	色 环
1	氢	H_2	深绿	氢	红	$p = 14.7$MPa 不加色环 $p = 19.6$MPa 黄色环一道 $p = 29.4$MPa 黄色环二道
2	氧	O_2	天蓝	氧	黑	$p = 14.7$MPa 不加色环 $p = 19.6$MPa 白色环一道 $p = 29.4$MPa 白色环二道
3	氨	NH_3	黄	液氨	黑	
4	氯	Cl_2	草绿	液氯	白	
5	空气		黑	空气	黄	
6	氮	N_2	黑	氮	黑	$p = 14.7$MPa 不加色环 $p = 19.6$MPa 白色环一道 $p = 29.4$MPa 白色环二道
7	二氧化碳	CO_2	铝白	液化二氧化碳		$p = 14.7$MPa 不加色环 $p = 19.6$MPa 黑色环一道
8	乙烯	C_2H_4				$p = 12.2$MPa 不加色环 $p = 14.7$MPa 白色环工道 $p = 19.6$MPa 白色环二道

四、气瓶的管理

1. 充装安全

为了保证气瓶在使用或充装过程中不因环境温度升高而处于超压状态，必须对气瓶的充装量进行严格控制。

(1) 气瓶充装过量　充装过量是气瓶破裂爆炸的常见原因之一，因此必须加强管理，严格执行《气瓶安全监察规程》的安全要求，防止充装过量。

(2) 防止不同性质气体混装　气体混装是指在同一气瓶内灌装两种气体(或液体)，如果这两种介质在瓶内发生化学反应，将会造成气瓶爆炸事故。

2. 储存安全

(1) 气瓶的储存应有专人负责管理。管理人员、操作人员、消防人员应经安全技术培训，了解气瓶、气体的安全知识。

(2) 气瓶储存时，空瓶、实瓶应分开；充装不同性质气体的气瓶应分开，如氧气瓶与液化石油气瓶以及乙炔瓶与氧气瓶、氯气瓶不能同储一室。

(3) 气瓶库(储存间)应符合《建筑设计防火规范》，应采用二级以上防火建筑，与明火或其他建筑物应有符合规定的安全距离；易燃、易爆、有毒、腐蚀性气体气瓶库的安全距离不得小于15m。

(4) 气瓶库应通风、干燥，防止雨(雪)淋、水浸，避免阳光直射，要有便于装卸、运输的设施，库内不准有暖气、水、煤气等管道通过，也不准有地下管道或暗沟，照明灯具及电器设备应是防爆的。

(5) 地下室或半地下室不能储存气瓶。

(6) 瓶库有明显的“禁止烟火”、“当心爆炸”等必要的安全标志。

(7) 瓶库应有运输和消防通道，设置消防栓和消防水池，在固定地点备有专用灭火器、灭火工具和防毒用具。

(8) 储气的气瓶应戴好瓶帽，最好戴固定瓶帽。

(9) 实瓶一般应立放储存，卧放时应防止滚动，瓶头(有阀端)应朝向一方，垛放不得超5层，并妥善固定，气瓶排放应整齐，固定牢靠，数量、号位的标志要明显，要留有通道。

(10) 实瓶的储存数量应有限制，在满足当天使用量和周转量的情况下，应尽量减少储存量。

(11) 容易起聚合反应的气体的气瓶，必须规定储存期限。

(12) 瓶库账目清楚，数量准确，按时盘点，账物相符。

(13) 建立并执行气瓶出库制度。

3. 使用安全

(1) 使用气瓶者应学习气体与气瓶有关的安全技术知识，在技术人员的指导监督下进行操作练习，合格后才能独立使用。

(2) 使用前应对气瓶进行检查，确认气瓶和瓶内气体质量完好方可使用，如发现气瓶颜色、钢印等辨别不清，检验超期，气瓶损伤(变形、划伤、腐蚀)，气体质量与指标规定不符等现象，应拒绝使用并作妥善处理。

(3) 按照规定正确、可靠地连接调压器、回火防止器、输气、橡胶软管、缓冲器、汽化器、焊割炬等，检查、确认没有漏气现象，连接上述器具前，应微开瓶阀吹除瓶阀出口的灰尘、杂物。

(4) 气瓶使用时，一般为立放(乙炔瓶严禁卧放使用)，不得靠近热源，与明火、可燃及助燃气体气瓶之间距离，不得小于10m。

(5) 使用易起聚合反应的气体的气瓶，远离辐射线、电磁波、振动器。

(6) 防止日光曝晒、雨淋、水浸。

(7) 移动气瓶应手搬瓶肩转动瓶底，移动距离较远时可用较轻便小车运送，严禁抛、滚、滑、翻和肩扛、脚踹。

(8) 严禁敲击、碰撞气瓶，绝对禁止在气瓶上焊接、引弧，不准用气瓶作支架和铁砧。

(9) 注意操作顺序，开启瓶阀应轻缓，操作者应站在阀出口的侧后，关闭瓶阀应轻而严，浇淋解冻。

(10) 瓶阀解冻时，不准用火烤，可把瓶移入室内或温度较高的地方或用40℃以下的温水浇淋解冻。

(11) 注意保持气瓶及附件清洁、干燥，禁止沾染油脂、腐蚀性介质、灰尘等。

(12) 瓶内气体不得用尽，应留有剩余压力(余压)，余压不应低于0.05MPa。

(13) 保护瓶外油漆防护层，既可防止瓶体腐蚀，也是识别标记，可以防止误用和混装，瓶帽、防振圈、瓶阀等附件都要妥善维护、合理使用。

(14) 气瓶使用完毕，要送回瓶库或妥善保管。

4. 气瓶的检验

气瓶的定期检验应由取得检验资格的专门单位负责进行，未取得资格的单位和个人，不得从事气瓶的定期检验工作，各类气瓶的检验周期如下：

（1）盛装腐蚀性气体的气瓶，每2年检验一次。

（2）盛装一般气体的气瓶，每3年检验一次。

（3）液化石油气气瓶，使用未超过20年的，每5年检验一次；超过20的，每2年检验一次。

（4）盛装惰性气体的气瓶，每5年检验一次。

（5）气瓶在使用过程中，发现有严重腐蚀、损伤或对其安全可靠性有怀疑时，应提前进行检验；库存和使用时间超过一个检验周期的气瓶，启用前应进行检验。

（6）气瓶检验单位对要检验的气瓶逐只进行检验，并按规定出具检测报告，未经检验和检验不合格的气瓶不得使用。

五、气瓶使用常见违章行为及纠正措施

（1）气瓶无防护措施。

【应用举例】气瓶无防护措施，会因为曝晒、碰撞等原因，发生事故。

【纠正方法】气瓶必须要有防倾倒和防曝晒措施，不得放在用火作业点正下方。

（2）气瓶接触带电体。

【应用举例】气瓶与带电体安全距离不够，会造成触电事故。

【纠正方法】气瓶与带电体必须保持一定的安全距离。

（3）气瓶和易燃易爆品堆放一起。

【应用举例】气瓶和易燃易爆品堆放一起，因气体泄漏，会造成火灾、爆炸事故。

【纠正方法】气瓶应单独存放在防护笼或专用库房中。

（4）氧气瓶、乙炔瓶软管混用。

【应用举例】某实习工人将氧气瓶、乙炔瓶软管接反，作业人员未进行检查确认，引发了火灾事故。

【纠正方法】加强检查，严禁氧气瓶、乙炔瓶软管混用。

（5）气瓶安全附件不全。

【应用举例】某乙炔瓶在使用中因未安装回火器，软管着火后，由于处置不当，引发了气瓶爆炸。

【纠正方法】气瓶的防震圈、安全帽、压力表、减压阀、回火器等必须齐全有效。

（6）使用不合格的气瓶。

【应用举例】某外来施工队伍在施工现场因使用不合格的气瓶，发生爆炸事故。

【纠正方法】钢瓶漆色、钢印标记、颜色标记必须符合规定，外观检查无明显的缺陷，必须在检验期内。

（7）氧气瓶、乙炔瓶混放，安全距离不够。

【应用举例】某工地氧气瓶、乙炔瓶混放在一起，因气瓶泄漏，发生爆炸。

【纠正方法】氧气瓶、乙炔应该单独存放，并保持相应的安全距离。

（8）滚动运输氧气瓶或乙炔瓶。

【应用举例】某工人滚动运输氧气瓶，氧气瓶掉入下水井，造成气瓶变形。

【纠正方法】严禁敲击、碰撞、滚动运输气瓶，气瓶必须由小车运送。

(9) 氧气瓶沾染油脂。

【应用举例】某工地一氧气瓶沾有油脂，被火星引燃后，发生火灾。

【纠正方法】保持氧气瓶的干净、整洁，不得沾有油污。

(10) 用火烤冻结的瓶阀。

【应用举例】某工人用火烤冻结的瓶阀，氧气泄漏后，烧伤脸部。

【纠正方法】用温水化解冻结的瓶阀。

(11) 乙炔瓶卧放，有毒物质漏出。

【应用举例】乙炔瓶卧放，容易污染环境，发生人身伤害事故。

【纠正方法】乙炔瓶必须竖立放置，并采取固定措施。

(12) 检修厂房内存放氧气瓶、乙炔瓶。

【应用举例】检修厂房内严禁存放氧气瓶、乙炔瓶。

【纠正方法】在厂房内存放氧气瓶、乙炔瓶，应严格遵守气瓶存放的相关规定。

第十节 工业锅炉安全运行

一、工业锅炉概述

1. 锅炉的概念

锅炉是一种利用燃料能源的热能或回收工业生产中的余热，将工质加热到一定温度和压力的热力设备，也是压力容器中的特殊设备，一旦在运行使用中发生爆炸，便是一场灾难性事故，所以锅炉的设计、材料选择、制造、安装、运行操作、设备检修、检查验收及人员培训等工作，都必须严格执行国家安全法规的规定，以确保锅炉的安全运行。

2. 锅炉运行参数

锅炉运行参数是表示锅炉工作能力的数据，常见的锅炉参数主要包括：

(1) 蒸发量　是指锅炉每小时所产生的蒸汽量，计量单位为 t/h、kg/s 或 MW，蒸发量的大小取决于锅炉的受热面积的多少和炉排(燃烧装置)的大小。

(2) 蒸汽压力　也称锅炉工作压力，是指锅炉各受压部件单位面积上允许承受的最大压力，计量单位是 MPa，锅炉铭牌上的压力指的是表压力。

(3) 蒸汽温度　是指蒸汽含热的程度，蒸汽温度分为饱和蒸汽温度和过热蒸汽温度两种。饱和蒸汽温度是随蒸汽压力的大小而变化的；过热蒸汽是将饱和蒸汽在“过热器”中再次加热得到的。蒸汽温度的计量单位是℃。

二、工业锅炉的安全运行

1. 点火前的准备工作

1) 全面检查

锅炉启动之前一定要进行全面检查，符合启动要求后才能进行下一步的操作。启动前的检查应按照锅炉运行规程的规定，逐项进行，检查的主要内容有：

(1) 检查汽水系统、燃烧系统、风烟系统、锅炉本体和辅机是否完好；

(2) 检查人孔、手孔、看火门、防爆门及各类阀门、接板是否正常；

(3) 检查安全附件是否齐全、完好并使之处于启动所要求的位置；

(4) 检查各种测量仪表是否完好等。

2）进水（上水）

为防止产生过大热应力，上水速度不能太快，上水水温最高不应超过90～100℃；全部上水时间在夏季不小于1h，在冬季不小于2h。冷炉上水至最低安全水位时应停止上水，以防受热膨胀后水位过高。

3）烘炉和煮炉

新装、大修可长期停用的锅炉，其炉膛和烟道的墙壁非常潮湿，一旦骤然接触高温烟气，就会产生裂纹、变形甚至发生倒塌事故，为了防止这种情况，锅炉应在上水后启动前再进行烘炉，烘炉就是在炉膛中用文火缓慢加热锅炉，使炉墙中的水分逐渐蒸发掉，烘炉应根据事先制定的烘炉升温曲线进行，整个烘炉时间根据锅炉大小、型号不同而定，一般为3～14天。

烘炉后期可以同时进行煮炉，煮炉的目的是清除锅炉蒸发受热面中的铁、油污和其他污物，减少受热面腐蚀，提高锅水和蒸汽的品质。

2. 点火升压供汽

一般锅炉上水后即可点火升压，进行烘炉煮炉的锅炉，待煮炉完毕、排水清洗后再重新上水，然后点火升压。升压过程需要注意以下问题：

（1）防止炉膛内爆炸　锅炉点火前要先通风数分钟，排除炉膛及烟道中的可燃气体和积灰，防止点火时发生炉膛爆炸。

（2）升压应缓慢　每升到一定压力均要检查调整，当升到使用工作压力时，应对新安装的安全阀进行调整定压，锅炉定压后应做一次自动排气试验，铅封时有关部门均应在场，并作记录。

（3）正式送汽前要进行蒸汽管系统暖管　暖管就是用蒸汽对冷态管道进行均匀加热，并把蒸汽冷凝成的水排掉，以防止送汽时发生水击和产生过大的温度应力而损坏管道，一般在锅炉汽压升到工作压力的2/3时进行暖管。暖管时间一般不少于2h，高压蒸汽管的暖管更应缓慢，温升宜控制在每分钟2～3℃，当管道汽压接近锅筒汽压且放水阀放出的全部是蒸汽时，方可正常供汽。

3. 正常运行

锅炉正常运行时，最重要的任务是对锅炉的水质水位、压力、燃烧情况及汽水质量等进行监视与控制。

（1）水位　水位波动范围不得超过正常水位±50mm，水位过高，蒸汽带水，蒸汽品质恶化，易造成过热器结垢烧坏并影响汽机的安全；水位过低，下降管易产生汽柱或汽塞，恶化自然循环，易造成水冷壁管过热变形或爆破，此外过高或过低还可能发生满水或缺水事故。

（2）压力　用汽锅炉的汽压允许波动范围为±49kPa，对其他设备供汽锅炉则为±98kPa。汽压低将降低发电机组发电周波，甚至影响发电量。对蒸汽加热设备，大多用饱和蒸汽，汽压低则汽温也低，影响传热效果，从而影响到产量、热效率。汽压过高，轻者使安全阀动作，浪费能源，又带来噪声，重者则超压爆炸。此外，压力变化力求平缓，压力陡升、陡降都要恶化自然循环，造成水冷壁管过热损坏。

（3）燃烧调节　燃烧室内火焰要充满整个炉膛，力求分布均匀，以利于水的自然循环，保证传热效果。火焰不能直接冲刷水冷壁管，当煤粉炉、油炉、燃气炉负荷增加时，应先加大引风，后加大送风，最后增加燃料，反之，先减燃料后送风，最后减少引风，以防燃烧不完全，使受热面上积留可燃物而发生尾部燃烧事故。

（4）定期排污　锅炉上锅筒连续排污是根据水碱度和含盐量，通过调节连续排污阀开度的大小进行调节，定期排污一班1次，排污以降低水位25～50mm为宜，排污一般在锅炉负荷较低时进行。

（5）保护装置与联锁不得停用　安全阀每天人为排汽试验一次，并作记录，需要检验或维修时，应经有关主要领导批准。

4. 锅炉停炉时的安全要点

锅炉停炉分为正常停炉和紧急停炉（事故停炉）两种。

（1）正常停炉　正常停炉是计划内停炉，停炉中应注意防止降压降温过快，以避免锅炉元件因降温收缩不均匀而产生过大的热应力；停炉操作应按规定的次序进行；锅炉正常停炉时先停燃料供应，随之停止送风，降低引风；与此同时，逐渐降低锅炉负荷，相应地减少锅炉上水，但应维持锅炉水位稍高于正常水位；锅炉停止供汽后，应隔绝与蒸汽总管的连接，排汽降压，等锅内无气压时，开启空气阀，以免锅内因降温形成真空，为防止锅炉降温过快，在正常停炉的4～6h内，应紧闭炉门和烟道接板，之后打开烟道接板，缓慢加强通风，适当放水；停炉18～24h，在锅水温度降至70℃以下时，方可全部放水。

（2）紧急停炉　锅炉运行中如果出现下列情况应立即停炉：水位低于水位表的下部可见边缘；不断加大向锅炉给水及采取其他措施，但水位仍继续下降；水位超过最高可见水位（满水），经放水仍不能见到水位；给水泵全部失效或给水系统故障，不能向锅炉进水；水位表或安全阀全部失效；锅炉元件损坏等严重威胁锅炉安全运行的情况。

紧急停炉的操作程序为：

（1）快速切断燃料供给，清除炉内未燃尽燃料，停止送（引）风；

（2）炉火熄灭后，打开风闸门和灰门，进行自然通风冷却；

（3）关闭主汽阀，从安全阀或紧急排汽阀向外排汽降压。

5. 锅炉的保养

锅炉停炉后，应放出炉水，为了防止腐蚀，停用锅炉必须进行保养，常用的停炉保养方法有压力保养、湿法保养、干法保养、充气保养四种。

三、锅炉事故及其预防措施

1. 锅炉事故的分类

锅炉在运行过程中，因锅炉受压部件、附件或附属设备被损坏，造成人身伤亡，被迫停炉修理或减少供汽、供热量的现象叫锅炉事故。按设备的损坏程度，锅炉事故可分为以下三类：

（1）爆炸事故　锅炉在使用过程中受压部件发生破裂，使锅炉压力突然降到等于外界大气压力的事故。

（2）重大事故　锅炉受压部件严重损坏（如变形、渗漏）、附件损坏或炉膛爆炸等被迫停止运行，必须进行修理的事故。

（3）一般事故　锅炉损坏不严重，不需要停止运行进行修理的事故。

2. 锅炉常见事故、原因和预防措施

锅炉的常见事故主要包括水位异常、汽水共腾与水击、燃烧异常、承压部件损坏以及水位计玻璃管爆破、锅炉及管道内的水冲击、炉墙损坏、结焦等，生产操作中应注意避免上述事故的发生，具体的预防措施见表6－11。

表6－11　锅炉常见事故、原因和预防措施

事　故	事故原因	预防措施和处理措施
水位异常	(1) 操作人员监视不严，判断错误或误操作 (2) 水位警报器失灵 (3) 水位表不准确 (4) 给水控制设备或给水门失灵 (5) 排污不当或排污阀泄漏 (6) 锅炉受热面损坏，负荷骤变 (7) 炉水含盐量过大	(1) 严密监视水位，定期校对水位计和水位警报器 (2) 若严重缺水时，严禁向锅炉内给水 (3) 应注意监视给水压力和给水流量，使给水流量与蒸汽流量相适应 (4) 排污应按规程规定 (5) 出现假水位时，应正确操作 (6) 监督汽水品质
汽水共腾与水击	(1) 锅炉水质没有达到标准 (2) 没有进行必要的排污或排污不够，造成锅水中盐碱含量过高 (3) 锅水中油污或悬浮物过多 (4) 负荷增加过急等	(1) 降低负荷，减少蒸发量 (2) 开启表面连续排污阀，降低锅水含盐量 (3) 适当增加下部排污量，增加给水，使锅水不断调换新水
燃烧异常	(1) 燃油设备雾化不良，燃油、燃煤粉与配风不当 (2) 炉膛温度不足，未完全燃烧，进入尾部烟道后，有适合条件时发生烟气爆炸或尾部燃烧 (3) 炉膛负压过大，燃料在炉膛内停留时间太短，来不及燃烧就进入尾部烟道	(1) 停止供应燃料，停止鼓、引风，紧关烟道门，有条件时向烟道内通入蒸汽或CO_2灭火 (2) 待火灭后，检查确认后再重新点火 (3) 若炉墙倒坍或其他损坏时，应紧急停炉 (4) 正确调整燃烧，保持炉膛温度 (5) 保持火焰中心位置，不让中心后移 (6) 定期清除烟道内积灰或油垢 (7) 保持防爆门良好
锅炉炉管及水冷壁管爆破	(1) 水质不符合标准，管壁积垢或管壁受腐蚀或受飞灰磨损变薄，导致爆管 (2) 升火过猛，停炉太快，使锅管受热不匀，造成焊口破裂 (3) 下集箱积泥垢未排除，堵塞管子水循环，管子得不到冷却而过热爆破	(1) 如能维持正常水位，紧急通知有关部门后再行停炉 (2) 如水位、汽压均无法保持正常时，必须按程序紧急停炉 (3) 严格控制水质达标并加强监督 (4) 定期检验管子 (5) 按规定升火、停炉和防止超负荷运行
过热器管爆破	(1) 水质没有达标，或水位经常较高，或汽水共腾，以致过热器结垢 (2) 引风量过大，使炉膛出口烟温升高，过热器长期超温使用也可能使烟气偏流而过热器局部超温 (3) 检修不良，使焊口损坏或水压试验后管内积水等	(1) 如损坏不严重，且生产需要，可待备用炉启用后再停炉，但必须密切注意，勿使损坏恶化 (2) 损坏严重则立即停炉 (3) 严格控制水、汽品质 (4) 防止热偏差 (5) 注意疏水，注意安装、检修质量
省煤器管损坏	(1) 给水质量差，水中有溶解氧和CO_2发生内腐蚀 (2) 经常积灰、潮湿而发生外腐蚀 (3) 给水温度变化引起管子裂缝 (4) 管道材质不好	(1) 给水控制质量，必要时装设除氧器 (2) 及时吹铲积灰 (3) 定期检查，做好维护保养工作

第十一节　压力容器的安全使用

一、压力容器的使用登记与技术档案

压力容器使用登记是在容器检验和核实安全状况等级的基础上，对压力容器进行注册和

发放使用证，其目的是为了限制无安全保障的压力容器的使用，建立容器的技术档案，为正确合理使用压力容器提供依据，通过压力容器的技术档案可以使容器的管理部门和操作人员全面掌握容器的技术状况，了解和掌握运行规律，提高容器的安全管理水平，所以每台压力容器都应进行登记和建立技术档案。

1. 压力容器的使用登记

（1）使用登记的依据　根据《特种设备安全监察条例》和《特种设备行政许可实施办法》的规定，压力容器的使用单位应向当地市级质量技术监督部门办理使用登记，国家质检总局锅炉压力容器安全监察局根据《特种设备安全监察条例》的规定，制定了《锅炉压力容器使用登记管理办法》，据此，每台锅炉压力容器在投入使用前或投入使用后30日内，使用单位应当向所在地的登记机关申请办理使用登记，领取使用登记证。

（2）使用登记的要求　使用单位申请办理使角登记时，需逐台向登记机关提交压力容器及其安全阀、爆破片及紧急切断阀等安全附件的文件，如安全技术规范要求的设计文件、产品质量合格证明、安装及使用维修说明、制造和安装过程监督检验证明、压力容器安全性能监督检验报告、压力容器安装质量证明书、压力容器使用安全管理的有关规章制度等。

压力容器安全状况发生变化、长期停用、移装或过户的，使用单位应向登记机关申请变更登记。使用单位申请办理使用登记时，应当遂台填写《压力容器登记卡》。

（3）使用登记的审核　登记机关经审核合格，办理使用登记证，并按照《锅炉压力容器注册代码和使用登记证号码编制规定》，编写注册代码和使用登记证号码，登记机关在发证后5个工作日内将登记信息传送使用地县级质检部门，县级质检部门接到登记信息后，应当及时对新增锅炉压力容器的使用情况实施安全监察。

2. 压力容器的技术档案

压力容器技术档案是正确、合理使用压力容器的主要依据，建立健全压力容器技术档案是搞好压力容器管理的基础工作。完整的技术档案可以防止人们盲目使用压力容器，从而有效地控制压力容器事故的发生。压力容器技术档案包括如下主要内容：

（1）压力容器登记卡；

（2）压力容器设计技术文件；

（3）压力容器的制造、安装技术文件和相关资料；

（4）压力容器定期检验、检测记录以及检验的相关技术文件和资料；

（5）压力容器安全附件的校验、修理及更换记录；

（6）压力容器修理方案、实际修理情况记录以及相关技术文件和资料；

（7）压力容器技术改造方案、图样、材料质量证明书，施工质量检验及技术文件和资料；

（8）压力容器有关事故的记录和处理报告。

3. 压力容器的安全状况等级

为了掌握每一台投入使用的压力容器的安全状况，在新容器使用前及在用容器定期检验后，都要核定其安全状况等级，新容器安全状况等级的核定工作是在使用单位办理容器使用登记手续时，由登记机关认定；在用容器是在定期检验后，根据《在用压力容器检验规程》所规定的评定标准，由检验单位签发的检验报告认定。压力容器的安全状况共分为五个等级，见表6－12。

表6－12　压力容器安全状况等级的划分与含义

安全状况等级	出厂资料是否齐全	设计与制造质量是否符合有关法规和标准的要求	缺陷的具体情况	能否在法定的检验周期内在原设计或规定的条件下安全使用
1	齐全	符合	无超标缺陷	能够
2	齐全（新），基本齐全（在用）	基本符合	存在某些不危及安全可不修复的一般性缺陷	能够
3	不够齐全	主体材质、结构、强度基本符合	存在不符合标准要求的缺陷，但该缺陷没有在使用中发展扩大；焊缝中存在超标的体积性缺陷，检验确定不需修复；存在腐蚀磨损、变形等缺陷，但仍能安全使用	能够
4	不全	主体材质不符或材质已老化，主体结构有较严重的不符合标准之处	存在不符合法规和标准的缺陷，但该缺陷没有在使用中发展扩大；焊缝中存在线性缺陷；存在的腐蚀、损伤、变形等缺陷已不能在原条件下安全使用	必须修复有缺陷处，提高安全状况等级，否则只能在限定的条件下监控使用
5			缺陷严重，难于修复；无修复价值；修复后仍难以保证安全使用	不能使用，予以判废

二、压力容器的安全操作

理论研究和实践探索表明，正确合理地操作和使用压力容器，是保证其安全可靠运行的重要条件。设计合理、制造质量优良的压力容器，如果使用不当、违反操作规程及年久失修等，同样会发生爆炸等破坏事故。使用过程中若操作不当也会损伤容器，可能使某些微小的缺陷扩大和产生新的缺陷，最终造成破坏。所以压力容器的使用单位应根据设计和制造中所确定的使用条件、制定的工艺操作规程控制操作参数，使容器在操作规程的规范下运行。

1. 压力容器使用单位的职责

要做好压力容器的安全技术管理工作，首先要从组织上予以保证，企业要有专门的机构，配备专业技术及管理人员，具体负责压力容器的技术管理和安全监察工作。企业装备厂长或总工程师是压力容器安全技术管理的总负责人，并指定具有压力容器专业知识的工程技术人员负责安全技术工作。企业的设备动力部门是企业对压力容器安全技术管理的职能部门，石油化工行业的生产车间由设备主任和设备管理员负责。压力容器使用单位对容器进行技术管理工作主要包括如下几个方面：

（1）贯彻执行《特种设备安全监察条例》、《压力容器安全技术监察规程》等压力容器的技术法规，编制压力容器的安全规章制度。

（2）参与压力容器安装验收和试车工作，检查容器的检验、维修和安全附件的校验情况。

（3）编制压力容器的定期检验计划，并负责实施；对容器的检验、修理、改造和报废等进行技术审查。

（4）向主管部门报送当年压力容器数量和变动情况的统计表、容器定期检验计划的实施情况及存在的主要问题等。

（5）负责压力容器的检验、焊接及操作人员安全技术培训的管理，容器使用登记和技术资料的管理。

（6）负责或协助进行压力容器事故的调查和处理工作。

2. 压力容器安全操作的基本要求

(1) 严格遵守操作规程，认真填写操作记录。压力容器操作人员应了解容器的来源和历史，掌握其基本技术参数和结构特征，熟悉操作工艺条件。严格遵守操作规程，压力容器的操作规程是根据生产工艺要求和容器的技术特性而制定的指令性技术法规，一经制定，操作人员必须严格执行。压力容器的原始操作记录和交接班记录对保障容器的安全生产至关重要，因此操作人员应认真及时、准确真实地记录容器的实际运行清况。

(2) 平稳操作，严禁超温超压运行。容器的压力、温度在使用过程中应力求稳定，防止温度、压力经常急剧变化导致容器疲劳破坏和突发事故，因此加载和卸载、升温和降温都应缓慢进行，并在运行期间保持压力和温度的相对稳定。严禁超温超压运行，由于容器允许使用的压力、温度及介质的充装量等都是根据工艺要求和设计条件来确定的，所以只有在设计条件范围内操作才可保证运行安全。如果容器超温超压运行，就会造成容器的承受能力不足，有可能导致爆炸事故的发生。

(3) 坚持运行期间巡回检查，防止异常情况发生。压力容器的操作人员在容器运行期间，应经常进行检查，观察压力、温度、液位是否在操作规程规定的范围内，容器各连接部位有无泄漏，容器有无明显的变形，基础和支座是否有松动，安全装置是否完好等，以便及时发现操作中或设备上出现的不正常现象，采取相应的措施进行调整惑消除，防止异常情况的扩大和延续，保证容器的安全运行。容器在运行过程中，如果突然发生事故，严重威胁安全时，操作人员应立即采取措施，停止容器运行，并报告有关部门。

(4) 压力容器的使用单位应对操作人员进行安全教育和技能培训，经考核合格并取得“压力容器操作人员合格证”后，方可上岗工作。操作人员应具备以下知识和技能：

① 掌握压力容器的基本知识，了解化工设备的技术特性、结构特点和安全操作知识；

② 了解所在工段的工艺流程、工艺参数，熟知岗位操作法，熟悉并严格执行本岗位工艺操作规程；

③ 能正确使用设备，如容器的开、停车操作和安全注意事项；

④ 掌握各种安全装置的型号规格、性能及用途，会检查、判断设备安全附件是否正常；

⑤ 针对可能发生的事故采取防范措施，在设备出现异常时能及时正确地进行紧急处理。

3. 压力容器的维护与保养

压力容器的维护保养工作包括防止腐蚀和消除“跑、冒、滴、漏”等方面。容器通常会受到来自内部的工作介质、外部的大气、水或土壤等的腐蚀。目前，大多数容器都采用防腐层进行防腐，如金属涂层、化学涂层、金属内衬及搪瓷玻璃等，如果容器的防腐层脱落或损坏，腐蚀介质会与容器本体直接接触使腐蚀速度加快，因此检查和维护防腐层的完好情况是做好防腐工作的关键，在日常巡检时应特别注意，及时发现问题，消除影响，同时也应及时清除积附在容器、管道、阀门及安全附件上的灰尘、油污和腐蚀性物质等，经常保持其清洁和干燥。

容器的“跑、冒、滴、漏”现象不仅浪费原料和能源、污染环境，而且也会造成设备的腐蚀。因此正确选择连接方式、垫片材料及填料，减轻振动和摩擦，及时消除“跑、冒、滴、漏”现象，也是做好容器保养工作的重要内容。

压力容器在停运期间的保养工作也不可忽视，容器停运后应将内部的介质排放干净，对腐蚀性介质要经过排放、置换(或中和)清洗等技术处理，有条件的应采用氮气封存。可根据停运时间的长短、设备情况及周围环境，采用在容器内外表面涂刷油漆或放置吸潮剂等方法进行保存保养。

三、压力容器的紧急停运

压力容器在运行中若出现超温超压，采取措施仍无效果，或出现裂纹、变形、严重泄漏以及安全装置失效，操作岗位附近发生火灾等直接威胁到容器的安全时，操作人员应立即采取紧急措施，停止容器运行并报告有关部门。

1. 压力容器紧急停止运行的条件

压力容器在运行中，出现以下情况时，操作人员应采取紧急停运措施：

(1) 容器的工作压力、介质温度或壁温超过规定值，采取措施仍不能得到有效控制；

(2) 容器的主要受压元件出现裂缝、鼓包、变形、泄漏等危及安全的缺陷；

(3) 容器的安全附件失效；

(4) 接管、紧固件损坏，难以保证设备安全运行；

(5) 发生火灾直接威胁到压力容器的安全运行；

(6) 容器的液位失控，采取措施仍得不到有效控制；

(7) 容器与管道发生严重振动、危及设备的安全运行；

(8) 容器充装过量及发生其他异常情况。

2. 压力容器紧急停止运行的操作

(1) 压力容器紧急停止运行时，应先切断外来原料，再有效撤除处于危险状态的容器内的物料；

(2) 迅速切断电源，使向容器内输送物料的运转设备(如泵、压缩机等)停止运行，同时联系有关岗位停止向容器内输送物料；

(3) 迅速打开出口阀，泄放容器内的气体或其他物料，必要且可行时可打开放空口将气体排入大气中；

(4) 对于系统性连续生产的设备，紧急停止运行时必须做好与前后有关岗位的联系工作；

(5) 操作人员在处理紧急情况的同时，应立即与上级主管部门及有关的技术人员、领导取得联系，以便有效地控制险情，避免发生更大的事故。

第十二节　事故案例分析

【案例一】排气管线冻堵，罐顶超压开裂

1. 事故经过

2004 年 11 月 25 日 17 时，某石油化工厂裂解车间废碱罐 111－F 液面逐渐下降到 5% 以下，当班操作工检查了流程、现场液面计、液面计浮筒和压力表引压管，并且在 18 时 20 分和 21 时两次联系仪表岗位对 111－F 的液面计进行了校对，液面计指示正确，但由于处理方法不当，没有检查到 111－F 罐顶排气管线冻堵这一环节。当晚由于气温低，111－F 罐顶排气管线冻堵，造成解析气不能正常排出，废碱靠 111－F 内解析气的压力被送到烯烃废碱中间罐 TK－4701，所以 111－ F 的液面是空的。由于从碱洗塔底排到脱气罐 111－F 废碱不能正常脱气，导致排到 TK－4701 罐的气体量增加，造成 TK－ 4701 罐内压力增高导致罐顶超压开裂移位。

2. 事故原因

（1）111 - F 罐顶排气管线冻堵，解析气不能正常排出是发生事故的主要原因。

（2）TK - 4701 罐顶呼吸阀可能存在卡涩，造成解析气不能正常排出是发生事故的另一主要原因。

【案例二】聚合釜憋压，防爆板打破，装置全线停车

1. 事故经过

2003 年 12 月 21 日，某橡胶厂 ABS 车间本体 SAN 装置恢复正常生产，负荷逐步提高，在此期间，聚合釜压力时有波动，4 时 49 分，压力波动至 712kPa，但未能引起操作工王某的重视。5 时 57 分，压力波动至 919. 8kPa 时，将防爆板打破。直接经济损失 49846. 44 元，间接损失工序停车 30h。

2. 事故原因

（1）本体聚合长时间保守运转所产生的低聚物，造成压力调节阀 PRCA - 201 动作不畅，从而使聚合釜憋压，是造成此次事故的直接原因。

（2）操作工王某对生产的监控不全面，对超压现象不重视，没有采取有效措施制止超压现象的发生是造成这起事故的主要原因。

3. 事故教训

（1）立即组织人员对防爆板破后被污染的现场进行清理。

（2）立即更换防爆板，检查其他的防爆板。

（3）对保守运转过程中会出现低分子自聚物的问题进一步探讨。

（4）加强岗位人员的素质和技能教育，对突发性问题的处理进一步进行培训。

（5）加强车间的工艺管理和技术培训管理。

【案例三】液面计泄漏，违章动火，发生火灾

1. 事故经过

2004 年 12 月 6 日下午，某石油化工厂芳烃车间正在组织检修后开车前的准备，仪表车间在试压过程中发现芳烃车间 GV - 110（氢压机入口吸入罐）的浮筒液面计 LI - 117 的蒸汽保温伴管焊缝泄漏（此蒸汽保温伴管于 12 月 2 日曾经消漏），仪表车间芳烃班技术员师某组织某公司进行消漏作业，由芳烃仪表班刘某负责办理动火作业票。14 时 25 分刘某联系分析合格，在联系监护人的过程中，该公司施工人员赵某在动火作业票未送达动火作业人手中，且工艺监护人未到作业现场的情况下，擅自进行动火作业，此时距 GV - 110 液面计 LI - 117 的保温管仅 1m 的 G - V108（氢气缓冲罐，操作压力 3MPa）板式液面计垫子突然发生泄漏，泄漏出的氢气遇气焊明火发生着火事故。现场工艺人员迅速关闭进入装置的氢气总阀，车间员工利用现场消防器材奋力扑火，同时仪表工刘某向消防支队报警，随后赶来的消防人员协同车间员工将火扑灭。

2. 事故原因

（1）该石化公司在动火作业中，违反了动火作业“四不动火”的规定，在动火作业票未办理完、现场监护人未到场的情况下擅自动火，是造成此次火灾事故的直接原因。

（2）动火作业时，G - V1008 板式液面计垫片发生泄漏，是引发火灾事故的点火源。

（3）仪表车间管理人员安全意识淡薄，对外协施工的施工人员缺乏管理和教育，对装置现场的工作人员监督检查不到位，对生产装置的工况不明，对施工现场的违章作业未及时制止，是引发本次火灾事故的又一重要原因。

（4）芳烃车间副主任祁某安全管理意识淡薄，在没有落实监护人以及动火票没有监护人签字的情况下，就直接审批动火票，违反了动火管理制度。

3. 事故教训

（1）加强对承包商的管理，教育承包商人员严格执行公司各项安全管理制度，特别是动火、进入受限空间、破土等安全规定。

（2）加强对氢气系统的维护和管理，加大对危险部位薄弱环节的监控力度，特别是在停车检修期间，对装置未倒空的部位划分危险区域，挂警示牌。

（3）各级管理人员自觉遵守安全规定，切实负起安全责任。

【案例四】焊口断裂，丙烷液体喷出，遇明火爆炸

1. 事故经过

1984 年 1 月 1 日凌晨 5 时 23 分，某公司催化车间气体分馏装置发生一起重大爆炸火灾伤亡事故，燃烧面积达 5760m^2，爆炸冲击波波及 10km 以外的机械厂、纺织厂，使 721 户居民房屋遭到不同程度的损坏，破坏面积 4 万多平方米，全厂停电，各生产装置被迫停运，许多设备被摧毁，伤亡 85 人，其中 5 人死亡，直接经济损失 252 万元。

2. 事故原因

（1）事后调查认定主要原因是气分装置脱丙烷塔与其底部重沸器之间连接管线的变径管缩口处的焊接质量低劣，加上开停车及试压中压力、流量的变化导致低周疲劳，产生了焊口断裂，使压力为 1.7MPa 的丙烷液体喷出，在空间急剧汽化形成爆炸性混合物，并迅速扩散遇明火爆炸。

（2）焊口断裂的原因是：只重视生产、检修工期缩短、检修质量不保证留下了隐患（焊接时的夹渣和未焊透等），在开停车、扫线、试压等运行中压力、流量的变化是造成焊口低周疲劳的外部原因。

【案例五】锅炉闪爆，烧伤作业人

1. 事故经过

2000 年 7 月 4 日 8 时 30 分，某石化公司动力厂动力车间锅炉装置接到厂要求开 2#锅炉的调度指令，车间三位领导赶到现场组织系统大检修后的第一次开工烘炉，厂有关领导和职能科室人员也赶到现场组织开工。2#炉于 8 时 40 分开始上水，约 10 时 15 分锅炉上水到正常水位后，锅炉操作人员在打开烟道和送风机挡板后，在进行自然通风的条件下，用废柴油浇向炉膛内点火用的木柴上，约 10 时 40 分由岗位人员郑某将做好的点火棒伸进炉膛时，随即发生爆燃回火，火焰及烟尘从人孔处窜出，将郑某烧伤。

2. 事故原因

（1）分厂和车间领导对锅炉点火重视不够、组织不力、凭着经验办事。

（2）对废柴油性能了解不足，工作不细心，误把轻柴油当废柴油用，给安全点火留下了隐患。事后分析废柴油的组分汽油约占 70%，而炉膛内从浇油到点火有 20min，造成炉膛内大量油气挥发而产生爆燃。

3. 事故教训

（1）今后对系统检修后开工的锅炉要制定更加周密及切实可行的安全开工措施。

（2）锅炉开工点火禁止用各类废油品，点火所用助燃油一律用合格的柴油。

(3) 针对此次事故，全厂在安全活动中要认真进行讨论，吸取事故教训，并且结合各自的生产性质进一步开展查找安全隐患、清除安全隐患的活动，举一反三找差距，学习安全知识，落实安全措施，搞好安全生产。

【案例六】操作不当，锅炉灭火

1. 事故经过

1999 年 10 月 26 日，某石化公司化肥厂动力车间 A 炉因 6000V 电压低，联锁动作停车。调度通知 C 炉操作王某向 3.8MPa 管网送汽。10 时 14 分并汽成功，当时加煤量在 23t/h 左右，并有两支渣油枪助燃。此后，A 炉点火，投煤、并汽正常。11 时 19 分开始从母联退汽。退汽时发现主汽压力高，在点排全开的情况下减煤量至 17t/h，锅炉燃烧不稳定，炉膛负压报警，王某将引风机挡板开度在 2s 内由 47.2576% 关至 43.2576%，造成炉膛正压越限，MFT 停车。

2. 事故原因

(1) 退汽时未及时将母联阀关闭。

(2) 减煤量幅度太大。

(3) 在锅炉燃烧不稳定的情况下，调节风量过快。

(4) 跟 A、B 炉司炉联系协调的能力差。

3. 事故教训

(1) 车间根据本次和以往几次跳车的情况，下发一份操作规定，对关键操作作出具体要求，贴在 C 炉中控的黑板上，要求每个操作人员必须严格执行。

(2) DCS 报警记录中，没有炉堂压力高报的记录，仪表在适当的时候检查炉膛压力高报、跳车值。

(3) 找机会校对各风机挡板开度的准确性和灵敏性。

【案例七】交接不清，检查不细，锅炉仪表信号接错

1. 事故经过

1999 年 10 月 26 日，某石化公司化肥厂仪表工尹某在准备开车检查系统的过程中，发现 4.1MPa 蒸汽管网温度点 44T07、44T08 指示不对，随即去现场检查保护管内的 22 支热偶和接线箱端子，由于在施工时将接线箱信号接线端子穿号错位，她没有查明这一错误，随即因家中有事，在没有彻底处理完故障的同时也没有详细交班便下班回家，邱某出于开车的需要，他即去现场检查，由于尹某走时没有将此事交代清楚，而邱某在检查接线箱端子信号原接线与实际相反时，误认为尹某已倒线，随即按原接线编号进行了相应的调整处理，温度指示即恢复到当时的实际温度，这时由于停车状态下温度 44T07、44T08 和 44T05、44T06 基本相同，他也就无法发现温度信号出错接反的问题，直到三班开车后，4.1MPa 和 3.8MPa 管网蒸汽温度实际拉开时才发现信号接反，随即将 44T07、44T08 和 44T05、44T06 对倒后便恢复正常。

2. 事故原因

(1) 原施工接线与原设计不符，且实际配线编号混乱，这样使日常维护与故障处理难度加大，容易产生误导。

(2) 尹某在处理故障时没有及时发现原配线存在错误，同时下班回家时未作详细交代。

(3) 邱某在没有确认的情况下，配接了信号线。

3. 事故教训

（1）交班不清是此次事故的原因之一，因此要在今后工作中严格遵守交接班制度，加强交接班管理。

（2）对仪表线路做全面的检查，对与设计不相符的配线、DCS组态进一步全面整理，有机会即可整改和消除。

（3）吸取事故教训，将本期事故情况通报仪表车间。

【案例八】CO_2超标，锅炉系统停车

1. 事故经过

1999年3月19日22时20分汽化A炉投料之后，某石化公司大化肥合成氨原料气逐渐并入系统，按照工艺要求系统并气在3月20日5时左右完成。在3时之前，整个并气过程较平稳，系统调整都在工艺受控范围之内，在3时之后，原料气的并入仍按规定在进行，200#（脱硫）、300#（变换）单元都作了加量调节，400#（脱碳）单元按要求应随着负荷的增加逐渐加大DA401塔的各循环量，但该工序主操在长达2小时多时间里并未对DA401塔循环量作任何调节，5时10分DA401塔出口CO_2开始上涨（在线表），主操这时仍未作有效处理，5时15分DA401塔出口CO_2超标，5时24分系统开始大幅度减量，这时为时已晚，5时28分500#单元阻力上涨（CO_2在换热器中冻结），两分钟后超标，6时10分阻力增至约600kPa，500#单元及后工序被迫停车。

2. 事故原因

出口CO_2超标是本次停车的直接原因，而导致CO_2超标的根本原因是DA401塔循环量不足，由于在5时之前系统并气一直在进行，但主操对DA401塔操作没引起足够的重视，3时之后该塔的循环量根本未作调整，5时20分DA401进气量已增至120m^3/h，按工艺要求DA401塔各循环量应为FC402（精洗）60m^3/h、FC404（主洗）200m^3/h、FC405（循环段）340m^3/h，但此时实际循环量为FC402为50m^3/h、FC404为140m^3/h、FC405为310m^3/h，严重违反工艺指标，导致DA401塔的出口CO_2严重超标。

DA401出口过量的CO_2进入500#单元分子筛，使分子筛短时间吸咐饱和，继而CO_2进入冷箱，冻结在板式换热器中，堵塞通道，阻力上升，最终停车。

3. 事故教训

（1）加量过程各工序主操应加强联系，及时作相应调节，DCS画面及时巡检，带班工长应积极协调，加强工艺监督。

（2）加强岗位人员的技能培训，增强责任心，本次事故完全是属责任心不强所致，将本次事故在各班组进行讲解，吸取教训。

（3）对本次DA401出口CO_2超标引起500#单元冻结事故作了明确规定，一旦分子筛后CO_2达到3×10^{-6}，500#单元立即停车，避免换热器冻结，造成事故扩大，此规定也补入操作法中以规范操作。

（4）组织全厂生产单位、管理科室进行事故讲解、通报，并要求各单位制定出相应的措施，以加强工艺操作管理，确保装置长周期运行。

【案例九】电压波动，锅炉停车

1. 事故经过

1998年10月25日11时17分，某石化公司化肥厂动力车间动力锅炉停车，系统蒸汽管网波动，为稳定生产，调度通知汽轮机退出运行。由于当时发电机负荷高，电流大，汽轮机退出时间太短，在发电机脱离系统瞬间供电系统产生幅度很大的电压波动，使化肥单元的液氧泵低电压动作跳车，造成A锅炉停车的事故。

2. 事故原因

在发电机并网后，没有确立正常稳定的运行供电方式，导致事故发生。

3. 事故教训

（1）尽快掌握和认识有关发电机并网后系统供电方式的理论和知识，规范操作。

（2）加强发电机岗位与0#变电所运行人员的联系，明确发电机操作步骤。

本章小结

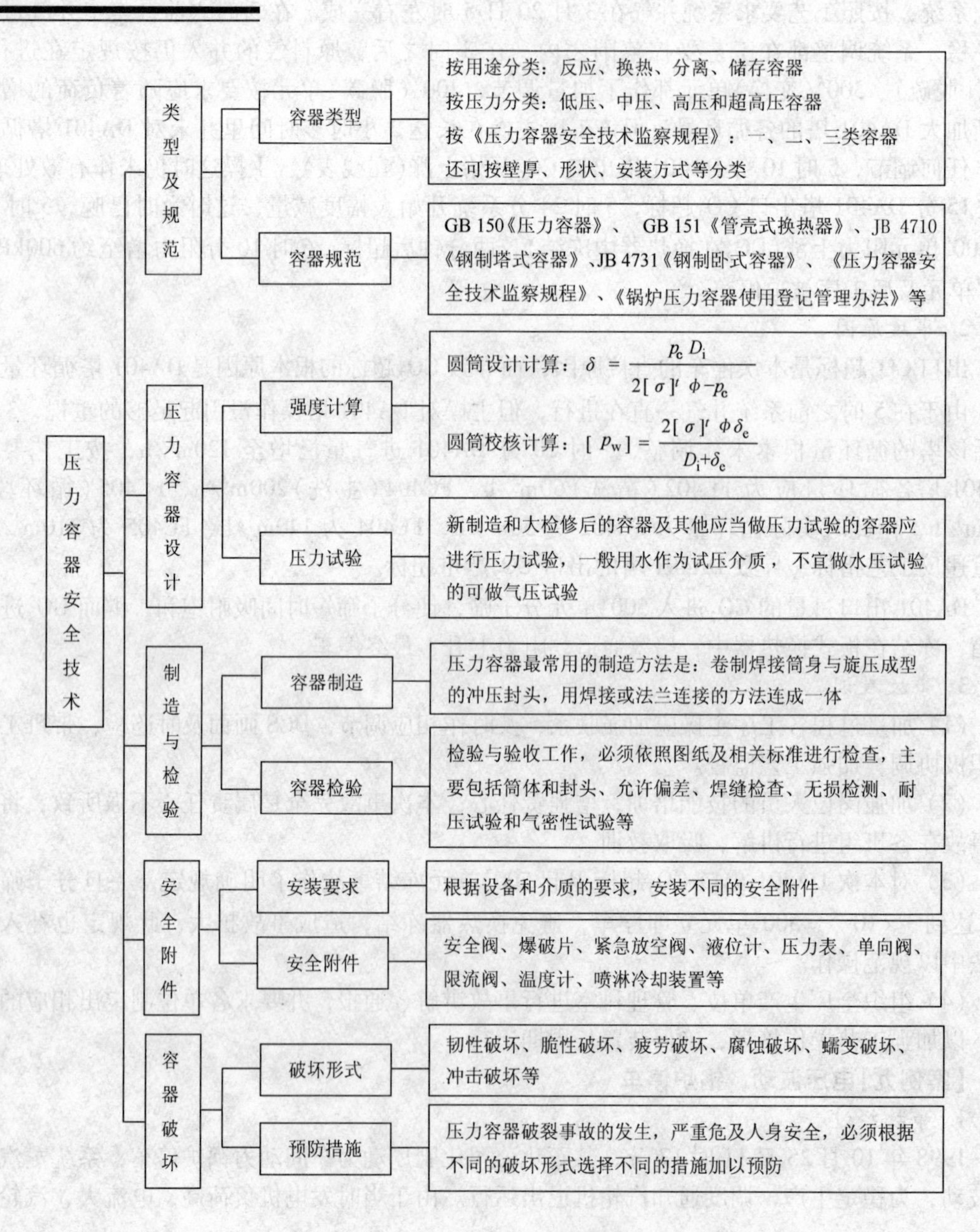

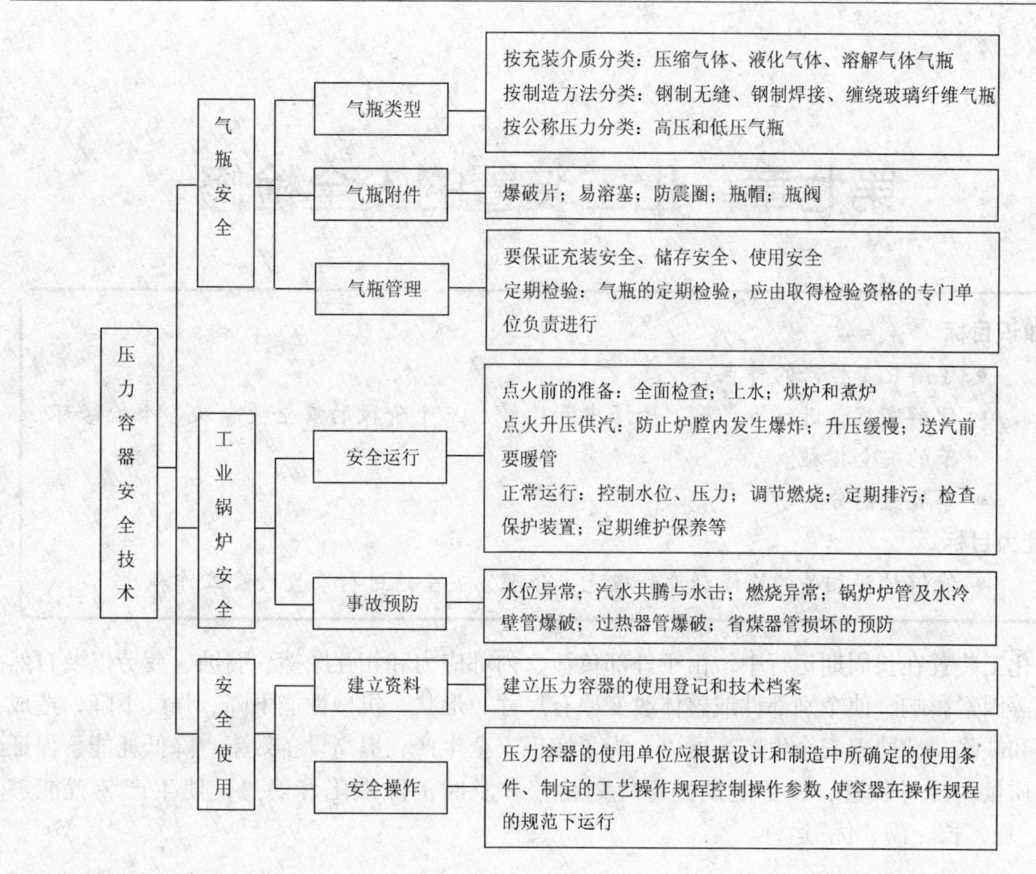

思考与练习

1. 为什么要对压力容器进行分类？不同的分类方法各有何意义？

2. 压力容器常用规范有哪些？GB 150《压力容器》、《压力容器安全技术监察规程》各包括哪些内容？

3. 解释δ、δ_d、δ_e、δ_n、δ_{min}、p、p_w、p_c、t、C_1、C_2、ϕ的含义。

4. 为什么要对压力容器进行压力试验？哪些容器需要进行压力试验？压力试验时满足什么条件即认合格？

5. 压力容器有哪些安全附件？有何作用？

6. 如何安全使用气瓶？

7. 锅炉运行中的安全要点有哪些？

8. 锅炉运行中在什么情况下必须停炉？

9. 某内压容器的筒体设计，已知：设计压力$p=0.4$MPa，设计温度$t=70$℃，圆筒内径$D_i=1000$mm，总高3000mm，盛装液体介质，液柱静压力为0.03MPa，圆筒材料为16MnR，腐蚀裕量C_2取1.5mm，焊接接头系数$\phi=0.85$，试求该容器的筒体厚度。

10. 某化工厂欲设计一台石油气分离工程中的乙烯精馏塔。已知：塔体内径$D_i=600$mm，设计压力$p=2.2$MPa，工作温度为$-20\sim-3$℃，选用材料为16MnR的钢板制造，单面焊，局部无损检测，试确定其厚度。

第七章 化工装置的安全检修

知识目标

- 了解化工检修的特点。
- 理解掌握在进行检修前、检修中和检修后三个阶段的安全要求及各个检修环节的安全措施。
- 事故案例分析。

能力目标

- 能够按照相关的检修制度和规范，合理、安全地进行装置检修工作。

化工装置在长周期运行中，由于外部负荷、内部应力和相互摩擦、腐蚀、疲劳以及自然侵蚀等因素影响，使个别部件或整体改变原有尺寸、形状，机械性能下降、强度下降，造成隐患和缺陷，威胁着安全生产。所以，为了实现安全生产、提高设备效率、降低耗能、保证产品质量，要对装置、设备定期进行计划检修，及时消除缺陷和隐患，使生产装置能够“安、稳、长、满、优”运行。

第一节 概 述

一、化工装置检修的分类

化工装置和设备的检修可分为计划检修和非计划检修两种类型。

1. 计划检修

计划检修是指企业根据设备管理、使用的经验以及设备状况，制定设备检修计划，对设备进行有组织、有准备、有安排的检修。

根据检修的内容、周期和要求不同，计划检修又可分为大修、中修、小修，以及单一车间或全厂停车大检修。

由于装置为设备、机器、公用工程的综合体，因此装置检修比单台设备（或机器）检修要复杂得多。

2. 非计划检修

非计划检修是指因突发性的故障或事故，必须进行不停车或装置临时性停车的检修。

计划外检修事先无法预料、无法安排计划，而且要求检修时间短、检修质量高，因检修的环境及工况复杂，所以难度较大。

二、化工装置检修的特点

化工生产装置检修与其他行业的检修相比，具有检修频繁、检修复杂和危险性大的特点。

1. 化工设备检修的频繁性

化工生产的特点及复杂性决定了化工设备、管道的故障和事故的频繁性，从而使计划检修或计划外检修频繁。

2. 化工设备检修的复杂性

化工生产中使用的设备、机械、仪表、管道、阀门等种类多，数量大，结构和性能各异，这就要求从事检修的人员具有相应的知识和技术素质，熟悉掌握不同设备的结构、原理、性能和特点。检修中由于受到环境、气候、场地的限制，有些要在露天作业，有些要在设备内作业，有些要在地坑或井下作业，有时要上、中、下立体交叉作业，所有这些都给检修增加了复杂性。

3. 化工设备检修的危险性

化工设备和管道中有很多残存的易燃易爆、有毒有害、有腐蚀性物质，而化工检修又离不开动火、动土、人员进罐入塔、吊装、登高等作业，稍有疏忽就会发生火灾爆炸、中毒和化学灼伤等事故，实践证明，生产装置在停车、检修施工、复工过程中最容易发生事故。

第二节　化工装置检修前的准备工作

化工装置停车检修前的准备工作是保证装置停好、修好、开好的主要前提条件，必须做到集中领导、统筹规划、统一安排，并做好“四定”(定项目、定质量、定进度、定人员)和“八落实”(组织、思想、任务、物资包括材料与备品条件、劳动力、工器具、施工方案、安全措施落实)工作，除此以外，准备工作还应做到以下几点。

一、组织准备

在化工企业中，应根据设备检修项目的多少、任务的大小，按具体情况，提出检修人力、组织设置的方案，早作准备。为了加强停车检修工作的集中领导和统一计划、统一指挥，形成一个信息灵、决策迅速的指挥核心，以确保停车检修的安全顺利进行，必须设置检修指挥部，检修指挥部下设施工检修组、质量验收组、停开车组、物资供应组、安全保卫组、政工宣传组、后勤服务组，针对装置检修项目及特点，明确分工，分片包干，各司其职，各负其责。

二、技术准备

检修的技术准备主要包括：施工项目、内容的审定；施工方案和停、开车方案的制定；综合计划进度的制定；施工图纸、施工部门和施工任务以及施工安全措施的落实等。

三、材料备件准备

根据检修的项目、内容和要求，准备好检修所需的材料、附件和设备，并严格检查是否合格，不合格的不可以使用。

四、安全措施的准备

为确保化工检修的安全，除了企业已制定的动火、动土、管内罐内作业、登高、起重等安全措施外，应针对检修作业的内容、范围提出补充安全要求，制定相应的安全措施，明确检修作业程序、进入施工现场的安全纪律，并指派人员负责现场的安全宣传、检查和监督工作。

五、安全用具准备

根据检修的项目、内容和要求，准备好检修所需的安全及消防用具。如安全帽、安全带、防毒面具以及测氧、测爆、测毒等分析化验仪器和消防器材、消防设施等。

六、检修器具合理堆放方案

检修用的设备、工具、材料等运到现场后，应按施工器材平面布置图或环境条件妥善布置，不能妨碍通行，不能妨碍正常检修，避免因工具布置不妥而造成工种间相互影响，负责设备检修的单位在检修前需将准备工作内容及要求向检修人员说明。

七、进行技术交底，做好安全教育

检修前，安全检修方案的编制人负责向参加检修的全体人员进行检修方案技术交底，使其明确检修内容、步骤、方法、质量标准、人员分工、注意事项、存在的危险因素和由此而采取的安全技术措施等，达到分工明确、责任到人。同时还要组织检修人员到检修现场，了解和熟悉现场环境，进一步核实安全措施的可靠性，并进行系统全面的安全技术和安全思想教育。

八、全面检查，消除隐患

装置停车检修前，应有检修指挥部统一组织，分组对停车检修前的准备工作进行一次全面细致的检查，检查人员要将检查结果认真登记，并签字存档。

第三节　停车检修前的安全处理

一、计划停车检修

做好设备检修前的化工处理是保证安全检修的前提条件，是工艺车间为安全检修创造良好条件的重要内容，化工处理上的任何疏忽都将给检修工作带来困难，甚至引起火灾、爆炸、中毒事故的发生。

化工处理包括停车、卸压、降温、排料、抽堵盲板、置换、清洗吹扫等内容，液体介质与固体残留物则必须进行排放、吹扫、清洗、清铲等工作。

化工工艺处理的主要任务是使交出的检修设备与运行系统或不置换系统进行有效的隔绝，并处于常温、常压、无毒、无害的安全状态，交出检修的设备不但要隔绝有毒有害、易燃易爆的物料来源，而且还应与氮气、蒸汽、空气、水等系统隔绝，以防止有害物质串入其他系统和设备中，具体措施和步骤如下所述。

1. 停车操作注意事项

系统停车(开车)应按照停车(开车)方案进行，在生产调度统一指挥下按程序将停车(开车)步骤、置换方案、联系信号等有关停车(开车)要求向各工号的值班长交待清楚。停车过程中，减负荷、减量、降压、降温应严格按照操作规程规定的程序和工艺指标进行，防止因停车不当造成事故。

2. 卸压排放

卸压放空过程若操作不当或检查联系不周，容易发生系统中串压、超压、爆炸、静电着火、跑液、中毒等事故。卸压过程速度不能过快，要缓慢进行，在压力未卸尽排空前不得拆动设备；工艺系统中的易燃易爆、有毒有害、有腐蚀性的物料残液排放前应进行处理并符合排放标准，不允许直接排至下水道，以防污染水系；进行登高放空作业时要两人同行，随身携带防毒面具，注意风向，严防放空的气体折回或侵入车间现场，引起中毒。

3. 降温

降温操作应按规定速度缓慢进行，以防温度降得过快损坏设备。高温设备、锅炉压力容器的降温不得采用冷水喷洒等骤冷的方法来降温，而应在切断热源后，以强制通风自然降温。

4. 抽堵盲板

为防止易燃易爆、有毒有害物质泄露到检修系统，凡交出的设备必须与运行系统或不置换系统进行有效的隔绝，这是确保检修安全必须遵守的一项基本原则。检修设备和运行系统隔离的最好办法就是装设盲板或拆除工段管子，不允许只凭关闭阀门作为隔绝措施。

抽堵盲板一般是在带一定压力情况下进行的，而且工艺介质是具有易燃易爆、有毒有害的物质，盲板的位置又多处于高空，易引起火灾爆炸、中毒坠落事故，因此抽堵盲板是一项危险性较大的作业，为保证抽堵盲板的施工质量和施工中的安全，必须认真做好如下安全技术措施。

（1）保持正压　抽堵盲板前应检查确认系统内的压力、温度降到规定要求，并在整个作业期间有专人监视和控制压力变化，保持正压，严防负压吸入空气造成事故。

（2）严防中毒　作业前要准备好长管式防毒面具并穿戴好防护用品，使用前认真检查，按规定要求正确使用并在专人监护下进行工作，作业时间不宜过长，一般不超过0.5h，超过应轮换休息。

（3）防止着火　带有可燃易爆介质抽堵盲板时应准备好消防器材、水源，作业期间周围25m内停止一切动火作业并派专人巡查，禁止用铁器敲击，应使用专用的防爆工具，如用铁制工具时应在接触面上涂黄油，如用手提照明时则应使用36V的防爆灯具。

（4）注意高处作业安全　2m以上作业应严格遵守高处作业安全规定。

（5）安全拆卸法兰螺丝　拆卸法兰螺丝时应隔一两个松一个，应对称缓慢进行，待压力温度降到规定要求，并将管道中的热水、酸碱余液排尽至符合作业条件时方可将螺丝拆下。拆卸法兰螺丝时，不得面对法兰或站在法兰的下方，防止系统内介质喷出伤人。

5. 置换

置换通常是指用水、蒸汽、惰性气体将设备、管道里的易燃易爆或有毒有害气体彻底置换出来的方法。置换作业的安全注意事项有以下几点：

（1）可靠隔离　置换作业应在抽堵盲板之后进行。

（2）制订方案　置换前应制订置换方案，绘制置换流程图，根据置换和被置换介质密度不同，合理选择置换介质入口、被置换介质取样点和排出口，防止出现盲区。

（3）置换彻底　置换用的气体必须保证质量，若用氮气进行置换必须保证氮气纯度，若用注水排气进行置换必须在设备最高部位接管排水，以确认注水充满设备，排尽内部气体，要严防设备顶部袋形空间弯头处形成死角。

（4）取样分析　置换是否达到安全要求，不能根据置换时间的长短或置换气体的用量判断，而应根据气体分析化验是否合格为依据，取样分析应按照规定的取样点取样、分析，必须及时、准确、有代表性，如果取样分析出现不合格时，不应盲目怀疑、否定分析结果，而应继续置换，重新取样直至分析合格。

6. 吹扫与清洗

设备管道内易燃、有毒介质的残液、残渣、油垢沉积物等有的在常温时不易分解挥发，取样分析也符合动火要求和卫生要求，但当动火或环境温度升高时，却可能迅速引起分解挥发，使空气中可燃物质或有毒有害物质浓度增高而影响检修的安全，因此置换排放后有的管道设备还应认真做好吹扫、清洗工作。

(1) 吹扫　设备管道内残留的有毒、易燃液体等一般用吹扫的方法进行清除，使用介质通常是蒸汽，应集中用汽，一根一根管道逐根进行，吹扫时要选择最低部位排放，注意弯头等部位，防止死角和吹扫不净，吹扫过程中要控制流速，防止产生静电火花，吹扫时要认真检查蒸汽管线接头是否牢固、绑扎可靠，接用蒸汽的胶皮管事先应理顺、畅通，防止折扁、蹩压甩出冷凝液，喷出蒸汽烫伤人。

(2) 清洗　经置换、吹扫仍无法清除的可燃有毒沉积物则用蒸汽、热水蒸煮、酸洗或碱洗的方法予以清除。

二、临时停车检修

停车检修作业的一般安全要求，原则上也适用于小修和计划外检修等停车检修，特别是临时停车抢修，更应树立“安全第一”的思想。临时停车抢修和计划检修有两点不同：一是动工的时间几乎无法事先确定；二是为了迅速修复，一旦动工就要连续作业直至完工，所以在抢修过程中更要冷静考虑，充分估计可能发生的危险，采取一切必要的安全措施，以保证检修的安全顺利。

三、化工装置检修的环境安全标准

通过各种处理工作，生产车间在设备交付检修前，必须对装置环境进行分析，达到下列标准：

(1) 在设备内检修、动火时，氧含量应为19%~21%，燃烧爆炸物质浓度应低于安全值，有毒物质浓度应低于最高允许浓度。

(2) 设备外壁检修、动火时，设备内部的可燃气体含量应低于安全值。

(3) 检修场地水井、沟应清理干净，加盖砂封，设备管道内无余压、无灼烫物、无沉淀物。

(4) 设备、管道物料排空后，加水冲洗，再用氮气、空气置换至设备内可燃物含量合格，氧含量在19%~21%。

四、设备检修的常见违章行为及纠正措施

1. 设备检修

(1) 简单作业不办理作业票。

【应用举例】有些工人认为，较大的检修工作一定要办理作业票证，而临时简单的作业，办理作业票证时间比实际作业的时间还要长，太麻烦而没必要。

【纠正方法】从事装置内的任何检修工作都要办理相应的作业票证，对不办理作业票证进行检维修作业者，勒令立即停止作业，进行严肃教育和处罚。

(2) 在机器转动时装拆或校正皮带。

【应用举例】有的工人在器转动机时动手校正装拆皮带，面对纠正和劝阻，他们不以为然地说：“以前老师傅都这么做，我们这么做也不会出事。”

【纠正方法】装拆校正皮带必须在机器停运时进行，以前在机械运转时装拆校正皮带发

生多次血淋淋的事故，我们应从中吸取教训，对违章操作者应及时纠正，严肃查处。

（3）在机器未完全停止之前进行修理工作。

【应用举例】有的职工发现机器出现小故障，在机器未完全停止以前便进行修理，并且说："小故障，随手修理一下不影响工作。等机器完全停止，排除故障再重新启动，影响工作效率。"

【纠正方法】在机器没完全停止之前不能进行修理工作，若强行进行修理工作，极有可能诱发事故，对违章操作者应及时纠正处罚。

（4）在拆装滑动轴承时手拿轴瓦边缘。

【应用举例】在拆装滑动轴承作业中，当轴瓦就位时，有的工人竟用手拿轴瓦边缘，这样做是十分危险的，如果轴瓦滑落，就会导致伤害。

【纠正方法】在轴瓦就位时，手拿轴瓦边缘存在危险。轴瓦滑落易使轴瓦损坏，更易伤及手、脚等部位，发现危险因素存在时应及时劝阻并纠正。

（5）设备检修不办理作业票，不和装置取得联系。

【应用举例】某车间工人在处理重催空冷风机故障时，没办理《单机作业票》，也没有和装置有关人员取得联系，他在监护人去取工具时开始工作，装置操作工没认真检查，将风机开关按下，风机启动，在风机上检修的他被风叶打倒，致使小腿骨骨折。

【纠正方法】从事检维修作业要办理检维修作业票及风险评估报告，并与装置认真联系，确认在绝对安全情况下进行作业。

（6）擅自检修带压力的设备。

【应用举例】在设备检维护时，有的工人不经批准，在有压力的设备上从事焊接、紧螺丝等工作，这样做容易引发爆裂，发生伤亡事故。

【纠正方法】不准在带有压力的设备上进行检修工作。如果确需检修时，必须经相关部门批准，办好各种票证，并采取安全可靠的措施后方能作业。

（7）用手指伸入螺丝孔内触摸装配。

【应用举例】在安装法兰和其他螺丝装配时，有的工人用手指伸入螺丝孔内触摸安装，这样做很容易伤及手指。

【纠正方法】严禁手指伸入螺丝孔内触摸安装，应使用专用工具校正螺丝孔，对发现用手指伸入孔内触摸的，应立即劝阻与纠正。

（8）检修带压设备不进行彻底卸压，不进行《检修作业票》确认

【应用举例】某车间接到装置电话，要求排除某台往复泵故障。C某接受任务，办理了《检修作业票》，操作工按要求关了蒸汽进口阀，打开了排空阀。当C某拆卸连杆十字头时，活塞连杆突然动作，将工作中的C某左手挤压在十字头与连杆之间，致使C某左手无名指和小指受伤。

【纠正方法】凡检修带压设备要进行彻底卸压，压力卸不干净不得拆机作业。

（9）非专业维修人员处理发生故障的机械、设备。

【应用举例】一名工人在操作电锯时，因开关损坏，自行拆开准备修理，造成触电。

【纠正方法】停止施工，请专业人员维修。

（10）打开人孔作业，没有落实防止物料喷溅措施。

【应用举例】某化工厂T805塔，检修工在打开人孔前，没有落实防止物料喷溅伤人的措

施，使呲出的物料将人灼伤。

【纠正方法】作业过程中，有时意想不到物料会喷出，要落实各种安全防范措施，穿戴好防护用具。

（11）无特种作业证的人员从事特种作业。

【应用举例】某车间钳工何某在检修过程中，操作气焊加热对轮，由于操作不当，焊枪回火，造成焊枪烧毁，何某右手被烧伤。

【纠正方法】从事特种作业人员必须取得相应的特种作业证，并持证上岗，没有取得特种作业证的，不得从事该专业的作业，应立即停止工作，进行教育和处罚。

（12）调试运行中的缝包机。

【应用举例】某工人根据操作人员反映切刀动作不灵，在不断线的情况下，对缝包机机械连杆进行调整，造成手指被切刀切伤。

【纠正方法】缝包机检修、调试必须切断电源、气源，检修时必须有监护人员在场。

（13）喷码机检修未戴护目镜。

【应用举例】某工人在检修喷码机时未戴护目镜，稀释剂进入眼睛，造成眼睛受伤。

【纠正方法】严格执行劳动保护规定，正确佩戴防护用品，加强现场监管力度，禁止违章操作。

（14）随意停止设备进行设备检维修工作。

【应用举例】某工人在包装线设备运行时，发现负压仪表显示不正常，未经工艺许可，擅自将设备停下，进行仪表维修调试。

【纠正方法】严禁未经操作人员允许，进行任何仪表调试设备的检维修作业，如果急需处理，必须经工艺人员同意，采取安全措施后方可进行检修。

（15）用阀门替代盲板。

【应用举例】某化工厂反应岗位法兰接口呲气，操作工关阀处理，未安装盲板，物料从法兰呲出将人烧伤。

【纠正方法】严禁用阀门替代盲板。

（16）加拆盲板没有编号，盲板没有标记，没有专人管理。

【应用举例】某化工厂聚丙烯车间大检修时，需多处加盲板密封，未将盲板编号，检修完后拆卸盲板又未认真进行清点，开车时蒸汽未能引进装置，才发现有一块盲板未拆除。

【纠正方法】按装置检修施工图进行盲板位置编号登记、挂牌，按工艺顺序要求加拆盲板，并有专人负责管理。

2. 检修现场

（1）随意进入安全防护栏，忽视安全警示标牌，巡检正在运行的设备。

【应用举例】一名工人在巡检丁苯橡胶成品包装线时，听到输送皮带电机有杂音，在未停电、停气的情况下就随意进入安全防护栏，身体无意遮挡光电开关，引发码垛机械手动作造成伤人险情。

【纠正方法】在运行过程中禁止越过安全护栏进入危险区域；禁止用手触摸限位开关、光电开关等传感器。

（2）翻越栏杆，在运行的设备上跨越行走或坐立。

【应用举例】有的职工喜欢翻越栏杆或在运行的设备上跨越行走或休息，认为“这是勇敢的表现”，有的铤而走险，甚至为此“一赌输赢”。

【纠正方法】栏杆上、管道上、靠背轮上、安全罩上或运行中的设备上，都属于危险部分，翻越或在上面跨越行走和坐立，容易发生摔、跌、轧、压等伤害事故，对违章者应给予严肃的批评教育和处罚。

(3) 跨越传输皮带。

【应用举例】某工人在大丁苯巡检、检修作业时，图省事而跨越下面的传输皮带，结果皮带突然启动，造成机械伤害。

【纠正方法】悬挂警示牌，加强员工安全教育，两人工作相互监督，严禁跨越传输皮带。

(4) 在三聚包装厂房内骑自行车。

【应用举例】某工人因从一区到三区取检修工具，图快、图省事而在三聚包装厂房内骑自行车，造成与叉车相撞。

【纠正方法】严禁在厂房内骑自行车，一经发现严格处理。

(5) 将清洗废液直接排入下水或明沟。

【应用举例】使用汽油、煤油清洗配件或设备后，有的工人图方便，把清洗废液直接排入下水或明沟，这是绝对不允许的。清洗废液排入下水或明沟，会造成环境污染，对人体造成危害，遇火引发爆燃事故。

【纠正方法】禁止将清洗废液直接排入下水井或明沟，树立保护环境和安全意识。发现有人把清洗废液直接排入下水或明沟时，应立即制止，并报告有关部门处理。

(6) 跨越临时安全围栏。

【应用举例】某车间一名职工进入装置检修时，因不愿绕路，自以为身手矫健，跨越安全围栏，结果围栏倾倒，该职工面部摔伤。

【纠正方法】安全围栏是用来防止人员误入、是防止造成人身伤害的安全措施。安全围栏的使用有严格的具体规定。跨越安全围栏是一种违章行为，发现跨越安全围栏行为应立即制止。

3. 维护保养

(1) 在机器运行中，清扫、擦拭润滑转动部位。

【应用举例】有的工人在机器运行中，清扫、擦拭润滑转动部位，这样做非常危险，有可能导致手部或臂部被机器绞伤。

【纠正方法】在机器转动时，严禁清扫、擦拭润滑转动部位，要从机器运行中擦拭、清扫和润滑所引发的事故案例中吸取教训，对违章操作者及时纠正。

(2) 随意用手触摸、擦拭和检修正在运转的设备。

【应用举例】某厂一名工人在橡胶成品包装线上，对包装机立袋输送滚子进行清理作业时，在未停电的情况下就进行作业，结果左小臂被带入转动的皮带，造成该员工小臂尺骨、桡骨骨折。

【纠正方法】严格执行和遵守操作和检修规程，擦拭和检修设备时必须可靠切断设备电源，且有专人监护。

(3) 设备运行中进行维护保养工作。

【应用举例】某工人在调直机运行中，擦拭表面的灰尘，因手部卷入，造成手部截肢。

【纠正方法】机械运行中严禁擦拭表面灰尘，如要清除杂物灰尘则机械必须停止运行。

第四节 化工装置检修的安全要求

一、检修许可证制度

化工生产装置停车检修，尽管经过全面吹扫、蒸煮水洗、置换、抽加盲板等工作，但检修前仍需对装置系统内部进行取样分析、测爆，进一步核实空气中可燃或有毒物质是否符合安全标准，认真执行安全检修票证制度。

二、检修作业安全要求

为保证检修安全工作顺利进行，应做好以下几个方面的工作：

(1) 参加检修的一切人员都应严格遵守检修指挥部颁布的《检修安全规定》。

(2) 开好检修班前会，向参加检修的人员进行"五交"，即交施工任务、交安全措施、交安全检修方法、交安全注意事项、交遵守有关安全规定，认真检查施工现场，落实安全技术措施。

(3) 严禁使用汽油等易挥发性物质擦洗设备或零部件。

(4) 进入检修现场人员必须按要求着装。

(5) 认真检查各种检修工器具，发现缺陷立即消除，不能凑合使用，避免发生事故。

(6) 消防井、栓周围5m以内禁止堆放废旧设备、管线、材料等物件，确保消防、救护车辆的通行。

(7) 检修施工现场，不许存放可燃、易燃物品。

(8) 严格贯彻谁主管谁负责的检修原则和安全监察制度。

三、动火作业

1. 动火的概念

在化工装置中，凡是动用明火或可能产生火种的作业都属于动火作业。动火作业主要包括固定动火、生产用火和临时动火。

(1) 固定动火　是指在生产厂区内的安全地带，经批准后设立的固定动火区域内进行的动火作业。

(2) 生产用火　是指锅炉、加热炉、焚烧炉等生产性设备用火。

(3) 临时动火　是指能直接或间接产生明火的临时作业。临时动火主要包括：

① 电焊、气焊、钎焊、塑料焊等焊接切割；

② 电热处理、电钻、砂轮、风镐及破碎、锤击、爆破、黑色金属撞击等产生火花的作业；

③ 喷灯、火炉、电炉、熬沥青、炒沙子等明火作业；

④ 进入易燃易爆场所的机动车辆、燃油机械等设备；

⑤ 临时用电。

根据动火部位危险程度，临时动火分可为三级：特殊动火、一级动火、二级动火。

2. 动火作业的安全要求

(1) 审证　在禁火区内动火应办理动火证的申请、审核和批准手续，明确动火地点、时间、动火方案、安全措施、现场监护人等。

(2) 联系　动火前要和生产车间、工段联系，明确动火的设备、位置，事先由专人负责做好动火设备的置换、清洗、吹扫、隔离等解除危险因素的工作，并落实其他安全措施。

（3）隔离 动火设备应与其他生产系统可靠隔离，防止运行中设备、管道内的物料泄漏到动火设备中来；将动火地区与其他区域采取临时隔火墙等措施加以隔开，防止火星飞溅而引起事故。

（4）移去可燃物 将动火周围 10m 范围以内的一切可燃物，如溶剂、润滑油、未清洗的盛放过易燃液体的空桶、木筐等移到安全场所。

（5）灭火措施 动火期间动火地点附近的水源要保证充分，不能中断；动火场所准备好足够数量的灭火器具；在危险性大的重要地段动火，消防车和消防人员要到现场，做好充分准备。

（6）持证操作 动火人员必须持证操作，应该严格遵守安全用火制度，做到"四不动火"，即动火作业许可证未经签发不动火；制定的安全措施没有落实不动火；动火部位、时间、内容与动火作业许可证不符不动火；监护人不在场不动火。

（7）检查与监护 上述工作准备就绪后，根据动火制度的规定，厂、车间或安全、保卫部门的负责人应到现场检查，对照动火方案中提出的安全措施检查是否落实，并再次明确和落实现场监护人和动火现场指挥，交待安全注意事项。

（8）动火分析 动火分析不宜过早，一般不要早于动火前 0.5h，如动火中断 0.5h 以上，应重新进行取样分析，分析试样要保留到动火之后，分析数据应作记录，分析人员应在分析化验报告单上签字确认。特殊动火每 2h 分析 1 次，一级和二级动火每 4h 分析 1 次。分析合格超过 30min 后动火，需重新采样分析。

（9）动火作业 动火应由经安全考核合格的人员担任，动火人员要与监护人协调配合，在动火中遇有异常情况，如生产装置紧急排放，或设备、管道突然破裂，或可燃气体外泄时，监护人或动火指挥应果断命令停止作业，并采取措施，待恢复正常、重新分析合格并经原审批部门审批后才能重新动火，高处动火作业应遵守高处作业的安全规定。

氧气瓶和移动式乙炔瓶发生器不得有泄漏，应距明火 10m 以上，氧气瓶和乙炔发生器的间距不得小于 5m，有五级以上大风时不宜高处动火。

（10）善后处理 动火结束后应清理现场，熄灭余火，做到不遗漏任何火种，切断动火作业所用电源。

3. 特殊形式的动火作业

1）油罐带油动火

油罐带油动火除了检修动火应做到安全要点外，还应注意：

（1）在油面以上不准动火；

（2）补焊前应进行壁厚测定，作业时防止罐壁烧穿，造成泄油着火；

（3）动火前用铅或石棉绳等将裂缝塞严，外面用钢板补焊。

2）油管带油动火

（1）测定焊补处管壁厚度，决定焊接电流和焊接方案，防止烧穿；

（2）清理周围现场，移去一切可燃物；

（3）准备好消防器材，并利用难燃或不燃挡板严格控制火星飞溅方向；

（4）降低管内油压，但需保持管内油品的不停流动；

（5）对泄漏处周围的空气要进行分析，合乎动火安全要求才能进行；

（6）若是高压油管，要降压后再打卡子焊补；

（7）动火前与生产部门联系，在动火期间不得卸放易燃物资。

3）带压不置换动火

可燃气体设备、管道在一定的条件下未经置换直接动火补焊，必须采用带压不置换动火，带压不置换动火应注意：

（1）动火作业必须保证在正压下进行，防止空气吸入发生爆炸；

（2）在带压不置换动火系统中，必须保证氧含量低于1%（环氧乙烷例外）；

（3）补焊前应进行壁厚测定，保证补焊时不被烧穿；

（4）补焊前应对泄漏处周围的空气进行分析，防止动火时发生爆炸和中毒；

（5）整个作业期间，监护人、抢救人员及医务人员都不得离开现场。

4. 动火作业六大禁令

（1）动火证未经批准，禁止动火；

（2）不与生产系统可靠隔绝，禁止动火；

（3）不清洗或置换不合格，禁止动火；

（4）不清除周围易燃物，禁止动火；

（5）不按时作动火分析，禁止动火；

（6）没有消防措施，禁止动火。

5. 动火作业常见违章行为及纠正措施

1）消防器材

（1）将消防器材移作他用。

【应用举例】有的工作人员在开门后随手用灭火器挡门或移动灭火砂箱作登高物。

【纠正方法】消防器材平时储放在生产厂房或仓库等固定位置，一旦着火时用以灭火。随意把灭火器材移作他用，会损坏它的性能。如果不放归原处，起火时手忙脚乱，找不到灭火器材灭火，会造成更大的损失。因此应经常检查消防器材是否妥善保管，如发现移作他用应立即进行整改。

（2）作业现场没有配备符合规定的灭火器材。

【应用举例】某石化厂烯烃车间在动火作业时，突然着火，现场又未按要求配备灭火器材，导致火灾事故进一步扩大。

【纠正方法】动火现场必须配备符合规定的灭火器材。

（3）不会报警、不会使用消防器材。

【应用举例】某作业人员在现场发现着火，惊慌失措，不知火警号码，耽误了报警，拿上消防器材竟然不会使用，错过了最佳灭火时机。

【纠正方法】通过培训，学会报警，学会使用消防器材。

（4）擅自动用消防设施。

【应用举例】某工地发生火灾后，作业人员在灭火器放置点取灭火器时，发现灭火器不见了踪影。

【纠正方法】消防器材有固定位置，不能擅自动用，以便在事故状态下及时使用消防器材。

(5) 施工作业场所未按要求配置灭火器材。

【应用举例】某值班室因使用碘钨灯，发生火灾，但由于现场未配置灭火器，造成值班室烧毁。

【纠正方法】每一处动火点必须配置2具干粉灭火器。

(6) 现场人员不会使用消防器材。

【应用举例】某工地因焊渣引燃保温用的纸箱，由于作业人员不会使用灭火器，造成火灾蔓延。

【纠正方法】应经常进行消防知识教育培训，确保动火作业人员会报火警、会使用消防器材。

2) 防火、防爆区域

(1) 在易燃易爆区域作业不使用防爆工具。

【应用举例】某车间钳工在瓦斯回收泵房检修设备，因一时没有找到防爆工具，用普通12寸扳手紧固螺丝，并在螺丝与扳手之间涂抹黄油，以防打滑产生火花。但在紧固过程中扳手打滑，扳手手柄打在管线上，产生火花，使泵房产生爆鸣。

【纠正方法】在易燃易爆区域作业必须使用防爆工具，在螺丝与扳手之间涂抹黄油是一种典型的习惯性违章，应坚决予以制止，并进行处罚。

(2) 在易燃、易爆场所清理可燃物料、沉淀物时，使用铁器敲击碰撞。

【应用举例】某双苯厂在清理硝基苯精解塔结晶体时，使用铁器敲击结晶体致使物料发生爆燃。

【纠正方法】在易燃、易爆场所禁止使用铁器工具清理易燃可燃物料。

(3) 进入易燃易爆区域，不关闭手机。

【应用举例】易燃易爆区域有严格的防火措施。进入易燃易爆区域的工人，应将手机关闭。但有的工人认为"进入易燃易爆区域不接打手机，不会出事"。他们不了解，手机在易燃易爆区域工作，容易引起爆炸事故。

【纠正方法】按进入易燃易爆区域的有关规定，职工必须严格遵守易燃易爆区域规定。同时要严格检查，发现有不关闭手机者，不准入内。

(4) 在厂区内吸烟。

【应用举例】厂区属于易燃易爆区域，必须严禁烟火。但有个别人不以为然，总要偷偷在厂内点火吸烟，这样做，很容易引起着火，甚至爆炸。

【纠正方法】严格遵守"严禁烟火"的有关规定。对在厂区内吸烟者，立即制止，并予以严厉处罚。

(5) 在禁烟区域吸烟，发生火灾爆炸事故。

【应用举例】炼油、化工区域属于易燃易爆物区域，必须"严禁烟火"。例如某检修公司一职工在休息室内吸烟后，未将烟头完全熄灭扔在沙发后就去现场，沙发引燃后造成室内更衣柜等物品被烧毁，并出动了3台消防车。

【纠正方法】教育职工严格遵守炼油、化工区禁止吸烟的规定，对在禁烟场所吸烟者，应立即制止，从严处罚。

(6) 在汽油等易燃易爆场所用明火照明。

【应用举例】某厂一名职下到水泵室去检查设备和观察水位时，因照明灯离泵室地面较高，又忘带防爆手电筒，看不清水位，便划火柴照明，只听“轰”的一声，身旁的一小桶汽油产生爆燃，这名职工被严重烧伤。

【纠正方法】汽油是易燃易爆油品，明火检查违反厂规，严禁明火照明。

（7）阀门井内作业，竟用氧气通风驱烟。

【应用举例】某厂在近年内连续两次发生在阀门井内作业，工人随意用氧气通风驱烟，造成作业人员烧伤事故。

【纠正方法】在阀门井内作业时，严禁用氧气通风驱烟，如有发现应立即制止。

（8）用燃烧的火柴投入罐内进行检查。

【应用举例】在检查罐内有无可燃气体时，有的工人不是使用专用的仪器或设备，而是用燃烧的火柴或棉纱投入罐内进行这样做，如果罐内有瓦斯等气体，就会引起爆炸。

【纠正方法】严禁把燃烧的火柴等投入罐内进行检查，应采取正确的方法。发现有人向罐内投燃烧的火柴或棉纱时，应立即劝止，并给予批评教育，指出后果的严重性。

（9）不对易燃易爆物品隔绝即从事电、气焊作业。

【应用举例】在进行电、气焊作业时，对附近的易燃易爆物品必须采取可靠的隔绝措施。但有的焊工明知附近有易燃易爆物品，却不采取隔绝措施，结果在从事电、气焊作业时焊花飞溅，将易燃易爆物品引燃，引起火灾。

【纠正方法】在从事电气焊作业时必须办理相关工作票，当现场存有易燃易爆物品时，应将易燃易爆、助燃物等清除，不能清除的，采取可靠的隔离措施后方可作业。

3）动火作业票

（1）检维修作业时，拆卸有自燃物质管线，防火措施不落实，相关作业票填写不规范。

【应用举例】某化工厂聚丙烯车间清理聚合釜，吹扫后，检修队伍进入现场，由于聚合活化剂管线拐弯多，死角多，活化剂密度大，吹扫不彻底，加上未向施工单位交代清楚，致使施工单位在拆卸活化剂管线时，造成残余活化剂从管线内流出遇空气自燃。

【纠正方法】工艺管线吹扫后，确认必须合格，规范作业工作票、规范安全防火措施，落实后方可作业。

（2）动火作业票代开代签。

【应用举例】某染料厂硝化岗位在焊硝化锅时，动火前没有认真检查锅内是否还有残余物料，检修班长和化工班长自作主张在动火作业票上签了字，动火后锅内硝基蒽醌物料受热后分解爆炸。

【纠正方法】任何作业票都必须在现场确认后由当事人开具，负责人签发后方可实施作业。

（3）未办理动火作业票就进行焊割作业。

【应用举例】某工人未办理动火作业票，就在一下水井进行阀门焊接，因下水井窜入瓦斯，发生爆炸。

【纠正方法】在生产区域内进行电气焊作业，必须办理“工业用火作业票”进行气体分析合格后，方可从事用火作业。

（4）用火部位、时间与“用火作业票”不符。

【应用举例】某工人在动火作业中，因作业地点填写错误，造成分析点与工作点不符，发生了火灾事故。

【纠正方法】用火的部位必须与现场部位相符，坚持一个部位一张火票的原则，必须在作业票确定的用火时间内作业。

(5) 节假日期间需动火，没有提高动火等级。

【应用举例】某化工厂高压聚乙烯车间五月一日上午突然进料管道泄漏，需要动火作业，某车间主任正好值班，叫来检修工办了动火票签上字就动火。

【纠正方法】严格执行动火管理制度，节假日作业必须办理升级动火火票，接规定程序由主管厂长签字。

(6) 使用无效的“用火作业票”进行作业。

【应用举例】二级火票的有效时间不超过72h，但有些单位在开火票时，将周四、周五、周六的作业开在一张票上，违反了节假日火票升级管理的规定，造成此票无效。

【纠正方法】火票必须进行会签，对作业风险逐项进行确认，火票必须有批准权限的人员批准，氧气、有毒气体分析结果必须粘贴在“用火作业票”上，每位作业人员都必须在相应栏内签字方能生效用火作业。

4）动火作业

(1) 从事切割作业之前，不清理现场。

【应用举例】某钳工班工人到厂房内切割钢筋，未清理现场，切割时掉落的铁屑和火花溅到附近的一堆木屑上，引起火灾。

【纠正方法】应对职工加强危险意识教育，从事切割作业之前，应首先清理现场，清除作业环境中的不安全因素。对不清理现场即从事切割的工人，应立即劝阻停止工作并予以处罚。

(2) 现场不具备动火条件就进行动火作业

【应用举例】某炼油厂常减压车间换热器大量漏油后，要进行动火补焊作业，现场污油未清理干净便开始动火。

【纠正方法】作业人和监护人在现场确认动火条件，现场清理干净后方可进行作业。

(3) 高处用火未采取防止火花溅落的措施。

【应用举例】某工人在高处焊接管线，因焊渣引燃下方的竹架板而发生火灾。

【纠正方法】用火作业周围及下方不得有易燃易爆物存在，高处用火必须采取搭设防火毡等防止火花溅落的措施，并对火花可能溅落的区域安排监护人。

(4) 用火作业结束后，未检查现场情况。

【应用举例】在用火作业结束后，不检查现场情况急着下班，容易引发火灾事故。

【纠正方法】用火作业结束后，施工人员要详细检查电源、火源等情况，不得留有火种，关闭施工电源。

(5) 不熟悉使用方法，擅自使用喷灯。

【应用举例】有的工人不熟悉使用方法，看到别人使用喷灯“很好玩”，也总想亲自试试。于是趁别人不在场，拿起喷灯进行作业。有时还在喷灯漏气时点火或把喷嘴对人，把人烧伤。

【纠正方法】不熟悉使用喷灯方法的人员，不能擅自使用喷灯。发现有擅自使用喷灯的应立即劝止，防止发生意外。

5）动火监护

（1）监护人暂离作业现场，未指定临时接替人。

【应用举例】某动火现场检修时，监护人被指派去库房取物品，没有指派临时监护人，致使初期火灾酿成大祸。

【纠正方法】监护人暂离作业现场不指定临时接替人，用火者应停止动火。监护人必须始终坚守在工作现场，确因工作需要暂时离开现场时，应指定能够胜任的人员临时接替，动火作业才能继续进行，否则应停止作业。

（2）动火时监护人擅自离开现场。

【应用举例】某罐区检修工正动火作业，由于天气比较冷，监护人跑回操作室，电焊渣引燃可燃物，作业者被烧伤，火灾未能得到及时控制。

【纠正方法】作业时监护人必须在现场，发现隐患及时处理，监护人不得擅自离开动火现场。

（3）无监护人进行动火作业。

【应用举例】有些动火作业点，因人员紧张或图省事，不安排监护人，不仅违反规章制度，而且易发生事故。

【纠正方法】无监护人严禁动火作业，用火作业监护一般由两人担任。车间和施工单位各派一人，以车间人员为主。

6）消防安全通道

（1）在疏散通道口随意放置物料堵占消防通道，影响消防应急。

【应用举例】经常在门口、通道、楼梯和平台等处存放容易使人绊倒的物料，紧急情况下影响疏散。

【纠正方法】门口、通道、楼梯和平台等处，是人员行走和物料转运的必经之地，如果在这些地方放置物料，必然会阻碍通行，给工作带来不便。因此，不准在门口、通道、楼梯和平台等处堆放物料。应经常检查，发现通道等处放置物料立即清除，确保消防通道随时畅通。

（2）未能及时清理堵塞消防通道和安全通道。

【应用举例】某化工厂高压聚乙烯车间在大检修期间，拆卸设备后堵塞了消防通道，检修时发生火灾，堵塞了消防车的进入。

【纠正方法】严禁将各品各件及废罐废物料堆放在消防通道和安全通道上，应及时检查清理。

（3）作业现场安全通道不畅通。

【应用举例】作业现场安全通道不畅通，发生事故后会造成救援和疏散困难，扩大灾害影响。

【纠正方法】不得堵塞消防通道，保证通道时时畅通。

7）易燃易爆物品

（1）在工作场所存放易燃易爆物品。

【应用举例】把没用完的易燃易爆物品随手放在工作场所的角落或走廊，准备下次再用。

【纠正方法】在工作场所存放汽油、煤油、酒精等易燃物品，既会污染工作环境，还容易引起燃烧和爆炸。因此，禁止在工作场所存储易燃物品。作业人员应准确估算领取的易燃物品。领取的易燃物品应在当班或一次性使用完，剩余的易燃物品应及时放回指定的储存地点。对随意在工作场所存放易燃物品的现象，一经发现必须严肃处理。

(2) 把没有熄灭的烟头扔进垃圾桶。

【应用举例】某职工下班前，把没有熄灭的烟头扔进垃圾桶里，借助风力，这根烟头点燃了油布、棉纱等物，造成火灾。

【纠正方法】应经常进行防火安全教育，每个职工必须遵守“严禁烟火”的规定，不准在厂区吸烟。对违反规定吸烟或扔烟头者，给予严厉处罚。

(3) 照明灯距离易燃物太近。

【应用举例】某工地用一间板房作仓房，放置施工使用的工器具、材料和抹布等，并在屋顶板上设一盏照明灯。一名工人进仓房取工具后忘记关灯，致使照明灯释放的热度烤燃了距离很近的一批抹布而起火。

【纠正方法】照明灯功率不能太大，照明灯距离易燃物不能太近，否则容易把易燃物烤燃。对屋顶照明灯，应经常进行检查，看是否处于安全状态。

(4) 用汽油洗衣服。

【应用举例】某车间一名职工在开阔地带用汽油洗涤工作服装，经清水漂洗后，放入洗衣房洗衣机内进行甩干，当转动定时器开关时，洗衣机发生爆炸，造成洗衣机损坏，该职工面部被严重烧伤。

【纠正方法】任何人都不得用汽油洗涤衣服。首先，在洗涤过程中，因揉搓容易造成火灾，同时在甩干过程中容易产生油气挥发，一旦遇到明火，容易造成爆燃。发现用汽油洗涤衣服者，应马上制止，并进行处罚。

8) 电气焊作业

(1) 未采取安全措施，在可燃、易燃、易爆物品附近进行焊割作业。

【应用举例】某单位在废油池附近进行切割作业，由于未采取毛毡封堵等措施，引发了火灾。

【纠正方法】在确保安全距离及落实安全措施后，方可进行焊割作业。

(2) 在有压力密封的容器、管道内进行焊割作业。

【应用举例】在有压力密封的容器、管道内进行焊割作业，极易发生火灾爆炸事故或人员窒息事故。

【纠正方法】容器、管道必须卸压，经气体检测防爆分析合格，开具作业票后方可作业。

(3) 不了解作业现场及周围情况，未落实安全措施就进行焊割作业。

【应用举例】某单位在管沟附近进行焊割作业，因管沟中有泄漏的可燃气体，引发火灾。

【纠正方法】了解施工现场情况，辨识危害隐情，落实安全措施后方可作业。

(4) 电焊机随意摆放，无遮蔽。

【应用举例】电焊机随意摆放，无遮蔽，容易因为风吹、雨淋、碰撞等损坏设备。

【纠正方法】电焊机布置场所要干燥，设棚遮蔽，以防止风吹、日晒、雨淋事故发生。

(5) 闪光区未设置挡板。

【应用举例】闪光区不设置挡板，容易造成光污染，同时损坏员工健康。

【纠正方法】设置挡光屏，防止弧光辐射。

（6）用割炬作照明。

【应用举例】某工人到水泵室检修设备，因照明灯离泵室地面较高，便使用割炬照明，只听“轰”的一声，身旁的一小桶汽油产生爆燃，该工人被严重烧伤。

【纠正方法】不能违章施工、照明，要使用专用的照明设备工作。

（7）容器内同时进行电焊、气焊切割作业。

【应用举例】容器内同时进行电焊、气焊切割作业，容易引起缺氧，造成作业人员窒息。

【纠正方法】严禁在容器内同时进行电焊、气焊切割作业。

（8）在密封场所进行施焊，工作环境内无排风措施。

【应用举例】某工人在密封场所施焊，因工作环境内无排风措施，工作时间过长，造成窒息，被送往医院治疗。

【纠正方法】加强自然通风，采取通风换气措施。

（9）电焊手把线、电源线与气焊、氧气、乙炔线缠绕。

【应用举例】某工地在施工中，因电焊手把线、电源线与气焊、氧气、乙炔线缠绕，氧气泄漏后，发生了火灾事故。

【纠正方法】电焊手把线、电源线要与气焊、氧气、乙炔线分开，不得缠绕、交叉。

（10）雨天露天施焊。

【应用举例】因工作任务紧，某工人在雨天露天施焊，适成触电。

【纠正方法】在没采取安全防范措施前，严禁危险作业。

（11）清除焊渣时未佩戴护目镜。

【应用举例】某工人在清理焊渣时，未戴护目镜，焊渣掉入眼睛后，造成视力损伤。

【纠正方法】清除焊渣时必须佩戴护目镜。

（12）电焊机移动时未切断电源。

【应用举例】两名工人在移动电焊机时，未切断电源，电源线在拉动中线头脱落，造成一名工人触电。

【纠正方法】移动电焊机时必须切断配电箱电源。

（13）电焊、氧气、乙炔橡胶软管变质、老化、脆裂、漏气或沾染油脂。

【应用举例】电焊、氧气、乙炔橡胶软管不完好，容易引发火灾、爆炸等事故。

【纠正方法】加强检查，严禁使用不符合要求的橡胶软管，严禁氧气、乙炔橡胶软管沾染油脂。

（14）用锤子、凿子、管钳等开启气瓶阀。

【应用举例】用锤子、凿子、管钳等开启气瓶阀，容易造成气瓶阀损坏而发生事故。

【纠正方法】必须使用专用扳手开启气瓶阀。

（15）焊割作业后未卸下减压器拧上安全帽。

【应用举例】有些作业人员在收工后，不卸下减压器、拧上安全帽，容易造成气瓶的损坏，不利于生产安全。

【纠正方法】执行规范要求，焊割作业结束后卸下减压器、拧上安全帽，将气瓶放在专用库房或防护笼内。

（16）焊接作业与油漆、防腐等工作进行交叉作业。

【应用举例】某工地在焊接作业中，由于焊渣掉在刚刷的油漆上，引发火灾。

【纠正方法】合理安排工序，避免交叉作业。

(17) 从事切割作业之前，不清理现场。

【应用举例】某焊工班工人到厂房内切割钢材，未清理现场，掉落的铁屑和火花溅到附近的一堆木屑上，引起火灾。

【纠正方法】从事切割作业之前，应首先清除作业环境中的易燃、易爆等不安全物品，发现违章应勒令立即停止工作，并予以处罚。

(18) 氧气带绑扎不紧。

【应用举例】某公司焊工在切割流水管道，当管子烤红时，氧气带从割炬脱落到脚上。他把氧气带重新套好后，点燃割炬继续工作。时间不长，已经进入氧气的裤腿开始着火，作业者被灼伤。

【纠正方法】在切割作业前应认真检查，牢固绑扎氧气带，防止脱落溢出氧气；氧气泄漏时应停止明火作业，并采取防范措施。

(19) 切割作业前不彻底清洗装有易燃品的容器。

【应用举例】某厂一名工人在切割盛装氯丁胶(黏合剂)的铁筒时，没进行彻底清洗，先用火点燃筒盖做试验，没点着，便去切割。作业中，筒里的残渣起火爆燃，一声巨响，将筒底崩离10多米远。

【纠正方法】切割装过易燃易爆物品的容器之前，须对其进行彻底清洗，不能留有残渣。

(20) 焊机运行时，焊机排气孔正对着设备、管线。

【应用举例】电焊机排气孔正对着设备、管线，不利于散热，容易造成各种事故及焊机损坏。

【纠正方法】焊机运行时，焊机要远离生产场所，焊机排气孔不能正对着设备、管线等生产设施。以免造成不必要的事故。

(21) 无特种操作证，从事焊接与切割作业。

【应用举例】安排无证或实习人员从事焊接与切割作业，容易因为作业人员缺乏专业知识而发生违章作业，引发事故。

【纠正方法】必须取得焊接与切割操作证，并在有效期内进行作业。

四、动土作业

1. 动土作业

凡是影响到地下电缆、管道等设施安全的地上作业都包括在动土作业的范围内。例如挖土、打桩埋设地线等入地超过一定深度的作业；用推土机、压路机等施工机械进行填土、平整场地的作业都属于动土作业。

2. 动土作业的安全要求

1) 审证

动土作业前必须持施工图纸及施工项目批准手续等有关资料，到有关部门办理《动土安全作业证》，申请动土作业时，需写明作业的时间、地点、内容、范围、施工方法、挖土堆放场所和参加作业人员、安全负责人及安全措施。

2) 安全注意事项

(1) 防止损坏地下设施和地面建筑，施工时必须小心。

(2) 开挖没有边坡的沟、坑、池等必须根据挖掘深度设置支撑物，注意排水，防止坍塌。

(3) 防止伤害机器工具，夜间作业必须有足够的照明。

(4) 挖掘的沟、坑、池等和破坏的道路，应设置围栏和标志，夜间应设红灯，防止行人和车辆坠落。

(5) 在可能出现有毒有害气体地点工作时，应预先告知工作人员，并做好防毒准备。

(6) 在化工危险场所动土，要与有关操作人员建立联系，当发现有害气体泄漏或可疑现象时，化工操作人员应立即通知动土作业人员停止作业，迅速撤离现场。

(7) 动土作业完成后，现场的沟、坑应及时填平。

3. 动土作业常见违章行为及纠正措施

(1) 未办理动土作业证，进行土方开挖作业。

【应用举例】某单位在临时开挖土方时，为图省事，未办理动土证进行动土作业，造成一条电缆被挖断。

【纠正方法】开挖、打桩、钻孔、埋设等入地超过0.5m深度的作业必须办理动土作业证，严禁无证施工。

(2) 使用无效动土作业证。

【应用举例】某单位在动土作业中，相关单位未进行会签，就安排作业人员施工，结果挖断一条氮气线，造成附近装置停工。

【纠正方法】动土作业证办理，由动土作业单位向作业区域主管单位提出申请，作业区域所在单位的主管部门、水、汽、电仪、消防、安全、机动等部门批准后方可有效。

(3) 随意占用厂内道路。

【应用举例】某单位将挖掘机停放在马路上进行施工，影响了消防安全通道的畅通。

【纠正方法】施工机械占用道路时，应办理占道手续报消防、安全部门批准后方能占用道路。

(4) 动土作业证审批单位未向作业单位提供地下埋设物的详细资料。

【应用举例】某单位在一区域施工，由于审批单位未向其说明地下有水线的事实，挖掘作业中造成水线破裂。

【纠正方法】动土作业证的审批单位，应向作业单位提供地下埋设物的详细资料，提出施工注意事项要求。

(5) 地下情况不清楚时，使用机械进行挖土作业。

【应用举例】某工地使用挖掘机进行动土作业，由于对地下情况不了解，造成一条管线破裂，引起管线内的介质泄漏。

【纠正方法】地下管道、电缆、埋设物等情况不清楚时，不准使用机械设备进行作业，也不准使用镐头、铁撬棍作业。

(6) 发现不可辨别的埋设物时，仍进行作业。

【应用举例】某工地在动土作业中，发现一条临时电缆，作业人员误以为是信号线，造成电缆被挖断。

【纠正方法】动土作业时，发现事先未预料到的地下设备、管道、电缆及不可辨别的埋设物时，应停止工作，报告有关部门，进行稳妥保护，妥善处理后再进行作业。

(7) 大型土石方工程未挖探沟就进行动土作业。

【应用举例】某建筑工地未挖探沟进行动土作业，致使地下一条原油管线破裂，造成原油泄漏。

【纠正方法】地下情况不清楚时，必须按规定要求开挖探沟。

(8) 挖土作业中未采取支护和防止边坡坍落措施。

【应用举例】某工地采用直挖方式挖掘一深度为4m的基坑，造成土方坍塌，挖掘机倾覆。

【纠正方法】开挖的沟、坑、池等，必须根据开挖深度要求，采取放坡和支护措施进行处理。

(9) 沟、坑、池等其周围未设置围栏和警告标志。

【应用举例】土建施工现场、沟、坑、池等周围，没设置围栏和警告标志，造成一名工作人员摔伤。

【纠正方法】挖掘的沟、坑、池等周围必须设置1.2m高的围栏，悬挂警告标志，在夜间应设红灯警示。

(10) 深度开挖作业现场无上下的通道。

【应用举例】深度开挖现场无上下通道，在发生坍塌等紧急情况时，不利于作业人员及时撤离。

【纠正方法】开挖深度超过1.3m时，应根据开挖长度、面积大小，每10m设置一处供人员上下的安全通道，通道应不少于2个。

(11) 采用不规范方法挖掘。

【应用举例】挖掘土石方时，应采取先挖上方后挖下方的方法进行。但有的工人却采用掏挖的作法，造成土石坍塌，使人员受到伤害。

【纠正方法】应采用自上而下的方法挖掘。

(12) 上下基坑时攀登水平支撑或撑杆。

【应用举例】基坑里架设的水平支撑或撑杆，是起支撑作用的物件。但有的工人上下基坑时，喜欢攀登水平支撑和撑杆上下。这样做，很容易破坏水平支撑和撑杆的稳定性，造成土石失去支撑坍塌而伤及人员。

【纠正方法】严禁攀登水平支撑或撑杆上下基坑，发现违反者，应立即制止。

(13) 在开挖的土方斜坡上放置物料。

【应用举例】挖掘土石方工程及电缆沟时，有的工作人员贪图方便，把工具材料等放在土方的斜坡上，有时工具材料滚落于沟内，既造成工作不便，而且容易砸伤人员。

【纠正方法】在土方斜坡上放置的工具材料等，应立即清除，严令禁止。

(14) 在雨后或解冻期未采取防护措施就从事土方作业。

【应用举例】某单位在雨后安排工人进行挖土作业，因未采取放坡等措施，土方坍塌，造成一名作业人员被掩埋。

【纠正方法】雨后或解冻期从事土方作业，应采取加固或防护措施，以防止滑坡或塌方发生。

(15) 单人进行打夯作业。

【应用举例】某工人一人操作打夯机进行作业，因打夯机砸破电源线，造成触电。

【纠正方法】打夯作业应一人操作打夯机，一人手扶电线配合作业。

（16）混凝土浇筑中，操作者私自处理发生堵塞的输送泵。

【应用举例】某工人（非维修人员）在处理发生堵塞的输送泵时，混凝土碎块突然喷出击中其面部。

【纠正方法】输送泵维修时应停止使用，输送泵管口不准对人，应由专业人员进行修理。

（17）无防护措施而从事大面积混凝土浇筑。

【应用举例】某工人在大面积混凝土浇筑中，因现场未设置安全走道，该工人失足坠入基础中。

【纠正方法】大面积混凝土浇筑时应搭设行走通道、安全护栏，没有防护设施不能施工。

（18）站在架杆上、模板上浇筑混凝土。

【应用举例】某工人站在架杆上浇筑混凝土，因接触面过小，失足从高处坠落。

【纠正方法】进行混凝土浇筑时，应搭设操作平台。

（19）操作技能不熟练，无证上岗或盲目作业。

【应用举例】某工人因一时好奇，学别人打风镐，破拆混凝土，结果风镐头飞出后，击中附近一名工人的腿部。

【纠正方法】作业人员必须参加本工种的专业培训、持证上岗，严禁实习或无证人员上岗操作。

（20）使用不合格的模板、杆件、连接件和支撑杆，进行支撑或支模作业。

【应用举例】某工地因使用不合格的模板连接件，在混凝土浇筑中发生大面积模板坍塌。

【纠正方法】严禁使用有缺陷或不合格的模板、杆件、进行支撑或支模作业。

（21）立模未连接牢固，未设临时支撑。

【应用举例】某工人在立模时，未采取固定措施，立模倾倒后将自己砸伤。

【纠正方法】立模在安装过程中，必须采取临时支撑措施。

（22）采用行架支模未严格检查，对严重变形、松动的螺栓未及时修复。

【应用举例】某工地在混凝土浇筑中，因为螺栓严重松动、变形，造成模板坍塌。

【纠正方法】支模过程中应严格检查，确保螺栓连接牢靠。

（23）拆模时，猛撬、硬砸或大面积撬落和拉拆。

【应用举例】某工人在撬落大面积模板时，因模板突然坠落，将远处的一名作业人员砸伤。

【纠正方法】拆模时应按规定要求由上往下逐片拆除，不能野蛮作业。

（24）用电源线拖拉振捣器等小型机具。

【应用举例】某工人疏忽大意，用电源线拖拉振捣器，由于电源从接头处断裂，造成本人触电。

【纠正方法】小型机具应和电源线一起移动。

（25）进行切割、打孔、锯木作业时未佩戴防护眼镜。

【应用举例】某工人在使用风镐中，因未戴防护眼镜，飞起一小块混凝土，击中其眼部，被送往医院治疗。

【纠正方法】从事以上作业时，按操作规程必须佩戴防护眼镜。

(26) 喷涂作业中，单人操作，不系安全带。

【应用举例】某工人在高空喷涂作业中，由于喷嘴堵塞，清理时受强大气流的冲击，从脚手架上摔落。

【纠正方法】喷涂作业现场应由双人操作，高空作业者应系好安全带，现场要有专人监护。

(27) 随意在建筑物、楼板上开孔。

【应用举例】有的作业人员为图方便，未经相关部门批准，随意在建筑物、楼板上开孔。

【纠正方法】建筑物和楼板结构必须保持完整和稳固，对不经批准，随意在建筑物和楼板上打孔，应及时纠正，严肃处罚。

五、受限空间作业

1. 受限空间作业的定义

凡进入塔、釜、槽、罐、炉、器、机、筒仓、地坑或其他限定空间内进行检修、清理的作业称为受限空间作业，如图7-1所示。

图7-1　受限空间作业

受限空间必须满足下列条件之一：

(1) 有足够的空间，让员工可以进入并进行指定的工作；

(2) 进入和撤离受到限制，不能自如进出；

(3) 并非设计用来给员工长时间在内工作的空间。

化工装置受限空间作业频繁，危险因素多，是容易发生事故的作业。

2. 管内罐内作业的安全要求

(1) 可靠隔离　进入管内罐内作业的设备必须和其他设备、管道可靠隔离，绝不允许其他系统中的介质进入检修的管内罐内。

(2) 切断电源　有电动和照明设备时，必须切断电源，并挂上“有人检修，禁止合闸”的牌子。

(3) 清洗、置换和通风　防止危险气体大量残存，并保证氧气充足(氧含量18%～21%)，作业时应打开所有的人孔、手孔等保证自然通风，对通风不良及容积较小的设备，作业人员应采取间歇作业或轮换作业。

(4) 取样分析　作业前30min内进行安全分析，分析合格后才能进行作业，作业中应每间隔一定时间就重新取样分析。

(5) 监护　设专人在外监护，内外要经常联系，以便发生意外时及时抢救。

(6) 用电安全　管内罐内作业照明、使用的电动工具必须使用安全电压，在干燥的管内罐内电压≤36V，潮湿环境电压≤12V。若有可燃物存在，还应符合防爆要求。在管内罐内进行电焊作业时，人要在绝缘板上作业。

(7) 个人防护　进入管内罐内作业应按规范戴防护面具，切实做好个人防护，一次作业的时间不宜过长，应组织轮换。

(8) 急救措施　管内罐内作业必须有现场急救措施，如安全带、隔离式面具、苏生器等。对于可能接触酸碱的管内罐内作业，预先应准备好大量的水，以供急救时用。

(9) 升降机具　管内罐内作业用升降机具必须安全可靠，化工检修中的管内罐内作业，必须和动火、动土一样，事前应按规定办理审批手续，有关部门负责人应检查各项安全措施的落实情况，作业结束时，应清理杂物，把所有工具、材料等搬出罐外，不得有遗漏，经检修单位和生产单位共同检查，在确认无疑后，方可上法兰加封。

(10) 进入容器、设备的八个必须：

① 必须申请、办证，并得到批准；

② 必须进行安全隔绝；

③ 必须切断动力电，并使用安全灯具；

④ 必须进行置换、通风；

⑤ 必须按时间要求进行安全分析；

⑥ 必须佩戴规定的防护用具；

⑦ 必须有人在器外监护，并坚守岗位；

⑧ 必须有抢救后备措施。

3. 受限空间作业常见违章行为及纠正措施

1) 受限空间作业

(1) 进入受限空间作业前，未进行有毒有害气体分析和氧含量分析。

【应用举例】某石化厂的某罐内长时间用氮气封存，将要使用时，需工人进入查一下漏点，打开人孔后，人一进去立即被薰倒。

【纠正方法】按规定进行有毒有害气体分析和氧含量分析，分析合格后，办理作业票，批准后才可作业。

(2) 在受限空间作业，未按要求进行气体分析。

【应用举例】某作业点在一天内只进行了一次气体分析，作业中施工人员因缺氧而发生窒息。

【纠正方法】作业期间应每隔4h对氧含量、可燃气体浓度、有毒有害气体含量取样复查一次，并保证符合国家规定标准。

(3) 未对受限空间作业人员进行定时轮换。

【应用举例】某炼油厂污水处理车间在清理隔油池时，由于天气炎热使油气蒸发，清油池人员长时间作业被薰倒在油池中。

(4) 在受限空间作业没有确定联络信号。

【应用举例】某检修公司王某进入反应器作业，没有与监护人员确定联络信号，作业时空气呼吸器泄漏，中毒后无法联络。

【纠正方法】进入受限空间作业前，监护人和作业人要确定好联络方式，以便应急救护。

(5) 未加盲板进入受限空间进行作业。

【应用举例】某化工厂芳烃车间检修班在检修R401反应器时，未将进料口加盲板就进行作业，系统中窜进氮气将物料顶进反应器。

【纠正方法】没加盲板严禁作业，确认盲板加好后，再进行受限空间作业。

(6) 未进行工艺处理或加堵盲板进入受限空间作业。

【应用举例】某罐未进行工艺处理，未加盲板，在无设备工作票的情况下，检修工人进行作业，发生了中毒事故。

【纠正方法】对受限空间要做好工艺处理，所有与受限空间相连的可燃、有毒、有害介质(含氮气)系统必须用盲板与受限空间隔绝，不得用关闭阀门替代；盲板应挂牌标示；带有搅拌器等转动设备，须切断电源并挂牌标示。对受限空间进行有毒、有害、含氧量气体分析，合格后才能工作。

(7) 随意进入下水井内作业。

【应用举例】某工人因下水井漏水，进入井内检查情况，因下水井内积聚瓦斯，造成窒息。

【纠正方法】工作前必须检查井下或沟内通风是否良好，检测有毒有害气体，分析合格后，设专人监护才能作业。

(8) 随意进入沟内工作。

【应用举例】有的工人发现电缆沟、输水沟、下水井或排污井故障，未做好安全措施就盲目地入内排除，结果因地沟或井下通风不良而窒息。

【纠正方法】进入电缆沟、下水井或排污井内工作，必须经过有关人员和部门许可。工作前，必须检查这些地点是否安全，通风是否良好，有无瓦斯或其他有毒有害气体存在，必要时进行气体分析，并设专人监护。未经许可不得进入井下和沟道内工作。

(9) 进入受限空间作业，使用行灯电压超过12V。

【应用举例】某检修公司在进入容器作业时，使用电压为36V行灯进行作业，造成受限空间可燃气体爆燃。

【纠正方法】必须使用绝缘性良好、电压为12V以下的安全行灯照明，才能进行作业。

(10) 在受限空间作业，未采取通风、换气措施。

【应用举例】某受限空间作业点安排工人进行焊接作业，因未采取通风、换气措施，造成作业人员窒息。

【纠正方法】作业开始前，必须确定合适的排气口，可采用自然通风或强制通风方法改善作业环境。

(11) 将气瓶带入受限空间作业。

【应用举例】将气瓶带入受限空间作业，容易引发火灾、爆炸事故，同时发生事故后会扩大事故的灾害影响。

【纠正方法】乙炔和氧气瓶必须放置在受限空间外，严禁带入受限空间作业，经发现给予重罚。

(12) 受限空间内有杂物。

【应用举例】受限空间内有杂物，发生事故后不利于事故救援和作业人员撤离。

【纠正方法】受限空间内应始终保持整洁有序，不必要的材料、杂物等必须及时清除，并保证出口通畅。

(13) 大型受限空间作业时，未对进入受限空间的作业人员进行统计。

【应用举例】大型受限空间作业时，不对进入受限空间的作业人员进行统计，作业人员发生事故后，不能及时发现。

【纠正方法】在大型受限空间作业，作业前应对进入受限空间的作业人员进行统计，作业结束后应对人员进行清点。

(14) 将材料、工具等物件遗留在受限空间作业点。

【应用举例】将材料、工具等物件遗留在作业点，会影响装置的正常开工，同时会引发安全事故。

【纠正方法】受限空间作业人员的工具、材料要计数登记，作业结束后应清点，以防遗留在受限空间作业现场。

(15) 未进行挂牌确认，进行受限空间作业。

【应用举例】某工人在装置未挂牌确认的情况下，进入受限空间作业造成烫伤。

【纠正方法】进入受限空间作业，必须由受限空间所在单位挂牌确认签字后，方可开始作业。

(16) 受限空间作业面有孔洞，临边无防护。

【应用举例】某工人在衬里作业中因后退作业，坠入一个与作业面相连无防护的容器内。

【纠正方法】孔洞临边部位应搭设栏杆，并用安全网、木板封堵严实、牢固后，在手续齐全情况下才能实施作业。

(17) 在有坠落危险的部位，未采取防护措施。

【应用举例】某单位在一处受限空间作业点的通道口搭设了两道架板，但未设立防护栏杆，一名工人在通过时失足坠落。

【纠正方法】在有坠落危险的部位作业，作业点必须铺满架板，并按要求使用安全带。

(18) 在罐内清理可燃沉淀物时，使用铁器敲击碰撞。

【应用举例】某工人用铁器敲击一罐壁时，产生火花引燃罐壁上的可燃物，发生火灾。

【纠正方法】严禁使用铁器敲击碰撞罐壁，要使用防爆工具清理可燃物料。

(19) 储存物料的设备、管道、容器未挂“内存物料”的警示牌。

【应用举例】某容器打开人孔，但未悬挂“内存物料”的警示牌，因天下暴雨，一名工人进入避雨，因中毒发生死亡。

【纠正方法】不得随意进入未封闭的容器。停工检修期间加好盲板，封存严密，挂好警示牌。

(20) 在有限空向通道口、人孔处随意堆放物料。

【应用举例】某受限空间发生火灾，因人孔处堆放物料，作业人员不能及时撤离，造成两名作业人员被严重烧伤。

【纠正方法】加强检查，发现堆放的物料应随时清理，保持通道口畅通。

(21) 使用漏气的割炬及软管在容器内作业。

【应用举例】使用漏气的割炬及软管在容器内作业，容易引发窒息或火灾、爆炸事故。

【纠正方法】在容器内作业时，要检查割炬及软管的密封性。如有漏气，必须停止作业。

2) 作业票

(1) 未办理作业票进行作业。

【应用举例】某单位在深2m的管沟内进行焊接作业，因未办理作业票，没有进行气体分析，作业中引燃了沟内的瓦斯。

【纠正方法】进入受限空间作业(含1.2m以下的挖土作业)，必须办理受限空间作业票。

进行有毒、有害气体分析，合格后才能作业。

(2) 进入受限空间作业的地点与签发的作业票不符。

【应用举例】某化工厂油品罐区在同时清理 A、B 两个重油罐时，只分析合格了 A 罐，未对 B 罐进行分析，随后两个罐同时进行了作业。

【纠正方法】在哪里分析，就在哪里作业，作业地点与作业票的作业地点要对应。严禁一票多用违章行为。

(3) 没按作业票内容进行工作。

【应用举例】某单位在一处受限空间动火，发生火灾后，发现现场未配置灭火器，但作业票灭火器一览却注明现场配置了 2 具灭火器。

【纠正方法】落实防火措施，按照作业票要求，备好防火用具。

3) 监护救援

(1) 受限空间作业的监护人不坚守岗位、不熟悉应急预案。

【应用举例】某化肥厂氨合成塔内件损坏，停工检修，充氮气保护塔内触煤，卸触煤时监护人上厕所，在塔内作业者因呼吸器软管接头脱落，作业者未能及时得到救援，造成氮气窒息。

【纠正方法】作业时监护人必须坚守岗位，一旦出现意外，按照应急预案步骤实施援救。

(2) 进入受限空间作业前，监护人没有认真检查、核对安全措施落实情况

【应用举例】某炼油厂重整加氢装置 R203 反应器检修时，动火票办完后，气焊工作业多时后反应器内无声音，说明已经出事。

【纠正方法】作业前，监护人应认真检查作业人员防护用具佩戴是否完好，检查工器具是否符合要求，检查通排风是否畅通，约定好联系方式，确认后方可作业。

(3) 进入受限空间作业时未向受限空间通风。

【应用举例】某厂 T203 塔分析合格后，工人进行清理塔盘作业，由于未向塔内进行通风，导致作业人员窒息。

【纠正方法】作业过程中，应向作业空间强制通风，并配有作业监护人员监护。

(4) 监护人同时担任其他工作。

【应用举例】在容器、井下工作时，外面设有监护人，监护人不注意观察或倾听容器内、井下工作人员的情况，而是从事其他方面的工作，是严重的失职。以上人员发生险情时，监护人不能及时发现和救护，就会导致人员伤害。

【纠正方法】应教育监护人增强责任感，集中精力做好监护工作。对监护人不能分配其他工作，确保专人做好监护工作。

(5) 受限空间作业现场无监护人。

【应用举例】某单位现场监护人去办公室取东西，回来后发现受限空间内的作业人员中毒倒地。

【纠正方法】监护人不在现场时，作业人员不得作业。

(6) 在受限空间作业没有制定应急救援方案。

【应用举例】某大乙烯工程在 10 万 m^3 的油罐防腐作业时，没有制定应急救援方案，发生火灾后造成大量人员伤亡。

【纠正方法】平时要有演练，急救时按照应急救援方案实施。

（7）在受限空间作业现场未配备防护器材。

【应用举例】某作业点因现场未配置防毒面具，作业人员进入作业空间，因中毒而造成作业人员死亡。

【纠正方法】受限空间作业现场要配备一定数量的防毒面具、呼吸器、安全绳、灭火器等器材。

（8）在受限空间作业未制定应急预案。

【应用举例】某工地受限空间作业人员发生中毒窒息事故，监护人员不知道该怎么办。

【纠正方法】在存在危险的受限空间作业，必须制定应急预案，监护人必须懂得监护措施、急救方案。

六、高处作业

1. 高处作业的含义

凡在坠落高度基准面2m以上（含2m）有可能坠落的高处进行作业，均称为高处作业。

2. 高处作业的分类等级

一般情况下，高处作业按作业高度可分为以下四个等级：

（1）一级高处作业　作业高度在2～5m；

（2）二级高处作业　作业高度在5～15m；

（3）三级高处作业　作业高度在15～30m；

（4）特级高处作业　作业高度在30m以上。

3. 高处作业的安全要求

（1）作业人员　患有精神病等职业禁忌证的人员不准参加高处作业；检修人员饮酒、精神不振时禁止登高作业；作业人员必须持有作业证。

（2）作业条件　高处作业均须先搭脚手架或采取其他防止坠落的措施后，方可进行。

（3）防止工具材料坠落　高处作业所使用的工具材料、零件等必须装入工具袋，上下时手中不得持物，不准投掷工具、材料及其他物品。

（4）防止触电　高处作业附近有架空电线时，应根据电压等级与电线保持规定安全距离（≤110kV为2m，220kV为3m，330kV为4m）；防止导体材料碰触电线。

（5）防中毒　在易散发有毒气体的厂房、设备上方施工时，要设专人监护，如发现有毒气体排放时，应立即停止作业。

（6）气象条件　六级以上大风、暴雨、打雷、大雾等恶劣天气，应停止露天高处作业。

（7）注意结构的牢固性和可靠性　登石棉瓦、瓦棱板等轻型材料作业时，必须铺设牢固的脚手板，并加以固定，脚手板上要有防滑措施。

（8）禁止上下垂直作业　高处作业时，一般不应垂直交叉作业，凡因工序原因必须上下同时作业时，须采取可靠的隔离措施

（9）现场管理　高处作业现场应设有围栏或其他明显的安全界标，除有关人员外，不准其他人在作业点的下面通行或逗留。

4. 高处作业常见违章行为及纠正措施

1）梯子使用

（1）人爬梯不注意逐档检查。

【应用举例】有的职工以为“爬梯很稳固，逐档检查没啥必要。”因此，不进行逐档检查就

往上爬。上下爬梯时，习惯用两手同时抓一个梯阶。

【纠正方法】爬梯的稳固性是相对的，随着时间的延长和环境的变化及其他意外因素，爬梯很可能发生缺陷和隐患。如果不进行逐档检查，不稳固状态就难以发现，很可能引发坠落事故。上下爬梯时，不但应逐档检查是否牢固，还应两手各抓一个梯阶，小心稳妥，以防意外。

（2）站在梯子上工作时不使用安全带。

【应用举例】在高空工作时，有的工人站在梯子上，却不使用安全带，认为只要站得稳就不会出事，结果从梯子上跌落而摔伤。

【纠正方法】站在梯子上工作，必须使用安全带，安全带的一端应拴在高处牢固的地方，对上梯子工作未使用安全带的工人，应督促他们立即拴好安全带，以防万一。

（3）使用无合格证和有缺陷的梯子。

【应用举例】某工人使用自制的梯子作业时，因梯子断裂，造成腰部摔伤。

【纠正方法】购置的梯子必须有合格证，自制的梯子不得有破损、扭曲等缺陷。

（4）不按要求使用梯子。

【应用举例】某工人用一把3m高的梯子攀登4.5m高的作业点，因距离不够，梯子倾覆，造成坠落。

【纠正方法】角梯应有金属防滑器；梯子与作业基准面的夹角以60°~70°为宜，上下端均要放牢固，有专人扶持；使用人字梯时，用限跨装置将跨度锁定，使其夹角为40°±5°；不准两人站在一个梯子上同时作业，不得在梯子的顶档作业。

（5）站在梯顶工作。

【应用举例】有的工人在作业时，站在梯顶上，这是不允许的。《安全规程》规定：工作人员必须登在距梯顶不少于1m的梯蹬上工作。如果站在梯顶上，或者站的梯蹬离梯顶少于1m处，人体就会失去依托，容易从梯子上坠落而摔伤。

【纠正方法】登梯位置不正确存在一定的危险性，要掌握正确的登梯方法。加强监护，发现登梯位置不正确的工人，应及时纠正。

（6）将梯子放在门前使用。

【应用举例】有的工人在工作时，将梯子放在门前使用。如果门被推开，很容易把梯子推倒，造成梯上工作的人员坠落。

【纠正方法】严禁在门前使用梯子。如果必须在门前使用时，应采取防止门突然开启的措施或指定专人看守。

（7）肩负重物攀登移动式梯子或软梯。

【应用举例】在作业中，有的工人肩负重物，攀登移动式梯子或软梯，因荷重失稳，从梯子滑落或从软梯上坠落而致伤。

【纠正方法】严禁肩负重物登梯，对肩负重物登梯者应立即劝止。

2）高处作业

（1）把安全带挂在不牢固的物件上。

【应用举例】有的工人在高处作业时，安全意识淡薄，不注意检查，随意将安全带挂在不牢固的物件上。如果人员从高处坠落，安全带就起不到保护作用，从而发生人员伤亡。

【纠正方法】选择悬挂安全带的物件必须牢固可靠，班组职工应互相监护，认真检查，发现安全带悬挂不牢固时，应督促其摘下重新选择牢固可靠的地点。

（2）高处作业不使用工具袋。

【应用举例】高处作业时，有的工人嫌麻烦，不使用工具袋，工具随便放置，极易导致高处坠物伤人事故。

【纠正方法】高处作业必须使用工具袋，高处作业时把工具装在袋中，较大的工具还应用绳索挂在牢固的物件上。对高处作业不使用工具袋者，应严厉批评教育并予以处罚。

（3）高处作业时，将工具及材料随意上下抛掷。

【应用举例】在高处作业时，有的工人不是用绳索系牢工具或材料吊送，而是上下抛掷。这样不仅会损坏工具或材料，还容易打伤下方的工作人员。

【纠正方法】禁止将工具及材料上下抛掷，应采取绳索上下传递工具或材料。对违反规定的行为应立即制止，并给予相应的处罚。

（4）在不坚固的结构上侥幸工作。

【应用举例】登高作业时，有的工人不注意检查所登的物体或建筑是否坚固，有的工人在石膏板屋顶部作业未采取防坠措施，结果石膏板坍塌，人员被摔伤。

【纠正方法】在作业前，应认真检查所处的环境是否坚固。如果不坚固则应选择坚固的物体。发现有人在不坚固的物体上作业时，应及时提醒让其停止作业，采取牢靠的安全措施后再作业。

（5）高处作业时随意跨越斜拉条。

【应用举例】在高处作业时，有的工作人员不是按规定的路线行走，而是走近处，从斜拉条上跨越，这样有可能一脚踏空，从高处坠落伤亡。

【纠正方法】在高处作业不得随意跨越，并需系好安全带。对胆大妄为或麻痹大意者的违章行为，应及时纠正与处罚，并帮助他们增强安全观念。

（6）登高作业时，不系安全带。

【应用举例】某单位从事焊工作业 23 年的老职工，在距地面 3.7m 的管排上进行割管托的气焊作业，管托割掉后，管架反弹，致使该同志身体失去平衡，从高处坠落，因未系安全带，造成头部重伤，抢救无效死亡。

【纠正方法】在高处作业必须系牢安全带，安全带必须高挂低用，15m 以上作业必须佩戴双沟全身型安全带。有的工作人员说："系安全带太麻烦，还没等系上带，工作就干完了。"这是完全错误的，只有系好安全带，才能保证安全。对不系安全带登高作业的工作人员，应给予纠正，否则不准登高作业。

（7）在高处平台上倒退行走。

【应用举例】在高处平台作业中，一名工人手拿氧气带和乙炔带割把，倒退着行走，只注意观察手拿的物品不被刮住，却忽视观察身后的预留口，导致失足坠落，造成伤害。

【纠正方法】在高处平台作业中，行走要看清脚下情况，严禁倒退行走。应一丝不苟地落实防护措施，树立牢固的安全意识，保证安全，以防万一。

（8）在高处作业下方站立或行走。

【应用举例】在高处安装平台板时，作业人员在地面行走，平台板因放置不稳突然下落，砸在他的安全帽上，导致头部伤害。

【纠正方法】高处作业时，下方不得有人站立或行走。作业人员应互相监督，发现违反规定者，应及时劝阻。

(9) 安全带弹簧卡扣，误扣在衣服上。

【应用举例】装置高处检修现场，一名工人身系安全带站在高空平台处，转身准备工作时，突然从9.8m处坠落，掉在水泥地面上。经事后查明他的安全带卡扣弹簧不在卡环里，而误扣在衣服上了。

【纠正方法】安全带弹簧卡扣应扣在卡环里。系好安全带后，应认真进行检查，看是否处于安全可靠的状态。

(10) 高空作业，脚踏板不固定。

【应用举例】某车间张某等五人，在检修空分车间4F凉水塔风机过程中，安装风机叶片时，张某脚踩的踏板突然滑动，导致踏板一端脱离支撑掉下，张某从3m多高的作业面上坠落摔下，造成右肾挫伤、盆腔骨折。

【纠正方法】高空作业时，脚踏板两端一定要捆扎牢固，尤其是探头踏板必须固定，若不加以固定，可能发生踏板滑脱、翘翻事故，造成人员伤害。发现高空作业时脚踏板存在不固定现象，应立即停止作业，采取固定措施。

(11) 高处作业时物件不固定。

【应用举例】某工程队把除尘器顶部通向22m平台的铁梯切割完毕，放在3号与4号除尘器之间，但未进行固定。铁梯从除尘器顶部坠下，多人被砸伤。

【纠正方法】在高处作业时，切割或使用的物件必须固定，以防坠落伤人。

(12) 随意从高处跳下。

【应用举例】某安装工地一名工人从离地面3m的平台往下跳，造成左脚骨骨裂。

【纠正方法】高处作业上下时，严禁随意往下跳，防止发生意外。

(13) 擅自改变施工方案。

【应用举例】某车间钳工在检修某台距地面2.5m高的设备时，原定搭设检修平台作业，后因装置不同意，私自改变施工方案，在爬到房顶挂倒链时，不慎摔下造成重伤。

【纠正方法】施工方案在编制的过程中，首先要考虑安全因素，制定防范措施，每一施工方案的编制都是非常严格和严肃的，任何施工人员在施工过程中都无权擅自改变施工方案。如确需改变施工方案，应征得相关部门的同意，并重新制定安全防范措施。

(14) 领导干部在现场发现工人违章不及时纠正。

【应用举例】某单位领导在现场巡视时，发现一名工人高处作业不系安全带，没有立即纠正，而是返回办公室后给安监部门打电话，让安监部门前去处理。安监人员赶赴现场途中，那名工人不慎从高处坠落致伤。

【纠正方法】发现违章要及时制止并纠正。安全工作(纠正习惯性违章)人人有责，安全工作不只是安监部门的事。反习惯性违章没有旁观者和局外人，领导干部发现习惯性违章行为不制止本身就是违章。

(15) 安排有职业禁忌症的人员从事高处作业。

【应用举例】某职工患有高血压，在离地面50m高的塔顶保温过程中，突然晕倒造成摔伤，被送往医院治疗。

【纠正方法】加强职业健康体检，严禁安排患有神经性器质性病变(包括癫痫病、精神病)及高血压、低血压、动脉硬化、器质性心脏病、手脚残疾及医生证明不能从事高处作业者从事高处作业。

(16) 在高处作业平台走道上堆放物料。

【应用举例】某职工在作业平台走道行走中，碰落堆放物料，造成下方过路的作业人员被砸伤。

【纠正方法】禁止在平台走道上堆放物料，在平台走道下方搭设安全网等防范措施。

(17) 作业中不沿便道、爬梯攀登脚手架。

【应用举例】某作业现场，一名工人为图省事，沿搭设脚手架向上攀登，因横杆间距过大，失足造成高处坠落。

【纠正方法】作业中应从便道上下，便道要设防滑措施，并架设护栏、防护网。

(18) 高处作业人员坐在平台、孔洞边缘或骑坐栏杆。

【应用举例】一名工人坐在孔洞边缘休息，由于天气炎热，在起身时发生眩晕而坠落。

【纠正方法】禁止坐在平台空洞边缘及骑坐栏杆。休息时应回到地面上，应养成良好习惯。

(19) 作业人员躺在走道板或安全网上休息。

【应用举例】某工人在等待施工材料的间隙，躺在走道上休息，被上方掉下的石子砸中面部。

【纠正方法】禁止在走道、安全网处躺卧休息。

(20) 未采取安全措施，站在栏杆外工作。

【应用举例】某办公楼钢筋绑扎现场，一名工人站在栏杆外，一手抓住栏杆，一手接送从下方传送的钢筋，由于用力过猛，造成高处坠落。

【纠正方法】栏杆外工作必须挂安全带，且有专人监护。

(21) 高处作业区域边角料乱堆、乱放且无防坠落措施。

【应用举例】某职工将切割下来的一小块钢板随手放在身边，另一名职工在走动中，将钢板踢落，造成地面的人员受伤。

【纠正方法】在高处作业区域的边角料必须及时清理传送到地面上。

(22) 夜间高处作业，相关区域内的照明不足。

【应用举例】夜间高处作业，施工区域内照明不足，容易造成碰撞、滑跌、坠落等事故。

【纠正方法】安装足够的照明灯具，尽量减少夜间高处作业。

(23) 六级风以上大风从事高处作业。

【应用举例】在大风中从事高处作业，易发生物料、人员坠落和脚手架坍塌等事故。

【纠正方法】在阵风风力为6级(风速为10.8m/s)以上情况下严禁高处作业。

(24) 霜冻、雪天高处作业前未清除积雪(霜)。

【应用举例】霜冻、雪天高处作业，不清除积雪(霜)，易发生物料、人员坠落等事故。

【纠正方法】作业前首先清除积雪(霜)，保证人员安全。

(25) 在石棉瓦轻型屋顶或腐蚀的罐顶等部位进行工作、站立、行走。

【应用举例】某工人在石棉瓦屋顶上拧螺丝时，未铺设架板，由于屋顶破损，坠落后造成身体多处骨折。

【纠正方法】在石棉瓦屋顶或罐顶作业，必须铺设木质脚手板，并绑扎牢固，才能从事作业。

(26) 未办理高处作业票。

【应用举例】高处作业不办理作业票，无法确定、落实必要的防护措施，容易发生事故，造成作业人员受到伤害。

【纠正方法】2m以上作业必须办理高处作业票。没有办理作业票则属于违章作业，应立即纠正。

(27) 未对高空作业人员进行安全技术交底。

【应用举例】在某塔内高处作业时，由于未进行相应的技术交底和一工人误进入非施工区域，因发生坠落身受重伤。

【纠正方法】高处作业现场施工，要进行安全技术交底和工作区域现场交底。

(28) 高处抛物。

【应用举例】某吊车司机在高处清扫吊车轨道时，发现吊车轨道上有2根槽钢，就随手往17.5m平台扔去，第一根槽钢落在了平台上，第二根槽钢被弹出到地面上，将正在地面上作业的一名工人击中致死。

【纠正方法】严禁高处抛物，发现有抛物的现象应立即制止，以免发生不必要的伤害。

(29) 使用不合格的安全帽、安全带。

【应用举例】一名工人因使用不合格的安全帽、安全带，发生高处坠落后，安全带断裂、安全帽破裂，因医治无效死亡。

【纠正方法】必须使用合格安全帽、安全带，安全帽、安全带要有产品合格证和安全鉴定证、出厂日期以及使用期限。

七、起重作业

1. 起重作业

起重作业是指利用起重机械进行的作业，主要有可移动式(汽车吊、履带吊)和固定式(塔吊、龙门吊)两种。化工企业在进行设备检修时，起重作业频繁，因此，加强起重作业的安全管理是十分重要的。

2. 起重准备工作

起吊大件或复杂的起重作业，应制订包括安全措施在内的起吊施工方案，由专人指挥。普通小件的吊运，也要有周密的安排，一般应做到以下几点：

(1) 根据设备的材质、结构、面积、厚度及内存物料情况进行计算，估重并找出重心，确定捆绑方法和挂钩。

(2) 察看起重物在上升、浮动、落位、拖运、安放的过程中，所通过的空间、场地、道路有无电线电缆、管线、地沟盖板等障碍，并采取相应措施确保起重作业在中途不发生意外。

(3) 根据重物的体积、形状和重量，确定起吊方法，选定起吊工具。起吊大型设备，先要“试吊”，离地20~30cm，停下来检查设备、钢丝绳、滑轮等，经确认安全可靠后再继续起吊，二次起吊上升速度不超过8m/min，平移速度不超过5m/min，“试吊”合格后再正式起吊。

3. 起重作业要求

起重作业必须做到“五好”和“十不吊”：

(1)“五好”　思想集中好；上下联系好；机器检查好；扎紧提放好；统一指挥好。

（2）“十不吊” 指挥信号不明或乱指挥不吊；超负荷或重物重量不明不吊；斜拉重物不吊；光线阴暗看不清吊物不吊；重物上面有人不吊；捆绑不牢、不稳不吊；重物边缘锋利无防护措施不吊；重物埋在地下不吊；重物越过人头不吊；安全装置失灵不吊。

4. 人力搬运的安全管理

（1）个人负重 在人力搬运作业中，个人负重最多不超过 80kg；两人以上协力作业，平均每人负重不得超过 70kg。单人负重 50kg 以上，平均搬运距离最好不超过 70m，应经常休息或替换。

（2）轻拿轻放 在人力搬运作业中，要做到轻拿轻放，拿放时最好有人协助，切忌扔摔。

5. 起重作业常见违章行为及纠正措施

1）脚手架作业

（1）使用不合格材料搭设脚手架。

【应用举例】某单位使用无合格证的扣件搭设脚手架，使用中由于扣件断裂，造成作业人员坠落。

【纠正方法】脚手架搭设，要使用有合格证的材料及扣件，三无产品严禁使用。

（2）不按施工方案、不按规范要求进行脚手架搭设。

【应用举例】某单位在搭设脚手架时，因横杆、立杆间距过大，未设置剪刀撑，缺少连墙件，发生了脚手架整体垮塌。

【纠正方法】严格按照施工方案和规范要求进行脚手架搭设，不能违章作业。

（3）在脚手架上堆放重物。

【应用举例】某工地因脚手架上堆放的重物超过脚手架的允许荷载，脚手板断裂后，造成下方作业的工人受伤。

【纠正方法】脚手架上堆放的必要物料，不得超过允许荷载。

（4）非架子工拆搭脚手架。

【应用举例】某工地因架子工紧张，安排普工进行脚手架拆除，因为缺乏工作经验，作业中发生高处坠落。

【纠正方法】架子工必须持有有效的特种操作证作业，无证不能上岗操作。

（5）没编制脚手架搭设方案，没经审批单位审批，从事脚手架搭设作业施工。

【应用举例】某单位在没编制脚手架搭设方案的情况下，在一罐区施工，由架子工随意搭设了一道高 15m 的 U 形防火墙，因未设置缆风绳，脚手架发生了坍塌。

【纠正方法】重荷载脚手架、施工明显偏于一侧的脚手架及高度超过 24m 的脚手架，在搭设前由施工作业单位编制施工方案，公司相关部门会审，经项目经理或总工程师负责审批后，方可进行作业。

（6）在带电高压电线下方，搭设脚手架施工。

【应用举例】某单位在带电高压电线下方，搭设脚手架施工。在搭设过程中，在竖立一根 6m 的立杆时，高压线放电，发生触电事故。

【纠正方法】施工必须保持相对的安全距离，在高压线下施工应指派专人监护。

（7）在可能坍塌、沉降基地上搭设脚手架。

【应用举例】某单位搭设脚手架时，因附近井点降水，造成基地下沉，引起了脚手架坍塌。

【纠正方法】对脚手架的基地要进行夯实处理。

(8) 脚手架底部无垫板，扫地杆搭设不符合要求。

【应用举例】脚手架底部无垫板或不搭设扫地杆，容易引起脚手架下沉或坍塌。

【纠正方法】脚手架底部应全部设置扫地杆，离地面高度200cm，垫板应采用钢板等硬性材料。

(9) 脚手架搭设过程中，未经验收使违章使用。

【应用举例】脚手架未搭设完毕，安装工人便攀爬观看施工任务，因脚手架失稳，发生坠落。

【纠正方法】脚手架没搭设完毕不能使用，搭设完毕后，经检验合格挂牌，方可使用。

(10) 脚手架立杆、大横杆、小横杆间距超过规定要求。

【应用举例】脚手架立杆、大横杆、小横杆间距超过规定要求，给施工人员作业带来不便，同时也容易造成脚手架变形或失稳。

【纠正方法】严格按照架子工规定标准搭设架子，按照施工方案要求设置立杆、大横杆、小横杆之间的间距。

(11) 混用连接材料(扣件、铁丝等)。

【应用举例】某工地因扣件数量不足，采用铁丝绑扎脚手架，因常堆放物料使铁丝断裂，造成脚手架局部坍塌。

【纠正方法】脚手架必须采用合格扣件连接，按规定搭设。

(12) 未按规定设置剪刀撑或剪刀撑设置不规范。

【应用举例】脚手架不设置剪刀撑或剪刀撑设置不规范，容易因外力发生变形而造成坍塌等危险。

【纠正方法】在外侧立面两端，由底至顶连续设置剪刀撑，两个剪刀撑之间的距离不得大于15m，与地面的倾角在45°~60°之间。

(13) 脚手架的外侧未按规定设置安全网。

【应用举例】脚手架的外侧不设置安全网，容易发生物料或人员坠落。

【纠正方法】脚手架的外侧，必须设置全封闭的密目式安全网。

(14) 脚手架上未设上下通道，或通道设置不符合要求。

【应用举例】脚手架上，不设置上下通道，作业人员在上下中很容易发生坠落事故。

【纠正方法】大型脚手架，必须设置之字形通道。

(15) 脚手架操作面上未满铺脚手板。

【应用举例】脚手架操作面上不满铺脚手板，容易发生物料或人员坠落。

【纠正方法】操作面必须用50mm厚的木板或竹跳板铺满，并绑扎牢固。

(16) 联合作业施工中随意切割或拆卸脚手架。

【应用举例】联合作业施工现场因脚手架碍事，焊工对几根脚手架进行了切割，另一单位的工人在附近作业，因不知脚手架发生变化，施工中造成高处坠落。

【纠正方法】联合作业施工中未经搭设单位同意，不得随意改动脚手架结构、拆卸脚手架，严禁对正在使用中的脚手架进行切割改动。

(17) 不按顺序上下同时拆脚手架、整体推倒拆卸脚手架、抛掷拆除脚手架物件等。

【应用举例】某单位在拆除脚手架时，为节省时间，将拆除的脚手架材料从高处抛落，一根架杆抛出后，将地面的一台泵砸坏。

【纠正方法】拆除作业前，应由工程技术负责人进行技术交底，拆除必须由上而下逐层进行，各种拆除件严禁抛掷地面。

(18) 拆除脚手架未设置警戒区。

【应用举例】拆除脚手架不设置警戒区，不安排监护人，容易对地面的设备或人员造成伤害。

【纠正方法】按照拆除范围设置警戒区域，严禁人员进入，并设专人监护作业。

(19) 未制定施工方案及落实防护措施就从事拆除作业。

【应用举例】某单位未制定脚手架拆除方案，盲目拆除，造成脚手架倒塌。

【纠正方法】拆除作业的人员必须是具有合格证的架子工，必须落实安全措施后才能开始作业。

2)起重吊装

(1) 用管线吊重物。

【应用举例】需要悬吊重物时，有的作业人员图省事而用管线进行悬吊。

【纠正方法】禁止利用任何管道悬吊重物，应加强现场监督，发现利用管道悬吊重物的行为时应坚决制止。

(2) 在卷扬设备运行时跨越钢丝绳。

【应用举例】有的职工贪图方便，在卷扬机等设备运行时，跨越走行的钢丝绳，经劝阻后却不以为然地说："跨越钢丝绳身体灵便，保持距离就不会出事。"

【纠正方法】在卷扬机等运行设备的钢丝绳上跨越是十分危险的，稍有不慎即可能被钢丝绳绞伤。因此，在卷扬机等设备运行时，禁止任何人跨越钢丝绳。对违章跨越钢丝绳的，应给予相应的处罚。

(3) 卷扬机或提升机吊架上载人。

【应用举例】某工人乘坐提升机去楼顶作业，因提升机与其他物品碰撞，造成该工人坠落后死亡。

【纠正方法】操作者做好现场监督与管理，严禁卷扬机和提升机吊架载人。

(4) 在吊物下停留或通行。

【应用举例】起重机悬吊着的重物下方，存在着重物下落和撞击的危险，禁止人员停留或通行。但有的工人心存侥幸心理，认为吊着的重物不会下落，有人图省事，走近路，在吊着的重物下方停留或通行。

【纠正方法】在吊物下对企图停留或通行的，应坚决制止。

(5) 在有可能突然下落的设备下面工作。

【应用举例】有的职工作业时，不注意检查工作现场是否存有危险因素，不落实保护措施。例如在有可能突然下落的抓斗或吊斗下面进行检修工作时，如果抓斗或吊斗突然下落，人员就会被砸伤，后果不堪设想。

【纠正方法】在有可能突然下落的设备下面工作，存在很大的危险性，应离开危险区域，在安全环境里工作。如必须在有可能突然下落的设备下面检修时，应预先做好防范措施。

（6）站在吊物上指挥起吊。

【应用举例】有的指挥人员起吊重物时，竟站在吊物上指挥上升或下降，这样做很危险，如果立足不稳就会从吊物上坠落而受到伤害。

【纠正方法】严禁工作人员站在吊物上指挥上升或下降。对站在吊物上的人员应立即劝止，并给予批评教育和处罚。

（7）非起重人员从事起重作业。

【应用举例】在施工现场，有的负责人让非起重工捆绑绳索，因捆绑不牢或方法有误而导致事故。

【纠正方法】严禁非起重人员从事起重作业，非起重工对违章指挥行为应拒绝。司机对非起重人员从事起重作业应拒绝执行。

（8）在吊物摆动范围内剪断障碍物。

【应用举例】某现场起吊钢管时，吊物下面被装车使用的钢筋挂住，吊车起吊后发生颤动，一名工人钻入车厢板与起吊的钢管间隙中，用断线钳剪断这根钢筋，失稳的钢管立即向他摆去，使其严重撞伤。

【纠正方法】严禁在摆角范围内剪断障碍物，对违章操作者，应及时进行纠正，必要时应把起重物落下剪断障碍物。

（9）地脚螺丝未拧紧即上塔解脱吊钩。

【应用举例】某公司在组塔时，当29m高的铁塔用吊车吊起就位后，八个地脚螺丝只有一个螺丝套上螺帽，尚未拧紧，起重工便上铁塔解脱吊钩，吊钩刚解脱，铁塔随即倒下。

【纠正方法】应将地脚螺丝全部拧紧，使铁塔处于稳固状态后方能上塔解脱吊钩。应时刻牢记安全操作规程。

（10）指挥斜拉吊物。

【应用举例】某公司工地副主任指挥吊运锅炉护板。吊车离护板距离较近，本应移动吊车再起吊，他却指挥吊杆成45°角，让吊车回钩，斜拉护板，造成吊车倾覆，一节吊杆弯曲。

【纠正方法】领导更应带头执行安全规程，严禁斜拉吊物。对指挥斜拉吊物的，工人有权纠正或拒绝作业。

（11）非指挥人员进行指挥。

【应用举例】某起重班在卸平板车上的箱体时，吊钩碰到上层箱体的边缘，需将起重物重新捆绑。这时，一名非指挥人员来到吊车前，见无人指挥吊车，便跳上平板车，指挥司机继续绷绳。结果发生溜绳，箱体被甩下来，他也随箱体摔到地面。

【纠正方法】非指挥人员严禁指挥，对非指挥人员进行指挥的，应立即制止。

（12）非起重工绑系绳扣。

【应用举例】一次起吊刚性梁，指挥者让非起重工绑系绳扣，由于绳扣不规范，起吊中，防止刚性梁滑落的木方碰到滑轮折断，动滑轮下降600mm，将另一滑轮绑绳拉断，使动滑轮及走绳急剧下落，险些造成机毁人亡事故。

【纠正方法】在起吊作业中，严禁非起重工绑系绳扣，对非起重工绑系绳扣的，应及时制止。

(13）特殊作业区域没有设置警示标志、标线或围栏。

【应用举例】某乙烯建设工地，在吊装大型设备时，未将吊装半径设置警示标志、标线或围栏，非工作人员进入作业区，造成碰伤事故。

【纠正方法】在有效工作半径内，作业前要设置警戒线或围栏，以防外人进入。

(14）无吊装施工方案就进行大型吊装作业。

【应用举例】无吊装施工方案就进行大型吊装作业，会因为细节考虑不周、过程控制不细而引发起重伤害事故。

【纠正方法】一次起吊重量大于或等于50t、高度大于60m、设备结构特殊的吊装，必须编制吊装施工方案。

(15）作业人员无证上岗。

【应用举例】某工地租用吊车进行吊装作业，因起重工无证上岗，缺乏工作经验与专业知识，造成吊车倾覆。

【纠正方法】作业人员必须取得特种作业操作证，并在证书有效期内作业。

(16）吊车安装人员未取得特种作业证。

【应用举例】某单位吊车安装人员在工地安装吊车，安监部门在抽查中发现其无特种作业证，对单位进行了经济处罚。

【纠正方法】安装人员必须取得吊车安装特种设备操作证。

(17）未签发吊装命令卡就进行大型吊装作业。

【应用举例】无吊装命令卡就进行大型吊装作业，会因管理缺陷造成事故。

【纠正方法】大型吊装必须填写《起重机起重吊装安全检查表》，并签发吊装命令卡。

(18）未进行施工方案和安全技术交底就安排人员进行作业。

【应用举例】未进行施工方案和安全技术交底就安排人员进行作业，会因为配合不当、操作失误等原因引发事故。

【纠正方法】起重作业前，应进行施工方案和安全技术交底，使作业人员了解相应的工况、起重设备性能、指挥信号和安全要求。

(19）在起吊过程中，对被吊物件进行施焊。

【应用举例】在起吊过程中对被吊物件进行施焊，会影响设备或周围人员安全。

【纠正方法】严禁在起吊过程中对被吊物件进行施焊。

(20）使用有缺陷的吊具、索具。

【应用举例】使用有缺陷的吊具、索具，容易发生脱落、断裂等事故，造成人员伤害或财产损失。

【纠正方法】吊具、索具必须有合格证，并按期检验，使用前要进行外观检查，确认合格后方可使用。

(21）吊起的重物在空中长时间停留。

【应用举例】吊装的重物在空中长时间停留，会减少设备使用寿命，也会引发安全事故。

【纠正方法】杜绝吊起的重物在空中长时间停留，吊物停留时，操作人员和指挥人员均不得离开工作岗位。

(22）用起重机的主、副钩抬吊同一重物时，其总载荷超过当时主钩的允许载荷。

【应用举例】总载荷超过当时主钩的允许载荷时，容易发生吊车倾覆，引发起重伤害事故。

【纠正方法】严格按照规定负荷进行吊装作业，当总载荷超过主钩的允许载荷时严禁作业。

(23) 起重机发生故障或有不正常现象时，在运转中进行调整或检修。

【应用举例】在运转中调整或检修起重机故障，容易发生绞伤、卷伤，造成机械伤害。

【纠正方法】停止运转，由专业维修人员进行处理。

(24) 起吊不明重量、埋在地下或冻结在地面上的物件。

【应用举例】起吊不明重量、埋在地下或冻结在地面上的物件，容易引起吊车倾覆。

【纠正方法】严禁吊装作业。

(25) 在大雪、大雾、雷雨等恶劣气候或夜间照明不足的情况下进行吊装作业。

【应用举例】恶劣气候或夜间照明不足，使指挥人员看不清工作地点、操作人员看不清指挥信号，容易引发事故。

【纠正方法】在大雪、大雾、雷雨等恶劣气候或夜间照明不足时，严禁吊装作业。

(26) 不进行检查，直接开机启动吊车。

【应用举例】不进行检查直接开机启动吊车，不利于设备保养，容易造成设备损坏。

【纠正方法】操作人员必须按照机械的保养规定，在执行各项检查和保养后方可启动。

(27) 操作人员接班时，不进行检查便起吊设备。

【应用举例】操作人员接班时，不对起吊设备进行检查，往往因为一些小的隐患而造成设备损坏。

【纠正方法】对制动器、吊钩、钢丝绳及安全装置进行检查，发现异常时应在操作前排除，并认真进行交接班。

(28) 工作前不检查起重机的工作范围。

【应用举例】某工地进行吊装作业，吊车在旋转中将附近的一台小型挖掘机挂倒，造成一名作业人员受伤。

【纠正方法】工作前检查起重机的工作范围，清除妨碍起重机回转及运行的障碍物。

(29) 起吊重物时，吊臂及吊物上有人或浮置物。

【应用举例】某工地在起吊物件时，物件上突然掉下一根钢管，将作业人员砸伤。

【纠正方法】起吊重物时，吊臂及吊物上严禁有人或有浮置物存在，应事先清除。

(30) 操作人员盲目操作。

【应用举例】一名吊车司机在无人指挥的情况下进行倒车作业，结果吊车尾部将附近的路灯撞倒。

【纠正方法】操作人员应按指挥人员的指挥信号操作。

(31) 钢丝绳打结或扭曲。

【应用举例】钢丝绳打结或扭曲，容易发生物件坠落或钢丝绳断裂事故。

【纠正方法】严禁使用打结或扭曲的钢丝绳。

(32) 钢丝绳与物体的棱角接触。

【应用举例】钢丝绳与物体的棱角接触，既会造成钢丝绳破损，又会造成物体损坏。

【纠正方法】在棱角处垫以木板或其他柔软物。

(33）钢丝绳用编结法连接时，编结长度过短。

【应用举例】编结的钢丝绳长度过短容易造成开股，降级钢丝绳的安全性能。

【纠正方法】编结长度应大于钢丝绳直径的15倍，且不得小于300mm。

(34）使用无标识或无合格证的钢丝绳。

【应用举例】某工地使用一批无标识、无合格证的钢丝绳进行吊装作业，钢丝绳断裂，造成作业人员伤亡。

【纠正方法】钢丝绳应有制造厂的合格证等技术证明文件方可投入使用。

(35）起重作业未办理占道手续。

【应用举例】未办理占道手续，在发生火灾后会影响火灾救援，加大各类损失。

【纠正方法】起重作业需占用生产厂区消防通道时，应由作业单位提前向安全部门、消防部门申请备案，得到批准后方准作业。

(36）使用无防止脱钩保险装置的吊钩。

【应用举例】使用无防止脱钩保险装置的吊钩，容易发生脱钩或重物坠落。

【纠正方法】严禁使用无防止脱钩保险装置的吊钩。

(37）索具固定不牢。

【应用举例】某单位在吊运钢板时，因索具固定不牢，脱落后造成地面作业人员被砸伤。

【纠正方法】索具绑扎应牢固、结实。

(38）吊点选择错误。

【应用举例】吊点选择错误，容易造成吊车失稳，发生碰撞或吊车倾覆事故。

【纠正方法】按规范要求选择吊点，经试吊后方可作业。

(39）作业人员攀爬、安装吊车臂时未系安全带。

【应用举例】某施工现场，作业人员在安装500t吊车臂杆铆钉时，由于用力过猛，从高处坠落。

【纠正方法】必须搭设作业平台或佩戴安全带，方能安装作业。

(40）吊运时吊物不平稳。

【应用举例】吊运时吊物不平稳，会影响吊车机械性能，发生安全事故。

【纠正方法】保证试吊物平稳，经试吊后方可作业。

(41）地基不坚实、不平整、无排水措施。

【应用举例】某工地因地基不平整，下雨后排水不畅，发生了吊车倾覆事故。

【纠正方法】地基应按照要求进行处理，确保坚实平整，有足够的承载力，排水畅通，无积水。

(42）枕木或垫板铺设不符合要求。

【应用举例】枕木或垫板铺设不符合要求，在吊装中容易发生支腿下陷，造成起重伤害事故发生。

【纠正方法】枕木或垫板要按规范要求铺设，保证有足够的强度。

(43）与高压线路距离过近且无防护措施。

【应用举例】某单位在吊装作业中，因对现场安全距离估算不准确，发生放电事故，造成车辆部分损毁。

【纠正方法】保证吊车与高压输电线有足够的安全距离，当起重臂与输电线间距小于安全要求时应进行断电施工。

(44) 吊钩使用表面有裂纹、飞边、锐角等缺陷。

【应用举例】吊钩使用表面有裂纹、飞边、锐角等缺陷，容易发生断裂，造成人员或财产损失。

【纠正方法】吊钩表面有裂纹、飞边、锐角等缺陷，危险断面磨损、开口度、扭转变形超过规定值时，必须作报废处理。

(45) 使用破损超过规定要求的钢丝绳。

【应用举例】某单位在吊装作业中，因使用破损的钢丝绳，造成钢丝绳断裂。

【纠正方法】做好钢丝绳的维护保养和日常检测，严禁使用报废或破损严重的钢丝绳。

(46) 吊装时偏拉斜拽。

【应用举例】吊装时偏拉斜拽会降低吊车的安全性能，引发事故。

【纠正方法】加强起重人员专业培训，严禁偏拉斜拽。

(47) 吊物局部着地引起吊绳偏斜，吊物未固定时松钩。

【应用举例】某工地在吊物未固定时松钩，造成吊装设备倾斜后局部损坏。

【纠正方法】严守操作规程，加强现场检查与监护。

(48) 起吊作业时不在吊件上拴溜绳。

【应用举例】某单位在起吊一台换热器时，因未拴溜绳，造成换热器碰撞、损坏。

【纠正方法】加强现场监督，在吊件上没有拴溜绳的情况下严禁起吊作业。

(49) 起重工作区域内，无关人员停留或通过，在吊臂下方有人员通过或逗留。

【应用举例】一装置巡检的工人穿越某单位吊装作业区域时，有一小块钢板从设备中掉落，刚好击中其腿部。

【纠正方法】划定作业警戒区域，对现场人员加强教育，派专人现场监护，无关人员不得进入吊装现场。

(50) 超极限使用索具。

【应用举例】某工地使用不满足安全性能的索具进行吊装作业时，因索具损坏，发生一起重伤害事故。

【纠正方法】按吊装方案要求选用吊装索具，钢丝绳在使用前应由专人负责检查。吊运散件及超长工件时要将工件捆绑牢固；吊运工件时必须选择正确的吊点；吊装工件带有尖(棱)角时要加垫保护措施；设备上的管轴式吊耳上应涂抹黄油；使用的钢丝绳应有合格证明书。

(51) 使用有裂纹的卡扣进行吊装作业。

【应用举例】某工地使用有裂纹的卡扣进行吊装作业，因卡扣断裂造成吊装的设备损坏。

【纠正方法】选用的卡扣应满足大于受力强度要求；禁止使用铸造或焊接(补焊)的卡扣；卡扣表面不能有裂纹；卡扣严禁横向受力，钢丝绳的受力方向必须与销轴垂直。

(52) 员车操作不当、旋转过快。

【应用举例】某司机在操作中因吊车旋转过快，吊钩在惯性作用下，与安装好的管线碰撞，发生变形。

【纠正方法】熟悉机械性能，按照速度要求进行操作。

（53）配合作业的起重机间距离过小。

【应用举例】配合作业的起重机间距离过小，容易造成碰撞和刮擦。

【纠正方法】配合作业的起重机间距不得小于3m。

（54）配合失误、注意力不集中。

【应用举例】某吊车指挥人员在未得到起重工的信号时，听一名铆工的指挥提升吊钩，设备易位后，造成一名作业人员被砸伤。

【纠正方法】吊车司机操作时，指挥人员旗哨要统一、指令要清晰准确；远距离信号传递配置步话机，必要时设中间信号传递；作业前要了解作业现场环境；司机在信号不清时不能盲目操作，不得听从非指挥人员的指挥。

（55）设备未稳便进行起重。

【应用举例】某吊装工地，因配合不当，设备在未稳的情况下起重工就开始提升吊钩，设备侧移后，将一名作业人员挤伤。

【纠正方法】吊车在吊装作业时，安装人员与吊车司机要严密配合，在设备未稳时严禁起吊，以防人员及设备损伤。

（56）起重机电气柜无门锁、无操作指示和警告标示。

【应用举例】电气柜无门锁、无操作指示和警告标示，容易引发触电或损坏设备。

【纠正方法】门应上锁，门内应有原理图和布线图，操作指示和警告标志应明显醒目。

（57）吊车回转操作不平稳。

【应用举例】吊车回转操作不平稳、机械不平衡，容易引发吊车倾覆或吊装物件脱落。

【纠正方法】吊车回转中操作应平稳，发现异常现象应立即使重物降落在安全的地方，下降中严禁制动。

（58）起重机突出物与构筑物间的距离不够。

【应用举例】某单位在吊装作业中，由于吊车离办公楼太近，作业中拔杆碰到办公楼，造成拔杆变形。

【纠正方法】选用空旷的地点，保持足够的安全距离，当吊车与吊装物夹角小于操作角度时严禁操作吊装。

（59）起重机金属结构件的金属外壳无接地。

【应用举例】起重机金属结构件的金属外壳无接地，容易引发触电或设备损坏。

【纠正方法】必须有可靠的接地线，电阻不大于4Ω，接地装置的选择和安装应符合有关电气安全要求。

（60）违反操作规程、违章指挥。

【应用举例】某单位在夜间安排吊装大型物件，由于作业现场环境不良，司机操作不当，造成吊车倾覆。

【纠正方法】严格遵守设备和岗位操作规程以及“十不吊”规定，在作业条件不允许、吊装工况不允许的情况下，不得指挥进行吊装作业。

（61）脚蹬吊物指挥起吊。

【应用举例】某工人脚蹬吊物指挥起吊，吊物移动后，使其摔倒在地，造成脸部受伤。

【纠正方法】指挥员在发出起吊信号之前，应检查吊物及周围是否危及个人和他人安全，严禁脚蹬吊物指挥起吊。

(62) 吊车在吊桩过程中发生坠落或碰撞。

【应用举例】某吊车在吊桩过程中因旋转过快，桩的尾部砸中了附近的打桩机，造成打桩机损坏。

【纠正方法】吊车在吊桩过程中，应严格执行现场指挥指令，吊运时要稳吊稳放，并加强现场监护。

(63) 使用过细的钢丝绳吊运物料。

【应用举例】某单位使用物料提升机吊运材料时，因违章操作，使用钢丝绳直径太小，发生断裂，造成人员伤亡。

【纠正方法】采用卷扬机或物料提升机吊运时，使用钢丝绳要满足安全性能的要求。

3) 高空吊物

(1) 凭借栏杆或脚手架起吊重物。

【应用举例】某作业点利用架杆起吊轨道梁，由于轨道梁的重量超过架杆的允许荷载，造成脚手架严重变形。

【纠正方法】禁止凭借脚手架起吊重物

(2) 物料绑扎不牢、放置不稳就进行吊运。

【应用举例】某单位在往高空吊运脚手架杆时，因绑扎不牢，脚手架杆从高处坠落，造成脚手架杆弯曲变形，不能正常使用。

【纠正方法】吊运前检查物料绑扎、放置情况，确保安全可靠后方可吊运。

(3) 擅自使用有缺陷的吊栏作业。

【应用举例】某工人在作业中，不经批准，不做检查，擅自使用吊栏，进入吊栏后不挂安全带即起升。当吊栏升入高处时，因一端钢丝绳缺少一个卡扣而脱落，使一端垂落，将吊栏内的工人抛出坠落死亡。

【纠正方法】工作前应认真检查吊栏的安全状况，确保吊栏安全状态良好时，工作人员系好安全带方可起升。

(4) 使用卷扬机、吊车等设备运送作业人员，容易发生碰撞、坠落等事故，造成人体伤害。

【纠正方法】施工作业一般不得使用卷扬机、吊车等设备运送作业人员，特殊情况需经安全部门批准。

八、检修用电

1. 检修用电设施

检修使用的电气设施有两种，一是照明电源，二是检修施工机具电源(卷扬机、空压机、电焊机)，以上电气设施的接线工作须由电工操作，其他工种不得私自乱接。

2. 对电气设施的要求

(1) 线路绝缘良好，没有破皮漏电现象。

(2) 线路敷设整齐不乱，埋地或架高敷设均不能影响施工作业、行人和车辆通过。

(3) 线路不能与热源、火源接近。

(4) 移动或局部式照明灯要有铁网罩保护。

(5) 光线阴暗、设备内以及夜间作业要有足够的照明，临时照明灯具悬吊时，不能使导线承受张力，必须用附属的吊具来悬吊。

(6) 行灯应用导线预先接地。

(7) 检修装置现场禁用闸刀开关板。

(8) 电气设备着火、触电，应首先切断电源。

(9) 不能用水灭电气火灾，宜用干粉机扑救；

(10) 电气设备检修时，应先切断电源，并挂上“有人工作，严禁合闸”的警告牌。

(11) 在生产装置运行过程中，临时抢修用电时，应办理用电审批手续。

(12) 电源开关要采用防爆型，电线绝缘要良好。

(13) 抢修现场使用临时照明灯具宜为防爆型。

3. 检修用电作业常见违章行为及纠正措施

1) 检修用电

(1) 用按下“紧急停车按钮”代替停电的安全措施，进入运行设备(包装机、码垛机、码垛机械手)的动作区域进行调试、维修设备。

【应用举例】某工人在三聚包装线包装机单元处理撒料故障时，在未停电的情况下进入包装机进行调试作业。

【纠正方法】严格执行公司相关安全管理制度和规定，遵守操作和检修规程，设备检修必须切断设备的总电源开关。

(2) 对投运的设备随意退出或解锁。

【应用举例】投运联锁装置是防止误操作事故的重要措施，但有的工人对已经投入运行的联锁装置，随意退出或解锁，这是不允许的，极易引起误操作事故。

【纠正方法】所有投运的联锁装置，不经职能部门同意，不得退出或解锁。如果有随意退出或解锁的，应立即纠正，并对责任人给予严厉处罚。

(3) 带电运行的设备因密封渗漏而用水冲洗密封。

【应用举例】当带电运行的设备因密封渗漏而用水冲洗密封时，有的工作人员不检查设备密封是否严密，一概用水冲洗，遇到密封不良的设备时，往往会发生触电事故。

【纠正方法】当带电运行的设备因密封渗漏而用水冲洗密封时，首先应对设备密封情况进行检查。密封良好的设备，可以用水冲洗，密封不良的设备不得进行水冲洗。

(4) 电气设备着火，使用泡沫灭火器灭火。

【应用举例】有的工作人员在电气设备着火时，不懂灭火器性能，用泡沫灭火器灭火，造成触电事故发生。

【纠正方法】应让职工懂得灭火器的不同性能和用途。扑灭电器设备火灾，只能使用干式或二氧化碳灭火器。

(5) 发电厂、变电室、配电阀不采取封堵小动物的措施。

【应用举例】某发电厂因为未采取封堵小动物的措施，致使黄鼠狼窜入厂用母线室，爬上小车开关，造成短路跳闸。

【纠正方法】严格执行规定，对发电厂、变电室、配电室、母线室等处严密封堵，严防小动物进入短路而造成事故。

(6) 在带电设备周围使用钢卷尺测量。

【应用举例】在带电设备周围进行测量工作时，有的工作人员使用钢卷尺。如果手拿的这些导体类工具与带电设备接触，人员就会触电。

【纠正方法】在带电设备周围进行测量工作，必须使用绝缘体的尺子，发现使用钢卷尺等导体类的量具时应立即纠正，坚决制止。

(7) 雷雨天气不穿绝缘靴，巡视室外高压设备。

【应用举例】雷雨天气巡视室外高压设备时，必须穿绝缘靴，并不得靠近避雷针和避雷器。如果靠近是十分危险的，有可能被雷电击伤。

【纠正方法】在雷雨天巡视室外高压设备时，必须穿绝缘靴，不穿绝缘靴者，不能进行雷雨天，室外高压设备的巡视。

(8) 进出配电室时，不随手将门锁好。

【应用举例】有的工人巡视配电装置时，进出配电室不注意关门和锁门，如果有小动物进入，不仅会妨碍工作，而且极易导致弧光短路事故。

【纠正方法】在巡视时，进出配电室应随手将门锁好，发现不注意锁门的，应立即纠正并予以批评教育。

(9) 电焊设备的电源没有漏电保护，并裸露在外。

【应用举例】电源没有漏电保护，并裸露在外，容易造成使用者或他人触电。

【纠正方法】电源必须安装漏电保护开关，并且保证导线绝缘良好。

(10) 开关柜抽屉内设备存在缺陷，造成柜体接地、短路。

【应用举例】某厂两名电工对成品变电所进行管理权限移交前的检查，发现一备用间隔门未关严，一名电工使用手将此备用抽屉推至"运行"位置，推到位后由于原安装热继电器的支架脱落，造成接地短路，导致该电工手部、面部、颈部电弧灼伤。

【纠正方法】严格执行和遵守电气操作规程，停送电必须办理手续，并及时消除设备本身存在的缺陷。

(11) 裸露的导电部分及转动部分无保护罩。

【应用举例】附件不完好，容易引发触电和绞伤等事故，同时也会造成设备损坏。

【纠正方法】加强检查，严禁使用裸露导线、无保护罩的设备、设施。

(12) 电焊机焊把线(电缆)绝缘破损，无过路保护。

【应用举例】有些作业人员不以为然地使用破损的手把线(电缆)，或过马路时随意布设手把线。

【纠正方法】做好绝缘防护，在过马路处挖槽、加槽钢将其保护。

(13) 使用未安装漏电保护器的配电柜。

【应用举例】某职工在使用手持式电工工具时，工具发生故障，因配电柜未安装漏电保护器而发生触电事故。

【纠正方法】所有使用的配电柜必须安装漏电保护器。

2) 电气作业

(1) 带负荷拉刀闸。

【应用举例】停电倒闸操作必须按规定的程序进行，但有的工人跳项操作，带负荷拉刀闸。这样做险象环生，不仅妨碍设备的正常运行，而且往往导致恶性电气误操作事故。

【纠正方法】教育职工增强责任心，对违反规定带负荷拉刀闸者，不论后果严重与否，均应从严处罚。

（2）倒闸操作和停送电过程中，违反操作规程，造成设备故障和人员伤害。

【应用举例】某电工在变电所处理电气设备缺陷时，违反电气规程操作，造成控制柜短路、短路弧光灼伤作业人员。

【纠正方法】严格执行和遵守电气安全操作规程，工作中坚持两人工作制，提高自我安全保护意识。

（3）约时停用或恢复重合闸。

【应用举例】有的工人在电器设备作业时，与值班员约时停用或恢复重合闸，这样是十分危险的，如果到了时间恢复送电，作业未完仍在进行，就会发生触电事故。

【纠正方法】严禁约时停用或恢复重合闸。检修作业结束后，检查现场无人后，方能恢复重合闸。对约时停用或恢复重合闸的，应立即纠正，并给予责任者相应的处罚。

（4）在带电作业过程中设备突然停电时，视为设备无电。

【应用举例】在带电作业过程中设备突然停电时，有的工人便认为此时的设备已经无电，因而放弃防止触电的保护措施。这样做是十分危险的，如果突然恢复送电，或者设备因短路而部分停电，与设备接触就会发生触电事故。

【纠正方法】在带电作业过程中，如果设备突然停电，必须视同设备带电，仍要按照带电作业的要求进行工作。对视为设备不带电的麻痹大意思想，应教育帮助加以纠正。

（5）在室外地面高压设备上工作时，四周不设围栏。

【应用举例】有的工人在室外地面高压设备上工作时，认为“工作时间不长，并且有人在场，不会有问题”，因而四周不设围栏。一旦有人误入禁区，接触高压设备便会触电。

【纠正方法】工作时，四周应立即用围网做好围栏，并悬挂相当数量的“止步！高压危险！”的标识。对不设围栏的，应给予批评教育或处罚。

（6）带电断开或接续空载线路时不戴护目镜。

【应用举例】在进行带电断开或接续空载线路作业时，有的工作人员不带护目镜，往往被电弧灼伤眼睛。

【纠正方法】在进行带电断开或接空载线路时要戴护目镜。不戴护目镜时，不能从事这类作业。在作业中，不仅要戴护目镜，还应采取消弧措施。

（7）等电位作业传递工具和材料时，不使用绝缘工具或绝缘绳索。

【应用举例】在等电位作业时，有的作业人员与地面作业人员互相传递工具和材料时，有时不使用绝缘工具或绝缘绳索，结果造成触电。

【纠正方法】一切工具和材料的传递，必须使用绝缘工具或绝缘绳索。对不使用绝缘工具或绝缘绳索的，应立即纠正。

（8）敷设电缆时，用手搬动滑轮。

【应用举例】在敷设电缆时，有的工人见电缆放得慢，便用手搬动滑轮以便尽快敷设，结果手被滑轮挤伤。

【纠正方法】在电缆敷放期间，严禁用手搬动滑轮。对用手搬动滑轮的工作人员，应及时进行劝止。

（9）非电工接电源。

【应用举例】有的工人不是电工，却去接移动式电源箱的电源，因为不懂电的基本知识，误将黑色接地线接在A相火线上，使电源箱外壳带电。当其用手去扶电源箱时，当即触电倒下。

【纠正方法】严禁非电工接电源。发现非电工接电源时，应立即制止，并给予批评教育和处罚。

(10) 不带工作票盲目作业。

【应用举例】某单位在清扫10kV配电变压器时，工作负责人不带已签发的工作票进入现场，不验电就在高压母线上挂了一组短路接地线，用手拿抹布，从高压侧登上去，双手摸着变压器高压侧A、B相套管，致使前胸起火，从1.9m高的变压器台上摔下。

【纠正方法】工作票是电气作业的行动指南，也是保障安全的重要措施。在作业开始前，工作负责人应宣读工作票及安全措施，并按工作票的要求进行作业。对不带工作票即展开工作的，工人有权拒绝作业。

(11) 检修时不进行风险评估，现场情况不清楚。

【应用举例】某车间甲、乙、丙三名电工去污水处理场7#池给4#电机接线，工作约四五分钟后，甲感到身体不适，当站起准备离开现场时，昏倒在池台上，配合工作的乙和丙立即将甲抬下池台，此时乙也觉得难受，并有呕吐，随即昏迷，丙虽清醒，但也感觉头晕难受，送医院抢救脱险。

【纠正方法】从事任何一项作业之前，都要对作业过程中可能发生的危害进行详细辨识，制订出相应的防范措施，要及时与装置联系沟通，了解现场情况，创造良好的检修环境。要了解污水处理场所、下水道、下水井、地坑内等低洼区域，很可能留存有有毒有害气体，作业中必须格外小心。

(12) 登高作业更换照明时不系安全带，带电作业。

【应用举例】某工人在成品散库更换照明时，嫌上下停电不方便，为图省事，在未挂好安全带及未停电的情况下，进行带电登高作业。

【纠正方法】严格执行更换照明登高作业时必须办理工作票的规定，要系好安全带、设专人监护，做好安全防范措施。

(13) 梯子无防滑措施，无人扶梯。

【应用举例】某厂二名电工在化肥厂781冰机厂房更换灯泡时，二人同时作业，无人扶梯，其中一人在下梯子过程中，人梯同时滑落，造成该电工下颚部划破、左腿划破。

【纠正方法】严格执行和遵守电气操作和检修规程，坚持一人工作，一人监护，并及时消除工器具存在的安全缺陷。

(14) 登高作业时虽已佩戴安全带，但挂钩没有挂，造成高处坠落事故。

【应用举例】某班组一名工人在电缆桥架上放电缆作业时，虽已佩戴安全带，但在挂钩没有挂的情况下就进行作业，造成高处坠落事故。

【纠正方法】严格执行和遵守公司高处作业安全管理规定，办理登高作业证。工作中按要求系挂安全带，高挂低用且有专人监护。

(15) 移开或越过遮栏工作。

【应用举例】有的工人在值班时，认为“高压设备已停电”便移开遮栏或越过遮栏工作。这是绝不容许的，如果设备突然来电，就会发生触电事故。

【纠正方法】不论高压设备带电与否，值班人员都不得移开或跨越遮拦工作。需要移开遮拦工作时，必须与带电设备保持足够的安全距离，并有人在场监护。

（16）擅自将非安全电压照明带进容器。

【应用举例】某工厂容器内作业时，一名工人把在廊道上电压为220V的照明灯拽进容器，挂在人孔上。当班作业结束，一名工人从人孔往外爬时，不小心身体把水银灯泡挤碎，右大腿前侧触在灯丝上触电。

【纠正方法】110V以上照明灯必须悬挂高度在2.5m以上，禁止将超过安全电压的普通照明作安全行灯使用。容器内作业必须使用安全电压12V以下照明灯，对违反上述规定的应立即纠正，并严肃处理。

3）设备接地

（1）随意拆除电气设备接地装置。

【应用举例】在使用电气设备中，有的职工随意拆除接地装置，或者对接地装置随意处理，认为“电气设备绝缘没有损坏，不使用接地装置也不会触电。”

【纠正方法】接地装置不能随意拆除，也不能对接地装置随意处理。对违反者应及时进行批评教育直至处罚。

（2）用缠绕的方法装设接地线。

【应用举例】在装设接地线时，有的工人用缠绕的方法，把接地线缠绕在导体上。这样做严重违反安全规程，缠绕不当容易使接地线失去作用而导致触电事故。

【纠正方法】用专门的线夹把接地线固定在导体上。发现有缠绕接地线的现象，应立即纠正，并给予责任人批评教育或处罚。

（3）电气设备不接地保护而漏电。

【应用举例】某厂一名工人下到泵坑检查压力表。坑底有12cm深的积水，正在用潜水泵抽水，因未接接地线，潜水泵漏电，导致该工人触电摔倒在地面。

【纠正方法】电气设备不接接地线存在危险，电气设备必须接地，没有接地的设备不能使用。

（4）使用的焊机未采取保护接地等措施。

【应用举例】有些作业人员为图方便，使用焊机不采取保护接地等措施，容易引发触电等事故。

【纠正方法】使用的焊机应进行保护接地，并经接地电阻检测合格后方可操作使用。

（5）用电缆管、电缆外皮、吊车轨道等做电焊地线，焊接线与回零线借用金属管道脚手架轨道作回路。

【应用举例】随意接用电焊地线，既会造成作业者受到伤害，又会造成相关作业人员受到伤害。

【纠正方法】必须用专用接地线与焊接体构成回路，如有违章应立即制止。

（6）焊钳绝缘软线过短，施焊时软线搭在身上，地线踩在脚下。

【应用举例】施焊时软线搭在身上，地线踩在脚下，容易引发触电事故。

【纠正方法】在施焊过程中，严禁将软线搭在身上，把地线踩在脚下，对违反者要立即进行纠正。

九、运输作业

1. 机动车发生事故的原因

化工企业生产、生活物资运输任务繁重，运输机具与检修现场工作关系密切，检修中机运事故也时有发生，事故发生的原因主要包括：

(1) 机车违章进入检修现场，发动车辆时排烟管火星引燃装置泄漏物料，发生火灾事故。

(2) 电瓶车运送检修材料，装载不合乎规范，司机视线不良，把行人轧死。

(3) 检修时车身落架，检修人员被压死等。

2. 防范措施

(1) 为做好运输与检修安全工作，必须加强辅助部门人员的安全技术教育工作，以提高职工安全意识。

(2) 机动车辆进入化工装置前，给排烟管装上火星扑灭器。

(3) 装置出现跑料时，生产车间对装置周围马路实行封闭，熄灭一切火源。

(4) 执行监护任务的消防、救护车应选择上风处停放。

(5) 在正常情况下厂区行驶车速不得大于15km/h，铁路机车过交叉口要鸣笛减速。

(6) 罐车状况要符合设计标准，定期检验。

3. 运输作业常见违章行为及纠正措施

(1) 酒后驾车。

【危害分析】人饮酒后神经被酒精麻痹，意识不清，在驾车过程中对各种情况判断不准，出交通事故的机率上升。特别值得注意的是有些人在饮酒后心理状态发生改变，争强好胜、冒险心理、侥幸心理同时存在，而且不容易接受他人的劝告，往往在发生事故给他人和自己造成伤害后才后悔莫及。

【纠正方法】认真执行《中华人民共和国道路交通安全法》第二十二条的规定：饮酒、服用国家管制的精神药品或者麻醉药品、患有妨碍安全驾驶机动车的疾病或者过度疲劳影响安全驾驶的，不得驾驶机动车。

(2) 机动车辆进入生产装置区和罐区作业未办理“进车证”，车辆不按规定路线行驶，进入易燃易爆区未安装阻火器；非防爆电瓶车、机动三轮车、拖拉机、翻斗车等进入正在生产的装置区和罐区；不戴防火罩的车辆进入装置区。

【危害分析】炼化企业各装置使用物料或产品大部分具有易燃易爆的特性，在生产异常时由于物料的跑、冒、滴、漏，易燃、易爆物质挥发后在空气中随风飘散并有可能在某处聚集，当没有戴防火罩的车辆经过泄漏区时，车辆排气管内排出的火花会引燃泄漏物料，造成火灾事故；如果泄漏区可燃气体浓度达到爆炸极限，还会引发爆炸事故，造成严重的人员伤亡和重大财产损失。比如某石化公司操作工在油罐脱水过程中脱岗造成大量轻质油品跑损，轻质油品挥发后形成爆炸性混合气体，此时恰巧有一辆没有戴防火罩的拖拉机经过此处，引发油罐大火，其损失相当惨重。

【纠正方法】车辆进入装置区必须戴防火罩，没有防火罩的车辆严禁入厂。

(3) 机动车辆进出库房不鸣笛。

【危害分析】由于库房大门的通行宽度有限，而且库房内外明暗视觉偏差较大，在车辆进出时司机有可能不能及时发现行人或行人不能及时发现车辆而造成车辆伤害事故。另外，车辆发现行人突然出现在眼前时，有可能为了避让行人而撞向库房，使车辆和库房受损，严重时造成库房坍塌事故，损坏库房和车辆。

【纠正方法】车辆在进出库房前必须鸣笛，左右观察确认安全后方能通行。行人在听到鸣笛后应及时避让，以免发生意外。

（4）车库内发动车辆不开大门通风。

【危害分析】车辆发动后，由于燃料燃烧不完全，排放的尾气中含有大量一氧化碳。一氧化碳进入人体内形成碳氧血红蛋白，使血液的携氧功能下降，导致机体组织缺氧。实验证明，当一氧化碳浓度达 3400 ~ 5700mg/m^{3}时，人员接触 20 ~ 30min 就可引起脉弱、呼吸变慢、呼吸停止而死亡；当一氧化碳浓度达 14080mg/m^{3}时，人员接触 1 ~ 3min 就可引起意识丧失而死亡，所以一氧化碳是一种危险性极大的有毒气体。由于一氧化碳是无色无味的气体，人们可以在不知不觉中就大量吸入，发生中毒事故。车库属于受限空间，一氧化碳可迅速聚积并被司乘人员吸入，发生意外。

【纠正方法】在车库内发动车辆时应开门通风。

（5）车辆转向时不开转向灯。

【危害分析】车辆转向灯的作用是在转弯前对行人、后方或对面车辆发出一个本车运行方向的信号，给对方一个准备的时间，以便作出正确的处理。如果转向时不开转向灯，对方很容易由于判断失误而造成交通事故；如果行人对要转向的车辆判断失误，来不及避让有可能造成车辆伤害事故。

【纠正方法】车辆转向要打开转向灯。

（6）机动车辆移动时装卸人员不下车。

【危害分析】机动车辆装卸料过程中有时需要移动位置，而装卸人员图省事怕麻烦，在车辆移动时仍然留在车箱或货物上，在惯性力的作用下尚未固定的货物会晃动或倒塌，装卸人员易从货物上坠落而发生人员伤亡事故。

【纠正方法】机动车辆移动时装卸人员必须下车，待车辆停稳后再重新上车工作。

（7）机动车辆未经许可进入装置区或罐区。

【危害分析】炼化企业各装置使用的物料或产品大部分具有易燃、易爆的特性，在生产异常时由于物料的跑、冒、滴、漏，易燃、易爆物质挥发后在空气中随风飘散并有可能在某处聚集形成一个爆炸危险区域。机动车辆擅自进入后，车辆产生的电火花可引燃泄漏物料造成火灾爆炸事故并造成严重的人员伤亡和重大财产损失。

【纠正方法】机动车辆进入生产装置区和罐区作业，必须由车辆所在单位提出申请，落实车辆防火措施，并由区域管辖单位制定行车路线，检查防火措施，填写“进车票”，厂安全部门审查批准后方可进入。非防爆电瓶车、机动三轮车、拖拉机、翻斗车等不准进入正在生产的工艺装置和罐区。

（8）铁路线路侵入限界堆放物品，或未办理手续进行施工作业。

【危害分析】导致铁路行车事故、人员伤亡事故。

【纠正方法】线路两旁堆放物品距离钢轨头外侧不得小于 2m；站台堆放货物距站台边缘不得小于 1m；距铁路中心线 5m 内进行有碍铁路行车安全及路基或横跨铁路进行地下、地上施工，必须到上级主管部门办理相应施工手续。

（9）在线路上施工作业时，安全防护措施落实不到位。

【危害分析】导致铁路行车事故。

【纠正方法】在线路上施工必须办理施工手续，制定安全措施，派专人手持红色信号旗或口笛监护，距进车方向 50m 处线路中心设置移动信号牌（灯）防护。在分道岔上施工，须钉固道岔。

(10) 调车作业人员作业时未按规定着装。

【危害分析】导致人员伤亡事故。

【纠正方法】调车作业人员调车作业时须穿着规定的铁路制服、制帽并佩戴规定的臂章。

(11) 机车作业时超速行驶。

【危害分析】导致列车冲突事故。

【纠正方法】机车作业牵引速度不得超过25km/h，推进速度不得超过20km/h，轨道横过速度控制在8～12km/h。

(12) 检查车辆或扫车时，未设置安全警示标志。

【危害分析】导致铁路行车事故、人员伤亡事故。

【纠正方法】检查车辆或扫车时，白天需设置红色信号旗，夜间需设置红色信号灯。

(13) 机车推进作业前不进行试拉。

【危害分析】导致车辆溜逸。

【纠正方法】列车在摘挂作业后或推送车辆起动前必须试拉。

(14) 机车过道口时不鸣笛、不减速。

【危害分析】导致道口事故。

【纠正方法】机车经过道口必须鸣笛减速。

(15) 调车作业人员钻车、扒车，在车底下或车钩上传递料具，在无照明地方或散堆的货物处上下车，在机车行进过程中，坐在车钩、提钩杆端、侧板上或站在轴箱上。

【危害分析】导致人员伤亡事故。

【纠正方法】调车作业人员在调车作业过程中必须遵守《人员人身安全作业标准》。

(16) 调车作业溜放车辆。

【危害分析】导致车辆冲突事故。

【纠正方法】调车作业时禁止提钩或溜放车辆。

(17) 机动车辆客货混装。

【危害分析】导致人员伤亡事故。

【纠正方法】严禁机动车辆客货混装，机动车载人(物)不准超过行驶证核发的乘载人数(重量)。货运汽车车厢内载人，须按公安交通部门有关规定执行。

(18) 无资质运输危险化学品。

【危害分析】导致火灾爆炸、危险品泄漏、人员伤亡事故。

【纠正方法】运输装卸危险化学品，必须依照国家和地方政府有关法规标准的规定要求，并按照危险化学品的危险特性，采取必要的安全防护措施。危险化学品运输的驾驶员、押运员、管理人员应熟练掌握危险货物运输装卸人员的安全知识，经省级道路安全管理机构考核合格后，凭《从业资格证》上岗作业。驾驶人员应有三年以上驾驶经验，并持有效危险品运输许可证；驾驶员、押运员要持有效押运证；车辆应经有关部门检验，取得有效准运证方可运输。

(19) 运输危险化学品无安全防护措施。

【危害分析】导致火灾爆炸、危险品泄漏、人员伤亡事故。

【纠正方法】危险化学品运输车辆，应根据危险货物的性质配备相应的防护、消防、气防器材。运输危险货物的车辆均应根据有关规定悬挂国家统一标准的标志灯、牌。危险化学品运输车辆在运输中，应携带的运输危险货物有关证件必须齐全。危险化学品运输车辆在运输中，随车携带的遮盖、捆扎、防潮等工具必须齐全有效。危险化学品运输车辆的车厢栏板、罐体必须平整、牢固，车厢内不得有与所装货物性质抵触的残留物。

(20) 叉车司机违章驾驶，造成叉车倾翻。

【危害分析】导致人员伤亡事故。

【纠正方法】叉车在站台上行驶速度每小时不得超过 10km；叉车靠站台边行驶速度每小时不得超过 5km；叉车夜间作业现场必须配备照明设施。

(21) 叉车司机在狭窄空间作业时将后车轮“打死”，强制转向。

【危害分析】对叉车转向系统产生严重损害，缩短叉车使用寿命

【纠正方法】应延长倒车时间，缓慢进行转向。

(22) 叉车用双托盘叉料。

【危害分析】阻挡司机视线，易引发事故。

【纠正方法】叉车司机不允许双托盘叉运，或经审批后在有监护人的情况下方允许双托盘叉运。

(23) 司机在装卸现场不服从监装人员指挥。

【危害分析】导致人员伤亡事故。

【纠正方法】车辆进入装卸作业区应听从作业区指挥人员的指挥，驾驶员不准离开车辆。装卸过程中车辆的发动机必须熄灭，并切断总电源。驾驶员负责对货物的堆码、遮盖、捆扎措施以及影响车辆起动行驶、刹车的不安全因素进行检查和消除。装卸过程中需要移动车辆时应先关上厢门或栏板。若原地关不上时，必须有人监护，在确保安全情况下才能移动车辆。起步要慢，停车要稳。禁止在装卸作业区内维修车辆。

(24) 驾驶人员存在吸烟、拨打手机等行为。

【危害分析】导致交通事故。

【纠正方法】驾驶员有下列情况之一者严禁驾车：饮酒或服用影响驾驶能力的药物后；打移动电话或有其他妨碍安全行车的行为；厂区内严禁吸烟。

(25) 在机动车库内加、抽、放、倒油。

【危害分析】导致火灾爆炸事故。

【纠正方法】在机动车库内严禁加、抽、放、倒油。

(26) 夜间占道未设警示灯和围栏等安全设施。

【危害分析】容易造成交通事故，导致人员伤亡。

【纠正方法】机动车占道白天应设置红色警示信号旗和围栏，夜间设红色警示灯和围栏。

(27) 在道路上行驶超过限速标志、标线标明的速度。超车时，没有提前开启左转向灯、变换使用远、近光灯或者鸣喇叭。

【危害分析】导致交通事故。

【纠正方法】道路限速是根据各路段的综合情况来确定的，目的是在确保安全的情况下使交通畅顺有序。而超车时，开启左转向灯就是给后面的车转向信号，夜间超车使用远近光灯就是给前方车信号，这样才能确保安全超车。因此，在道路上行驶时，不能超过限速标志、标线标明的速度。超车时，应提前开启左转向灯、变换使用远、近光灯或者鸣喇叭。

(28) 在没有道路中心线或者同方向只有1条机动车道的道路上，遇后车发出超车信号时，在条件许可的情况下，没有降低速度、靠右让路。

【危害分析】导致交通事故。

【纠正方法】为了保证交通安全、快捷、畅通有序，没有道路中心线或者同方向只有1条机动车道的道路上，遇后车发出超车信号时，在条件许可的情况下，应该降低车速、靠右让路。

(29) 划有导向车道的路口，没有及时变更和驶入所需车道。

【危害分析】划有导向车道的路口，如果不及时变更或驶入所需车道，就会影响正常的行车秩序，造成交通事故或影响行车安全。

【纠正方法】在划有导向车道的路口行车时，要及时变更和驶入所需的车道。

(30) 遇有前方机动车停车排队等候或者缓慢行驶时，不依次排队，而是从前方车辆两侧穿插或者超越行驶，在人行横道、网状线区域内停车等候。

【危害分析】在穿插过程中一方面影响对方车辆的正常行驶，另一方面容易产生挂、擦造成交通事故，形成交通堵塞。人行横道线和网状线区域，是专供行人通行和禁驶区域，在此区域内停车等候会影响行人的正常通行。

【纠正方法】遇有前方机动车排队等候或者缓慢行驶时，要依次排队，不准从前方车辆两侧穿插或者超越行驶。不准在人行横道、网状线区域内停车等候。

第五节　化工装置检修后的开车

一、装置开车前的安全检查

1. 交工验收和试车

在检修项目全部完成及设备和管线复位后，要组织生产人员和检修人员共同参加验收工作。验收和试车前应做好下列安全检查：

(1) 检查所有阀门是否处于应开、应关位置和水封情况及盲板应抽应堵情况。

(2) 检查所有防护罩、安全阀、压力表、液面计、爆破板、安全联锁、信号等装置是否齐全，是否正确复位。

(3) 检查设备及管道内是否有人、工具、手套等杂物遗留，在确认无误后才能封盖设备，恢复设备上的防护装置。

(4) 检查检修现场是否做到“工完、料净、场地清”和所有的通道都畅通的要求。

(5) 检查电机及传动机械是否按原样接线，冷却及润滑系统是否恢复正常。

(6) 各项检查无误后方可进行单体或联动试车。试车合格后，按规定办理验收手续，并有齐全的验收资料，其中包括安装记录、缺陷记录、试验记录(如耐压试验、气密性试验、空载试车、负荷试车等)、主要零部件的探伤报告及更换清单。

2. 重点验收项目要求

1) 焊接检验

凡化工装置使用易燃、易爆、剧毒介质以及特殊工艺条件的设备、管线及经过动火检修的部位，都应按相应的规程要求进行X射线拍片检验和残余应力处理。如发现焊缝有问题，必须重焊，直到验收合格，否则将导致严重后果。

2）试压和气密试验

任何设备、管线在检修复位后，为检验施工质量，应严格按有关规定进行试压和气密试验，防止生产时跑、冒、滴、漏，造成各种事故。安全检查要点为：

(1) 检查设备、管线上的压力表、温度计、液面计、流量计、热电偶、安全阀是否调校安装完毕，灵敏好用。

(2) 试压前所有的安全阀、压力表应关闭，有关仪表应隔离或拆除，防止起跳或超程损坏。对被试压的设备、管线要反复检查流程是否正确，防止系统与系统之间相互串通，必须采取可靠的隔离措施。

(3) 试压时，试压介质、压力、稳定时间都要符合设计要求，并严格按有关规程执行。

(4) 对于大型、重要设备和中、高压及超高压设备、管道，在试压前应编制试压方案，制定可靠的安全措施。

(5) 情况特殊下采用气压试验时，试压现场应加设围栏或警告牌，管线的输入端应装安全阀。

(6) 带压设备、管线在试验过程中严禁强烈机械冲撞或外来气体串入，升压和降压应缓慢进行。

(7) 在检查受压设备和管线时，法兰、法兰盖的侧面和对面都不能站人。

(8) 在试压过程中，受压设备、管线如有异常响声，如压力下降、表面油漆剥落、压力表指针不动或来回不停摆动，应立即停止试压，并卸压查明原因，视具体情况再决定是否继续试压。

(9) 登高检查时应设平台围栏，系好安全带，试压过程中若发现泄漏，不得带压紧固螺栓、补焊或修理。

3）吹扫、清洗

在检修装置开工前，应对全部管线和设备彻底清洗，把施工过程中遗留在管线和设备内的焊渣、泥砂、锈皮等杂质清除掉，使所有管线都贯通。一般处理液体管线用水冲洗，处理气体管线用空气或氮气吹扫。

4）烘炉

各种反应炉在检修后开车前，应按烘炉规程要求进行烘炉。烘炉时要重点做好以下几个方面的工作：

(1) 编制烘炉方案，并经有关部门审查批准，组织操作人员学习，掌握其操作程序和应注意的事项。

(2) 烘炉操作应在车间主管生产的负责人指导下进行。

(3) 烘炉前，有关的报警信号、生产联锁应调校合格，并投入使用。

(4) 点火前，要分析燃料气中的氧含量和炉膛可燃气体含量，符合要求后方能点火。点火时应遵守“先火后气”的原则。点火时要采取防止喷火烧伤的安全措施以及灭火的设施。

(5) 炉子熄灭后重新点火前，必须再进行置换，合格后再点火。

5）传动设备试车

化工生产装置中机、泵起着输送液体、气体、固体介质的作用，由于操作环境复杂，一旦单机发生故障，就会影响全局。因此要通过试车，对机、泵检修后能否保证安全投料一次开车成功进行考核。

（1）编制试车方案，并经有关部门审查批准。

（2）专人负责进行全面仔细地检查，使其符合要求，安全设施和装置要齐全完好。

（3）试车工作应由车间主管生产的负责人统一指挥。

（4）冷却水、润滑油、电机通风、温度计、压力表、安全阀、报警信号、联锁装置等，要灵敏可靠、运行正常。

（5）查明阀门的开关情况，使其处于规定的状态。

（6）试车现场要整洁干净，并有明显的警戒线。

6）联动试车

装置检修后的联动试车，重点要注意做好以下几个方面的工作：

（1）编制联动试车方案，并经有关领导审查批准。

（2）指定专人对装置进行全面认真地检查，查出的缺陷要及时消除。检修资料要齐全，安全设施要完好。

（3）专人检查系统内盲板的抽加情况，登记建档，签字认可，严防遗漏。

（4）装置的自保系统和安全联锁装置须调校合格，正常运行灵敏可靠，专业负责人要签字认可。

（5）供水、供气、供电等辅助系统要运行正常，符合工艺要求。整个装置要具备开车条件，要在厂部或车间领导统一指挥下进行联动试车工作。

二、装置开车

装置开车要在开车指挥部的领导下，统一安排，并由装置所属的车间领导负责指挥开车。岗位操作工人要严格按工艺卡片的要求和操作规程操作。

1. 贯通流程

用蒸汽、氮气通入装置系统，一方面扫去装置检修时可能残留部分的焊渣、焊条头、铁屑、氧化皮、破布等，防止这些杂物堵塞管线，另一方面验证流程是否贯通，这时应按工艺流程逐个检查，确认无误，做到开车时不窜料、不憋压，按规定用蒸汽、氮气对装置系统置换，分析系统氧含量应达到安全值以下的标准。

2. 装置进料

（1）进料前，在升温、预冷等工艺调整操作中，检修工与操作工配合做好螺栓紧固部位的热把、冷把工作，防止物料泄漏。

（2）岗位应备有防毒面具。油系统要加强脱水操作，深冷系统要加强干燥操作，为投料奠定基础。

（3）装置进料前要关闭所有的放空、排污等阀门，然后按规定流程进料。进料过程中，操作工沿管线进行检查，防止物料泄漏或物料走错流程。

（4）在接收易燃易爆物料之前，设备和管道必须进行气体置换合格，将排放系统与火炬联通并点燃火炬，接收物料应缓慢进行。

（5）装置开车过程中，严禁乱排乱放各种物料。

（6）装置升温、升压、加量应按规定缓慢进行。

（7）在操作调整阶段，应注意检查阀门开度是否合适，应逐步提高处理量，使之达到正常生产为止。

（8）各种加热炉必须按程序点火，严格按升温曲线进行升温操作。

(9) 开工正常后检修人员才能撤离。

(10) 有关部门要组织生产和检修人员交工验收，整理交工资料，归档备查。

第六节　事故案例分析

【案例一】违章动火，四人烧伤

1. 事故经过

2003 年 4 月 27 日上午，按石油化工厂计量工作要求，要在烯烃车间冷区甲醇罐的入口管线上加计量表。工艺人员对甲醇系统进行吹扫后，将罐入口法兰断开，由烯烃车间检修班吴某、史某和周某等人加计量表。5 月 7 日上午厂生产科计量工作人员在检查该项目时发现计量表直管段长度不足，满足不了表的精确计量，需要加长。配合改造的该车间计划员找机械员要求加长直管段。机械员口头通知烯烃维修班长吴某进行返工。14 时 20 分维修人员吴某、史某、周某等 4 人执行动火作业的瞬间，甲醇闪燃，将作业人员史某、周某灼伤。

2. 事故原因

(1) 项目安全管理失控　该项自属于设备整修追加项目，初次动火(4 月 27 日)工艺进行了系统吹扫、断法兰等措施，确保了初次动火的安全，然而在返工作业过程中不受控，返工(5 月 7 日)项目负责人没有向车间领导汇报，在工艺没有采取任何措施的条件下就开始动火，是造成事故的主要原因。

(2) 违章动火作业　事故后，发现现场仍有一桶甲醇，说明现场环境不具备动火条件。动火前，没有向前次一样吹扫、断法兰、加盲板，也未作容器内可燃物分析就盲目作业，造成事故。

(3) 施工人员违章　维修人员没有接到检修作业票证，仅机械员口头通知，计划员现场指挥作业，实属违章作业，也是造成事故的原因之一。

3. 事故教训

(1) 违反“五同时”的管理规定，可以说是四个“没有”，即在安排计量表安装工作中没有安全要求，在动火作业票签发时没有安全检查与确认，在作业前没有与化工生产岗位联系，没有风险评价报告表的情况下就施工。

(2) 违反各部门的安全生产责任制。计量部门管计量仪表改造，不过问安全，计划员与机械员衔接不讲安全，机械员布置工作没有强调安全。

(3) 项目负责人不向车间报告设备改造情况，机械员可以直接到检修班布置工作，而且没有下达检修工作命令书，使项目陷入了安全生产盲区，致使事故发生。

(4) 动火管理制度执行存在问题。动火作业没有进行器内和管线内可燃物质分析，情况不清，审批错误，是违章作业的根源。

(5) 作业者在任务不清、现场不明的情况下进行作业，在作业的风险评价和防范措施不全的情况下就盲目动火，自我保护意识差。还得用老检修工的“了解危险，遵守规章，制订措施，多加小心”的经验来提醒所有施工人员，安全生产来不得半点马虎。

【案例二】推土机作业，管线挑断飞出伤人

1. 事故经过

2003 年 4 月 10 日 10 时 30 分，某化肥厂水汽车间在十水门前平整土地，当驾驶员驾驶推土机由南向北推进作业时，将隐埋在地下一废弃的 $\phi32$ 管线挑断，管线飞出击中由东向西绕推土机前方走过的水汽操作工的腹部。

2. 事故原因

(1) 推土机作业时，驾驶员未进行地下隐蔽物的确认，致使地下管线飞出，是造成事故的直接原因。

(2) 思想麻痹，安全意识差，是造成事故的重要原因。

(3) 专用机械管理不严，是造成事故的另一原因。

3. 事故教训

(1) 严格执行专用机械管理规定。

(2) 在作业前，应确认地下隐蔽物。

(3) 严格施工管理，防止无关人员进入施工现场。

【案例三】违章作业，高处坠落

1. 事故经过

2001 年 1 月 21 日 13 时 40 分，某石油化工厂中产车间 316# 工段长王某按保卫科要求，整改装油班计量间屋顶塑料玻璃钢瓦，在没有安全措施的情况下，违章登上房顶，从 5m 高的屋顶坠落到 0.7m 的计量台上又滑下地面，造成颅脑出血，住院治疗。

2. 事故原因

违章作业是本次事故的直接原因。作业者王某没有按登高作业的安全规定办理作业票证，在未采取任何安全措施的情况下，就冒险作业。

3. 事故教训

(1) 禁止在没有采取安全措施的情况下，站在屋顶塑料玻璃钢瓦等轻质材料上作业。

(2) 严格票证管理，杜绝无票证作业。工厂应举一反三，组织员工吸取教训。

【案例四】脚手架埋下隐患，作业人坠落伤亡

1. 事故经过

1995 年 6 月 19 日，某化纤厂纺丝车间废原液间 CH718 废胶浸泡槽底部距地面 4m 高的出口法兰泄漏，该厂机动科安排民工搭设木制脚手架。15 时 50 分，该厂动力车间派 2 名管工处理法兰泄漏，当 2 名管工从地面上到脚手架 3.83m 高处准备拆法兰螺栓时，脚手架的一根横杆突然断裂，脚手架塌落，致使 2 人从高处坠落，其中 1 人因颅脑受伤，送医院抢救无效死亡，另一人轻伤。

2. 事故原因

(1) 搭设的脚手架存在严重缺陷　选用脚手架横杆直径为 70mm 且中心已腐朽的材料（规定直径应大于 80mm），作业面上未按规定加设防护栏，当作业人员登上脚手架后，横杆因承载能力不够而断裂，脚手架塌落，是造成事故的主要原因。

(2) 作业人员安全意识淡薄、缺乏自我保护意识　作业前未按规定办理高处安全作业证，又未对脚手架进行全面检查，作业时未按规定佩戴安全带，是造成事故的重要原因。

(3) 管理工作存在漏洞　该厂机动科未对脚手架搭设人员进行专业培训，脚手架搭设完毕后，没有专业人员检查确认把关，也是造成事故的重要原因。

3. 事故教训

(1) 从事高处作业人员必须按规定系好安全带。

(2) 搭设脚手架作业必须严格执行脚手架搭设标准，搭设完工后要有检查验收环节，确保施工质量。

(3) 应该将木制脚手架架杆全部更换为钢制脚手架。

(4) 增设《施工检修脚手架搭设申请证》。

(5) 脚手架搭设人员必须要经过专门培训，考试合格并取证。

【案例五】置换方案不合理，排出三乙基铝自燃着火

1. 事故经过

1997 年 11 月 17 日，某石油化工厂聚乙烯三车间因 E－221 列管漏，造成溶剂回收系统产生大量的塑化物(絮状)，影响正常生产，装置停车对 D－711(闪蒸罐)进行清理。11 月 17 日上午副厂长张某在车间主持召开检修工作协调会，安排大修车间协助拆 E－703 已烷再沸器上盖、E－71 换热器封头，103 车间负责拆管线，聚乙烯三车间负责将 P－705A/B 已烷淤浆泵拆下清理管内塑化物。因大量塑化物已将整个系统堵住，E－703 再沸器内置换困难，车间在制定了安全方案的情况下，利用氮气管线入口注入氮气，再用同一管线排出置换气体，并在置换的同时将塑化物吹出。此项工作从 10 时 30 分开始到 15 时 50 分许，从 E－703 通过 P－705(A)泵出口喷出的塑化物、已烷气体及塑化物中夹带的少量三乙基铝催化剂自燃着火。经消防队及在场人员约 20min 扑救，至 16 时 15 分火被扑灭。

2. 事故原因

(1) 排出的絮状物含有少量催化剂三乙基铝，车间对三乙基铝遇空气自燃的性质认识不足。尽管因系统聚堵严重，不能按正常倒空、置换方法进行置换，但也没有按设备蒸煮方法逐步加热蒸煮，使轻组分先期排出，是导致这次火灾事故发生的重要原因之一。

(2) 施工安全措施不到位。在早调会上，厂领导强调了安全施工问题，安全科为此专门制定了七条安全要求，其中两条车间执行不好，一是现场絮状物及聚合物要求及时清理，二是 T－703 塔如需从塔釜排放，请车间采取相应措施，严禁地面排放，污染施工规场。加之安全科现场监督不力，致使物料排放施工现场，清出的塑化物使火势加大。

3. 事故教训

(1) 将此次事故原因、教训和防范措施印发《安全简讯》，向全厂通报，并要求各单位组织开展班组安全活动讨论。

(2) 高密度车间要以此次事故教训为教材，教育全车间职工，使其提高思想认识，在以后工作中严格按制定的措施组织工作，对重大或危险性大的工作制定特殊措施，杜绝同类事故发生。

(3) 安全科加强对现场的监督力度，对制定的措施着重抓落实，落实不到位严禁施工。

(4) 在异常情况下，要将工作人员撤离可能发生着火、爆炸的现场，减少对人员的伤害。

【案例六】违反动土安全规定，损坏高压电缆

1. 事故经过

1998 年 10 月 11 日 16 时 16 分，在某橡胶厂丁腈界区工地，由某化建公司承担的电缆桥架土建施工中，因未认真遵守动土证上所注明的挖掘规定，使用镐头挖掘，不慎损伤电缆，造成该厂直埋高压(6kV)3－36#变馈线 A 相接地，使该厂 6kV 供电系统及该地区电网 6kV 供电系统单相接地，处理和恢复过程中又延误了时间，导致电厂拉闸。

2. 事故原因

化建公司在新丁腈界区的施工中，违反动土证上的有关安全规定，在0.4m以下使用镐头挖掘，造成高压电缆损伤接地，是造成停电事故的直接原因。

3. 事故教训

(1) 加强职工素质教育，提高在事故状态下的应变能力。

(2) 加强车间值班力量，强化值班职能，明确请示汇报制度。

(3) 加强与电调的联系和沟通，补充完善事故处理规程。

【案例七】开工违反操作规程，引起罐区着火

1. 事故经过

2001年11月9日，某炼油厂140×10^4t/a重催装置由于生产不正常，公司决定装置紧急停工进行抢修，重点解决反再系统中的问题，由于时间紧，在本次停工中，吸收稳定系统未进行处理。稳定塔内存有溶解油轻组分。11月14日抢修结束后，装置在开工过程中，约12时左右，稳定吸收岗位操作人员在改好不合格汽油出装置的流程后，通知66泵房操作员，要求改好罐区的进油流程。13时左右，经分厂调度同意，66泵房49/5罐区改好罐区进油罐流程，即重油催化的不合格汽油进49/5罐区的457#罐(重化物罐)，并于13时20分左右将罐区改好流程的情况通知了重油催化装置操作室。吸收稳定岗位操作人员在改好出装置流程后，未对本岗位的工艺状态进行认真分析，在稳定塔压力上升时，塔中的不合格汽油被压出。由于轻组分带入457#罐中，造成457#罐浮船翻，大量油气和轻组分短时间内挥发，从油罐呼吸孔中跑出，并向四周蔓延，随风飘散至紧靠罐区北侧的3#路边，恰遇一辆拉运聚丙烯的卡车经过，其阻火器不起作用，从而引起爆燃。火于15时20分左右被消防部门扑灭，事故直接经济损失14万元。

2. 事故原因

(1) 140×10^4t/a重催装置在检修中吸收稳定系统未做处理，对塔中所存汽油中轻组分含量上升这种非正常现象认识不清、考虑不周，特别是吸收岗位操作人员，在改好汽油出装置流程后，对本岗位生产操作状况缺乏认真的分析，对稳定塔压力波动、出装置汽油流量上升(事后查阅重催装置DCS内存数据，13时30分出装置流量为24.6t/h，稳定塔压力为0.585MPa，14时00出装置流量为15t/h)这种现象，未进行分析和采取必要的措施，致使轻组分(事后化验分析，2－丁烯以上组分占82%左右)带入457#罐。

(2) 约14时52分左右，一辆超载拉运聚丙烯粒料的康明斯卡车，从罐区北侧3#路经过，由于该车阻火器不符合安全规范，车辆尾气中的火星遇457#罐挥发出的可燃物爆燃，继而通过空爆引燃457#、458#罐挥发出的轻组分着火。

3. 事故教训

(1) 首先要从各级领导的安全意识抓起，牢固树立“安全第一、预防为主”的思想，严将执行各项安全生产规章制度，广大员工应严格按照操作规程，尤其是装置非正常运行阶段，更要遵守各项安全防范措施，按照“30秒确认法”的原则，搞好平稳操作。

(2) 140×10^4t/a重催装置由于该次停工属抢修，对系统未做处理，在开工时吸收岗位操作人员对本岗位生产操作状况缺乏认真的分析，特别是对稳定塔压力波动及出装置汽油流量上升这种现象，未进行分析和采取措施，导致轻组分带入罐区。

(3) 装置应加强对工艺生产过程的分析研究，制定出解决开停工等特殊情况下生产过程中的一些深层次的技术问题，从根本上防止不合格汽油中轻组份含量上升的问题。

本章小结

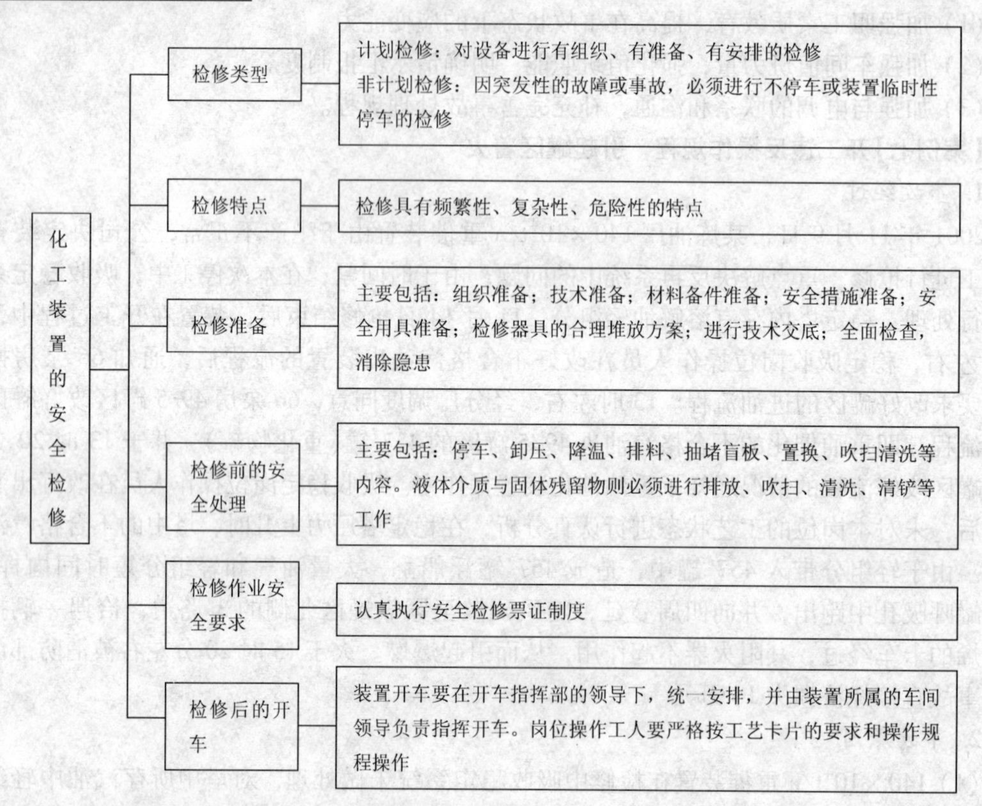

思考与练习

1. 化工装置的检修特点有哪些？
2. 停车检修有哪些安全要求？
3. 动火作业的安全要点有哪些？
4. 如何保证检修后安全开车？
5. 停车检修应做哪些安全工作？
6. 设备检修交出前的工业处理步骤有哪些？
7. 进入受限空间作业有哪些操作注意事项？
8. 检修作业期间应如何加强自我保护？

第八章　劳动防护与防护器具

知识目标

- 了解灼伤的分类，掌握灼伤的防护措施。
- 了解噪声的危害，掌握噪声防护措施。
- 了解电磁辐射的危害。
- 掌握基本防护器具的使用。
- 事故案例分析。

能力目标

- 能够正确地做好个人安全防护。

劳动保护是指对从事生产劳动的生产者，在生产过程中的生命安全与身体健康的保护。在化工生产中，存在许多威胁职工健康，使劳动者发生慢性或职业中毒的因素，因此在生产过程中必须加强劳动保护。从事化工生产的职工，应该掌握相关的劳动保护基本知识，自觉地避免或减少在生产环境中受到伤害。

第一节　化学灼伤及防护

一、灼伤及其分类

机体受热源或化学物质的作用，引起局部组织损伤，并进一步导致病理和生理改变的过程称为灼伤。按发生原因的不同分为化学灼伤、热力灼伤和复合灼伤。

（1）化学灼伤　由于化学物质直接接触皮肤所造成的损伤称为化学灼伤，是由于化学物质与皮肤或黏膜接触后产生化学反应并具有渗透性，对细胞组织产生吸水、溶解组织蛋白质和皂化脂肪组织的作用，从而破坏细胞组织的生理机能而使皮肤组织致伤。

（2）热力灼伤　由于接触炽热物体、火焰、高温表面、过热蒸气所造成的损伤称为热力灼伤，此外由于液化气体、干冰接触皮肤后会迅速蒸发或升华，同时大量吸收热量，以致引起皮肤表面冻伤，这种情况属于冷冻灼伤，也属于热力灼伤的范畴。

（3）复合性灼伤　由化学灼伤和热力灼伤同时造成的伤害，或化学灼伤兼有中毒反应等都属于复合性灼伤。例如磷落在皮肤上引起的灼伤，既有磷燃烧生成的磷酸造成的化学性灼伤，同时还有当磷通过灼伤部位侵入血液和肝脏时引起的全身磷中毒。

二、化学灼伤的预防措施

化学灼伤常常是因为生产中的事故或由于设备发生腐蚀、开裂、泄漏等造成的，与安全管理、操作、工艺和设备等因素有密切关系。因此，为避免发生化学灼伤，必须采取综合性管理和技术措施。这些措施主要包括以下几个方面：

（1）采取有效的防腐措施　在化工生产中，由于强腐蚀介质的作用及生产过程中的高温、高压、高流速等条件对机器设备会造成腐蚀，因此加强防腐，杜绝“跑、冒、滴、漏”是预防灼伤的重要措施之一。

(2) 改革工艺和设备结构　使用具有化学灼伤危险物质的生产场所，在工艺设计时就应该预先考虑到防止物料喷溅的合理流程、设备布局、材质选择及必要的控制和防护装置。

(3) 加强安全性预测检查　使用先进的探测探伤仪器等对设备进行不定期的检查，及时发现并正确判断设备的损伤部位和损坏程度，以便及时消除隐患。

(4) 加强安全防护措施　应加强安全防护措施，例如储槽敞开部分应高于地面 1m 以上，如低于 1m 时，应在其周围设置护栏并加盖，以防止操作人员不小心跌入；禁止将危险液体盛入非专用和没有标志的容器内；搬运酸、碱槽时，要两人抬，不得单人背运等。

(5) 加强个人防护　在处理有灼伤危险的物质时，必须穿戴工作服和必要的防护用具，如眼镜、面罩、手套、毛巾、工作帽等。

三、化学灼伤的现场急救

发生化学灼伤时，由于化学物质的腐蚀作用，如不及时将其除掉，就会继续腐蚀下去，从而加剧灼伤的严重程度。现场急救应首先判明化学灼伤物质的种类、侵害途径、致伤面积及深度，再根据具体情况采取有效的急救措施。

化学致伤的程度也与化学物质与人体组织接触时间的长短有密切关系，接触时间越长所造成的致伤就会越严重。因此，当化学物质接触人体组织时，应迅速脱去衣服，立即用大量清水冲洗创面，不应延误，冲洗时间不得小于 15min，以便于将渗入毛孔或黏膜内的物质清洗出去，清洗时要遍及各受害部位，尤其要注意眼、耳、鼻、口腔等处的清洗。

对眼睛的冲洗一般用生理盐水或用清洁的自来水，冲洗时水流不宜正对眼角膜方向，不要揉搓眼睛，也可将面部浸入在清洁的水盆里，用手将上下眼皮撑开，用力睁开两眼，头部的水中左右摆动。

对于其他部位的灼伤，先用大量水冲洗，然后用中和剂洗涤或湿敷，用中和剂的时间不宜过长，用完后必须再用清水冲洗掉，然后视病情予以适当处理。常见的化学灼伤急救处理方法见表 8－1。

表 8－1　常见化学灼伤的处理方法

灼伤物质名称	急救处理方法
碱类：如氢氧化钠、氢氧化钾、碳酸钠、碳酸钾、氧化钙	立即用大量水冲洗，然后用 2% 乙酸溶液洗涤中和，也可用 2% 以上的硼酸水湿敷。氧化钙灼伤时，也可用植物油洗涤
酸类：如硫酸、盐酸、高氯酸、磷酸、蚁酸、草酸、苦味酸等	立即用大量清水冲洗，然后用 5% 碳酸氢钠溶液洗涤中和，再用净水冲洗
碱金属、氰化物、氢氰酸	立即用大量清水冲洗，然后用 0.1% 高锰酸钾溶液冲洗，再用 5% 硫化铵溶液冲洗，最后用净水冲洗
溴	用水冲洗后，再以 10% 硫代硫酸钠溶液洗涤，然后涂碳酸氢钠糊剂或用 1 体积的碳酸氢钠（25%）+1 体积松节油 +10 体积乙醇（95%）的混合液处理
铬酸	先用大量的水冲洗，然后用 5% 硫代硫酸钠溶液或 1% 硫酸钠溶液洗涤

续表

灼伤物质名称	急救处理方法
氢氟酸	立即用大量水冲洗，直至伤口表面发红，再用5%碳酸氢钠溶液洗涤，再涂以甘油与氧化镁(2:1)悬浮剂，或调上如意金黄散，然后用消毒纱布包扎
磷	如有磷颗粒附着在皮肤上，应将局部浸入水中，用刷子清除，不可将创面露在空气中或用油脂涂抹，再用1%～2%硫酸铜溶液冲洗数分钟，然后以5%碳酸氢钠溶液洗去残留的硫酸铜，最后用生理盐水湿敷，用绷带扎好
苯酚	用大量水冲洗，或用4体积乙醇(7%)与1体积氯化铁[1/3(moL/L)]混合液洗涤，再用5%碳酸氢钠溶液湿敷
氯化锌、硫酸银	用水冲洗，再用5%碳酸氢钠溶液洗涤，涂油膏即磺胺粉
三氯化砷	用大量水冲洗，再用2.5%氯化铵溶液湿敷，然后涂上2%二巯基丙醇软膏
焦油、沥青	以棉花蘸乙醚或二甲苯，消除粘在皮肤上的焦油或沥青，然后涂上羊毛脂

第二节　噪声危害及防护

一、噪声及其危害

1. 噪声

噪声是指人们在生产和生活中一切令人不愉快或不需要的声音。噪声通常是由不同振幅和频率组成的不协调的嘈杂声，当噪声达到一定强度时，对人们的身体健康还会带来一定的危害。

2. 声音的物理量度

声音的物理量度主要是音调的高低和声响的强弱，频率是音调高低的客观量度，而声压、声强、声功率和响度则反映出声响的强弱。

(1) 声频　声频是指声源振动的频率，人耳可听到的声频范围在20～20000Hz之间，低于20Hz的声音为次声，超过20000Hz的声音为超声，次声和超声人耳都听不到，一般语言声频在250～3000Hz之间。

(2) 声压和声压级　由声波引起的大气压强的变化量称为声压，单位是Pa。正常人耳刚能听到的声音的声压为2×10^{-5}Pa，称为听阈声压，震耳欲聋的声音的声压为20Pa，称为痛阈声压，后者与前者之比为10^6，两者相差百万倍，在这么大的声压范围内，用声压值来表示声音的强弱极不方便，于是引出了声压级的量来衡量，以听阈声压为基准声压，实测声压与基准声压之比平方的对数，称为声压级，单位是B(贝尔)，通常以其值的1/10即dB(分贝)作为度量单位。

(3) 响度　响度是人耳对外界声音强弱的主观感觉，通常是声压大，音响感强；频率高，感觉音调高。当声压相同而频率不同时，音响感也不同，因此仅用声压级是不能完全准确地表示响度的大小。人耳具有对高频敏感、对低频不敏感这一特性，于是在用声压和频率这两个因素时，以1000Hz纯音为基础，定出不同频率声音的主观音响感觉量，称为响度级，单位为Phon(方)。

在声学测量仪中，设置A、B、C、D四个计权网络，对接受的声音按其频率有不同的衰减。C网络是在整个可听频率范围内，有近乎平直的响应，对可听声的所有频率都基本不衰减，一般可代表总声压级。B网络是模仿人耳对70Phon纯音的响应，对500Hz以下的低频段有一定的衰减。A网络是模仿人耳对40Phon纯音的响应，对低频段有较大的衰减，而对高频段则敏感，这正好与人耳对噪声的感觉一样，因此在噪声测量中，就用A网络测得的声压级表示噪声的大小，称为A声级，表示方法为dB(A)。

3. 化工企业的噪声种类

(1) 机泵噪声　包括电机本身的电磁振动发出的电磁性噪声、电机尾部风扇的空气动力性噪声及机械噪声，一般为83~105dB(A)。

(2) 压缩机噪声　包括主机的气体动力噪声和辅机的机械噪声，一般为84~102dB(A)。

(3) 加热炉噪声　主要是燃气喷嘴喷射燃气时与周围空气摩擦产生的噪声，燃料在炉膛内燃烧产生的压力波激发周围气体产生的噪声，一般为101~106dB(A)。

(4) 风机噪声　由风扇转动产生的空气动力噪声、机械传动噪声、电机噪声，一般为82~101dB(A)。

(5) 排气防空噪声　主要是由带压气体高速冲击排气管产生的气体动力噪声以及突然降压引起周围气体扰动发出的噪声，最高可达150dB(A)。

4. 噪声的危害

(1) 损害听觉　人习惯于70~80dB(A)的声音，日常生活中，各种声音的强度在75dB(A)以下时，听觉不会受到损伤，如果噪声的强度大于此值，长年日积月累，将会导致噪声性耳聋，在170dB以上高强度噪声冲击下，将会导致鼓膜破裂出血，完全失去听力，造成爆震性耳聋。

(2) 损害健康　噪声对人的神经系统、心血管系统、消化系统和视觉器官等都会产生危害，能使人的大脑皮层兴奋和抑制失去平衡，导致条件反射异常，从而产生头痛、头晕、眩晕、耳鸣、多梦、失眠、心慌、恶心、记忆力减退和全身乏力以及心跳加快、心律不齐、血压波动等现象，长期接触噪声，会使人消化功能紊乱，造成消化不良、食欲不振、体质无力，还会引起视力减退、眼花等症状。

(3) 影响工作效率　在噪声刺激下，工作人员的注意力不易集中，大脑思维和语言传递等都会受到干扰，工作时容易出现差错。

二、噪声污染的控制及防护措施

1. 噪声职业接触限值

《工作场所有害因素职业接触限值　第2部分：物理因素》(GBZ 2.2—2007)规定了工作场所噪声职业接触限值，如表8-2所示。

表8-2　工作场所噪声职业接触限值

接触时间	卫生限值/dB(A)	备　注
5d/w，=8h/d	85	非稳态噪声计算8h等效声级
5d/w，≠8h/d	85	计算8h等效声级
≠5d/w	85	计算40h等效声级

注：表中字母含义为：h—小时；d—天；w—星期。

2. 噪声的防护措施

（1）消除或降低声源噪声　用无声或低噪声的工艺和设备代替高噪声的工艺和设备，用无声的焊接代替高噪声的铆接，用无声液压代替高噪声的锤打等。

（2）控制噪声的传播　在噪声的传播途径中采用隔声、吸声、消声、减振、阻尼等方法是控制噪声的有效措施。例如把鼓风机、空压机、球磨机放在隔声罩内；将操作者与噪声隔离；安装消声器等。

（3）个体防护　主要措施有佩戴防声耳塞或耳罩、在耳道内塞防声棉等防护用具，以阻止强烈的噪声进入耳道内造成伤害。

第三节　辐射危害及防护

随着科学技术的进步，在工业中越来越多地接触和应用各种电磁辐射能和原子能，而由辐射所产生的危害也越来越大，因此，必须正确地了解各类辐射的危害及其预防措施。

一、辐射线的种类

由电磁波和放射性物质所产生的辐射，根据其对原子或分子是否形成电离效应而分成两大类，即电离辐射和非电离辐射。

1. 电离辐射

电离辐射是指能引起原子或分子电离的辐射，如α粒子、β粒子、X射线、γ射线、中子射线的辐射都是电离辐射。

（1）α粒子　α粒子是指放射性蜕变中从原子核中射出的带阳电荷的质点，它实际上是氦核，有两个质子和两个中子，相对质量较大，α粒子在空气中的射程为几厘米至十几厘米，穿透力较弱，但有很强的电离作用。

（2）β粒子　β粒子是指由放射性物质射出的带阴电荷的质点，它实际上是电子，带一个单位的负电荷，在空气中的射程可达20m。

（3）中子　中子是指放射性蜕变中从原子核中射出的不带电荷的高能粒子，有很强的穿透力，它与物质作用能引起散射和核反应。

（4）X射线和γ射线　Z射线和γ射线是波长很短的电离辐射，X射线的波长为可见光波长的十万分之一，而γ射线的波长又为X射线的万分之一，两者都是穿透力极强的放射线。

2. 非电离辐射

非电离辐射是指不能引起原子或分子电离的辐射，如紫外线、红外线、射频电磁波、微波等都属于非电离辐射。

（1）紫外线　紫外线是指在电磁波谱中介于X射线和可见光之间的频带，波长为$7.6\times10^{9}\sim4.0\times10^{7}$m，自然界中的紫外线主要来自太阳辐射、火焰和炽热的物体。凡温度达到1200℃以上时，辐射光谱中即可出现紫外线。

（2）射频电磁波　任何交流电路都能向周围空间放射电磁能，形成有一定强度的电磁场，交变电磁场以一定速度在空间传播的过程称为电磁辐射。当交变电磁场的变化频率达到100kHz以上时称为射频电磁场，射频电磁辐射包括$1.0\times10^{2}\sim3.0\times10^{7}$kHz的宽广频带，射频电磁波按其频率大小分为中频、高频、甚高频、特高频、超高频、极高频六个频段。在

以下情况中人们有可能接触射频电磁波:

① 高频感应加热，如高频热处理、焊接、冶炼、半导体材料加工等；

② 高温介质加热，如塑料热合、橡胶硫化、木材及棉纱烘干等；

③ 微波应用，如微波通信、雷达等；

④ 微波加热，如用于食物、纸张、木材、皮革以及某些粉料的干燥。

二、电离辐射的危害与防护

1. 电离辐射的危害

电离辐射对人体机体的危害是由于受到超过允许剂量的放射线作用的结果，电离辐射对人体细胞组织的伤害作用，主要是阻碍和伤害细胞的活动机能及导致细胞死亡，人体长期或反复受到允许放射剂量的照射能使人体细胞改变机能，出现白血球过多、眼球晶体浑浊、皮肤干燥、毛发脱落和内分泌失调。较高剂量能造成贫血、出血、白血球减少、胃肠道溃疡、皮肤溃疡或坏死。在极高剂量的放射线作用下，造成的放射性伤害主要有以下三种类型:

(1) 中枢神经和大脑伤害　主要表现为虚弱、倦怠、嗜睡、昏迷、震颤，可在两周内死亡。

(2) 胃肠伤害　主要表现为恶心、呕吐、腹泻、虚弱或虚脱，症状消失后可出现急性昏迷，通常可在两周内死亡。

(3) 造血系统伤害　主要表现为恶心、呕吐、腹泻，但很快好转，约2~3周无病症之后出现脱发、经常性流鼻血，再度腹泻，造成极度憔悴，2~6周后死亡。

2. 电离辐射的防护措施

(1) 缩短接触时间　从事或接触放射线的工作，人体受到外照射的累计剂量与暴露时间成正比，即受到放射线照射的时间越长，接受的累计剂量越大，所以应尽量缩短接触时间，禁止在有辐射的场所作不必要的停留。

(2) 加大操作距离或实行遥控　放射性物质的辐射强度与距离的平方成反比，因此采取加大距离、实行遥控的办法，使人体尽可能远离辐射源，可以达到防护辐射的目的。

(3) 屏蔽防护　采用屏蔽的方法是减少或消除放射性危害的重要措施，屏蔽的材质和形式通常根据放射线的性质和强度确定。

① 屏蔽 γ 放射线常用铅、铁、水泥、砖、石等材料；

② 屏蔽 β 射线常用有机玻璃、铝板等材料；

③ 弱 β 放射性物质如碳14(^{14}C)、硫35(^{35}S)、氢3(^{3}H)，可不必屏蔽；

④ 强 β 放射性物质如磷35(^{35}P)，则要以1cm厚塑胶或玻璃板遮蔽；

⑤ 当发生源发生相当量的二次X射线时便需要用铅遮蔽；

⑥ γ 射线和X射线的放射源要在有铅或混凝土屏蔽的条件下储存，屏蔽的厚度根据放射源的放射强度和需要减弱的程度而定。

(4) 个人防护　在任何有放射性污染或危险的场所，都必须穿防护工作服、戴胶皮手套、穿鞋套、戴面罩和目镜，在有吸入放射性粒子危险的场所，要携带氧气呼吸器，在发生意外事故导致大量放射污染或被多种途径污染时，可穿能够供给空气的衣套等。

(5) 设立警告牌　在有射线源存在的地方，必须设有明确的标志、警告牌和禁区范围。

(6) 管理措施　在从事生产、使用或储运电离辐射装置的单位应设有专(兼)职的防护机构和管理人员，建立有关电离辐射的卫生防护制度和操作规程。

三、非电离辐射的危害与防护

1. 紫外线

(1) 对机体的影响　紫外线可直接造成眼睛的伤害，眼睛暴露于短波紫外线时，能引起结膜炎和角膜炎，即电光性眼炎；不同波长的紫外线可被皮肤的不同组织层吸收，数小时或数天后形成红斑；空气受大剂量紫外线照射后，能产生臭氧，对人体的呼吸道和中枢神经都有一定的刺激作用，能对人体造成间接伤害。

(2) 预防措施　在紫外线发生装置或有强紫外线照射的场所，必须佩戴能吸收或反射紫外线的防护面罩及眼镜；在紫外线发生源附近设立屏障或在室内和屏障上涂以黑色，可以吸收部分紫外线，减少反射作用。

2. 射频辐射

(1) 对机体的影响　在射频辐射中，微波波长很短，但能量很大，对人体的危害尤为明显，微波引起中枢神经机能障碍的主要表现是头痛、乏力、失眠、嗜睡、记忆力衰退、视觉及嗅觉机能低下；微波对心血管系统的影响主要表现为血管痉挛、张力障碍综合症，初期血压下降，随着病情的发展，血压逐步升高；长时间受到高强度的微波辐射，会造成眼睛晶体及视网膜的伤害。

(2) 预防措施　屏蔽辐射源、屏蔽工作场所、远距离操作以及采取个人防护等。

四、辐射常见的违章行为及纠正方法

1. 探伤设备

(1) 使用有故障的带电探伤设备、设施。

【应用举例】使用有故障的带电探伤设备、设施，容易发生火灾、触电或机械伤害事故。

【纠正方法】带电探伤设备、设施经检查合格后方可使用。

(2) 随意放置领用的放射源。

【应用举例】随意放置领用的放射源，容易造成放射源泄漏。

【纠正方法】射线源的领用应经单位领导同意后，由班组长从设备员处领用并登记造册、注明工作场所和领用时间，保存在班组的专用储源柜内。

(3) 领用γ射线探伤机不填写交接记录。

【应用举例】领用γ射线探伤机不填写交接记录，容易造成探伤机管理失控，造成设备丢失，发生辐射事故。

【纠正方法】探伤工从班组领用γ射线探伤机时，必须注明具体的工作地点、工作时间及设备编号和交回时间。班组在一定时间内使用完γ射线机之后，应交回设备员处，并作好交接记录。

(4) 随意倒装γ射线源与γ射线机。

【应用举例】倒装γ射线源与γ射线机，容易发生γ射线源泄漏。

【纠正方法】γ射线机在使用过程中，班组及探伤工不得随意把γ射线源与γ射线机进行倒装。如确需倒装，需经设备员同意方可进行，并登记造册。

(5) 随意借用或外借γ射线机。

【应用举例】借用或外借γ射线机，容易因误操作引发事故。

【纠正方法】γ射线机无论是外借还是其他单位借用，都需经本单位领导批准，并报上级主管部门备案后方可执行。

（6）不按期对γ源设备的软轴和驱动轮进行清洗。

【应用举例】某班组连续几个月未对γ源设备的软轴和驱动轮进行清洗，在使用中发生了机械故障。

【纠正方法】γ源设备的软轴和驱动轮每月至少要用柴油清洗一次。

（7）使用发生物理变形的导源管和曝光头。

【应用举例】使用发生物理变形的导源管和曝光头，容易发生机械故障。

【纠正方法】导源管和曝光头发生物理变形必须停止使用。

（8）作业结束后，未对γ源辫子收回情况进行检查。

【应用举例】某职工在作业结束后，未对γ源辫子收回情况进行检查，在第二天的使用中发现有故障，不能正常使用。

【纠正方法】从事γ射线作业结束后，应按要求收回γ射线机，并用报警仪检查γ射线源是否在γ射线机内，同时检查γ射线机后端出口γ源辫子是否存在。

（9）使用无"设备射线许可证"的X、γ射线设备。

【应用举例】使用无"设备射线许可证"的X、γ射线设备，容易因为设备质量问题引发辐射伤害。

【纠正方法】使用X、γ射线设备，应具有国家相关政府部门颁发的"设备射线许可证"。

2. 探伤作业

（1）未办理审批手续，进行放射源探伤异地作业。

【应用举例】某单位未办理审批手续，跨省区进行放射源探伤作业，当地环保局接到举报后，对其进行了经济处罚，并作出了暂扣辐射安全许可证的决定。

【纠正方法】使用放射源在异地作业，须持有迁出地和接受地环保部门审批的"放射性同位素异地使用备案表"和所用放射源身份编码及证明材料，并将这些材料备案登记留存。没有办理异地使用备案，严禁开展放射源探伤异地作业。

（2）未检查设备、设施状况，直接操作使用。

【应用举例】不检查设备、设施状况，直接操作使用，容易因设备、设施缺陷，引发各类事故。

【纠正方法】每次探伤作业前应检查所用设备的状况和电源，作业时设备要有良好的接地，同时作业前必须检查γ射线机各部件是否完整无损，特别注意前、后导管是否有压痕及回弯半径是否小于0.5m，特别注意γ源是否在γ射线机内。

（3）高处作业时，探伤设备不固定。

【应用举例】某职工在进行探伤作业时，因试验探伤机放置不稳，造成设备损坏。

【纠正方法】高处作业时，所使用的设备必须固定牢靠，防止损坏设备或坠落伤人。

（4）无票证从事探伤作业。

【应用举例】无票证从事探伤作业，会对作业区域相关人员造成不必要的伤害。

【纠正方法】进行现场探伤作业，必须提前办理"射线作业许可证"，严格执行多部门会签审批制度，并且在审批许可的时间内进行作业。

（5）安排资质不全的人员从事X、γ射线作业

【应用举例】某单位安排无证的实习人员进行射线作业，因为误操作，发生了γ源脱落事故。

【纠正方法】从事X、γ射线作业人员，除具有国家质量技术监督局颁发的相应的检测资格证外，还应持有省环保局颁发的《放射性人员操作证》方可上岗进行操作。

(6) 安排不熟悉设备性能的员工上岗操作。

【应用举例】不熟悉设备性能的员工上岗操作，容易损坏设备，并导致事故的发生。

【纠正方法】从事X、γ射线作业人员应经过专业的培训，对设备操作熟练后方可进行上岗操作。

(7) 不携带个人累计剂量报警仪上岗操作。

【应用举例】某职工未携带个人累计剂量报警仪上岗操作，容易导致身体不适或伤害。

【纠正方法】从事X、γ射线作业人员，应携带检验合格的个人累计剂量笔或个人察计剂量报警仪，方可进行上岗操作。

(8) 未办理作业票就进入容器内进行探伤作业。

【应用举例】某职工未办理作业票，进入容器内准备进行探伤作业时，因有害气体泄漏造成窒息。

【纠正方法】进入容器内等受限空间作业，必须办理受限空间作业票，经气体检测合格后方可进入施工。

3. 作业区域

(1) 在空气不流通的场所进行渗透检测作业。

【应用举例】某职工在工作场地进行渗透检测作业，因换气设备发生故障，工作中造成呼吸困难，肺部不适。

【纠正方法】进行渗透检测作业的场所，必须安装换气通风设备。

(2) 在有易燃品的场所进行渗透或磁粉检测。

【应用举例】某职工在工作场地进行渗透、磁粉检测，因检测试剂着火，发生火灾事故。

【纠正方法】在有易燃品、易爆品的场所进行渗透或磁粉检测，必须落实防火措施，配备灭火器材。

(3) 人员离开实验室或施工现场时不切断用电设施电源。

【应用举例】某工作人员离开实验室时未切断烘干箱电源，因电源线老化、使用时间过长，引发电气火灾。

【纠正方法】每天作业结束或收工后，必须切断所有用电设备的电源。

(4) 未检查作业区域情况就开始工作。

【应用举例】某单位在探伤作业中，未对工作区域进行清理、检查，工作结束时，发生区域内有2名抢修人员仍在工作。

【纠正方法】每次探伤作业前应检查控制区，确保在送高压前，控制区内无任何人员，在其边界必须悬挂清晰可见的“禁止进入放射性工作场所”警示标识。

(5) 未对相关方进行告知就从事探伤作业。

【应用举例】不对相关方进行告知就从事探伤作业，会对误入作业区的人员造成伤害。

【纠正方法】探伤作业前，应将作业的相关内容和区域报知可能影响的单位领导，请其认可签字，并时行作业告知。

4. 射线防护

（1）无警示标志、无监护人就从事探伤作业。

【应用举例】无警示标志、无监护人就从事探伤作业，其他作业人员会因为误入而造成辐射伤害。

【纠正方法】探伤控制区要有警示标志，白天用警示线，夜间用警示灯、报警器，应安排监护人在危险区外警戒，非工作人员不得接近工作区域。

（2）射线防护措施落实不到位。

【应用举例】作业时间、射线距离、屏蔽防护措施不落实，容易引发辐射伤害。

【纠正方法】工作中要严格检查时间、距离、屏蔽防护措施等，保障个人所受的剂量当量不超过国家规定的标准。

（3）安排未定期体检的射线人员进行作业。

【应用举例】某工人连续3年未被单位安排进行体检，在检查中发现个人所受的剂量当量超标。

【纠正方法】从事X、γ射线作业人员应定期在专业医疗单位进行体检，并建立个人剂量档案和健康管理档案。

（4）不安排射线作业人员进行休假疗养。

【应用举例】不安排射线作业人员进行休假疗养，容易引发职业病，造成不必要的经济损失。

【纠正方法】作业单位应定期安排从事X、γ射线的作业人员进行休假疗养。

（5）使用无警示标志的储源柜。

【应用举例】储源柜无警示标志，容易造成他人因警示缺陷受到伤害。

【纠正方法】γ射线机必须放在专用的储源柜内，储源柜上要有放射性同位素的警示标志。

（6）不按规定进行废源处理。

【应用举例】不按规定进行废源处理，容易引发环境污染和电离辐射事故。

【纠正方法】废源处理应交回生产单位进行处理，其他人员、单位不得随意进行处理，并作好处理记录，要与购进记录一一对应。

（7）发生放射源事故时，不按应急预案的要求进行应急处理。

【应用举例】发生放射源事故时，没有完整的应急预案，会引发次生事故，加大事故的损失。

【纠正方法】当发生放射源事故时，应立即启动应急预案，首先要确定丢失地点，及时通报救援指挥部，采取隔离救援措施，由专业抢险人员进行处理，同时汇报上级主管部门。

（8）使用未经检测的固定式防护设施。

【应用举例】固定式防护设施未经检测，会因无备案、管理不到位等原因引发各类事故。

【纠正方法】固定式防护设施的设计必须经过有资格的专家审查，必须考虑对邻近区域的影响，以及保证足够的屏蔽、报警装置、联锁装置、机头位置限制以及辐射监控、紧急情况处理装置等。必须符合已颁布的技术安全法规的规定，并接受安全法规执行与监督机构的检查和鉴定。移动式和便携式防护设施、防护器材的防护能力必须经过国家相关部门的鉴定，符合防护要求。

(9) 作业现场未划定安全防护区。

【应用举例】不划定安全防护区，容易使现场的人或物受到电离辐射。

【纠正方法】在射线作业现场，每次工作开始前，应根据射源强度大小，并结合现场实际情况，划出安全防护区范围界线。

(10) 安排有职业禁忌症的人员从事X、γ射线作业。

【应用举例】安排有职业禁忌症的人员从事X、γ射线作业，容易产生安全事故，同时影响员工健康，造成人身伤害。

【纠正方法】从事X、γ射线作业人员，应先在专业医疗单位进行体检，体检合格后方可进行上岗作业。

(11) 未使用报警仪检查γ射线作业全过程工作是否正常。

【应用举例】不使用报警仪检查γ射线作业全过程工作是否正常，容易造成个人吸收剂量超标。

【纠正方法】从事γ射线作业的全过程必须用报警仪检查、监测γ射线源是否工作正常。

(12) 将个人剂量仪放置在暴露辐射源处。

【应用举例】某工人将个人剂量仪长时间放置在曝光厂房，造成个人剂量仪显示超标。

【纠正方法】个人剂量仪不作业时要收好，保证不作业时不受射线影响。

(13) 使用超过校验期的剂量仪。

【应用举例】若剂量仪超过校验期，使用中会造成显示不正确，影响正常使用。

【纠正方法】剂量仪必须按规定定期送有关部门进行校验，确保测量数据的准确性和可靠性，严禁使用超过校验器的计量仪。

(14) 使用未采取防护措施的普通车辆运输γ源。

【应用举例】使用普通车辆运输γ源，容易引起γ源被盗，并且在发生交通事故后会引发γ源泄漏。

【纠正方法】γ源设备运输要使用专用运输设备，运输途中要有专人押送，并备有防护用品和检测仪器。

(15) γ源运输途中进行装卸作业。

【应用举例】γ源运输途中进行装卸作业，容易引起γ源丢失、碰撞或发生泄漏。

【纠正方法】γ源运输途中严禁装卸作业。

第四节 工业卫生设施

一、通风与采暖

1. 通风

通风的目的在于提供新鲜空气，排除车间或房间内的余热(防暑降温)、余温(除湿)、有毒气体、蒸气以及粉尘(防尘排毒)等，使工作环境保持适宜的温度、湿度和良好的卫生条件。按通风方式可分为局部和全面通风两种类型。

(1) 局部通风　局部通风是指将产尘、产毒地点的有害物质直接捕集起来，进行净化达标后排出室外；或利用局部循环方法，将净化后的新鲜空气再次使用，可大大节省能耗。

(2) 全面通风　全面通风是指对于产生有害物质量大、浓度高的车间，一般采用全面通风系统，即用新鲜空气将车间内的有害物进行稀释，同时将污浊空气排出室外，使整个车间内有害物质的浓度降低到卫生标准所允许的浓度。

2. 采暖

设置采暖装置的目的是为了保证职工身体健康和设备安全，防止寒冷的侵袭。采暖系统可分为局部采暖和集中采暖两种。按传热介质的不同又分为热水、蒸汽、空气三种类型。

采暖装置除注意满足温度要求外，还要注意安全，对于能散发出可燃气体、蒸气、粉尘以及与采暖管道、散热器表面接触能引起燃烧的厂房，不应采用循环热风采暖。在散发可燃粉尘、纤维的厂房，集中采暖的热媒温度不应过高，热水采暖不应超过130℃，蒸汽采暖不应超过110℃。此外，采用热风采暖时，应注意强气流直接对人吹会产生不良影响。

二、照明与采光

1. 照明

劳动卫生学证明，照明的加强能增强人的视力，同时，增加照度还可增加识别速度和明视持久程度，光线对人的生理和心理也能产生影响，足够的照明使人感觉愉快、容易消除疲劳等，因此，适宜的工业照明不仅能避免事故的发生，还能提高产品质量和劳动生产率。工业照明一般是通过天然采光和人工照明两种方式实现的。

2. 采光

天然采光光线柔和、照度大、分布均匀，工作时不易造成阴影，因此，在工程照明设计中应尽量利用天然光，利用人工光照明作为辅助，以保持稳定的照度。人工光源种类很多，应选择天然光谱的光源，如荧光灯等，不要采用有色光，以防降低视力。

三、辅助设施

化工企业应根据生产特点、实际需要和使用方便的原则设置生产辅助用室。辅助用室的位置应避免有害物质、高温、辐射、噪声等有害因素的影响，浴室、盥洗室、厕所的设计应按倒班中最大班次总人数的93%计算，更衣室应按车间在册总人数计算。

接触有毒、恶臭物质或严重污染全身的粉尘车间的浴室，不得设浴池，均采用淋浴，因生产事故可能发生化学灼伤或经皮肤吸收引起急性中毒的工作地点或车间，应设事故淋浴室，在易引起酸、碱烧伤的场所，应设洗眼设备，并保证不断水。食堂位置要适中，但不得与有毒气体车间相邻，以避免有毒气体影响。

第五节 安全防护与安全文化

一、安全色与安全标识

识别了安全色和安全标识，将会帮助我们直观地了解到所处环境中潜在的安全风险，便于及早地做好相应的防范与准备。

1. 安全色

安全色规定为红、蓝、黄、绿四种颜色，分别用来标识禁止、指令、警告、指示等如图8－1所示。其含义和用途分别如下：

图8－1 安全色

（1）红色 表示禁止、停止、危险以及消防设备的意思，凡是禁止、停止、消防和有危险的器件或环境均涂以红色的标记作为警示的信号，主要用于禁止标志。

（2）蓝色 表示指令，要求人们必须遵守的规定，如指令标志、交通标志等。

（3）黄色 表示提醒人们注意，凡是警告人们注意的器件、设备及环境都应以黄色表示，如警告标志、交通警告标志、皮带轮及安全防护罩的内壁、砂轮机罩的内壁等。

（4）绿色 表示给人们提供允许、安全的信息。

2. 安全标识

安全标志根据国家标准规定，由安全色、几何图形和图形符号构成，用此表达特定的安全信息。目前，安全标志共分四类，86 种，其中禁止标志 28 种，警告标志 30 种，指令标志 15 种，提示标志 13 种，这些标志的数量，还会根据安全的需要不断增加。

（1）禁止标志 禁止标志的几何图形是带斜杠的圆环，斜杠与圆环相连用红色，图形符号用黑色，背景用白色，表示不准或禁止人们的某些行为，如图 8－2 所示。图 8－3 为常见禁止标志。

图 8－2 禁止标志组成

图 8－3 常见禁止标志

（2）警告标志　警告标志的几何图形是黑色的正三角形，黑色符号，黄色背景，用来警告人们可能发生的危险，如图 8－4 所示。图 8－5 为常见警告标志。

图 8－4　警告标志

图 8－5　常见警告标志

（3）指令标志　指令标志的几何图形是圆形，蓝色背景，白色图形符号，用来表示必须遵守的命令，如图 8－6 所示。图 8－7 为常见指令标志。

图 8－6　指令标志

图8-7　常见指令标志

(4) 提示标志　提示标志的几何图形是方形，绿、红背景，白色图形符号及文字，用来示意目标的方向或需遵守的命令，如图8-8所示。图8-9为常见提示标志。

图8-8　提示标志

图8-9　常见提示标志

二、个人安全防护

做好个人的安全防护工作，是炼油化工企业在非安全状态下减少甚至消除人员伤亡的最关键的因素之一，同时，做好个人的安全防护工作，也是炼油化工企业在安全状态下降低事故发生率、减少人员伤亡率的最基础性的工作，因此，加强企业员工特别是新入职员工在安全防护用品的选择、佩戴方面的知识培训和实际能力的训练，是非常必要的。个人安全防护用品种类繁多，在实际的工作中，需要根据工作场所、接触对象等实际情况，正确地选择和穿戴。

1. 头部防护

头部是人体重要的器官和功能集中区，是非常容易受到伤害的部位，一旦受到伤害，后果是非常严重的，因此，头部防护异常重要，最常见的头部防护用具就是安全帽。

安全帽是用于保护劳动者头部，以消除或减缓坠物、硬质物件的撞击、挤压伤害的护具，是生产中广泛使用的个人用品。安全帽的常用样式有有沿安全帽和无沿安全帽，如图8－10所示。根据用途，安全帽还可分为普通型安全帽、矿工安全帽、电工安全帽、驾驶安全帽等类型。

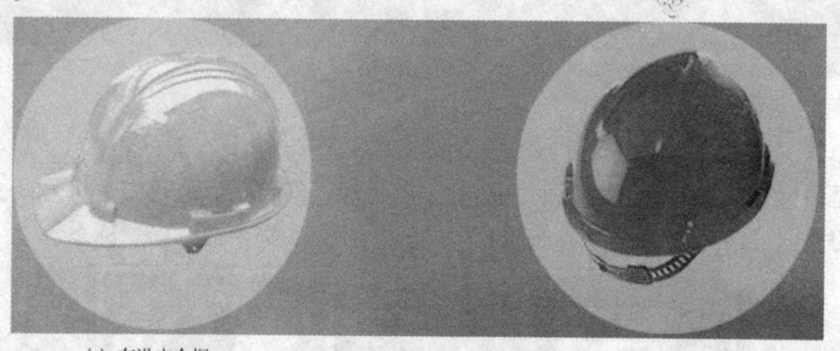

(a) 有沿安全帽　　(b) 无沿安全帽

图8－10　安全帽

2. 面部防护

人的面部有眼、鼻、口等器官，是人体视觉、嗅觉等器官的集中区域，同时还影响着人的容貌，因此需要加以防护。常用的面部防护器具如图8－11所示，另外还有有机玻璃面罩、防酸面罩、大框送风面罩等几种类型。

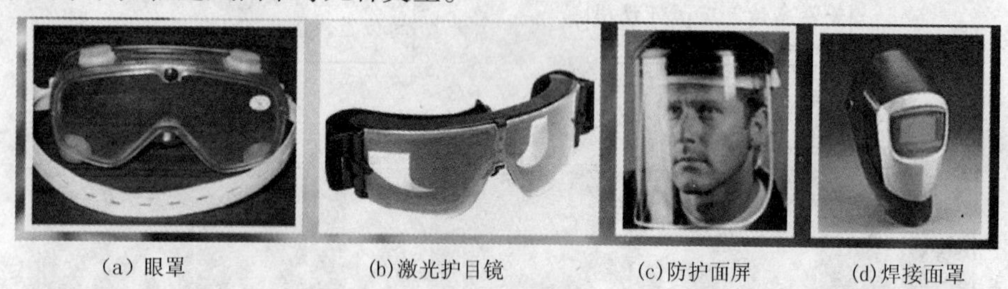

(a) 眼罩　　(b)激光护目镜　　(c)防护面屏　　(d)焊接面罩

图8－11　面部防护

（1）有机玻璃面罩　有机玻璃面罩能屏蔽放射性的α射线、低能量的β射线，防护酸、碱、油类、化学液体、金属溶液、铁屑、玻璃碎片等飞溅而引起的对面部的损伤以及辐射热引起的灼伤。

（2）防酸面罩　防酸面罩是接触酸、碱、油类物质等作业用的防护用品。

（3）大框送风面罩　大框送风面罩为隔离式面罩，用于防护头部各器官免受外来有毒有害气体、液体和粉尘的伤害。

3. 呼吸器官防护

炼化企业的许多作业场所都存在粉尘、有毒、有害气体等有害因素，这些有害因素可以通过口、鼻进入呼吸系统，从而对呼吸系统造成损伤，甚至于中毒窒息。呼吸器官防护用具的种类很多，主要有无纺布口罩、防尘口罩、防毒面具、防毒面罩、正压呼吸器，如图8－12所示。呼吸器官防护用具品按作用原理可分为过滤式（净化式）、隔绝式（供气式）二类。

(a)无纺布口罩　(b)防尘口罩　(c)防毒面罩　(d)防毒面具　(e)正压呼吸器

图8－12　呼吸器官防护器具

呼吸器官防护用具的作用在于过滤、隔绝外部粉尘及有毒有害气体等危害因素，减少尘肺病及慢性中毒等职业病的发生。在尘毒污染、事故处理、抢救、检修、剧毒操作以及在狭小舱室内作业，都必须选用可靠的呼吸器官防护用具。

4. 眼部防护

眼、面部防护用品是用于防止辐射（如紫外线、X射线等）、烟雾、化学物质、金属火花、飞屑和尘粒等伤害眼、面部的可观察外界的防护工具，包括眼镜、眼罩（密闭型和非密闭型）和面罩（罩壳和镜片）三类。其主要品种包括焊接用眼防护具、防冲击眼护具、微波防护镜、激光防护镜、X射线防护镜以及尘、毒防护镜等。

5. 听觉防护

防噪声用品即护耳器，如图8－13所示，是用于保护人的听觉、避免噪声危害的护具，有耳塞、耳罩和帽盔三类。如果长期在90dB以上或短期在115dB的噪声环境中工作，都应使用防护用品，以减轻对人的危害。

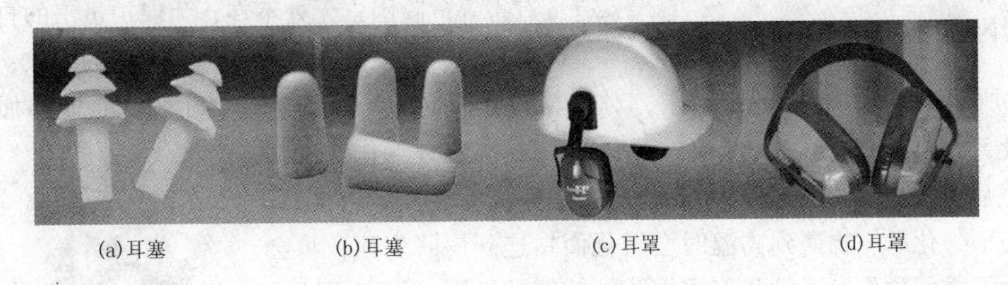

(a)耳塞　(b)耳塞　(c)耳罩　(d)耳罩

图8－13　耳部防护器具

6. 手部防护

手部防护用品是指劳动者根据作业环境中有害因素（有害物质、能量）而戴用的特制护具。对于手部的防护主要是通过佩戴手套来完成的，防护手套的作用是防止火、高温、低温的伤害，防止撞击、切割、擦伤、微生物侵害以及感染，防止电磁、电离辐射的伤害，防止电、化学物质伤害等。

防护手套的种类很多，主要品种有耐酸碱手套、电工绝缘手套、电焊工手套、防寒手套、耐油手套、防X射线手套、石棉手套等10余种，如图8－14所示。因此，根据防护功能来正确选用是非常必要的。

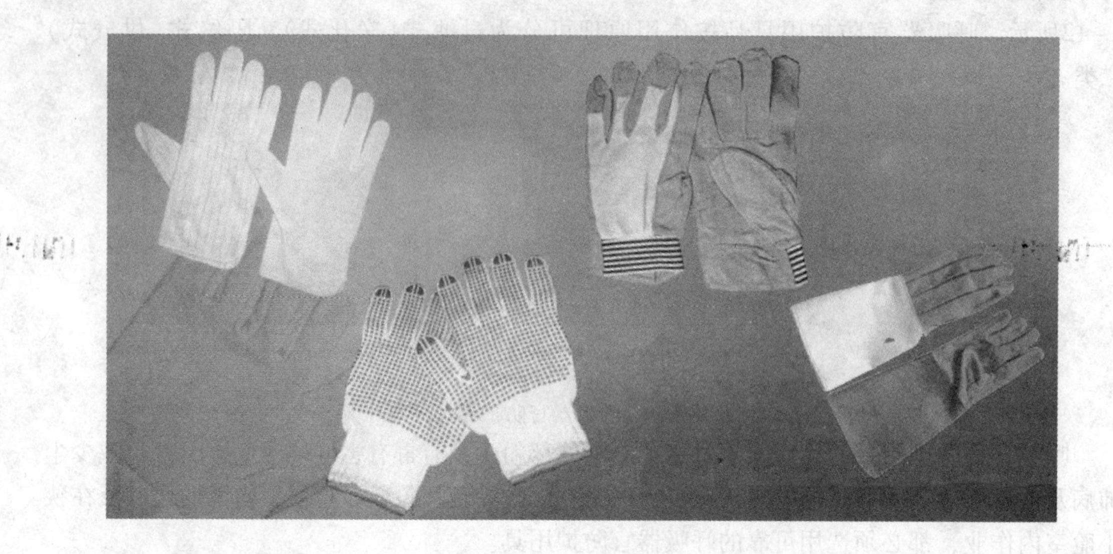

图 8 – 14 手部防护器具

7. 脚部防护

足部防护用品主要是指防护鞋，如图 8 – 15 所示，是用于防止生产过程中有害物质和能量损伤劳动者足部、小腿部的鞋。中国防护鞋主要有防静电鞋和导电鞋、绝缘鞋、防酸碱鞋、防油鞋、防水鞋、防寒鞋、防刺穿鞋、防砸鞋、高温防护鞋等专用鞋。

图 8 – 15 脚部防护器具

8. 躯体防护

由于炼化企业加工生产的特殊性，使得炼化企业员工面临的安全风险也较其他行业多，高温、深冷、易燃易爆、有毒有害等危险因素无处不在，为保护员工的自身健康与生命安全，对员工的着装有着更为严格的要求，如图 8 – 16 所示。针对不同的危害因素，对服装的选择也有不同的要求，在炼化企业的加工现场，化纤衣物是坚决杜绝的，除了它本身是易燃物外，化纤衣物经摩擦后会产生静电，很容易成为充实着易燃易爆气体的火源，另一方面，化纤织物遇到高温时会熔化而粘连到皮肤表面，将会造成更严重的烫伤。通常我们根据防护功能的不同，将安全防护服装分为以下几类：

（1）防静电服装　这类服装可以有效地防止静电的产生。

（2）隔热服装　可将冷热源同人体隔绝，确保人体不受冻、烫等伤害。

（3）防化服装　避免腐蚀性物质对人体的灼伤和腐蚀。

（4）防辐射服装　专门用来防止人体不受辐射危害。

图 8 – 16 躯体防护

随着科技的发展，人们还会开发出更多种类的保护性服装，穿防护服是对躯体进行防护的措施，使劳动者体部免受尘、毒和物理因素的伤害，防护服分特殊作业防护服和一般作业防护服，其结构式样、面料、颜色的选择要以符合安全为前提，防护服应能有效地保护作业人员，并不给工作场所、操作对象产生不良影响。

9. 皮肤防护

在生产作业环境中，常常存在各种化学的、物理的、生物的危害因素，对人体的暴露皮肤产生不断的刺激或影响，进而引起皮肤的病态反应，如皮炎、湿疹、皮肤角化、毛刺炎、化学烧伤等，称为职业性皮肤病。有的工业毒物还可经皮肤吸收，积累到一定程度后引起中毒，对特殊作业人员的外露皮肤应使用特殊的护肤膏、洗涤剂等护肤用品保，如图 8－17 所示。

图 8－17　护肤用品

10. 防坠落用具

（1）安全带　安全带是高处作业人员用以防止坠落的护具，由带、绳、金属配件三部分组成，如图 8－18 所示。我国规定在高处（2m 以上）作业时，为预防人或物坠落造成伤亡，除作业面的防护外，作业人员必须佩戴安全带。

（2）安全网　安全网是用于防止人、物坠落，或用于避免、减轻坠物打击的网具，是一种用途较广的防坠落伤害的用品，一般由网体、边绳、系绳、试验绳等组成，如图 8－19 所示，选用时要注意选用符合标准或具有专业技术部门检测认可的产品。

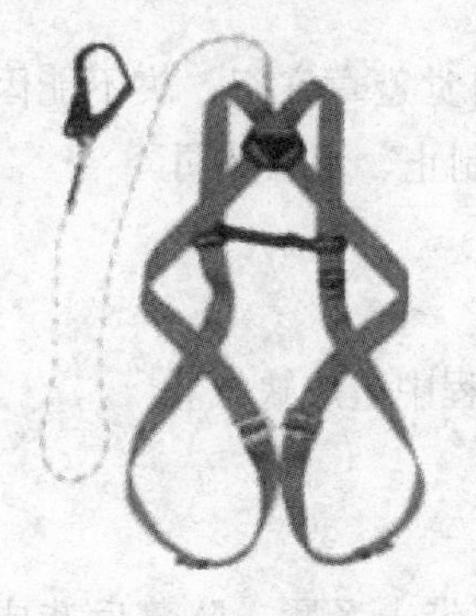

图 8－18　安全带

图 8－19　安全网

三、劳保防护用品的使用原则

（1）凡在作业过程中佩戴和使用的保护人体安全的器具，如安全帽、安全带、防护面罩、过滤式面具、空气呼吸器、防护眼镜、耳塞、防毒口罩、防护服、绝缘手套、绝缘垫等均属防护器具，必须妥善保管，正确使用。

（2）使用劳保防护用品者必须了解所使用的防护用品的性能及正确使用方法。对结构和使用方法较为复杂的防护用品，如呼吸器要进行反复训练，达到能迅速正确使用。

（3）使用劳保防护用品前必须严格检查，损坏或磨损严重的必须及时更换。用于急救的呼吸器更要定期检查，以免急救时无法正常工作。急救呼吸器平时要妥善地存放在可能发生事故的邻近地点，便于及时取用。

四、个人安全防护常见违章行为及纠正措施

1. 着装

(1) 不按规定穿工作服。

【应用举例】有的工人穿用工作服时，衣服和袖口不扣好，有的女职工进入生产现场穿裙子和高跟鞋，辫子、长发不盘放在工作帽内。

【纠正方法】不按规定规范着装，衣服或肢体可能会被转动的机器绞住致伤，因此必须按规定着装。在作业前，班组长应对着装进行严格检查，不按规定着装者不准上岗作业。

(2) 高处作业人员衣着不规范。

【应用举例】某职工在高处作业施工中，因敞开的衣服挂在扣件上，造成高处坠落。

【纠正方法】施工人员应穿着灵便的工作服，保证紧袖、紧口。

(3) 进入生产区域不按规定安全着装，不戴安全帽。

【应用举例】在某拆除作业现场，一名工人未戴安全帽，被坠落的混凝土块击中头部。

【纠正方法】进入生产区域必须穿长袖全套工作服并穿戴好防砸鞋和安全帽。

(4) 女同志进入作业现场穿高跟鞋。

【应用举例】某车间女工穿高跟鞋到作业现场为检修一线的职工送开水，在装置行走时，右脚鞋跟卡在明沟条式盖板的缝隙内，身体失稳摔倒在地，手中 8 磅暖壶摔碎，左侧大腿被开水烫伤。

【纠正方法】要教育职工进入作业现场一定要规范着装，自觉遵章守纪，决不能因个人喜好而无视制度。发现进入作业现场不按规范着装者，要及时制止、予以处罚。

2. 防护用具

(1) 作业时不按规定佩戴使用劳动保护用品。

【应用举例】某工人进入容器作业未戴空气呼吸器，作业过程中造成缺氧。

【纠正方法】作业时按规定必须佩戴使用劳动保护用品。

(2) 不正确使用劳动防护用品。

【应用举例】某工人在 3m 多的高处作业时，因安全帽下颚带未系紧，坠落后造成颅内出血。

【纠正方法】作业中必须系好安全带，正确佩戴使用劳动防护用品。

(3) 在有危险化学物品的场所作业未穿戴防护服。

【应用举例】某单位安排作业人员在一停工的罐内进行检修作业，由于接触残余物料，造成多人皮肤灼伤。

【纠正方法】在有危险化学物品或有毒有害场所工作，必需穿戴满足要求的防护服、防护面屏。

(4) 不会正确使用空气呼吸器。

【应用举例】某工地毒气泄漏，造成两名工人中毒倒地，现场作业人员因不会使用空气呼吸器，无法进行救援。

【纠正方法】加强培训和演练，进入受限空间的作业人员和监护人必须会熟练、正确使用空气呼吸器。

(5) 高处作业未穿防滑鞋。

【应用举例】某职工穿平底鞋，在攀爬爬梯时，因脚下打滑，造成脚部扭伤。

【纠正方法】施工作业人员必须穿防滑鞋。

(6) 接触高温物体工作，未戴防护手套，不穿专用防护服装。

【应用举例】有的工人不戴手套和不穿防护工作服就参加接触高温的作业，还振振有词地说："穿防护服不灵便，只要小心谨慎，不戴防护手套也不会出事"。

【纠正方法】接触高温物体工作时，必须要戴防护手套，并穿专用防护工作服，这样才能防止被烫伤事故发生。

(7) 凿击坚硬或脆性物体时不戴防护眼镜。

【应用举例】有的工人在用錾子凿击金属或混凝土等物体时，不戴防护眼镜，认为戴防护眼镜动作不便、妨碍观察。

【纠正方法】不戴防护眼镜极易被砸下的金属屑或混凝土碎块击伤眼睛。因此，应当经常检查督促职工在作业时戴好防护眼镜。

(8) 进入施工作业现场不正确佩戴安全帽。

【应用举例】有的职工进入施工生产现场不戴安全帽或者虽然戴上安全帽，却不系好帽绳，还有的职工把安全帽当成小凳子坐。

【纠正方法】施工生产现场存在诸多危险因素，比如物体坠落等，因此必须加强对头部的防护，戴好安全帽，以对头部起到有效的防护作用。进入施工生产现场前，应严格检查工人佩戴安全帽的情况，不正确佩戴安全帽者不准进入施工生产现场。发现把安全帽当凳子坐的现象应严肃查处。

(9) 不会正确使用空气呼吸器、防护面具。

【应用举例】某施工作业人员发现现场瓦斯管线泄漏，只知道必须要用空气呼吸器，但自己却不会使用。

【纠正方法】必须对作业人员进行定期培训，做到会正确使用空气呼吸器、防护面具，否则不准上岗。

(10) 未按要求穿戴劳动防护用品。

【应用举例】有些工人在焊接作业中，没按规定穿工作服装，使用自制的面屏，容易造成烫伤和弧光辐射。

【纠正方法】电焊作业并须穿工作服、戴焊工专用手套及焊接面屏；切割作业必须戴防护眼镜。

(11) 使用不合格或自制的焊接面屏。

【应用举例】使用不合格或自制的焊接面屏，容易对作业者的眼睛或面部造成伤害。

【纠正方法】必须使用"三证"齐全、检验合格的焊接面屏。

第六节 事故案例分析

【案例一】不戴安全帽，头部被砸伤

1. 事故经过

1996年11月6日10时，某化肥厂造气车间铆工李某等三人检修6#炉二号小水封，吊车吊住小水封，李某在小水封底部把法兰时，吊车摆动将固定小水封的一块角铁撞落，从3m高度落下击中李某的头部，造成颅脑神经症和中度智力减退。

2. 事故直接原因

（1）李某安全意识差，没戴案全帽进入检修现场作业是造成事故的直接原因。

（2）造气检修班对6#炉小水封检修工作安排不细，吊车吊小水封时无安全保证措施，是发生事故的主要原因。

3. 事故教训

（1）加强对全体职工安全教育和自我保护意识教育，严格落实安全着装的管理规定。

（2）认真落实安全生产责任制，加大对违章作业外罚力度，提高管理人员的安全责任。

（3）加大对设备安全检修方案的落实力度，细化双层作业、交叉作业安全措施，吊车作业与其他作业同时作业时，必须专人负责、专人指挥、专人监护。

【案例二】设计不周，防护不当，废碱刺出灼伤

1. 事故经过

1998年1月20日16时，某石化公司橡胶厂碳四车间分析工梁某接班后，到C3分离装置P405泵入口取样时，发现取样管被硫化钠结晶堵塞，便关阀用蒸汽胶管加热，吹通后，停止加热去取样，一开始流得很小，但在取样过程中废碱液突然刺出，由取样缸反溅到梁某的头部，造成脸上灼伤。

2. 事故原因

（1）安全意识不强，自我保护不够，取样时未戴防护面罩。

（2）设计上对原料中可能出现的高硫含量考虑不周，使取样较为困难。

3. 事故教训

（1）取样时要佩戴防护器具。

（2）加强对工作中的重点危险点进行有针对性的安全教育。

【案例三】阀门腐蚀，硫酸刺出伤人

1. 事故经过

1997年1月20日14时，某石化公司橡胶厂丁腈车间拉开粉岗位郑某开始备料，并按操作步骤开启发烟硫酸泵，当打完发烟硫酸停泵管线倒流约3min后，于14时25分左右关阀，此时阀杆填料处发烟硫酸刺出，造成郑某颈部、脸部灼伤，花费医疗费3586元。

2. 事故原因

（1）出口阀填料压盖被发烟硫酸腐蚀，而操作人员和包机人没有认真巡检，没有及时发现隐患，是事故发生的主要原因。

（2）管理粗放、不细致也是发生事故的又一原因。

3. 事故教训

（1）立即更换该出口阀。

（2）在操作前必须认真检查，并佩戴好防护器具。

【案例四】备件质量差，液位计爆破伤眼

1. 事故经过

2000年1月3日14时20分，某石化公司化肥厂化肥车间制配检修工对合成废锅液位计视镜进行了更换，合成岗位现场操作工接通知后，先对液位计进行了10min预热，14时40分投用液位计，3min后废锅西液位计爆破，飞出的异物将现场操作工的右眼视网膜损伤。

2. 事故原因

（1）备件质量差　事后对库存视镜进行检查确认，在说明书上无生产厂家，没有检验合格证，这是造成事故的主要原因。

（2）安全意识差、操作素质低　当班操作工在视镜投用前，未检查确认检修质量，盲目预热投用，而且在投用时未采取任何防护措施，是造成事故的另一原因。

（3）检修质量不合格　检修工在领用和安装视镜时，未对视镜的质量、性能进行检查就进行安装，给装置安全生产留下了隐患。

（4）管理上存在漏洞　备品配件的采购、入库、验收管理不到位，导致不合格视镜进厂入库。

3. 事故教训

（1）视镜更换前必须确认生产厂家、出厂检验合格证，保证备品配件质量合格。

（2）检修时对所领视镜要先进行确认，无合格证的视镜严禁使用，而且安装过程要严格执行检修规程，保证玻璃视镜各点受力均匀。

（3）视镜投用前需对检修质量进行确认，而具应对视镜进行预热，控制好预热速度，保证受热均匀。在打开视镜进液阀时，应采取必要的防范措施，如戴防护镜、面罩等。

【案例五】取样瓶破裂，造成一人灼伤

1. 事故经过

2000年1月6日10时30分，某石化公司橡胶厂质检室霍某、安全员王某、书记任某三人前往石岗车站取槽车中发烟硫酸样品，样品比平时多取一倍。下槽车时，霍某戴的手套沾有硫酸较滑，脚下未站稳跌倒在槽车下，硫酸瓶破裂溅落在其脸部并灼伤，花费医疗费7400元。

2. 事故原因

（1）事故现场环境太差，找槽车时间过长消耗了一部分体力。

（2）安全防护意识不强，防范措施不到位。

3. 事故教训

（1）酸碱取样要用防腐蚀的塑料瓶或金属瓶。

（2）槽车取样后从顶部用绳子把取样瓶吊到车底，放置安全后再下槽车。

（3）取样要严格按规定着装。

本章小结

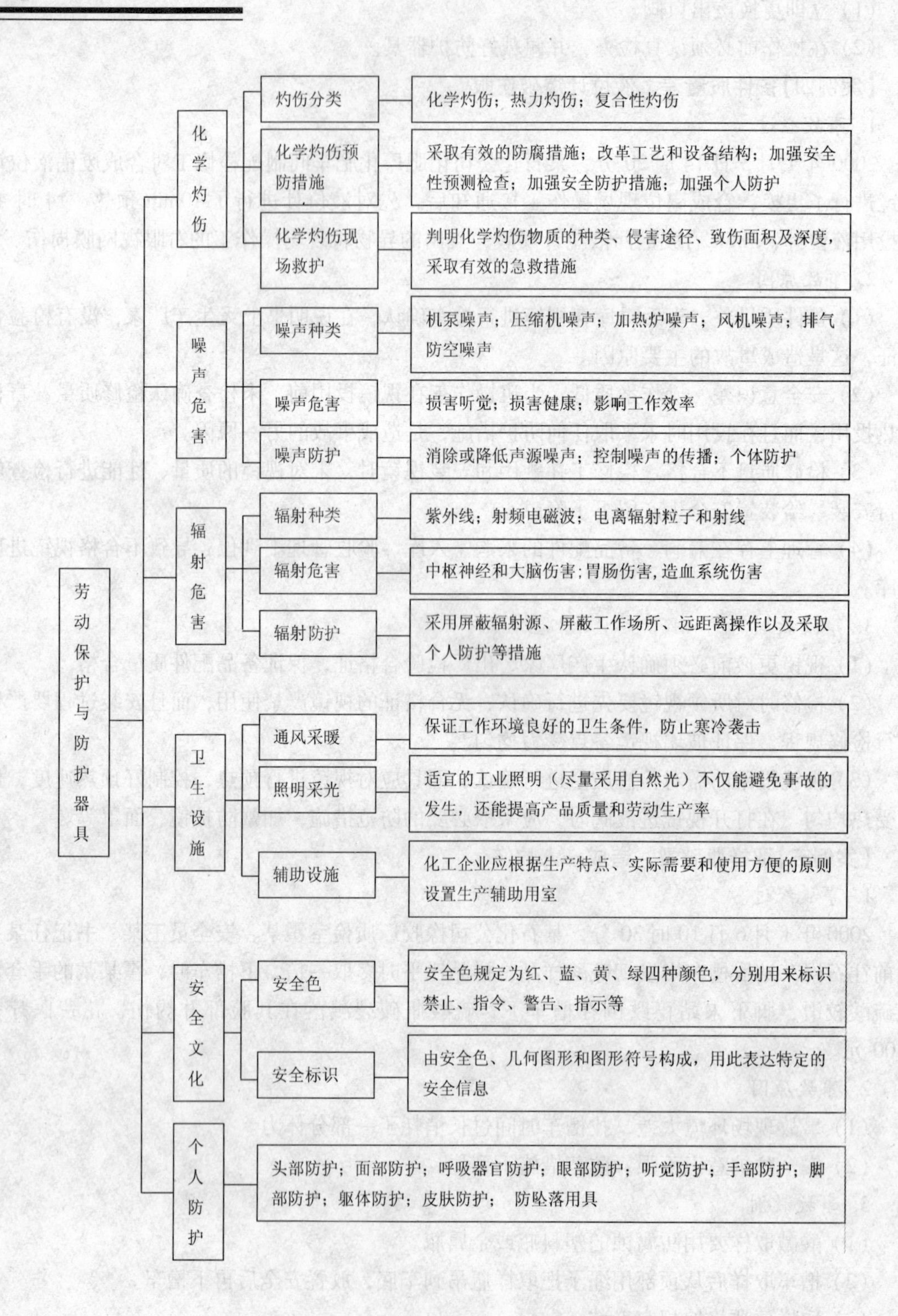

劳动保护与防护器具
化学灼伤
灼伤分类
化学灼伤；热力灼伤；复合性灼伤
化学灼伤预防措施
采取有效的防腐措施；改革工艺和设备结构；加强安全性预测检查；加强安全防护措施；加强个人防护
化学灼伤现场救护
判明化学灼伤物质的种类、侵害途径、致伤面积及深度，采取有效的急救措施
噪声危害
噪声种类
机泵噪声；压缩机噪声；加热炉噪声；风机噪声；排气防空噪声
噪声危害
损害听觉；损害健康；影响工作效率
噪声防护
消除或降低声源噪声；控制噪声的传播；个体防护
辐射危害
辐射种类
紫外线；射频电磁波；电离辐射粒子和射线
辐射危害
中枢神经和大脑伤害；胃肠伤害，造血系统伤害
辐射防护
采用屏蔽辐射源、屏蔽工作场所、远距离操作以及采取个人防护等措施
卫生设施
通风采暖
保证工作环境良好的卫生条件，防止寒冷袭击
照明采光
适宜的工业照明（尽量采用自然光）不仅能避免事故的发生，还能提高产品质量和劳动生产率
辅助设施
化工企业应根据生产特点、实际需要和使用方便的原则设置生产辅助用室
安全文化
安全色
安全色规定为红、蓝、黄、绿四种颜色，分别用来标识禁止、指令、警告、指示等
安全标识
由安全色、几何图形和图形符号构成，用此表达特定的安全信息
个人防护
头部防护；面部防护；呼吸器官防护；眼部防护；听觉防护；手部防护；脚部防护；躯体防护；皮肤防护；防坠落用具

思考与练习

1. 灼伤分为几种类型？如何防护？
2. 噪声对机体的危害有哪些？如何防护？
3. 辐射对机体的危害有哪些？如何防护？
4. 如何佩戴安全帽？
5. 呼吸器官的防护器具有哪些？
6. 什么是安全色和安全标志？各自的作用是什么？
7. 说明常见安全标志的含义。
8. 说明常见个体防护器具的作用和佩戴方法。

第九章　环境保护与“三废”治理

知识目标

- 了解环境及其分类。
- 了解环境问题。
- 理解掌握中国环境问题及其治理措施。
- 了解化工废气、废水、废渣的污染与治理措施。

能力目标

- 按国家要求保护环境，治理“三废”。

第一节　环境保护

环境保护是我国的一项基本国策，随着社会主义现代化建设的快速发展以及经济改革的深入进行，环境保护已经深入到各个行业和人们的生活中，越来越引起人们的关心和重视。

一、环境及其分类

1. 环境

《中华人民共和国环境保护法》第2条明确指出：“本法所称环境是指影响人类社会生存和发展的各种天然的和经过人工改造的自然因素的总体，包括大气、水、海洋、土地、矿藏、森林、草原、野生动物、自然古迹、人文遗迹、自然保护区、风景名胜区、城市和乡村等”。由此而见，环境是人类进行生产活动和生活活动的场所，是人类生存发展的物质基础，是作用于人类客体上的所有外界事物。简而言之，环境就是人类的生存环境。

2. 环境的分类

随着社会的发展、经济的繁荣，人类的生存环境已经形成了一个非常庞大而复杂、多层次、多单元的环境系统，这种环境系统包括社会环境和自然环境。

(1) 社会环境　是指人们生活的社会经济制度和上层建筑的环境条件，如教育环境、经济环境、医疗环境、政治环境等。

(2) 自然环境　是指人们生存和发展的物质条件，是人类周围的各种改造与未改造的自然因素总和。

二、环境问题

一切不利于人类生存发展的环境结构和状态的变化都属于环境问题。按其产生的原因，可分为由自然灾害引起原生环境问题和由人为因素引起的次生环境问题。次生环境问题一般分为两类：一类是由于不合理开发自然资源，超出环境的承载能力，使生态环境质量恶化或自然资源枯竭的现象；另一类是由于人口迅速膨胀、工农业的高速发展引起的环境污染和生态破坏。

当前全球性的环境问题突出表现在温室效应、臭氧层的破坏、酸雨以及不断加剧的水污染、自然资源和生态环境的持续恶化等，已引起联合国及各国政府的重视。

1. 温室效应

大气中的CO_2如温室里的玻璃一样，能让太阳光中可见光透过并被地面吸收，转变为热能，也能阻止地面增温后放出热辐射，从而使大气温度升高，这种现象称为温室效应。能够引起温室效应的气体称为温室气体，如CO_2、CFCs(氯氟烃)、CH_4等。其中引起温室效应的主要气体是CO_2，因此控制CO_2的排放量是缓解温室效应的重要措施，一方面通过恢复自然生态环境减少大气中CO_2的量，其最切实可行的办法是广泛植树造林；另一方面要限制工业化生产向大气排放的CO_2量，其控制途径是改变能源结构，控制化工原料的使用量，增加核能和可再生能源的使用比例。

2. 臭氧层破坏

自然界中的臭氧有90%集中在地面以上15～35km的大气平流层中，形成臭氧层，作为地球屏障保护地球上的一切生命。臭氧层能过滤掉太阳光中的99%以上的紫外线，臭氧层保护了人类和生物免遭紫外线的伤害。目前，臭氧层的损耗在不断加剧，地域在不断扩大，臭氧层的破坏主要是由于消耗臭氧的化合物所引起的，因此必须对这些物质的生产量及消耗量加以限制以保护臭氧层，保护我们的地球，保护我们的家园。

3. 酸雨

酸雨是指pH值为5～6的酸性降雨。随着生产的发展、社会的进步、人口的增长、燃料的消耗不断增加，酸雨的问题也越来越严重。酸雨中绝大部分是硫酸和硝酸，主要来源于人类广泛使用化石燃料向大气排放了大量的SO_2和NO_x，减少SO_2和NO_x的人为排放量是控制酸雨的重要措施。

此外，全球性环境问题还有土地荒漠化、森林植被破坏、生物多样性减少、水资源和海洋资源破坏等。

三、中国环境问题与治理

我国的环境污染问题是与工业化相伴而生的，随着工业化的大规模展开，重工业迅猛发展，随着改革开放和经济的高速发展，我国的环境污染渐呈加剧之势，特别是乡镇企业的异军突起，使环境污染向农村急剧蔓延，同时，生态破坏的范围也在不断扩大，环境问题已成为我国经济和社会发展的一大难题。

1. 环境问题

（1）大气污染　我国大气污染属于煤烟型污染，以煤尘和酸雨(SO_2)污染危害最大，并呈急剧增长之势，我国SO_2排放量已成为世界排放的头号大国。近年来，我国主要大城市机动车的数量大幅度增长，机动车尾气已成为城市大气污染的一个重要来源。

（2）水污染　近年来，巨大的污水排放造成全国70%以上的河流、湖泊受到不同程度的污染，90%的地下水不同程度地遭受到有机和无机污染物的污染，目前已经呈现出由点向面的扩展趋势，75%的湖泊出现不同程度的富营养化，大部分湖泊氮、磷含量严重超标，水生生态系统全面退化。工业水污染主要来自造纸业、冶金工业、化学工业以及采矿业等。而在一些城市和农村水域周围的农产品加工和食品工业，如酿酒、制革、印染等，也往往是水体中化学需氧量和生化需氧量的主要来源；另外，农业废水、作物种植和家畜饲养等农业生产活动对水环境也产生了重要影响。

（3）固体废弃物污染　我国2005年工业固体废弃物产量达13.4亿吨，综合利用7.7万吨，综合利用率约56.1%。另外，我国城市生活垃圾产生量增长较快，每年以8%～10%的速度增长，而目前城市生活垃圾处理率低，仅为55.4%，近一半的垃圾未经处理随意堆置，致使2/3的城市出现垃圾围城现象，达到无害化处理要求的不到10%。塑料包装物和农业薄膜导致的白色污染已蔓延全国各地。

（4）土地荒漠化和沙灾问题　我国是世界上土地沙漠化严重的国家之一，近十年来土地沙漠化急剧发展。目前，我国国土上的荒漠化土地占国土陆地总面积的27.3%，而且荒漠化面积还以每年2460平方公里的速度增长。

（5）水土流失问题　我国是世界上水土流失最严重的国家之一，耕地退化问题也十分突出，同时，由于农业生态系统的严重失调，草原面临严重退化，加剧了草地水土流失和风沙危害。

（6）旱灾和水灾问题　20世纪50年代中国年均受旱灾的农田为1.2亿亩，90年代上升为3.8亿亩。1972年黄河发生多次断流，有关专家经调查推测，未来15年内中国将持续干旱，而长江流域的水灾发生频率却明显增加，水灾造成的经济损失也在不断加大。

（7）生物多样性破坏问题　中国是生物多样性破坏较严重的国家，世界濒危物种中，中国约占总数的1/4，中国滥捕乱杀野生动物和大量捕食野生动物的现象仍然十分严重，屡禁不止。

（8）持久性有机物污染问题　随着中国经济的发展，难降解的持久性有机物污染开始显现。我国于2005年签署《关于持久性有机污染物的斯德哥尔摩公约》，其中确定的首批禁止使用的12种持久性有机污染物在中国的环境介质中多有检出，目前这类有机污染物广泛存在于工农业和城市建设等使用的化学品之中。

2. 环境治理

我国环境污染和生态破坏已到了岌岌可危的地步，同时又面临着全球环境问题和国际贸易竞争的巨大压力，为了保证国民经济的持续快速健康发展，对于那些突出的环境问题和相关问题，已经到了非解决不可的地步。通过环境法律法规体系，协调人类与自然的关系，保护人民健康，保障社会经济持续健康的发展。我国环境保护法的基本原则有以下几个方面：

（1）协调发展原则　发展经济和保护环境是对立统一的关系，良好的环境是经济发展的前提，经济发展了，又为保护环境提供了经济和技术条件。为了实现社会经济的可持续发展，必须使环境保护和经济发展、社会发展相协调，将经济建设、城乡建设、环境建设同步规划、同步实施、同步发展，达到社会效益、经济效益、环境效益的统一。

（2）预防为主、防治结合、综合治理的原则　预防为主、防治结合、综合治理的原则就是如何正确处理防和治的相互关系。环境问题一旦发生就难以恢复和消除，这就要求将环境保护的重点放在事前预防，防止环境污染和破坏自然资源，积极治理和恢复现有的环境污染和自然资源，采用多途径相结合的办法实现效益最大化的治理效果，以保护人类赖以生存的自然环境，保护生态系统的安全性。

（3）开发者保护、污染者治理的原则　开发利用自然资源的单位不仅有利用自然资源的权利，而且也有保护自然资源的责任和义务。开发资源的目的是为了利用，保护好自然资源是为了长效的开发。环境污染主要是由工矿企业及有关事业单位排放的污染物造成的，所以污染单位必须承担治理费用。

(4) 协同合作原则　协同合作是指以可持续发展为目标，在国家内部各部门之间、在国际社会之间实行广泛的技术、资金、情报交流与援助，联合处理出现的环境问题。治理环境问题不是靠一个国家、一个地区、一个部门就能完成的，应当由全世界、全人类携手合作共同努力，才能从根本上扭转环境恶化的局面。

(5) 可持续发展原则　可持续发展就是既满足当代人的需要，又不对后代人满足其需要的能力构成危害的发展。合理有度地利用自然资源，发挥最大效益，不降低它的再生和永续能力，使保护环境与经济和其他方面的发展有机地结合起来，使环境和发展一体化。

第二节　化工“三废”的污染与治理

在生产化工产品时，由于工艺复杂化、生产连续化、原料多样化，使得化工生产原料消耗量大，产品量多，形成的污染物也多种多样，产生的废弃物量也很多，这些废弃物排放到环境中，将造成环境体系的失衡，使环境受到污染，因此，应该尽量减少废弃物的产生，同时尽量将废弃物的产生消除在萌芽阶段，从而达到预防的目的。

化工污染物的种类按污染物的性质可分为无机化工污染物和有机化工污染物；按污染物的形态可分为废气、废水和废渣，简称“三废”。

一、化工废气污染及治理

1. 化工废气污染物的种类

化工废气按所含污染物的性质，可分为含无机污染物的废气、含有机污染物的废气和既含无机污染物又含有机污染物的废气；按污染物存在的形态可分为颗粒污染物(如烟尘、粉尘等)和气态污染物(如硫氧化物、氮氧化物等)；按与污染源的关系，可分为一次污染物与二次污染物。污染物直接排放大气，其形态没有发生变化，则称为一次污染物；排放的一次污染物与大气中原有成分发生一系列的化学反应或光化学反应所形成的新的污染物称为二次污染物，如硫酸烟雾、光化学烟雾等。

2. 化工废气污染物的危害

化工废气污染物可通过各种途径降到水体、土壤、植物中而影响环境，并可通过呼吸、肌肤、饮食等进入人体中，对人类的生存环境及人体健康产生近期或远期的危害。例如，大气中的颗粒污染物可引起鼻咽炎、慢性气管炎及支气管炎、哮喘、心肺病、血液中毒等疾病；大气中气态污染物的 SO_2 长时间接触会损害鼻、喉、支气管，大气中的 NO 能影响血液的输氧功能，NO_2 能损害人体造血组织，CO 能与人体血液中的血红蛋白化合，导致人体缺氧，CO_2 能阻碍地球表面向外散热的过程，导致全球气温上升，从而影响环境平衡等。

3. 化工废气污染物的治理

煤尘、烟尘、飘尘等颗粒污染物主要来自于燃料燃烧及固体物料在粉碎、筛分或输送等机械加工过程，可通过除尘的方法来消除污染。

对于气态污染物的治理，主要是根据不同物质的物理性质和化学性质，采用不同的技术进行治理防治，常用的防治方法有吸收法、吸附法、催化转化法、燃烧法、冷凝法、生物法、膜分离法等。

二、化工废水污染及治理

化工生产过程中需要大量的水用来作为溶剂、吸收剂等，排放量也相当大，这些废水最终排放到水域中，对水域将造成严重的污染。化工生产排放的废水具有量大、污染物种类多、生化需氧量和化学需氧量高、营养化物质多、pH 值超标、废水温度较高等特点，废水中污染物成分随产品种类、生产工艺不同而不同。

1. 化工废水污染物的种类

化工生产排放废水按其种类和性质的不同可分为三类：

（1）含无机物的废水　主要来自于无机盐、氮肥、磷肥、硫酸、硝酸、纯碱等工业生产时排放的酸、碱、无机盐及一些重金属和氰化物等。

（2）含有机物的废水　主要来自于基本有机原料、三大合成材料、农药、染料等工业生产排放的碳水化合物、脂肪、蛋白质、有机氯、酚类、多环芳烃等。

（3）含石油类的废水　主要来自于石油化工生产的重要原料、各种动力设施运转过程消耗的石油类废弃物等。

2. 化工废水污染物的危害

（1）含无机物废水的危害　废水中的酸、碱会使水体的 pH 值发生变化，消灭或抑制微生物的生长；人体接触可对皮肤、眼睛和黏膜产生刺激作用，进入呼吸系统能引起呼吸道和肺部损伤。无机盐可增大水体的渗透压，对淡水和植物的生长不利。

氮、磷等营养物能促进水中植物生长，加快水体的富营养化，使水体出现老化现象，促进各种水生生物的活性，刺激它们异常繁殖，生成藻类，从而带来一系列严重的后果。

废水中各类重金属主要是指镉、铅、铬、镍、铜等，这些物质在水体中不能被微生物降解，如果进入人体，将在某些器官中积蓄起来造成慢性中毒，产生各种疾病。

（2）含有机物废水的危害　废水中的有机无毒物在有氧条件下，分解生成 CO_2 和 H_2O，但若需要分解的物质太多，将消耗水体中大量的氧气，造成各种耗氧生物（如鱼类）的缺氧死亡。

废水中的有机有毒物比较稳定，不易分解，长期接触，将会影响皮肤、神经、肝脏的代谢，导致骨骼、牙齿的损害。

酚类排入水体后，严重影响水质及水产品的质量，进入人体可引起头昏、出疹、贫血等。

多环芳烃一般都具有很强的毒性，如 1，2 - 苯并芘等有很强的致癌作用。

（3）含石油类废水的危害　当水体含有石油类物质，不仅对水资源造成污染，而且对水生物有相当大的危害，水面上的油膜使大气与水面隔绝，减少氧气进入水体，从而降低了水体的自净能力，水体中的油类物质含量高时，将造成水体生物的死亡。

3. 化工废水污染物的治理

（1）化工废水污染物的治理原则　严格控制各类水体污染指标；清洁生产过程，改革生产工艺，一水多用，进行综合利用和回收；尽量不用或少用易产生污染的原料、设备和工艺，将生产过程中产生的污染物减少到最低；尽可能采用重复用水及循环用水系统，使废水排放量减至最少；尽可能回收废水中有价值的物质，减少污染物，降低生产成本，增加经济效益；加强操作管理，控制污染，防止生产中的“跑、冒、滴、漏”现象，控制各类污染物浓度的限量，同时做到先净化后排放的原则。

（2）化工废水污染物的治理　按废水治理的原理，习惯上常分为物理处理法、化学处理法、物理化学处理法和生物处理法；按废水处理程度，可分为一级、二级和三级处理。一级处理主要去除废水中的悬浮固体、胶状物、漂浮物等；二级处理主要去除废水中胶状物和溶解状态的有机物，它是废水处理的主体部分；三级处理主要去除难降解的有机物及无机物。

三、化工废渣污染及治理

固体废弃物是生产和生活活动中被丢弃的固体状物质或泥状物质。生产活动中产生的固体废弃物简称废渣，生活中产生的固体废弃物俗称垃圾。

化工废渣主要指化工生产过程中及其产品使用过程中产生的固体和泥浆废弃物，如果这些废弃物质进入环境，其中有毒成分将对大气、土壤、水体造成污染，不仅严重影响环境卫生，而且威胁人体健康。

1. 化工废渣污染物的种类

化工废渣污染物来源范围广、种类繁多、组成复杂，其分类方法也很多。按其性质可分为无机废弃物和有机废弃物；按其形状分为固体废弃物（如粉状、柱状、块状等）和泥状废弃物（如污泥）；按其危害性分为一般固体废弃物和危险性固体废弃物；按其来源分为矿业固体废弃物、工业固体废弃物、城市垃圾、农业固体废弃物和放射性固体废弃物等。

2. 化工废渣污染物的危害

化工废渣污染物若处理不当，其中的有害成分将通过多种途径进入环境和人体，对生态系统和环境造成多方面的危害。

（1）对土壤的危害　化工废渣体积庞大，长期露天堆放，其中的有害成分在地表通过土壤孔隙向四周及土壤深层迁移。在迁移的过程中，有害成分被土壤吸附，在土壤中集聚，导致土壤成分和结构的改变，从而影响了植物的生长，严重时将使土地无法耕种。

（2）对大气的危害　化工废渣在堆放、运输及处理过程中，不仅粉尘随风扬散，而且释放出的有害气体扩散到大气中，影响大气质量使大气受到污染。

（3）对水体的危害　如果化工废渣不加处理直接排放到江、河、湖、海等水域中，或者飘入大气中的微小细粒通过降水落入地表水系，水体可溶解其中的有害成分，毒害生物，造成水体缺氧、污染、变性、富营养化，导致水体生物死亡，降低水体质量。

（4）对人体的危害　人类的生存离不开土壤、水、大气等媒介系统，化工废渣使人类赖以生存的媒介受到了污染，有害成分将直接或间接由呼吸系统、皮肤、消化系统摄入人体，使人体受到有害成分的袭击而致病。

3. 化工废渣污染物的治理

（1）化工废渣的治理原则　化工废渣对环境的污染是多方面、全方位的，不仅侵占土地、污染水体、大气，影响环境卫生，而且由于成分复杂、种类繁多、治理难度大，所以我国对固体废弃物污染控制制定了“无害化”、“减量化”、“资源化”的“三化”政策，并确定了在较长时间内以“无害化”为主，从“减量化”向“资源化”过渡。

“无害化”处理的基本任务是将有害固体废弃物通过物理、化学或生物处理达到不污染环境、不损害人体健康为目的的处理工程。

“减量化”的基本任务是能通过适宜的手段，减少固体废弃物产生或排放的数量。

“资源化”的基本任务是采取工艺措施，从固体废弃物中回收有用的物质和能源，创造经济价值，它是固体废弃物的主要归宿。

（2）固体废弃物的治理　固体废物的处理方法主要有卫生填埋法、焚烧法、热解法、微生物分解法、固化处理等，其中应用最多的是卫生填埋法。

本章小结

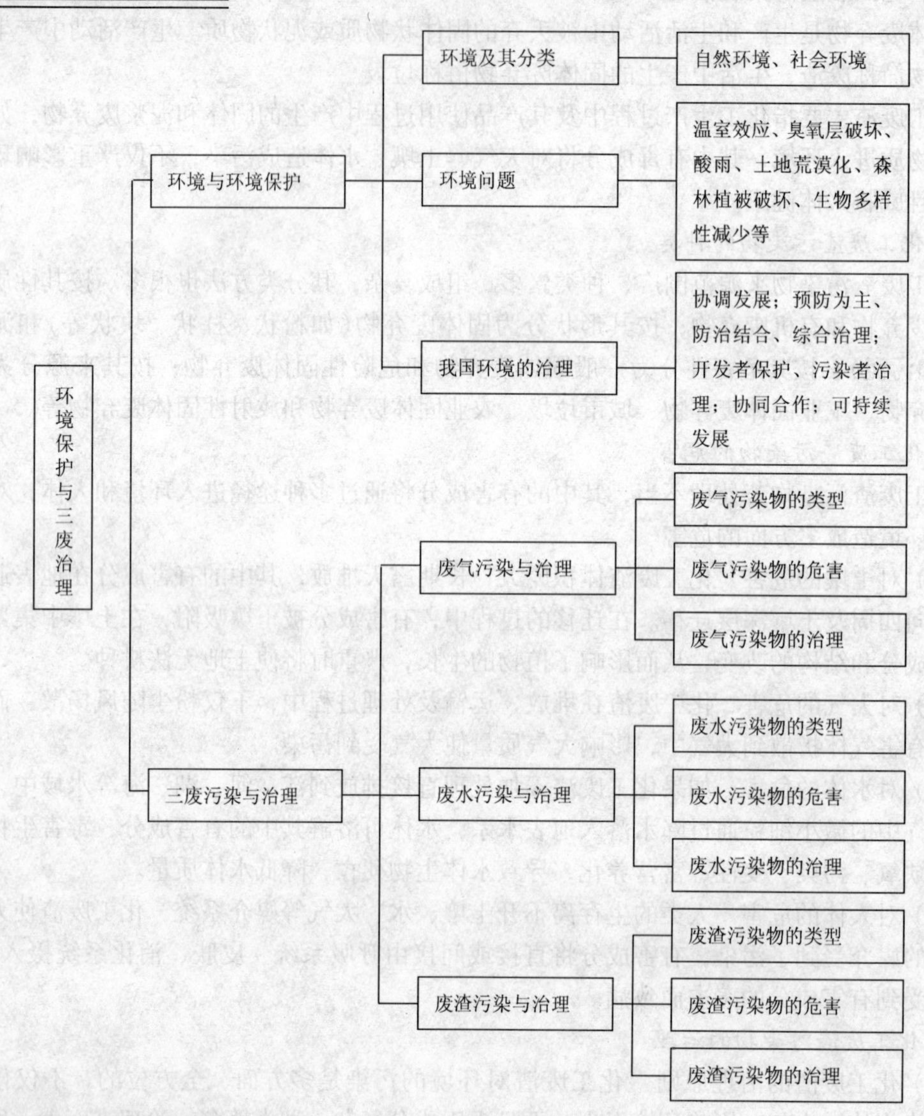

思考与练习

1. 什么是环境？环境是如何分类的？
2. 请叙述温室效应、臭氧层破坏、酸雨等现象产生的原因、危害及控制措施？
3. 我国环境保护法的基本原则是什么？
4. 说明“三废”污染的危害和防治措施。

复习题

一、填空题

1. 设备运行记录填写错误需要更正时，必须采用(　　)。

2. 现场操作原始记录由(　　)填写。

3. 石油化工生产存在许多不安全的因素，其中(　　)、(　　)设备较多是主要的不安全因素之一。

4. 石油化工生产的显著特点是(　　)、(　　)要求严格。

5. 石油化工生产产生的(　　)、(　　)、废渣多，污染严重。

6. 从事酸碱作业时，作业人员必须穿好(　　)，佩戴封闭式眼镜及耐酸碱的各种橡胶手套。

7. 防护鞋的鞋底必须有(　　)功能。

8. (　　)手套或(　　)手套只可作为一般的劳动防护用品。

9. 对装置所有的传动部件进行(　　)、(　　)时，必须确定停止运转，停电后方可进行。

10. 工作地点有有毒的气体、粉尘、雾滴时，为保护呼吸系统，作业人员应按规定携带戴好(　　)。

11. 对装置(　　)检修后，(　　)必须按规定固定安装，确保开车时安全罩牢靠。

12. 从事易燃、易爆岗位的作业人员应穿(　　)工作服。

13. 厂内行人要注意风向及风力，以防在突发事故中被有毒气体侵害，遇到类似情况时要绕行、(　　)、(　　)。

14. 急性中毒现场抢救的第一步是(　　)。

15. 交接班记录填写时，一般要求使用的字体是(　　)，不允许在岗位交接班记录中出现(　　)情况。

16.《安全生产法》规定，从业人员在发现(　　)危及人身安全的紧急情况时，有权(　　)作业或者在采取可能的应急措施后撤离作业场所。

17. 经压缩后的空气含有一定量的水、油及杂质，因此，必须进行(　　)、(　　)处理。

18. 为提高换热器的传热速率，流体流向往往选择(　　)操作。

19. 大小和方向都不随时间变化的电流称为(　　)。

20. 安全阀按气体排放方式可分为封闭式、(　　)、(　　)。

21. 严禁携带(　　)进入车间，装置内任何部位禁止(　　)。

22. 严禁用(　　)冲洗电机、电缆、电器开关等电器设备。

23. 设备不能超温、(　　)、(　　)、(　　)运行。

24. 设备检修必须办理(　　)，机动设备检修必须(　　)，仪表检修必须(　　)。

25. 消防栓、消防炮、灭火器、安全抢险物品不能(　　)，不能(　　)，保证灵活好用。

26. 工作中不能(　　)、(　　)，不能做与生产无关的事情。

27.“三不伤害”是指：(　　)、(　　)、(　　)。

28. 使用空气呼吸器作业时，当气瓶压力下降到(　　　　)时，报警器会发出报警哨声，此时佩戴者必须立即(　　)。

29. 发生人员中毒事故时，救护者应做好(　　)，戴好(　　)，穿好(　　)。

30. 生产性粉尘是指在生产过程中产生的、能较长时间飘浮在空气中的(　　)。

31. 用灭火器进行灭火的最佳位置是(　　)，不能用(　　)或(　　)扑救电气火灾，干粉灭火器(　　)检查一次。

32. 防火监护人在监护期间，不得擅自离开作业现场，如需要喝水、上厕所，必须收回用火作业人手中的用火作业票，时间不得超过(　　)分钟，超过(　　)分钟属于脱岗。

33. 临时用电要求先办理(　　)，再办理(　　)。

34. 机械伤害的防护要做到“转动有(　　)、转轴有(　　)、区域有(　　)”，防止衣袖、发辫和手持工具绞入机器中。

35. 化工厂管线颜色，一般氧气用(　　)色，氮气用(　　)色，水蒸气用(　　)，水用(　　)色。

36. 压力容器的安全附件主要包括安全阀、爆破片、压力表、(　　)、(　　)等。

37. 压力容器必须满足要求的强度、刚度、(　　)、(　　)、(　　)。

38. 润滑五定是指定点、定时、(　　)、(　　)、(　　)。

39.“四懂三会”是指懂原理、懂结构、懂性能、(　　)、会使用、(　　)、(　　)。

40. 润滑油转移和更换时应严格执行(　　)，“三级过滤”是指由大油桶抽到固定油桶过滤；(　　)；(　　)。

41. 工作中应严格控制工艺条件，监测仪表、装置附件，严防容器(　　)、(　　)运行。

42. 对安全阀、压力表及其他安全设施应保持(　　)、(　　)、(　　)。

43. 电机轴承温度一般不超过(　　)℃。

44. 压力容器按压力范围分类：低压容器指(　　)，中压容器指(　　)。

45. 为了做好防冻防凝工作，停用的设备、管线与生产系统连接处要加好(　　)，并把积水排放吹扫干净；低温处的阀门井、消火栓、管沟要逐个检查，排除积水，采取(　　)措施。

46. 通常将1m²可燃液体表面着火视为(　　)。

47. 进行气密性试验时，(　　)应安装齐全。

48. 化工设备定期巡回检查的重点包括压力容器本体、(　　)部位、(　　)的裂纹、过热、变形、泄漏及损伤等。

49. 废水治理的方法有物理法、(　　)法和(　　)法等。

50. 传热的基本方式包括(　　)、(　　)、(　　)。

51. 蒸汽管线使用前必须进行暖管，暖管时要遵循(　　)的原则。

52. 着火点较大时，有利于灭火措施的是抑制(　　)、减少(　　)浓度及减少(　　)浓度。

53. 用火作业结束后或下班前，施工人员要进行详细检查，不得留有(　　)。

54. 石油化工企业生产的突出特点是易燃、易爆、易中毒、强腐蚀性、(　　)。

55. 工业毒物侵入人体的途径包括(　　)、(　　)、(　　)。

56. 员工安全教育的主要形式包括(　　)、(　　)、(　　)三种。

57. 特种作业操作证每(　　)复审一次。

58. 过滤式防毒面具由(　　)、背包、导气管、(　　)四个部件组成。

59. 粉尘的分散度越大，粒径越小，对吸入者危害(　　)。

60. 生产和生活过程中接触粉尘、毒物、噪声、辐射等物理、化学危害因素达到一定的危害程度，将会导致(　　)。

61. 过滤式防毒面具的使用条件是空气中的氧气浓度(体积)应大于(　　)，有毒气体的浓度应小于(　　)。

62. 用火作业票分为(　　)、(　　)和(　　)动火。

63. 在清理受限空间少量可燃物料残渣、沉淀物时必须使用(　　)工具

64. 安全生产中对设备操作要做到"四懂三会"，其"四懂"是指(　　)、(　　)、(　　)(　　)。

65. 压力容器按安全监察方面分类，可分为(　　)、(　　)和(　　)。按压力容器的设计压力分为(　　)、(　　)、(　　)、(　　)四个压力等级。

66. 工作中应定时、(　　)、定线、(　　)进行巡回检查。

67. 压力容器常见的失效形式有(　　)、(　　)、(　　)和(　　)等。

68. 焊缝外表面缺陷主要有焊缝尺寸不符合要求、咬边、(　　)、(　　)。

69. 三相四线制中性点不接地系统中，当一相接地时，中性点对地的电压等于(　　)。

70. GB 150 规定，碳素钢、6MnR 和正火 15MnVR 钢制容器液压试验时，液体温度不得低于(　　)；其他低合金钢制容器，液体温度不得低于(　　)。如果由于板厚等因素造成材料无延性转变温度升高，则需相应提高试验液体温度。

71. 设计压力是指设定的容器(　　)的最高压力，与相应的(　　)一起作为设计载荷条件。

72. 防止设备腐蚀的方法有：(　　)、(　　)和(　　)。

73. 材料的冲击韧性随温度的降低而(　　)。

74. 奥氏体不锈钢制用水进行液压试验后，应将水质清除干净。当无法达到这一要求时，应控制水所含氯离子含量不超过(　　)。

75. 防雷、防静电设备接地电阻值，不宜大于(　　)Ω。

76.《安全生产法》规定，生产经营单位主要负责人在本单位发生重大生产安全事故时，不立即组织抢救或者在事故调查处理期间擅离职守或者逃匿的，给予降职、撤职的处分，对逃匿的处(　　)日以下拘留；构成犯罪的，依照刑法有关规定追究刑事责任。

77.《安全生产法》规定，事故调查和处理的具体办法由(　　)制定。

78. 国家对危险化学品实行(　　)制度，对危险化学品的生产、储存实行(　　)制度，对危险化学品经营实行(　　)制度，对危险化学品运输实行(　　)制度。

79. 工业用火中"四不动火"是指用火票未经签发不动火、(　　)、用火部位、时间与用火票不符合不动火、(　　)。

80. 生产性粉尘是指在生产过程中产生的、能较长时间飘浮在空气中的(　　)。

81. 触电的紧急处置方法是(　　)。

82. 防火监护人的职责主要包括：①应持用火票的第二联，对用火票中安全措施的落实情况进行认真检查，发现措施不当或落实不好及未按用火票规定用火，立即制止(　　)；②对用火现场负责(　　)，用火作业结束之前不得擅离现场，如发生着火，要立即扑灭，难以扑灭时应马上(　　)。

83. 压力容器的定期检验包括(　　)、(　　)和(　　)。

84. 压力容器液压试验的合格标准为(　　)，(　　)，(　　)。

85. 压力容器与安全阀之间设置截止阀，应不妨碍安全阀的(　　)，压力容器正常运行时，截止阀必须(　　)。

86. 灭火的四种基本方法分别是：窒息法，减少空气的(　　)；冷却法，降低燃烧物质的(　　)；隔离法，隔离与火源相近的(　　)；抑制法，消除燃烧过程中的(　　)。

87. 爆破片装置是由(　　)、(　　)和(　　)组成。

88. 压力容器投入使用前，使用单位应按国家颁发的《压力容器使用登记管理规则》的要求，逐台办理(　　)手续。压力容器的安全阀(　　)校验一次

89. 防腐蚀措施包括：以设备防腐为目的的(　　)金属和(　　)金属、(　　)和内涂层设备和管道；化工大气、埋地设备和管道外壁涂料重防腐；生产装置工艺防腐措施使用的防腐剂、缓蚀剂、缓蚀阻垢剂、中和剂和电化学(　　)等。

90. 接受易燃、易爆物料的容器、设备，在接受物料前必须按规定进行(　　)；应按盲板流程图逐个抽出盲板，并进行复核。

91. 防雷防静电设施处于完好状况，凡投用(　　)年以上的接地极必须挖开检查，对截面积腐蚀五分之一以上者，必须更换。

92. 参照 GB 6441—1986《企业伤亡事故分类》，将危害因素分为(　　)、车辆伤害、机械伤害、起重伤害、触电、淹溺、灼烫、火灾、(　　)、坍塌、放炮、火药爆炸、化学性爆炸、物理性爆炸、(　　)、其他伤害等共 16 类。

93. 校验后的压力表应具备(　　)、(　　)、(　　)的标志。

94. 当出现有人中毒、窒息的紧急情况时，抢救人员进入受限空间时必须佩戴(　　)防护器具，并应至少有一人在外部做联络工作。

95. 应力腐蚀是金属在拉应力和特定的腐蚀性介质共同作用下发生的断裂破坏形式，其裂纹与主拉伸应力(　　)，一般呈(　　)状，其断口为(　　)断口。

96. 疲劳破裂是指压力容器在受到(　　)的长期作用，在没有经过明显的(　　)变形而导致容器断裂的一种破坏形式。

97. 压力表的量程一般为容器最高工作压力的(　　)倍，最好取(　　)倍。在稳定压力下，最高工作压力不应超过刻度极限的(　　)，在波动压力下，不应超过刻度极限的(　　)。

98. 金属材料在受拉的过程中，从开始受载到发生断裂时所达到的最大应力值称为(　　)。

99. 支座与容器间加垫板的目的是为了(　　)，对于不锈钢容器，加垫板有利于容器的(　　)。

100. 对于奥氏体不锈钢制成的设备，在清理工作表面的水垢时往往使用柠檬酸等有机酸，而不用盐酸，以防(　　)引起应力腐蚀。

二、单选题

1. 特种设备使用单位应当按照安全技术规范的定期检验要求，在安全检验合格有效期届满前(　　)个月，向特种设备检验检测机构提出定期检验要求。

A. 半　B. 1　C. 2　D. 3

2. 凡距坠落高度基准面(　　)m 及以上，有可能发生坠落的高处进行作业，称为高处作业。

A. 2　B. 4　C. 6　D. 8

3. 在易燃易爆场所进行抽堵盲板时，作业地点(　　)m 范围不得有动火作业。

A. 30　B. 40　C. 50　D. 35

4. 停电检修时，在一经合闸即可送电到工作地点的开关或刀闸的操作把手上，应悬挂如下哪种标示牌(　　)。

A. 在此工作　B. 止步，高压危险

C. 禁止合闸，有人工作　D. 无要求

5. 进行动火分析时，取样与动火时间不得超过(　　)。

A. 10min　B. 20min　C. 30min　D. 40min

6. 压力容器在进行液压试验时，当压力达到规定压力后，保压时间一般不低于(　　)。

A. 10min　B. 20min　C. 30min　D. 60min

7. 在禁火区内，化验室长期用的电炉、酒精灯等，均需办理用火证，用火证的有效期最多不许超过(　　)年。

A. 1/4　B. 1/2　C. 1　D. 2

8. 下列情况之一的(　　)为第二类压力容器。

A. 中压容器

B. 中压容器(仅限毒性程度为极度和高度危害介质)

C. 球形储罐(容积大于等于 $50m^3$)

D. 低温液体储存容器(容积大于 $5m^3$)

9. 一般用作吊索和在卷扬机上使用的钢丝绳应选用(　　)钢丝绳。

A. $6\times17+1$　B. $6\times27+1$　C. $6\times19+1$　D. $6\times37+1$

10. 用焊接方法装设在压力容器上的补强圈以及周边连续焊的起加强作用的垫板应至少设置(　　)个不小于 M6 的泄漏信号指示螺纹孔。

A. 1　B. 2　C. 3　D. 4

11. 同一部位的返修次数不宜超过(　　)次。

A. 1　B. 2　C. 3　D. 4

12. 安全阀应(　　)安装，并应装设在压力容器液面以上气相空间部分，或装设在与压力容器气相空间相连的管道上。

A. 水平　B. 垂直　C. 倾斜　D. 水平或垂直

13. 安全人机工程是研究人、机和(　　)系统的安全本质，并使三者从安全的角度上达到最佳匹配的一门科学。

A. 安全　B. 环境　C. 工程　D. 以上答案都不对

14. 对于压力容器，以下说法正确的是(　　)。

A. 压力容器的最高工作压力大于设计压力

B. 压力容器的设计压力小于安全阀的开启压力

C. 压力容器受压元件金属表面温度不得超过钢材的允许使用温度

D. 压力容器设计温度应低于金属元件可能达到的最高金属温度

15. 当吊钩处于工作位置最低点时，钢丝绳除在圈筒上缠绕固定绳尾的圈数外，不小于(　　)圈。

A. 1　　B. 2　　C. 3　　D. 5

16. 钻床开动后，操作中允许(　　)。

A. 用棉纱擦钻头　　B. 测量工作　　C. 手触钻头　　D. 冷却液冷却

17. 使用锉刀时不能(　　)。

A. 推锉　　B. 来回锉　　C. 单手锉　　D. 双手锉

18. 钳工车间设备较少，工件摆放应(　　)。

A. 整齐　　B. 放在工件架上　　C. 随便　　D. 混放

19. 手电钻装卸钻头时，按操作规程必须使用(　　)。

A. 钥匙　　B. 铁锤　　C. 铁棍　　D. 管钳

20. 检修作业离不开动火、动土、受限空间等作业，客观上具备了发生火灾、爆炸、(　　)、化学灼伤、高处坠落、物体打击等事故的条件。

A. 中毒　　B. 水灾　　C. 中暑　　D. 触电

21. 安全标志的作用是引起人们对不安全因素的注意，防止事故发生，但不能代替(　　)和防护措施。

A. 操作规程　　B. 安全操作规程　　C. 安全标准　　D. 操作标准

22. 特种作业人员必须经安全技术培训考核，取得(　　)以后，方允许独立作业。

A. 安全技术合格证　　B. 特种作业操作　　C. 员工工作证　　D. 合格证

23. 按规定在焊接作业时，乙炔瓶和氧气瓶之间的间距应不少于7m，两者距明火之间的距离不少于(　　)m。

A. 5　　B. 10　　C. 7　　D. 3

24. ISO标准规定，为维护劳动者每天工作8h，其允许的连续噪声最高为(　　)。

A. 60dB　　B. 90dB　　C. 100dB　　D. 120dB

25. 遵守法律法规不要求(　　)。

A. 延长劳动时间　　B. 遵守操作规程　　C. 遵守安全规程　　D. 遵守劳动纪律

26. 固定动火区距易燃点、易爆厂房、罐区、设备、阴井、排水沟、水封井等距离不应小于(　　)m。

A. 20　　B. 10　　C. 50　　D. 30

27. 查找燃气用具、管道的漏气点时，通常采用(　　)的方法。

A. 肥皂水　　B. 淡盐水　　C. 打火机　　D. 火柴

28. 进入塔、罐、容器内作业前，必须对设备内进行清洗和置换，置换后可燃气体浓度在(　　)%以下。

A. 1　　B. 0.5　　C. 5　　D. 2.5

29. 压力容器压力表的损坏程度不严重，不需停止运行就可以修理完毕的，属于(　　)。

A. 爆炸事故　　B. 重大事故　　C. 一般事故　　D. 无事故

30. 由外单位拆卸调入安装使用的压力容器(　　)。

A. 做内外部检验，必要时做全面检验

B. 只需检查安全附件是否齐全、灵敏、可靠

C. 只需要检查容器的防腐蚀层、保温层及设备铭牌是否完好

D. 需进行支座紧固螺栓是否完好及基础有无下沉、倾斜等现象的检验

31. 压力容器的全面检验规定每(　　)进行一次。

A. 三年　　B. 四年　　C. 五年　　D. 六年

32. 爆破片是一种压力容器的超压泄放装置，通常爆破片(　　)。

A. 不必更换，可年年使用，直到爆破才更换

B. 每年更换一次

C. 每两年更换一次

D. 每 2 ~ 3 年更换一次

33. 压力容器温度的控制，主要是控制其(　　)。

A. 极端的工作温度　　B. 操作温度不高于最高温度

C. 操作温度不高于最低温度　　D. 器壁的平均温度

34. 停止使用两年以上，需要回复使用的压力容器(　　)。

A. 做内外部检验，必要时做全面检验

B. 只需检查安全附件是否齐全、灵敏、可靠

C. 只需要检验容器的防腐蚀层、保温层及设备铭牌是否完好

D. 检查容器焊缝有无腐蚀、变形、局部过热等不正常现象

35. 压力容器投入后首次进行内外部检验的周期一般是(　　)。

A. 三年　　B. 四年　　C. 五年　　D. 半年

36. 压力容器上使用的安全阀应按规定进行定期检验，一般(　　)检验一次。

A. 每年至少　　B. 每二年　　C. 每三年　　D. 每四年

37. 化工生产必须遵守安全生产禁令，进入容器和设备检修时，必须要(　　)。

A. 带好工具　　B. 清洗储罐　　C. 取样分析　　D. 进行置换、通风

38. 在禁火区内进行电气焊时，必须办理(　　)。

A. 焊工证　　B. 消防证　　C. 动火证　　D. 容器使用证

39. 需要检修的设备需要将其与生产运行系统进行可靠隔离，常用的方法是(　　)。

A. 切断电源　　B. 吹扫通　　C. 抽堵盲板　　D. 泄压排放

40. 压力容器着火应迅速(　　)。

A. 切断进料，喷淋降温　　B. 保护现场，吹扫通风

C. 切断电源，防止短路　　D. 通知消防，等待援助

41. 储罐因超压爆裂是(　　)。

A. 化学爆炸　　B. 物理爆炸　　C. 粉尘爆炸　　D. 气体爆炸

42. 油品着火可首先选用(　　)灭火器进行灭火。

A. 水喷雾　　B. 泡沫灭火　　C. CO_2灭火器　　D. 1211 灭火器

43. 安全生产管理的基本对象是企业的(　　)。

A. 生产资源　B. 员工　C. 设备　D. 环境

44. 按国家有关规定，压力容器上使用的压力表应列为计量仪表，按规定周期进行(　　)。

A. 外观检查　B. 强制检查　C. 监督检测　D. 密封检测

45. 从安全生产的角度说，(　　)是指可能造成人员伤害、疾病、财产损失、作业环境破坏或其他损失的根源或状态。

A. 危险　B. 危险度　C. 危险源　D. 重大危险源

46. 起吊工作物时，试吊离地面(　　)m，经检查确认稳妥后方可起吊。

A. 1　B. 1.5　C. 0.3　D. 0.5

47. 进入容器必须申请办证并得到批准才能进入容器从事检修工作，此外还应有(　　)防护措施。

A. 要带灭火器　B. 器内工作不少于三人

C. 必须有人在器外监护并坚守岗位　D. 器内工作时间不能超过半小时

48. 化工原料、半成品、成品、易燃易爆的物质在生产区内的所有空间都可能存在，防止燃烧的关键是(　　)。

A. 清除掉可燃物　B. 清除掉助燃物　C. 增设消防器具　D. 加强明火管理

49. 检修工作正确的做法是(　　)。

A. 欢迎外来人员进入检修现场参观学习

B. 设备要置换分析合格，并给介质出口管道加盲板隔绝

C. 为赶进度各工种应同时进入现场

D. 由于置换合格，故无需办理动火手续和进入器内手续

50. 检修前的准备工作量大，最重要的准备工作是(　　)。

A. 熟悉技术资料，了解有关数据　B. 拟定检修方案，具体项目落实到人

C. 准备备品备件及工具器具　D. 指定和落实安全措施

51. 机械转动部件上(　　)。

A. 可放工件　B. 只可放量具　C. 可放小工件　D. 不得搁放物品

52. 在机器产品的寿命周期各环节中，决定机器产品安全性的最重要环节是(　　)。

A. 制造　B. 维修　C. 设计　D. 使用

53. 在工作场所如机床上使用的局部照明灯安全电压不超过(　　)。

A. 12V　B. 36V　C. 110V　D. 48V

54. 压力容器的安全设计主要包括(　　)方面。

A. 合理选用材料　B. 选择适合的结构形式

C. 满足强度的要求　D. 以上都要

55. 安全法生产法明确规定了从业人员的三项义务，其中不属于三项义务的是(　　)。

A. 对本岗危险因素知情的义务　B. 检举义务

C. 自觉遵规服从管理的义务　D. 及时报告险情的义务

56. 三线电缆中的红线代表(　　)。

A. 零线　B. 火线　C. 地线　D. 天线

57. 在罐内作业的设备，经过清洗和置换后，其氧含量可达(　　)。

A. 18%～23%　B. 15%～18%　C. 10%～15%　D. 23%～25%

58. 金属梯子不适于(　　)场所。

A. 有触电机会的工作 B. 坑穴或密闭场所 C. 高空作业 D. 动火作业

59. 在遇到高压电线断落地面时，导线断落点(　　)m 内，禁止人员进入。

A. 10 B. 20 C. 30 D. 40

60. 使用手持电动工具时，应(　　)。

A. 使用万能插座 B. 使用漏电保护器 C. 身体潮湿 D. 衣服潮湿

61. 车间内的明、暗插座距地面的高度一般不低于(　　)。

A. 0.3m B. 0.2m C. 0.1m D. 0.4m

62.《气瓶安全监察规程》规定，盛装一般气体的气瓶，每(　　)年检验一次。

A. 二 B. 三 C. 五 D. 六

63. 气瓶的瓶体有肉眼可见的凸起(鼓包)缺陷的，应(　　)。

A. 作报废处理 B. 维修处理 C. 改造使用 D. 搁置起来

64. 锅炉的三大安全附件分别是安全阀、水位表和(　　)。

A. 电表 B. 温度计 C. 压力表 D. 万用表

65. 钢丝绳报废的依据是：钢丝绳外层钢丝磨损达到直径的(　　)%。

A. 10 B. 40 C. 25 D. 35

66. 可能导致锅炉爆炸的主要原因是(　　)。

A. 24h 不停地使用锅炉 B. 炉水长期处理不当

C. 炉渣过多 D. 炉子太大

67. 使用钢丝绳吊装物品，启动和制动的要求是(　　)。

A. 启动和制动要缓慢 B. 启动迅速，制动缓慢

C. 启动和制动要迅速 D. 启动缓慢，制动迅速

68. 在对锅炉、压力容器维修的过程中，应使用(　　)V 的安全灯照明。

A. 36 B. 24 C. 12 D. 220

69. "三级安全教育"即厂级教育、车间教育和(　　)级教育。

A. 班组 B. 分厂 C. 处 D. 工段

70. 常见的防护装置有防护罩、防护屏障、防护栅栏等。当机器运转时，活动门一打开机器就停止运转，这种功能称为(　　)。

A. 安全连锁 B. 安全屏障 C. 安全障碍 D. 密封保护

71. 锅筒和过热器上的安全阀的总排放量必须(　　)锅炉的额定蒸发量。

A. 大于 B. 等于 C. 小于 D. 没有要求

72. 手持电动工具要定期检验，绝缘应良好，引线要牢靠、完整，长度最长不得超过(　　)m，(外壳)要接地。

A. 3 B. 10 C. 20 D. 5

73. 工业纯气中，密度最轻、火灾危险程度最高的气体为(　　)。

A. 氢气 B. 氧气 C. 溶解乙炔气 D. 惰性气体

74. 转动部件未停稳时，(　　)。

A. 可以操作 B. 不得进行操作

C. 有经验的人可以操作 D. 可在紧急状态下操作

75. 化工装置和设备复杂、设备和管道中存在易燃、易爆和(　　)。

A. 易挥发物质　B. 易碎物质　C. 有害物质　D. 有毒物质

76. 电器着火时下列不能用的灭火方法是(　　)。

A. 用四氯化碳灭火器灭火　B. 用沙土灭火

C. 用泡沫灭火器灭火　D. 1211 灭火器灭火

77. 操作钻床时，不能戴(　　)。

A. 帽子　B. 手套　C. 眼镜　D. 口罩

78. 锅炉压力容器主要断裂形式有延性断裂、脆性断裂、疲劳断裂、腐蚀断裂和蠕变断裂，则其超压造成的断裂是(　　)。

A. 疲劳断裂　B. 脆性断裂　C. 延性断裂　D. 蠕变断裂

79. 夜间起重吊装，移动灯具应使用(　　)以下的安全电压

A. 5V　B. 12V　C. 24V　D. 36V

80. 锅炉出现缺水事故时，应采取(　　)。

A. 立即进行补水　B. 严重缺水时应紧急停炉

C. "叫水"操作　D. 以上操作都不对

81. 在缺氧的区域应使用(　　)防毒面具。

A. 过滤式　B. 隔离式　C. 长管式　D. 间隔式

82. 电器设备着火时可用(　　)灭火。

A. 水　B. 泡沫灭火器　C. 四氯化碳灭火器　D. 砂子

83. 电线穿过门窗及其他可燃材料时，应加(　　)。

A. 塑料管　B. 瓷管　C. 油毡　D. 纸筒

84. 使用电钻时应穿(　　)。

A. 布鞋　B. 胶鞋　C. 皮鞋　D. 凉鞋

85. 钳工钳桌对面有人工作时，必须设置密度(　　)的安全网。

A. 较大　B. 较小　C. 适当　D. 细密

86. 保护设备的(　　)，使有毒物质不能散发出来造成危害，是工业生产中防毒的有效措施。

A. 通风性　B. 坚固性　C. 密闭性　D. 紧闭性

87. 化工生产过程的"三废"是指(　　)。

A. 废水、废气、废设备　B. 废管道、废水、废气

C. 废管道、废设备、废气　D. 废水、废气、废渣

88. 防毒面具分为(　　)两大类。

A. 隔离式和过滤式　B. 氧气呼吸器和过滤式

C. 氧气呼吸器和空气呼吸器　D. 隔离式和防毒面具

89. 为防止高速旋转的砂轮破裂、砂轮碎块飞出伤人的事故，在手持工件进行磨削或对砂轮机进行手工修整时，操作人员应站在砂轮的(　　)。

A. 圆周面正前方　B. 圆周面侧面方向

C. 最好侧面方向，其次圆周面方向　D. 最好圆周面方向，其次侧面方向

90. 安全带是预防坠落伤亡的个体防护用品，由带子、绳子和金属配件组成。使用安全

带时，下列操作中正确的是(　　)。

A. 高挂低用

B. 缓冲器、速差式装置和自锁钩可以串联使用

C. 绳子过长，可以打结使用

D. 使用时挂钩应挂在安全绳上使用

91. 进入容器检查时，在金属容器、狭小容器内或在潮湿的地方所使用的灯具，其照明电压应小于(　　)V的防爆型灯具。

A. 12　　B. 36　　C. 48　　D. 6

92. 在易燃易爆场所作业不能穿戴(　　)。

A. 尼龙工作服　　B. 棉布工作服　　C. 防静电服　　D. 耐高温鞋

93. 储存液化气体的容器，停运时要(　　)。

A. 降温和降压同时进行　　B. 先降压后降温

C. 先降温后降压　　D. 快速降温和降压

94. 长期在噪声下工作对听力伤害很大，当噪声达(　　)应使用防护用品。

A. 120dB　　B. 50dB 以上　　C. 200dB　　D. 90dB 以上

95. (　　)属于视觉警告。

A. 亮度　　B. 振动

C. 蜂鸣器　　D. 易燃易爆气体里加入气味剂

96. 施工现场照明设施的接电应采取的防触电措施为(　　)。

A. 戴绝缘手套　　B. 切断电源　　C. 站在绝缘板上　　D. 穿绝缘鞋

97. 被电击的人能否获救，关键在于(　　)。

A. 触电的方式　　B. 人体电阻的大小

C. 触电电压的高低　　D. 能否尽快脱离电源和施行紧急救护

98. 穿工作服的作用是(　　)。

A. 整齐统一　　B. 标志自己在上班

C. 保护内衣不被污染　　D. 防止皮肤吸收毒物、高温辐射和防静电

99. 对于传动装置，主要的防护方法是(　　)。

A. 停止使用　　B. 偶尔使用　　C. 密闭与隔离　　D. 定人监控

100. 触电事故中，绝大部分是(　　)导致人身伤亡的。

A. 人体接受电流遭到电击　　B. 烧伤

C. 电休克　　D. 惊吓

101. 如果触电者伤势严重，呼吸停止或心脏停止跳动，应竭力施行(　　)和胸外心脏挤压。

A. 按摩　　B. 点穴　　C. 人工呼吸　　D. 手术

102. 起重机车行车时，货物应尽量处于(　　)。

A. 较低位置　　B. 较高位置　　C. 较前位置　　D. 较后位置

103. 使用电气设备时，由于维护不及时，当(　　)进入时，可导致短路事故。

A. 导电粉尘或纤维　　B. 强光辐射　　C. 热气　　D. 水

104. 工厂内各固定电线插座损坏时，将会引起(　　)
A. 工作不方便　B. 不美观　C. 触电伤害　D. 设备损坏
105. 使用漏电保护器是属于哪种安全技术措施？(　　)。
A. 基本保安措施　B. 辅助保安措施　C. 绝对保安措施　D. 以上三种都是
106. 人体在电磁场作用下，由于(　　)将使人体受到不同程度的伤害。
A. 电流　B. 电压　C. 电磁波辐射　D. 射线
107. 如果工作场所潮湿，为避免触电，使用手持电动工具的人应(　　)。
A. 站在铁板上操作　B. 站在绝缘胶板上操作
C. 穿防静电鞋操作　D. 站在塑料板上操作
108. 任何电气设备在未验明无电之前，一律认为(　　)。
A. 无电　B. 也许有电　C. 有电　D. 也许无电
109. 使用的电气设备按有关安全规程，其外壳应(　　)。
A. 无　B. 保护性接零或接地
C. 涂防锈漆　D. 漆成红色
110. 处理液化气瓶时，应佩戴的保护用具是(　　)。
A. 面罩　B. 口罩　C. 眼罩　D. 耳罩
111. 充装气瓶时，以下哪项是不正确的？(　　)。
A. 检查瓶内气体是否有剩余压力　B. 注意气瓶的漆色和字样
C. 两种气体混装一瓶　D. 注意充装量
112. 在锅炉房中长时间工作要留意(　　)。
A. 高噪声　B. 高温中暑　C. 饮食问题　D. 照明问题
113. (　　)不准在锅炉炉膛内燃烧。
A. 煤炭　B. 汽油　C. 油渣　D. 木材
114. 气瓶在使用过程中，不正确的操作是(　　)。
A. 禁止敲击碰撞　B. 当瓶阀冻结时，用火烤
C. 要慢慢开启瓶阀　D. 要安全开启瓶阀
115. 焊接及切割用的气瓶应附加的安全设备是(　　)。
A. 防回火器　B. 防漏电装置　C. 漏电断路器　D. 都不要
116. 在气瓶运输过程中，不正确的操作是(　　)。
A. 装运气瓶中，横向放置时，头部朝向一方
B. 车上备有灭火器材
C. 同一辆车尽量多的装载不同种性质的气瓶
D. 同一辆车尽量少的装载不同种性质的气瓶
117. 焊接作业所使用的气瓶应存放的地方为(　　)。
A. 阴凉而空气流通的地方　B. 隔烟房内
C. 密闭地方　D. 高温地方
118. 乙炔瓶的储存仓库应避免阳光直射，与明火距离不得小于(　　)m。
A. 10　B. 15　C. 20　D. 25

119. 化工生产具有(　　)等特点。

A. 易燃、易传输、高温、高压　B. 易燃、易爆、易中毒、有腐蚀

C. 高温、高压、高能耗、多原料　D. 多原料

120. 化工生产中存在火灾、爆炸危险物质时，可用惰性介质保护，常用的介质有(　　)。

A. 水、氮气、二氧化碳、烟道气　B. 水蒸气、氮气、二氧化碳

C. 水、氮气、二氧化碳、尾气　D. 水蒸气、空气、二氧化碳、烟道气

121. 压力容器气压试验应在(　　)进行。

A. 强度试验合格后　B. 水压试验合格前

C. 强度试验合格前　D. 水压试验合格后

122. 控制噪声最根本的办法是(　　)。

A. 吸声法　B. 隔声法　C. 控制噪声声源　D. 消声法

123. 高处作业所用梯子的横挡间距以(　　)cm 为宜。

A. 20　B. 30　C. 40　D. 50

124. 高处作业的下列安全措施中，(　　)是首先需要的。

A. 安全带　B. 安全网

C. 合格的安全工作台　D. 安全帽

125. 在高空作业时，工具必须放在(　　)。

A. 工作服口袋　B. 手提工具箱或工具带

C. 握住所有工具　D. 设备平台

126. 工人有权拒绝的指令是(　　)。

A. 违章作业　B. 班组长　C. 安全人员　D. 车间领导

127. 防止毒物危害的最佳方法是(　　)。

A. 穿工作服　B. 佩戴呼吸器具

C. 使用无毒或低毒的代替品　D. 随时分析

128. 起重机信号员的主要责任是(　　)。

A. 考核起重操作员的工作表现

B. 在起吊过程中给操作员适当的指示信号，令吊运工作顺利进行

C. 负责维修起重机的信号系统

D. 清除外围不安全的因素

129. 在使用直流电焊机开始施焊前，电压不得超过(　　)V。

A. 110　B. 220　C. 380　D. 60

130. 电气设备的防爆标志是(　　)。

A. XX　B. XO　C. ED　D. EX

131. 以下燃烧定义正确的是(　　)。

A. 氧化反应　B. 放热的氧化反应

C. 氧化还原反应　D. 同时放热发光的氧化反应

132. 解释燃烧实质的现代燃烧理论是(　　)。

A. 分子碰撞理论　B. 燃烧素学说　C. 过氧化物理论　D. 链式反应理论

133. 油脂接触纯氧发生燃烧属于(　　)。

A. 着火　B. 闪燃　C. 受热自燃　D. 自热自燃

134. 可燃液体发生着火时，燃烧的是(　　)。
A. 可燃蒸气　B. 可燃液体
C. 以可燃蒸气为主和部分可燃液体　D. 以可燃液体为主和部分可燃蒸气
135. 遇水燃烧物质的火灾不得采用(　　)进行扑救。
A. 泡沫灭火器　B. 干粉灭火器　C. 二氧化碳灭火器　D. 干沙
136. 可燃性混合物燃爆最剧烈的浓度是(　　)。
A. 爆炸下限　B. 爆炸上限　C. 爆炸极限　D. 爆炸反应当量浓度
137. 燃料容器、管道直径越大，发生爆炸的危险性(　　)。
A. 越小　B. 越大　C. 无关　D. 无规律
138. 下列属于可燃固体燃烧方式的是(　　)。
A. 扩散燃烧　B. 动力燃烧　C. 表面燃烧　D. 混合燃烧
139. 液体燃料的密度越小，闪点越低、自燃点(　　)。
A. 越低　B. 越高　C. 无关　D. 无规律
140. 压缩机存在爆炸的危险，其储气罐的安全附件应每(　　)年检验一次。
A. 1　B. 1.5　C. 2　D. 3
141. 导致高速旋转砂轮破裂影响最大的作用力是(　　)
A. 砂轮对工件的磨削力　B. 磨削热产生的热应力
C. 卡盘对砂轮的夹紧力　D. 高速旋转的离心力
142. 确定永久气体及高压液化气体气瓶的充装量时，要求瓶内气体在使用温度(　　)℃下的压力不得超过气瓶的最高许用压力。
A. 40　B. 50　C. 60　D. 70
143. 盛装腐蚀性气体的气瓶，每(　　)年检验一次，盛装一般气体的气瓶每(　　)年检验一次。
A. 2，3　B. 3，2　C. 1，2　D. 1，3
144. 建筑工程临时用电，应采用三相五线制，并实施(　　)，合理布置临时用电系统。
A. 两级漏电保护　B. 单级漏电保护　C. 防爆保护　D. 尘密保护
145. 特殊脚手架和高度在(　　)m以上的较大脚手架，必须有设计方案。
A. 5　B. 10　C. 15　D. 20
146. “焊缝腐蚀”的腐蚀区通常在(　　)。
A. 焊缝上
B. 母材板上紧挨着焊缝的两侧
C. 母材板上稍离焊缝有一定距离的一条带上
D. 焊缝表面
147. 对于同一金属材料，决定大气腐蚀速率的主要因素是(　　)。
A. 温度　B. 湿度　C. 光照度　D. 压力
148. 腐蚀疲劳断裂途径一般是(　　)。
A. 晶间型的　B. 穿晶型的　C. 晶间型+穿晶型　D. 其他
149. 钢桩在海水中发生腐蚀最严重的部位是(　　)。
A. 充气较少的深水部位
B. 水线附近，特别是在水面以下0.3～1m处海浪冲击的部位

C. 决定于所形成的宏观充气不均匀电池的作用

D. 充气较少的浅水部位

150. 为减少应力，防止应力腐蚀的倾向，必须是(　　)。

A. 零件在改变形状或尺寸时，不一定要圆弧过渡，有尖角也无妨

B. 焊接设备可以有聚集的交叉和焊缝

C. 列管式换热器、管子和管板采用胀管法连接，不采用焊接法

D. 以上都不对

151. 有一批装腐蚀性介质的储槽，用碳钢制成，为防腐底部曾用不锈钢材料衬里，并与槽边碳钢连接，为进一步防腐，再用涂料进行防腐，试问，涂料应涂在(　　)。

A. 焊缝处　　B. 焊缝及碳钢材料部分

C. 焊缝及不锈钢材料部分　　D. 不锈钢材料部分

152. 某化工流程中，有一浓硫酸(98%)吸收塔和浓硫酸干燥塔，若短期停产时则应(　　)。

A. 将塔内酸完全排空而放置　　B. 将塔内酸不排空而保持放置

C. 将塔内酸排空后再用水洗后放置　　D. 将塔内酸排空后再用碱洗后放置

153. 铸铁的“肿胀”是由于发生了(　　)。

A. 晶间腐蚀　　B. 氢损伤－氢鼓包

C. 气体渗透到金属晶粒之间　　D. 电偶腐蚀

154. 设备、管道及附件的表面温度(　　)，属于应保温的范围。

A. 大于50℃　　B. 等于50℃　　C. 大于等于50℃　　D. 小于50℃

155. 下面哪一条不是列管式换热器的主要作用(　　)。

A. 把低温流体加热　　B. 把高温流体冷却

C. 气体和液体之间进行传热　　D. 气体和液体之间进行传热传质

156. 容器耐压试验时，压力表精度等级应不低于(　　)级。

A. 1　　B. 1.5　　C. 3　　D. 4

157. 压力容器上的安全阀排气能力 G 与压力容器安全泄放量 G' 的关系是(　　)。

A. $G = G'$　　B. $G > G'$　　C. $G < G'$　　D. 无关

158. 减小垢层热阻的目的是(　　)。

A. 增大温差　　B. 提高传热面积　　C. 减小温差　　D. 提高传热系数

159. 对于一台列管式换热器，根据流体流道的选择原则(　　)应走壳程。

A. 压力高的流体　　B. 流量小的流体　　C. 黏度大的流体　　D. 流量大的流体

160. 管式换热器的管束不包括以下哪一项：(　　)

A. 管子　　B. 管板　　C. 防冲板　　D. 折流板

161. 容器壳体上的所有纵向焊缝属于(　　)。

A. A类　　B. B类　　C. C类　　D. D类

162. 压力表精度选用标准为：低压容器使用的压力表精度不应低于(　　)级，中压及高压容器使用的压力表精度不应低于(　　)。

A. 3.5　　B. 1.5　　C. 0.5　　D. 2.5

163. 炉管损坏的现象是(　　)。

A. 锅炉汽包水位迅速上升　　B. 锅炉蒸汽和给水压力下降

C. 给水量不正常时小于产汽量　　D. 排烟温度高

164. 换热器换热效率较高的是(　　)。

A. 列管式换热器　B. 套管式换热器　C. 板式换热器　D. 夹套式换热器

165. 加热炉的主要热量损失是(　　)造成的。

A. 烟道烟气　B. 辐射管吸热　C. 炉体散热　D. 以上都不是

166. 碳素钢镇静钢板 Q235－B 的适用范围为(　　)。

A. 设计压力 $p\leq 1.6$MPa，使用温度 0～350℃，钢板厚度不大于 20mm

B. 设计压力 $p\leq 1.0$MPa，使用温度 0～350℃，钢板厚度不大于 20mm

C. 设计压力 $p\leq 1.6$MPa，使用温度 0～400℃，钢板厚度不大于 20mm

D. 设计压力 $p\leq 1.6$MPa，使用温度 0～350℃，钢板厚度不大于 16mm

167. 在确定环境因素时应考虑涉及的活动包括(　　)。

A. 向大气的排放和向水体的排放

B. 废物管理和土地污染

C. 原材料使用、自然资源的利用和对局部地区或社会有影响的社会问题

D. 以上全对

168. 特殊作业主要包括(　　)。

A. 高处作业、临时用电作业、起重作业、检维修作业及开停工作业

B. 动火作业、临时用电作业、起重作业、检维修作业及开停工作业

C. 动火作业、受限空间作业、起重作业、抽加盲板作业

D. 高处作业、动火作业、受限空间作业、临时用电作业、起重作业、抽加盲板作业、检维修作业及开停工作业

169. 危险源辨识、环境因素识别和风险评价的时间和周期为(　　)。

A. 新建、改建、扩建工程建设项目施工作业后

B. 新技术、新工艺、新设备、新材料选用、投用后

C. 装置、设备退役处置前和设备检维修和施工作业前

D. 发生各类事故前

170. 为使防雷防静电设施处于完好状况，凡投用(　　)年以上的接地极必须挖开检查，对截面积腐蚀五分之一以上者，必须更换。

A. 15　B. 20　C. 10　D. 5

171. 当法兰用(　　)根以上螺栓连接时，法兰可不用金属线跨接，但必须构成电气通路。

A. 8　B. 4　C. 5　D. 10

172. 外单位人员进入变电所进行工作时，工作票发给监护人，监护人由(　　)派专业人员担任。

A. 施工单位　B. 机动科　C. 电气车间　D. 生产科

173. 下列工作哪一项需要填写第一种工作票。(　　)

A. 带电作业或在带电设备外壳上的工作

B. 控制盘和低压配电盘、配电箱、电源干线上的工作

C. 高压室内的二次接线和照明等回路上的工作，需要将高压设备停电或做安全措施者

D. 二次接线回路上的工作，无需将高压设备停电者

174. 压力容器气压试验一般取(　　)。

A. $p_t = 1.25p$　　B. $p_t = 1.15p$　　C. $p_t = 1.05p$　　D. $p_t = p$

175.《安全生产法》规定，(　　)依法组织职工参加本单位安全生产工作的民主管理和民主监督，维护职工在安全生产方面的合法权益。

A. 企业负责人　　B. 工会　　C. 政府　　D. 以上全是

176.《安全生产法》规定，生产经营单位主要负责人在本单位发生重大生产安全事故时，不立即组织抢救或者在事故调查处理期间擅离职守或者逃匿的，给予降职、撤职的处分，对逃匿的处(　　)日以下拘留；构成犯罪的，依照刑法有关规定追究刑事责任。

A. 5　　B. 10　　C. 15　　D. 20

177.《安全生产法》规定，事故调查和处理的具体办法由(　　)制定。

A. 地方政府　　B. 国务院　　C. 企业　　D. 安全监督管理总局

178.《职业病防治法》规定，对产生严重职业病危害的作业岗位，应当在其醒目位置设置(　　)。

A. 警示标识和中文警示说明　　B. 警示标识

C. 中文警示说明　　D. 中文提示说明

179.《职业病防治法》规定，对从事接触职业病危害的作业的劳动者，用人单位应当按照国务院卫生行政部门的规定组织上岗前、在岗期间和离岗时的职业健康检查，并将检查结果如实告知劳动者。职业健康检查费用由(　　)承担。

A. 个人　　B. 政府　　C. 用人单位　　D. 环保部门

180. 事故隐患泛指(　　)的人的不安全行为、物的不安定状态和管理上的缺陷。

A. 可导致事故发生　　B. 存在　　C. 不容忽视　　D. 不能容忍

181.《安全生产法》规定，生产经营单位的安全生产规章制度和操作规程由(　　)组织制定。

A. 生产部门负责人　　B. 工会部门负责人

C. 生产经营单位的主要负责人　　D. 安全部门负责人

182.《职业病防治法》规定，工作场所的职业病危害因素强度或者浓度应当符合(　　)。

A. 国家职业卫生标准　　B. 世界卫生组织标准

C. 国际劳工组织标准　　D. 企业标准

183. 重大危险源是指生产、运输、使用、储存危险化学品或者处置废弃危险化学品，且危险化学品(　　)等于或者超过临界量单元(场所和设施)。

A. 安全量　　B. 数量　　C. 质量　　D. 流量

184. 生产经营单位不得将生产经营项目、场所、设备发包或者出租给(　　)或者相应资质的单位或者个人。

A. 没有法定代表人　　B. 不具备安全生产条件

C. 没有办公场所　　D. 没有能力

185. 我国安全生产的方针是“(　　)第一，预防为主”。

A. 效益　　B. 消防　　C. 安全　　D. 质量

186. 火灾使人致命的最主要原因是(　　)。

A. 被人践踏　　B. 窒息　　C. 烧伤　　D. 火势大小

187. 高处作业是在作业高度基准面(　　)m以上有可能坠落的场所进行的作业。

A. 3　　B. 2　　C. 1　　D. 0.5

188. 在高空作业时，工具必须放在(　　)。

A. 工作服口袋里　　B. 工具袋里

C. 握住所有工具　　D. 方便取用的任何地方

189. 以下哪些行为不属于违章行为。(　　)

A. 安全生产条件不具备，强令职工冒险或违章作业的

B. 高空作业随便抛掷物品的

C. 未取得特殊工种操作证不得进行特殊工种作业

D. 上岗饮酒、酒后作业或酒后驾车的

190. 进行有关化学液体的操作时，应使用(　　)保护面部。

A. 太阳镜　　B. 防护面罩　　C. 毛巾　　D. 防护眼镜

191. 劳动者对用人单位管理人员违章指挥、强令冒险作业，有权(　　)；对危害生命安全和身体健康的行为，有权提出批评、检举和控告。

A. 拒绝执行　　B. 进行抵制　　C. 要求经济补偿　　D. 立即执行

192. 安全标志分为四类，它们分别是(　　)。

A. 通行标志、禁止通行标志、提示标志和警告标志

B. 禁止标志、警告标志、命令标志和提示标志

C. 禁止标志、警告标志、通行标志和提示标志

D. 禁止标志、警告标志、命令标志和通行标志

193. 施工现场通道附近的各类洞口与坑槽等处，除设置防护设施与安全标志外，夜间还应设(　　)。

A. 绿灯示警　　B. 黄灯示警　　C. 红灯示警　　D. 蓝灯示警

194. 正确佩戴安全帽，一是安全帽的帽衬与帽壳之间应有一定间隙；二是(　　)。

A. 必须系紧下腭带　　B. 必须时刻佩戴

C. 必须涂上黄色　　D. 必须涂上红色

195. 危险化学品单位从事生产、经营、储存、运输、使用危险化学品或者处置废弃危险化学品工作的人员，必须接受有关法律、法规、规章和安全知识、专业技术、职业卫生防护和应急救援知识的培训，并经(　　)后方可上岗作业。

A. 培训　　B. 教育　　C. 评议　　D. 考核合格

196. 危险化学品生产企业销售其生产的危险化学品时，应当提供与危险化学品完全一致的化学品(　　)，并在包装上加贴或者拴挂与包装内危险化学品完全一致的化学品(　　)。

A. 安全技术说明书，安全标签　　B. 安全技术说明书，运输标签

C. 安全使用说明书，安全标签　　D. 安全使用说明书，安全防护

197. 生产经营单位的主要负人和安全生产管理人员应当具备与所从事的生产经营活动相适应的安全生产知识和(　　)。

A. 管理能力　　B. 专业知识　　C. 职称　　D. 学历

198. 三级安全教育是指(　　)。

A. 总厂、分厂、车间　　B. 集团公司、车间、班组

C. 厂、车间、班组　　D. 车间、班组、个人

199. 危险化学品单位应制定本单位事故应急救援预案，配备应急救援人员和必要的应急救援器材和设备，并(　　)组织演练。

A. 定期　　B. 不定期　　C. 计划　　D. 非计划

200. 遇水燃烧物质起火时，不能用(　　)扑灭。

A. 干粉灭火剂　　B. 泡沫灭火剂　　C. 二氧化碳灭火剂　D. 水

三、判断题

1. 对曾经盛装过易燃、易爆液体、气体和液化气体且已空置多月的设备、容器和管道进行动火作业，仍需进行置换或清洗。(　　)

2. 严禁在带压力的容器或管道上施焊，焊接带电的设备必须先切断电源。(　　)

3. 检修作业结束后要对检修项目进行彻底检查验收，确认没有问题并进行妥善的安全交接后才能进行试车。(　　)

4. 对压力容器进行内部检修时，可以使用明火照明。(　　)

5. 高处作业前，必须办理《高处安全作业证》，并采取可靠的安全措施。(　　)

6. 我国安全生产方面的法规是建议性法规，不是强制性法规。(　　)

7. 禁火区内使用电钻、砂轮等临时性作业，可以不办理“动火证”。(　　)

8. 从事压力容器安装的单位必须是已取得相应的制造资格的单位或者是经安装单位所在地的省级安全监察机构批准的安装单位。(　　)

9. 压力容器的设计、制造、安装、使用、检验、修理和改造，均应严格执行《压力容器安全技术监察规程》。(　　)

10. 安全阀与压力容器之间一般设截止阀门。(　　)

11. 企业安全教育中的“三级教育”仅仅是对新工人进行的。(　　)

12. 用火分析合格后，如超过1h动火，必须再次进行动火分析。(　　)

13. 生产、储存、经营、运输和使用化学危险物品的单位，必须建立健全化学危险物品安全管理制度。(　　)

14. 装置停车检修须制定停车、检修、开车方案及其安全措施。(　　)

15. 起重机作业时，除起重作业人员以外，其余所有的人员严禁在起重臂和吊起的重物下停留或行走。(　　)

16. 在同一管道上最多可同时进行两处抽堵盲板作业。(　　)

17. 严禁生产装置罐区及易燃易爆装置区内用有色金属工具敲打作业。(　　)

18. 气瓶在使用前，应该放在绝缘性物体如橡胶、塑料、木板上。(　　)

19. 打开设备人孔之前，其内部温度、压力应降到安全条件以内；人孔从下而上依次打开。(　　)

20. 设备检修时，车间技术人员及管理干部应在检修现场办公。(　　)

21. 检修现场应设专职安全巡查指导纠正违章。(　　)

22. 皮带轮罩子不属于安全装置。(　　)

23. 办理检修动火证后即可无限制动火。(　　)

24. 在爆炸性粉尘环境中应使用防爆电机。(　　)

25. 在充满可燃气体的环境中，可以使用手动电动工具。(　　)

26. 为了防止触电，可采用绝缘、防护、隔离等技术措施保障安全。(　)

27. 对于静电场所作业的工作人员应穿触电绝缘鞋进行防护。(　)

28. 在距离变压器较近，有可能误攀登的建筑物上，必须挂有“禁止攀登，有电危险”的标示牌。(　)

29. 在潮湿或高温或有异电灰尘的场所，应该用正常电压供电。(　)

30. 做耐压实验的设备周边围栏上须悬挂标示牌。(　　)

31. 移动某些非固定安装的电气设备时(如电风扇、照明灯)，必须切断电源。(　)

32. 在使用手电钻、电砂轮等手持电动工具时，为保证安全，应该装设漏电保护器。(　　)

33. 进入受限空间，应由车间和施工单位各派一名监护人，实行双监护。(　)

34. 电动工具应由具备证件合格的电工定期检查及维修。(　　)

35. 压力容器爆炸事故是指容器在使用中或试压时发生破裂，使压力瞬时降至等于外界压力的事故。(　　)

36. 压力容器一般事故是指容器由于受压部件严重损坏(如变形、泄漏)、附件损坏等，被迫停止运行，必须进行修理的事故。(　)

37. 气瓶搬运时，应该用电磁起重机搬运。(　　)

38. 进入锅炉内部工作时，应首先要上好盲板，将停用锅炉与正在运行锅炉的蒸汽、给水、排污管道隔开。(　　)

39. 对气瓶而言，设计压力小于12.25MPa的为低压，大于等于12.25MPa的为高压。(　　)

40. 压力表在装用前应作校验，并在玻璃表面上划红线，指出工作时最高压力。(　　)

41. 对容器进行清洗、置换、中和等技术处理、并经取样分析合格后，便可长期进行检修工作。(　　)

42. 化工生产中的危险根源是储存、使用、生产、运输过程中存在易燃、易爆及有毒物质。(　　)

43. 压力容器的安全运行取决于操作者执行岗位责任制情况。(　　)

44. 为防止静电火花引起事故，凡是用来加工、储存、运输各种易燃气、液、粉体的设备金属管、非导电材料管都必须接地。(　　)

45. 高处作业是指在坠落基准面2m以上(含2m)、有坠落可能的位置进行的作业。(　)

46. 由于特殊情况，在爆破片与容器之间所装的切断阀在工作时务必保持全闭状态。(　　)

47. 用于中压容器的压力表，其精度应不低于1.5级。(　　)

48. 压力表按规定作定期校验，一般是每半年校验一次。(　　)

49. 压力容器定期检验的内容是指设备的内外部检验。(　　)

50. 用于低压容器的压力表，其精度应不低于2.5级。(　　)

51. 压力容器上使用的爆破片，如果发生超压而未爆破的爆破片应立即更换。(　　)

52. 安全阀应铅直地安装在容器或管道液相面位置上。(　　)

53. 阻火器可以防止外部火焰窜入有爆炸危险的设备和管道内。( )

54. 同一坠落方向，可以上下交叉作业。( )

55. 在工作进程中，钻头上绕有铁屑，应使用铁钩清除。( )

56. 用台虎钳夹持工件时，若用双手力量夹不紧时，允许用套管加长手柄或用锤子敲击，保证工件夹紧。( )

57. 发生火灾时，基本的正确应变措施是：发出警报，疏散，在安全情况下设法扑救。( )

58. 为防止易燃气体积聚而发生爆炸和火灾，储存和使用易燃液体的区域要有良好的空气流通。( )

59. 手工电弧焊焊机的输出电压为40~70V，不会发生触电。( )

60. 对于在易燃、易爆、易灼烧及有静电发生的场所作业的工人，可以发放和使用化纤防护用品。( )

61. 生产和生活过程中接触粉尘、毒物、噪声、辐射等物理、化学危害因素达到一定的危害程度，将会导致职业病。( )

62. 使用手电钻时，工人必须戴上橡胶手套，电钻外壳应接地。( )

63. 预防粉尘危害的八字经是：隔、水、密、风、护、管、教、查。( )

64. 钻小孔时，可用手持工件，为防扎手，工作中必须戴手套。( )

65. 穿防护鞋时应将裤脚插入鞋筒内。( )

66. 个人劳动防护用品可作为个人的日常用品使用。( )

67. 为确保钢瓶吊装时的安全，最好使用电磁起重机和链绳。( )

68. 对于工业毒物应防止毒物从呼吸道侵入人体，通常有过滤式防毒呼吸器、隔离式防毒呼吸器等。( )

69. 高处作业时衣着要灵便，禁止穿硬底和带钉易滑的鞋。( )

70. 车床操作时为防止烫伤，可戴手套操作。( )

71. 脚手架杆件可以钢木混搭。( )

72. 坠落高度在2m时不用系安全带。( )

73. 探伤警示标志包括警戒绳、红灯、电离辐射警示牌等。( )

74. 有人低压触电时，应该立即将他拉开。( )

75. 雷击时，如果作业人员孤立处于暴露区并感到头发竖起时，应该立即双膝下蹲，向前弯曲，双手抱膝。( )

76. 安全帽只要受过一次强冲击就不能继续使用。( )

77. 职工被借调或被聘用期间发生工伤事故的，工伤保险责任由原单位负责。( )

78. 粉尘对人体有很大的危害，但不会发生火灾和爆炸。( )

79. 设备内作业时，照明电源的电压不得超过12V，灯具必须符合防潮、防爆等安全要求。( )

80. 一旦发现有人触电，应立即关闭电源或用绝缘工具或干木椅使其脱离电源，然后将其置于干燥通风处抢救。( )

81. 冬天瓶阀冻结时，用火烘烤可化冰解冻。( )

82. 介质的爆炸下限越高，发生火灾爆炸的可能性越小。( )

83. 粉尘爆炸的实质是气体爆炸，由粉尘颗粒表面与氧作用引起。(　　)

84. 钻孔过程中，清除切屑应采用钩子或刷子，切忌戴手套用手去拉。(　　)

85. 根据压力容器安全状况，划分5个等级，等级愈高，安全状况愈好。(　　)

86. 会操作且又经领导同意可以从事电工作业。(　　)

87. 安全教育的目的是为了安全生产，在生产检修中少出事故。(　　)

88. 灭火器已经开启，但是没有使用，仍然可以备用。(　　)

89. 作业前及作业期间不能喝酒。(　　)

90. 高处作业人员严禁骑坐在脚手架的栏杆上。(　　)

91. 特种作业人员要经过考试合格，并取得特种作业操作许可证方可上岗工作。(　　)

92. 电工作业、金属焊接切割作业、起重机械作业都属于特种作业。(　　)

93. 过滤式防毒面具可适用于任何只要氧气浓度大于18%(体积分数)以上的环境。(　　)

94. 过滤式防毒面具的防酸性气体滤毒罐用褐色。(　　)

95. 为了减轻缝隙腐蚀，设备焊接时应尽量多采用搭接焊，而不采用对焊。(　　)

96. 铝通过表面形成氧化膜而耐蚀。(　　)

97. 铝在碱溶液中有很高的耐蚀性。(　　)

98. 由于阴极性覆盖层的电位较基体金属正，即使当它覆盖不完整时，基体也不易遭到局部腐蚀。(　　)

99. 若合金的夹杂物是面积很小的阳极相，则夹杂物对该合金的腐蚀不会产生显著影响。(　　)

100. 铁在硫酸中的腐蚀速率随硫酸的浓度增大而增大。(　　)

101. 管束分程的目的是为了解决管数增加后引起的管内流速和传热系数的减低。(　　)

102. 间壁式换热器根据具体结构的不同，可分为管式换热器和板式换热器。(　　)

103. 减压塔和真空塔属于外压容器。(　　)

104. 换热器在工作时不仅可以传热，而且可以传质。(　　)

105. 奥氏体不锈钢压力容器用水进行液压试验时，应严格控制水中的氯离子含量，不得超过15mg/L。(　　)

106. 压力容器焊接工艺评定试件应由压力容器制造单位技术熟练的焊接人员焊接。(　　)

107. 列管式换热器中，管束的表面积即为该换热器所具有的传热面积。(　　)

108. 金属材料的应力越大，表示它抵抗变形的能力越大。(　　)

109. 油漆的涂层一般都在两层或两层以上。(　　)

110. 筛网筛孔尺寸单位“目”是指每英寸长度上的孔数。(　　)

111. 防螺栓松动的几种方法是：开口销、铁丝防松、垫圈防松、弹簧垫圈、止退垫圈、带翅垫圈”。(　　)

112. 空气预热器的作用是利用烟气余热来加热空气，可降低排烟温度，提高炉效率，同时用热风进炉又可提高燃烧效率，强化传热效果。(　　)

113. 加热炉的辐射室内所进行的传热只有辐射传热。(　　)

114. 安全阀因超压启跳过后，不必校验仍可安全使用。(　　)

115. 危险源辨识是指识别危险源的存在并确定其特性的过程。(　　)

116. 致命度点数 $C_E = F_1 \times F_2 \times F_3 \times F_4 \times F_5$，其中 F_1表示风险事件对人的影响，F_2表示风险事件造成的财产损失，F_3表示风险事件发生的频率，F_4表示风险事件发生的难易程度，F_5表示设备是否为新技术、新设计或操作人员对设备熟悉程度。(　　)

117. 对于所拟定的纠正措施和预防措施，应在其实施后通过风险评价过程对其进行评审。( )

118. 风险是指某一特定危险情况发生的可能性和后果的组合。(　　)

119. 危险源可分为第一类危险源和第二类危险源。第一类危险源是事故发生的状态或不安全因素，主要包括物的不安全状态、人的不安全行为、作业环境的缺陷和职业健康安全管理的缺陷四个方面；第二类危险源是导致事故发生的根源，即根源性危险源。(　　)

120. 装置检维修过程的风险评价只需对危险源进行辨识，而不需对环境因素进行识别并评价其环境影响。(　　)

121. 可容许风险是根据组织的法律义务和健康、安全与环境方针，已降至组织可接受程度的风险。(　　)

122. QHSE 管理体系强调危险源辨识、环境因素识别与评价，评价的目的是控制和消除风险。( )

123. 临时用电线路应采用绝缘良好并满足负荷要求的橡胶软导线，主干动力电缆可采用铠装电缆，接头包扎牢固可靠。在火灾爆炸危险区域内使用的临时电源线中间应无接头。(　　)

124. 接地和接零是一回事。(　　)

125. 凡基本建设、技术措施等重大工程项目在审查设计方案和施工设计时，必须有设备管理部门参加，主要设备选型必须经设备管理部门审查，工程竣工后，有关部门必须会同设备管理部门、生产部门共同按规定办理竣工验收和移交手续。(　　)

126. 绝热层破损或可能渗入雨水的奥氏体不锈钢管道，应在相应部位进行外表面磁粉检测。(　　)

127. GB 150 和 JB 4732 等规范构成了我国压力容器产品完整的国家质量标准和安全管理法规体系。(　　)

128. 振动信号三要素为幅值、相位和频率。目前工业生产中，机器工作是否正常一般都以振动相位和频率来判别。(　　)

129. 碳素结构钢 Q235 - AF，A 级质量，镇静钢，比例极限为 235MPa。由于价格低廉，又具有良好的强度、塑性、焊接性、切削加工性等，广泛应用于化工设备承压元件制造中。(　　)

130. 化学清洗法是一种利用化学溶液与污垢作用而除垢的方法。在清理奥氏体不锈钢制成的设备工作表面的水垢时，往往使用盐酸。(　　)

131. 每台压力容器制造完成后都要做气密性试验。(　　)

132. 特种设备的设计可以不遵守《特种设备安全监察条例》。(　　)

133.《特种设备安全监察条例》中规定，只有特种设备操作和管理人员才有权对违反本条例规定的行为，向特种设备安全监督管理部门和行政监察等有关部门举报。任何单位和个人对违反本条例规定的行为，都无权有权向特种设备安全监督管理部门和行政监察等有关部

门举报。(　　)

134. 特种设备投入使用前，使用单位应当核对其是否附有安全技术规范要求的设计文件、产品质量合格证明、安装及使用维修说明、监督检验证明等文件。(　　)

135. 压力容器的重大修理或改造方案应经原设计单位或具务相应资格的设计单位同意，但不需报施工所在地的地、市级安全监察机构审查备案。(　　)

136. 压力容器用的新安全阀在安装之前，应根据使用情况进行调试后，才准安装使用。(　　)

137.《压力容器安全技术监察规程》中规定，安全阀与压力容器之间不许装设截止阀门。(　　)

138.《压力容器安全技术监察规程》中规定，若在安全阀(爆破片装置)与压力容器之间装设截止阀门，压力容器正常运行期间，截止阀必须保证全开(加铅封或锁定)，截止阀的结构和通径应不妨碍安全阀的安全泄放。(　　)

139. 安全状况等级为4级的压力容器，其累积监控使用的时间不得超过1年。(　　)

140. 用焊接方法更换受压元件的压力容器，全面检验合格后必须进行耐压试验。(　　)

141. 使用单位或者检验机构对压力容器的安全状况有怀疑的压力容器，全面检验合格后必须进行耐压试验。(　　)

142. 火灾探测器分为感烟、感温、感光三种类型。(　　)

143. 可燃气体检测报警器的检测器宜布置在可燃气体释放源的下风侧，检测器的有效覆盖水平平面半径，室内宜为7.5m，室外宜为15m。(　　)

144. 燃烧的三个特征是：放热、发光、生成新物质。(　　)

145. 燃烧的三个条件是：可燃物、助燃物、点火能源。(　　)

146. 热传播的三种方式是：热传导、热辐射、热对流。(　　)

147. 燃烧的四种种类是：闪燃、着火、自燃、爆燃。(　　)

148. 灭火的四种方法是：冷却法、隔离法、窒息法、中断化学反应法。(　　)

149. 变电所内的一次电气设备又称动力电源部分，二次电气设备又称为控制电源部分。(　　)

150. 第一类爆炸性气体环境2区是指在正常运行时不可能出现爆炸性气体混合物的环境。(　　)

151. 在导电不良的地面处，交流电压380V及以下和直流额定电压在440V及以下的电气设备金属外壳应接地。(　　)

152. 生产性有害因素包括三大类：一是化学性有害因素；二是物理性有害因素；三是生物性有害因素。(　　)

153. 检测报警系统检测可燃气体浓度范围应为0~100LEL。当可燃气浓度达到25% LEL时为一级报警；达到50% LEL时为二级报警。(　　)

154. 生产经营单位主要负责人是企业安全生产的第一责任人，对企业的安全生产工作全面负责，因此要做到在计划、布置、检查、总结、评比中纳入安全工作。(　　)

155. 安全生产管理，坚持安全第一、预防为主的方针。(　　)

156. 生产经营单位必须依法参加工伤社会保险，为从业人员缴纳保险费。(　　)

157. 事故调查处理应当按照实事求是、尊重科学的原则，及时、准确地查清事故原因，查明事故性质和责任，总结事故教训，提出整改措施，并对事故责任者提出处理意见。(　　)

158. 职业病防治工作坚持预防为主、防治结合的方针，实行分类管理、综合治理。(　　)

159. 劳动者依法享有职业卫生保护的权利。(　　)

160. 国家实行职业卫生监督制度。(　　)

161. 用人单位的负责人应当接受职业卫生培训，遵守职业病防治法律、法规，依法组织本单位的职业病防治工作。(　　)

162. 生产经营危险化学品单位新建、改造、扩建工程项目的安全设施，必须与主体工程“三同时”，即同时设计、同时施工、同时投入生产和使用。(　　)

163. 国家实行生产安全事故责任追究制度，依照本法和有关法律、法规的规定，追究生产安全事故责任人员的法律责任。(　　)

164. 企业三级安全教育分为厂级、车间级、班组级。(　　)

165. 动火作业许可证有效期限不超过 8h，特殊动火和一级动火不得延期，二级动火可延期两次。(　　)

166. 可燃气体分析时，被测的可燃气体或可燃液体的蒸汽的爆炸下限大于等于 4% 时，其被测浓度应小于 0. 5%；当其被测的可燃气体或可燃液体的蒸汽的爆炸下限小于 4% 时，其被测浓度应小于 0. 2%。(　　)

167. 特殊用火每 2h 分析一次；一级用火每 4h 分析一次；二级用火每 4h 分析一次。(　　)

168. 受限空间作业许可证的有效期不超过 8h，作业许可证可延期两次。分析结果报出 30min 后仍未进行作业应重新分析。作业期间每隔 4h 取样复查一次。(　　)

169. 高处作业与架空电线应保持不小于 2. 5m 的安全距离。高处作业票的有效期为 8h，许可证可延期两次。高处作业分为一般高处作业和特殊高处作业。严禁在六级及以上大风和雷电、暴雨、大雾等气象条件下以及 40℃ 及以上高温、－20℃ 及以下寒冷环境下从事高处作业，在 30～40℃ 的高温环境下的高处作业应实施轮换作业。(　　)

170. 灭火方法有冷却法、隔离法、抑制法、窒息法四种。(　　)

171. 特殊动火和一级动火不得延期，二级动火可延期两次。(　　)

172. 停运装置现场的动火票证不需经过审批，就可以进行动火作业。(　　)

173. 危险源辨识的主要内容有：厂址、厂区平面布局、建(构)筑物、生产工艺、生产设备、装置。(　　)

174. 在受限空间内作业时只须对可燃气体、有毒有害气体的浓度进行分析，不用对氧气进行分析。(　　)

175. 化工操作运行设备应做到“四不一防”的内容是：不超温、不超压、不超速、不超负荷，防止事故发生。(　　)

176. 二氧化碳适于扑灭电气设备、精密仪器及图书档案的火灾。(　　)

177. 干粉灭火器适于扑灭易燃液体、可燃气体和电器设备火灾。(　　)

178. 着火极限的下限越低，火灾危险越大。(　　)

179. 采取密闭、湿式作业等措施，可防止粉尘危害。(　　)

180. 工作地点有有毒气体、粉尘、雾滴时，为保护呼吸系统，作业人员应按规定戴好过滤式防毒面具。(　　)

181. 厂内行人要注意风向及风力，以防在突发事故中被有毒气体侵害。遇到情况时要绕行、停行、逆风而行。(　　)

182. 急性中毒现场抢救的第一步是迅速将患者转移到空气新鲜处。(　　)

183. 石化生产存在许多不安全的因素，其中高温、高压设备较多是主要的不安全因素之一。(　　)

184. 起重作业应该按指挥信号和操作规程进行，不论何人发出紧急停车信号，都应立即执行。(　　)

185. 生产与安全工作发生矛盾时，要把安全放在首位。(　　)

186. 厂级安全教育对象不包括厂内调动人员。(　　)

187. 分析合格超过0.5h后动火，需重新采样分析。(　　)

188. 燃烧的三个特征是发热、发光、生成新物质。(　　)

189. 安全阀按气体排放方式可分为封闭式、半封闭式、敞开式。(　　)

190. 外来参观人员、考察人员、外来服务人员进入装置必须征得属地主管同意，必须由属地单位管理人员陪同，并对其进行风险告知，对其安全承担管理责任。(　　)

191. 设备不能超温、超压、超速、超负荷运行。(　　)

192. 设备检修必须办理作业票，机动设备检修必须切断电源，仪表检修必须切到手动。(　　)

193. 消防栓、消防炮、灭火器、安全抢险物品不能随便挪用，不能损坏，保证灵活好用。(　　)

194. 使用空气呼吸器作业时，当气瓶压力下降到4~6MPa时，报警器会发出报警哨声，此时佩戴者必须立即撤离现场。(　　)

195. 发生人员中毒事故时，救护者应做好个人防护，戴好防毒面具，穿好防护衣。(　　)

196. 生产性粉尘是指在生产过程中产生的、能较长时间飘浮在空气中的固体微粒。(　　)

197. 用灭火器进行灭火的最佳位置是上风或侧风位置。(　　)

198. 受过一次强冲击的安全帽应及时报废，不能继续使用。(　　)

199. 受限空间作业氧含量分析合格标准为19%~23.5%。(　　)

200. 安全带的使用必须做到高挂低用。(　　)

复习题参考答案

一、填空题

1. 划改 2. 操作者 3. 高温；高压 4. 工艺复杂；操作 5. 废气；废液 6. 专用的工作服 7. 防滑 8. 线；布 9. 检修；清理 10. 过滤式防毒面具 11. 传动部件；安全罩 12. 防静电 13. 停行；逆风而行 14. 迅速将患者转移到空气新鲜处 15. 仿宋；撕页重写 16. 直接；停止 17. 干燥；过滤 18. 逆流 19. 直流电流 20. 半封闭式；敞开式 21. 火种及其他易燃易爆物品；吸烟 22. 水和蒸汽 23. 超压；超速；超负荷 24. 作业票；切断电源；切手动 25. 随便挪用；损坏 26. 脱岗；串岗 27. 不伤害自己；不伤害他人；不被他人伤害 28. 4~6MPa；撤离现场 29. 个人防护；防毒面具；防护衣 30. 固体微粒 31. 上风或侧风位置；水；泡沫灭火器；每半年 32. 30；30 33. 用火作业票；临时用电作业票 34. 防护罩；防护套；防护栏 35. 蓝；黑；红；绿 36. 液面计；测温仪表 37. 稳定性；耐久性；密封性 38. 定质；定量；定人 39. 懂用途；会维护保养；会排除故障 40. 三级过滤制度；由固定油桶到小油桶或油壶过滤；由小油桶或油壶抽到漏斗或注油口过滤； 41. 超温；超压 42. 齐全；灵敏；可靠 43. 70 44. 0.1MPa≤p≤1.6MPa；1.6MPa≤p≤10MPa 45. 盲板；防冻保温 46. 初期灭火范围 47. 安全附件 48. 接口；焊接接头 49. 化学；生物化学 50. 传导；对流；辐射 51. 先升温后升压 52. 反应量；可燃物；氧气 53. 火种 54. 生产连续性。 55. 呼吸道；皮肤；消化道 56. 三级安全教育；日常安全教育；专业安全教育 57. 两年 58. 面罩；滤毒罐 59. 越大 60. 职业病 61. 18%；2% 62. 一级动火；二级动火；特殊动火 63. 防爆 64. 懂结构；懂原理；懂性能；懂用途 65. 一类容器；二类容器；三类容器；低压、中压；高压；超高压 66. 定点；定项目 67. 韧性断裂；脆性断裂；疲劳；蠕变腐蚀 68. 弧坑；电弧擦伤 69. 相电压 70. 5℃；15℃ 71. 顶部；设计温度 72. 降低介质的腐蚀性；选择耐蚀材料；电化学保护 73. 降低 74. 25mg/L 75. 10 76. 15 77. 国务院 78. 登记；审批；许可；资质认定 79. 安全措施没落实不动火；监护人不在场不动火 80. 固体微粒 81. 迅速断开电源，使触电者迅速脱离触电状态 82. 用火作业；监护；报警 83. 外部检查；内外部检验；耐压试验 84. 无渗漏；无可见的异常的变形；试验中无异常的响声 85. 正常排放；全开并加铅封 86. 氧含量；温度；可燃物质；自由基 87. 爆破片；夹持器；接管法兰 88. 使用登记；每年 89. 特殊；非；衬里；阴、阳极保护 90. 气体置换 91. 15 92. 物体打击；高处坠落；中毒和窒息 93. 划出指示最高工作压力的红线；注明下次校验日期；加铅封 94. 隔离式 95. 垂直；树枝；宏观脆性 96. 交变载荷；塑性 97. 1.5~3；2；70%；60% 98. 强度极限 99. 减小壳体中的局部应力；防腐蚀性能 100. 氯离子

二、单选题

1. B 2. A 3. A 4. C 5. C 6. C 7. C 8. A 9. C 10. A
11. B 12. B 13. B 14. C 15. C 16. D 17. B 18. A 19. A 20. A

21. D 22. B 23. B 24. D 25. A 26. D 27. A 28. B 29. C 30. A

31. D 32. B 33. A 34. A 35. A 36. A 37. D 38. C 39. C 40. A

41. B 42. D 43. B 44. B 45. C 46. D 47. C 48. D 49. B 50. D

51. D 52. C 53. B 54. D 55. A 56. B 57. A 58. A 59. B 60. B

61. A 62. B 63. A 64. C 65. B 66. B 67. A 68. C 69. A 70. A

71. A 72. D 73. A 74. B 75. D 76. C 77. B 78. B 79. D 80. B

81. B 82. C 83. B 84. C 85. C 86. C 87. D 88. A 89. B 90. A

91. A 92. A 93. C 94. D 95. A 96. B 97. D 98. D 99. C 100. A

101. C 102. A 103. A 104. C 105. A 106. C 107. B 108. C 109. B 110. A

111. C 112. B 113. D 114. B 115. A 116. C 117. A 118. B 119. B 120. B

121. D 122. C 123. B 124. C 125. B 126. A 127. C 128. B 129. A 130. D

131. D 132. D 133. D 134. A 135. A 136. D 137. B 138. C 139. B 140. A

141. D 142. C 143. A 144. A 145. D 146. B 147. B 148. B 149. B 150. C

151. B 152. B 153. C 154. C 155. C 156. B 157. B 158. D 159. C 160. C

161. A 162. D 163. B 164. C 165. A 166. A 167. D 168. D 169. C 170. A

171. C 172. B 173. C 174. C 175. B 176. C 177. B 178. A 179. C 180. A

181. C 182. A 183. B 184. B 185. C 186. B 187. B 188. B 189. C 190. B

191. A 192. A 193. C 194. A 195. D 196. A 197. A 198. C 199. A 200. B

三、判断题

1. √ 2. √ 3. √ 4. × 5. √ 6. × 7. × 8. √ 9. √ 10. ×

11. × 12. √ 13. √ 14. √ 15. × 16. × 17. × 18. × 19. × 20. √

21. √ 22. × 23. × 24. √ 25. × 26. √ 27. × 28. √ 29. × 30. √

31. √ 32. √ 33. √ 34. √ 35. √ 36. × 37. × 38. √ 39. √ 40. ×

41. × 42. √ 43. × 44. √ 45. √ 46. × 47. √ 48. √ 49. √ 50. √

51. √ 52. × 53. × 54. × 55. × 56. × 57. √ 58. √ 59. × 60. ×

61. √ 62. × 63. √ 64. × 65. × 66. × 67. × 68. √ 69. √ 70. √

71. × 72. × 73. √ 74. × 75. √ 76. √ 77. × 78. × 79. √ 80. √

81. × 82. × 83. √ 84. × 85. × 86. × 87. × 88. × 89. √ 90. √

91. √ 92. × 93. × 94. × 95. × 96. √ 97. × 98. × 99. × 100. ×

101. √ 102. √ 103. √ 104. × 105. × 106. √ 107. √ 108. × 109. √ 110. √

111. √ 112. √ 113. √ 114. × 115. √ 116. √ 117. × 118. √ 119. × 120. ×

121. √ 122. √ 123. √ 124. × 125. √ 126. × 127. × 128. × 129. × 130. ×

131. × 132. × 133. × 134. √ 135. × 136. √ 137. × 138. √ 139. × 140. √

141. √ 142. √ 143. √ 144. √ 145. √ 146. √ 147. √ 148. √ 149. √ 150. √

151. √ 152. √ 153. √ 154. √ 155. √ 156. √ 157. √ 158. √ 159. √ 160. √

161. √ 162. √ 163. √ 164. √ 165. √ 166. √ 167. √ 168. √ 169. √ 170. √

171. √ 172. √ 173. √ 174. √ 175. √ 176. √ 177. √ 178. √ 179. √ 180. √

181. √ 182. √ 183. √ 184. √ 185. √ 186. √ 187. √ 188. √ 189. √ 190. √

191. √ 192. √ 193. √ 194. √ 195. √ 196. √ 197. √ 198. √ 199. √ 200. √

附录一

中华人民共和国安全生产法

第一章　总　　则

第一条　为了加强安全生产监督管理，防止和减少生产安全事故，保障人民群众生命和财产安全，促进经济发展，制定本法。

第二条　在中华人民共和国领域内从事生产经营活动的单位(以下统称生产经营单位)的安全生产，适用本法；有关法律、行政法规对消防安全和道路交通安全、铁路交通安全、水上交通安全、民用航空安全另有规定的，适用其规定。

第三条　安全生产管理，坚持安全第一、预防为主的方针。

第四条　生产经营单位必须遵守本法和其他有关安全生产的法律、法规，加强安全生产管理，建立、健全安全生产责任制度，完善安全生产条件，确保安全生产。

第五条　生产经营单位的主要负责人对本单位的安全生产工作全面负责。

第六条　生产经营单位的从业人员有依法获得安全生产保障的权利，并应当依法履行安全生产方面的义务。

第七条　工会依法组织职工参加本单位安全生产工作的民主管理和民主监督，维护职工在安全生产方面的合法权益。

第八条　国务院和地方各级人民政府应当加强对安全生产工作的领导，支持、督促各有关部门依法履行安全生产监督管理职责。

县级以上人民政府对安全生产监督管理中存在的重大问题应当及时予以协调、解决。

第九条　国务院负责安全生产监督管理的部门依照本法，对全国安全生产工作实施综合监督管理；县级以上地方各级人民政府负责安全生产监督管理的部门依照本法，对本行政区域内安全生产工作实施综合监督管理。

国务院有关部门依照本法和其他有关法律、行政法规的规定，在各自的职责范围内对有关的安全生产工作实施监督管理；县级以上地方各级人民政府有关部门依照本法和其他有关法律、法规的规定，在各自的职责范围内对有关的安全生产工作实施监督管理。

第十条　国务院有关部门应当按照保障安全生产的要求，依法及时制定有关的国家标准或者行业标准，并根据科技进步和经济发展适时修订。

生产经营单位必须执行依法制定的保障安全生产的国家标准或者行业标准。

第十一条　各级人民政府及其有关部门应当采取多种形式，加强对有关安全生产的法律、法规和安全生产知识的宣传，提高职工的安全生产意识。

第十二条　依法设立的为安全生产提供技术服务的中介机构，依照法律、行政法规和执业准则，接受生产经营单位的委托为其安全生产工作提供技术服务。

第十三条　国家实行生产安全事故责任追究制度，依照本法和有关法律、法规的规定，追究生产安全事故责任人员的法律责任。

第十四条　国家鼓励和支持安全生产科学技术研究和安全生产先进技术的推广应用，提高安全生产水平。

第十五条　国家对在改善安全生产条件、防止生产安全事故、参加抢险救护等方面取得显著成绩的单位和个人，给予奖励。

第二章　生产经营单位的安全生产保障

第十六条　生产经营单位应当具备本法和有关法律、行政法规和国家标准或者行业标准规定的安全生产条件；不具备安全生产条件的，不得从事生产经营活动。

第十七条　生产经营单位的主要负责人对本单位安全生产工作负有下列职责：

（一）建立、健全本单位安全生产责任制；

（二）组织制定本单位安全生产规章制度和操作规程；

（三）保证本单位安全生产投入的有效实施；

（四）督促、检查本单位的安全生产工作，及时消除生产安全事故隐患；

（五）组织制定并实施本单位的生产安全事故应急救援预案；

（六）及时、如实报告生产安全事故。

第十八条　生产经营单位应当具备的安全生产条件所必需的资金投入，由生产经营单位的决策机构、主要负责人或者个人经营的投资人予以保证，并对由于安全生产所必需的资金投入不足导致的后果承担责任。

第十九条　矿山、建筑施工单位和危险物品的生产、经营、储存单位，应当设置安全生产管理机构或者配备专职安全生产管理人员。

前款规定以外的其他生产经营单位，从业人员超过三百人的，应当设置安全生产管理机构或者配备专职安全生产管理人员；从业人员在三百人以下的，应当配备专职或者兼职的安全生产管理人员，或者委托具有国家规定的相关专业技术资格的工程技术人员提供安全生产管理服务。

生产经营单位依照前款规定委托工程技术人员提供安全生产管理服务的，保证安全生产的责任仍由本单位负责。

第二十条　生产经营单位的主要负责人和安全生产管理人员必须具备与本单位所从事的生产经营活动相应的安全生产知识和管理能力。

危险物品的生产、经营、储存单位以及矿山、建筑施工单位的主要负责人和安全生产管理人员，应当由有关主管部门对其安全生产知识和管理能力考核合格后方可任职。考核不得收费。

第二十一条　生产经营单位应当对从业人员进行安全生产教育和培训，保证从业人员具备必要的安全生产知识，熟悉有关的安全生产规章制度和安全操作规程，掌握本岗位的安全操作技能。未经安全生产教育和培训合格的从业人员，不得上岗作业。

第二十二条　生产经营单位采用新工艺、新技术、新材料或者使用新设备，必须了解、掌握其安全技术特性，采取有效的安全防护措施，并对从业人员进行专门的安全生产教育和培训。

第二十三条　生产经营单位的特种作业人员必须按照国家有关规定经专门的安全作业培训，取得特种作业操作资格证书，方可上岗作业。

特种作业人员的范围由国务院负责安全生产监督管理的部门会同国务院有关部门确定。

第二十四条　生产经营单位新建、改建、扩建工程项目（以下统称建设项目）的安全设施，必须与主体工程同时设计、同时施工、同时投入生产和使用。安全设施投资应当纳入建设项目概算。

第二十五条　矿山建设项目和用于生产、储存危险物品的建设项目，应当分别按照国家有关规定进行安全条件论证和安全评价。

第二十六条　建设项目安全设施的设计人、设计单位应当对安全设施设计负责。

矿山建设项目和用于生产、储存危险物品的建设项目的安全设施设计应当按照国家有关规定报经有关部门审查，审查部门及其负责审查的人员对审查结果负责。

第二十七条　矿山建设项目和用于生产、储存危险物品的建设项目的施工单位必须按照批准的安全设施设计施工，并对安全设施的工程质量负责。

矿山建设项目和用于生产、储存危险物品的建设项目竣工投入生产或者使用前，必须依照有关法律、行政法规的规定对安全设施进行验收；验收合格后，方可投入生产和使用。验收部门及其验收人员对验收结果负责。

第二十八条　生产经营单位应当在有较大危险因素的生产经营场所和有关设施、设备上，设置明显的安全警示标志。

第二十九条　安全设备的设计、制造、安装、使用、检测、维修、改造和报废，应当符合国家标准或者行业标准。

生产经营单位必须对安全设备进行经常性维护、保养，并定期检测，保证正常运转。维护、保养、检测应当作好记录，并由有关人员签字。

第三十条　生产经营单位使用的涉及生命安全、危险性较大的特种设备，以及危险物品的容器、运输工具，必须按照国家有关规定，由专业生产单位生产，并经取得专业资质的检测、检验机构检测、检验合格，取得安全使用证或者安全标志，方可投入使用。检测、检验机构对检测、检验结果负责。

涉及生命安全、危险性较大的特种设备的目录由国务院负责特种设备安全监督管理的部门制定，报国务院批准后执行。

第三十一条　国家对严重危及生产安全的工艺、设备实行淘汰制度。

生产经营单位不得使用国家明令淘汰、禁止使用的危及生产安全的工艺、设备。

第三十二条　生产、经营、运输、储存、使用危险物品或者处置废弃危险物品的，由有关主管部门依照有关法律、法规的规定和国家标准或者行业标准审批并实施监督管理。

生产经营单位生产、经营、运输、储存、使用危险物品或者处置废弃危险物品，必须执行有关法律、法规和国家标准或者行业标准，建立专门的安全管理制度，采取可靠的安全措施，接受有关主管部门依法实施的监督管理。

第三十三条　生产经营单位对重大危险源应当登记建档，进行定期检测、评估、监控，并制定应急预案，告知从业人员和相关人员在紧急情况下应当采取的应急措施。

生产经营单位应当按照国家有关规定将本单位重大危险源及有关安全措施、应急措施报有关地方人民政府负责安全生产监督管理的部门和有关部门备案。

第三十四条　生产、经营、储存、使用危险物品的车间、商店、仓库不得与员工宿舍在同一座建筑物内，并应当与员工宿舍保持安全距离。

生产经营场所和员工宿舍应当设有符合紧急疏散要求、标志明显、保持畅通的出口。禁止封闭、堵塞生产经营场所或者员工宿舍的出口。

第三十五条　生产经营单位进行爆破、吊装等危险作业，应当安排专门人员进行现场安全管理，确保操作规程的遵守和安全措施的落实。

第三十六条　生产经营单位应当教育和督促从业人员严格执行本单位的安全生产规章制度和安全操作规程；并向从业人员如实告知作业场所和工作岗位存在的危险因素、防范措施以及事故应急措施。

第三十七条　生产经营单位必须为从业人员提供符合国家标准或者行业标准的劳动防护用品，并监督、教育从业人员按照使用规则佩戴、使用。

第三十八条　生产经营单位的安全生产管理人员应当根据本单位的生产经营特点，对安全生产状况进行经常性检查；对检查中发现的安全问题，应当立即处理；不能处理的，应当及时报告本单位有关负责人。检查及处理情况应当记录在案。

第三十九条　生产经营单位应当安排用于配备劳动防护用品、进行安全生产培训的经费。

第四十条　两个以上生产经营单位在同一作业区域内进行生产经营活动，可能危及对方生产安全的，应当签订安全生产管理协议，明确各自的安全生产管理职责和应当采取的安全措施，并指定专职安全生产管理人员进行安全检查与协调。

第四十一条　生产经营单位不得将生产经营项目、场所、设备发包或者出租给不具备安全生产条件或者相应资质的单位或者个人。

生产经营项目、场所有多个承包单位、承租单位的，生产经营单位应当与承包单位、承租单位签订专门的安全生产管理协议，或者在承包合同、租赁合同中约定各自的安全生产管理职责；生产经营单位对承包单位、承租单位的安全生产工作统一协调、管理。

第四十二条 生产经营单位发生重大生产安全事故时，单位的主要负责人应当立即组织抢救，并不得在事故调查处理期间擅离职守。

第四十三条 生产经营单位必须依法参加工伤社会保险，为从业人员缴纳保险费。

第三章 从业人员的权利和义务

第四十四条 生产经营单位与从业人员订立的劳动合同，应当载明有关保障从业人员劳动安全、防止职业危害的事项，以及依法为从业人员办理工伤社会保险的事项。

生产经营单位不得以任何形式与从业人员订立协议，免除或者减轻其对从业人员因生产安全事故伤亡依法应承担的责任。

第四十五条 生产经营单位的从业人员有权了解其作业场所和工作岗位存在的危险因素、防范措施及事故应急措施，有权对本单位的安全生产工作提出建议。

第四十六条 从业人员有权对本单位安全生产工作中存在的问题提出批评、检举、控告；有权拒绝违章指挥和强令冒险作业。

生产经营单位不得因从业人员对本单位安全生产工作提出批评、检举、控告或者拒绝违章指挥、强令冒险作业而降低其工资、福利等待遇或者解除与其订立的劳动合同。

第四十七条 从业人员发现直接危及人身安全的紧急情况时，有权停止作业或者在采取可能的应急措施后撤离作业场所。

生产经营单位不得因从业人员在前款紧急情况下停止作业或者采取紧急撤离措施而降低其工资、福利等待遇或者解除与其订立的劳动合同。

第四十八条 因生产安全事故受到损害的从业人员，除依法享有工伤社会保险外，依照有关民事法律尚有获得赔偿的权利的，有权向本单位提出赔偿要求。

第四十九条 从业人员在作业过程中，应当严格遵守本单位的安全生产规章制度和操作规程，服从管理，正确佩戴和使用劳动防护用品。

第五十条 从业人员应当接受安全生产教育和培训，掌握本职工作所需的安全生产知识，提高安全生产技能，增强事故预防和应急处理能力。

第五十一条 从业人员发现事故隐患或者其他不安全因素，应当立即向现场安全生产管理人员或者本单位负责人报告；接到报告的人员应当及时予以处理。

第五十二条 工会有权对建设项目的安全设施与主体工程同时设计、同时施工、同时投入生产和使用进行监督，提出意见。

工会对生产经营单位违反安全生产法律、法规，侵犯从业人员合法权益的行为，有权要求纠正；发现生产经营单位违章指挥、强令冒险作业或者发现事故隐患时，有权提出解决的建议，生产经营单位应当及时研究答复；发现危及从业人员生命安全的情况时，有权向生产经营单位建议组织从业人员撤离危险场所，生产经营单位必须立即作出处理。

工会有权依法参加事故调查，向有关部门提出处理意见，并要求追究有关人员的责任。

第四章 安全生产的监督管理

第五十三条 县级以上地方各级人民政府应当根据本行政区域内的安全生产状况，组织有关部门按照职责分工，对本行政区域内容易发生重大生产安全事故的生产经营单位进行严格检查；发现事故隐患，应当及时处理。

第五十四条　依照本法第九条规定对安全生产负有监督管理职责的部门（以下统称负有安全生产监督管理职责的部门）依照有关法律、法规的规定，对涉及安全生产的事项需要审查批准（包括批准、核准、许可、注册、认证、颁发证照等，下同）或者验收的，必须严格依照有关法律、法规和国家标准或者行业标准规定的安全生产条件和程序进行审查；不符合有关法律、法规和国家标准或者行业标准规定的安全生产条件的，不得批准或者验收通过。对未依法取得批准或者验收合格的单位擅自从事有关活动的，负责行政审批的部门发现或者接到举报后应当立即予以取缔，并依法予以处理。对已经依法取得批准的单位，负责行政审批的部门发现其不再具备安全生产条件的，应当撤销原批准。

第五十五条　负有安全生产监督管理职责的部门对涉及安全生产的事项进行审查、验收，不得收取费用；不得要求接受审查、验收的单位购买其指定品牌或者指定生产、销售单位的安全设备、器材或者其他产品。

第五十六条　负有安全生产监督管理职责的部门依法对生产经营单位执行有关安全生产的法律、法规和国家标准或者行业标准的情况进行监督检查，行使以下职权：

（一）进入生产经营单位进行检查，调阅有关资料，向有关单位和人员了解情况。

（二）对检查中发现的安全生产违法行为，当场予以纠正或者要求限期改正；对依法应当给予行政处罚的行为，依照本法和其他有关法律、行政法规的规定作出行政处罚决定。

（三）对检查中发现的事故隐患，应当责令立即排除；重大事故隐患排除前或者排除过程中无法保证安全的，应当责令从危险区域内撤出作业人员，责令暂时停产停业或者停止使用；重大事故隐患排除后，经审查同意，方可恢复生产经营和使用。

（四）对有根据认为不符合保障安全生产的国家标准或者行业标准的设施、设备、器材予以查封或者扣押，并应当在十五日内依法作出处理决定。

监督检查不得影响被检查单位的正常生产经营活动。

第五十七条　生产经营单位对负有安全生产监督管理职责的部门的监督检查人员（以下统称安全生产监督检查人员）依法履行监督检查职责，应当予以配合，不得拒绝、阻挠。

第五十八条　安全生产监督检查人员应当忠于职守，坚持原则，秉公执法。

安全生产监督检查人员执行监督检查任务时，必须出示有效的监督执法证件；对涉及被检查单位的技术秘密和业务秘密，应当为其保密。

第五十九条　安全生产监督检查人员应当将检查的时间、地点、内容、发现的问题及其处理情况，作出书面记录，并由检查人员和被检查单位的负责人签字；被检查单位的负责人拒绝签字的，检查人员应当将情况记录在案，并向负有安全生产监督管理职责的部门报告。

第六十条　负有安全生产监督管理职责的部门在监督检查中，应当互相配合，实行联合检查；确需分别进行检查的，应当互通情况，发现存在的安全问题应当由其他有关部门进行处理的，应当及时移送其他有关部门并形成记录备查，接受移送的部门应当及时进行处理。

第六十一条　监察机关依照行政监察法的规定，对负有安全生产监督管理职责的部门及其工作人员履行安全生产监督管理职责实施监察。

第六十二条　承担安全评价、认证、检测、检验的机构应当具备国家规定的资质条件，并对其作出的安全评价、认证、检测、检验的结果负责。

第六十三条　负有安全生产监督管理职责的部门应当建立举报制度，公开举报电话、信箱或者电子邮件地址，受理有关安全生产的举报；受理的举报事项经调查核实后，应当形成书面材料；需要落实整改措施的，报经有关负责人签字并督促落实。

第六十四条　任何单位或者个人对事故隐患或者安全生产违法行为，均有权向负有安全生产监督管理职责的部门报告或者举报。

第六十五条　居民委员会、村民委员会发现其所在区域内的生产经营单位存在事故隐患或者安全生产违法行为时，应当向当地人民政府或者有关部门报告。

第六十六条 县级以上各级人民政府及其有关部门对报告重大事故隐患或者举报安全生产违法行为的有功人员，给予奖励。具体奖励办法由国务院负责安全生产监督管理的部门会同国务院财政部门制定。

第六十七条 新闻、出版、广播、电影、电视等单位有进行安全生产宣传教育的义务，有对违反安全生产法律、法规的行为进行舆论监督的权利。

第五章 生产安全事故的应急救援与调查处理

第六十八条 县级以上地方各级人民政府应当组织有关部门制定本行政区域内特大生产安全事故应急救援预案，建立应急救援体系。

第六十九条 危险物品的生产、经营、储存单位以及矿山、建筑施工单位应当建立应急救援组织；生产经营规模较小，可以不建立应急救援组织的，应当指定兼职的应急救援人员。危险物品的生产、经营、储存单位以及矿山、建筑施工单位应当配备必要的应急救援器材、设备，并进行经常性维护、保养，保证正常运转。

第七十条 生产经营单位发生生产安全事故后，事故现场有关人员应当立即报告本单位负责人。

单位负责人接到事故报告后，应当迅速采取有效措施，组织抢救，防止事故扩大，减少人员伤亡和财产损失，并按照国家有关规定立即如实报告当地负有安全生产监督管理职责的部门，不得隐瞒不报、谎报或者拖延不报，不得故意破坏事故现场、毁灭有关证据。

第七十一条 负有安全生产监督管理职责的部门接到事故报告后，应当立即按照国家有关规定上报事故情况。负有安全生产监督管理职责的部门和有关地方人民政府对事故情况不得隐瞒不报、谎报或者拖延不报。

第七十二条 有关地方人民政府和负有安全生产监督管理职责的部门的负责人接到重大生产安全事故报告后，应当立即赶到事故现场，组织事故抢救。

任何单位和个人都应当支持、配合事故抢救，并提供一切便利条件。

第七十三条 事故调查处理应当按照实事求是、尊重科学的原则，及时、准确地查清事故原因，查明事故性质和责任，总结事故教训，提出整改措施，并对事故责任者提出处理意见。事故调查和处理的具体办法由国务院制定。

第七十四条 生产经营单位发生生产安全事故，经调查确定为责任事故的，除了应当查明事故单位的责任并依法予以追究外，还应当查明对安全生产的有关事项负有审查批准和监督职责的行政部门的责任，对有失职、渎职行为的，依照本法第七十七条的规定追究法律责任。

第七十五条 任何单位和个人不得阻挠和干涉对事故的依法调查处理。

第七十六条 县级以上地方各级人民政府负责安全生产监督管理的部门应当定期统计分析本行政区域内发生生产安全事故的情况，并定期向社会公布。

第六章 法律责任

第七十七条 负有安全生产监督管理职责的部门的工作人员，有下列行为之一的，给予降级或者撤职的行政处分；构成犯罪的，依照刑法有关规定追究刑事责任：

（一）对不符合法定安全生产条件的涉及安全生产的事项予以批准或者验收通过的；

（二）发现未依法取得批准、验收的单位擅自从事有关活动或者接到举报后不予取缔或者不依法予以处理的；

（三）对已经依法取得批准的单位不履行监督管理职责，发现其不再具备安全生产条件而不撤销原批准或者发现安全生产违法行为不予查处的。

第七十八条 负有安全生产监督管理职责的部门，要求被审查、验收的单位购买其指定的安全设备、器材或者其他产品的，在对安全生产事项的审查、验收中收取费用的，由其上级机关或者监察机关责令改正，责令退还收取的费用；情节严重的，对直接负责的主管人员和其他直接责任人员依法给予行政处分。

第七十九条　承担安全评价、认证、检测、检验工作的机构，出具虚假证明，构成犯罪的，依照刑法有关规定追究刑事责任；尚不够刑事处罚的，没收违法所得，违法所得在五千元以上的，并处违法所得二倍以上五倍以下的罚款，没有违法所得或者违法所得不足五千元的，单处或者并处五千元以上二万元以下的罚款，对其直接负责的主管人员和其他直接责任人员处五千元以上五万元以下的罚款；给他人造成损害的，与生产经营单位承担连带赔偿责任。

对有前款违法行为的机构，撤销其相应资格。

第八十条　生产经营单位的决策机构、主要负责人、个人经营的投资人不依照本法规定保证安全生产所必需的资金投入，致使生产经营单位不具备安全生产条件的，责令限期改正，提供必需的资金；逾期未改正的，责令生产经营单位停产停业整顿。

有前款违法行为，导致发生生产安全事故，构成犯罪的，依照刑法有关规定追究刑事责任；尚不够刑事处罚的，对生产经营单位的主要负责人给予撤职处分，对个人经营的投资人处二万元以上二十万元以下的罚款。

第八十一条　生产经营单位的主要负责人未履行本法规定的安全生产管理职责的，责令限期改正；逾期未改正的，责令生产经营单位停产停业整顿。

生产经营单位的主要负责人有前款违法行为，导致发生生产安全事故，构成犯罪的，依照刑法有关规定追究刑事责任；尚不够刑事处罚的，给予撤职处分或者处二万元以上二十万元以下的罚款。

生产经营单位的主要负责人依照前款规定受刑事处罚或者撤职处分的，自刑罚执行完毕或者受处分之日起，五年内不得担任任何生产经营单位的主要负责人。

第八十二条　生产经营单位有下列行为之一的，责令限期改正；逾期未改正的，责令停产停业整顿，可以并处二万元以下的罚款：

（一）未按照规定设立安全生产管理机构或者配备安全生产管理人员的；

（二）危险物品的生产、经营、储存单位以及矿山、建筑施工单位的主要负责人和安全生产管理人员未按照规定经考核合格的；

（三）未按照本法第二十一条、第二十二条的规定对从业人员进行安全生产教育和培训，或者未按照本法第三十六条的规定如实告知从业人员有关的安全生产事项的；

（四）特种作业人员未按照规定经专门的安全作业培训并取得特种作业操作资格证书，上岗作业的。

第八十三条　生产经营单位有下列行为之一的，责令限期改正；逾期未改正的，责令停止建设或者停产停业整顿，可以并处五万元以下的罚款；造成严重后果，构成犯罪的，依照刑法有关规定追究刑事责任：

（一）矿山建设项目或者用于生产、储存危险物品的建设项目没有安全设施设计或者安全设施设计未按照规定报经有关部门审查同意的；

（二）矿山建设项目或者用于生产、储存危险物品的建设项目的施工单位未按照批准的安全设施设计施工的；

（三）矿山建设项目或者用于生产、储存危险物品的建设项目竣工投入生产或者使用前，安全设施未经验收合格的；

（四）未在有较大危险因素的生产经营场所和有关设施、设备上设置明显的安全警示标志的；

（五）安全设备的安装、使用、检测、改造和报废不符合国家标准或者行业标准的；

（六）未对安全设备进行经常性维护、保养和定期检测的；

（七）未为从业人员提供符合国家标准或者行业标准的劳动防护用品的；

（八）特种设备以及危险物品的容器、运输工具未经取得专业资质的机构检测、检验合格，取得安全使用证或者安全标志，投入使用的；

（九）使用国家明令淘汰、禁止使用的危及生产安全的工艺、设备的。

第八十四条 未经依法批准，擅自生产、经营、储存危险物品的，责令停止违法行为或者予以关闭，没收违法所得，违法所得十万元以上的，并处违法所得一倍以上五倍以下的罚款，没有违法所得或者违法所得不足十万元的，单处或者并处二万元以上十万元以下的罚款；造成严重后果，构成犯罪的，依照刑法有关规定追究刑事责任。

第八十五条 生产经营单位有下列行为之一的，责令限期改正；逾期未改正的，责令停产停业整顿，可以并处二万元以上十万元以下的罚款；造成严重后果，构成犯罪的，依照刑法有关规定追究刑事责任：

（一）生产、经营、储存、使用危险物品，未建立专门安全管理制度、未采取可靠的安全措施或者不接受有关主管部门依法实施的监督管理的；

（二）对重大危险源未登记建档，或者未进行评估、监控，或者未制定应急预案的；

（三）进行爆破、吊装等危险作业，未安排专门管理人员进行现场安全管理的。

第八十六条 生产经营单位将生产经营项目、场所、设备发包或者出租给不具备安全生产条件或者相应资质的单位或者个人的，责令限期改正，没收违法所得；违法所得五万元以上的，并处违法所得一倍以上五倍以下的罚款；没有违法所得或者违法所得不足五万元的，单处或者并处一万元以上五万元以下的罚款；导致发生生产安全事故给他人造成损害的，与承包方、承租方承担连带赔偿责任。

生产经营单位未与承包单位、承租单位签订专门的安全生产管理协议或者未在承包合同、租赁合同中明确各自的安全生产管理职责，或者未对承包单位、承租单位的安全生产统一协调、管理的，责令限期改正；逾期未改正的，责令停产停业整顿。

第八十七条 两个以上生产经营单位在同一作业区域内进行可能危及对方安全生产的生产经营活动，未签订安全生产管理协议或者未指定专职安全生产管理人员进行安全检查与协调的，责令限期改正；逾期未改正的，责令停产停业。

第八十八条 生产经营单位有下列行为之一的，责令限期改正；逾期未改正的，责令停产停业整顿；造成严重后果，构成犯罪的，依照刑法有关规定追究刑事责任：

（一）生产、经营、储存、使用危险物品的车间、商店、仓库与员工宿舍在同一座建筑内，或者与员工宿舍的距离不符合安全要求的；

（二）生产经营场所和员工宿舍未设有符合紧急疏散需要、标志明显、保持畅通的出口，或者封闭、堵塞生产经营场所或者员工宿舍出口的。

第八十九条 生产经营单位与从业人员订立协议，免除或者减轻其对从业人员因生产安全事故伤亡依法应承担的责任的，该协议无效；对生产经营单位的主要负责人、个人经营的投资人处二万元以上十万元以下的罚款。

第九十条 生产经营单位的从业人员不服从管理，违反安全生产规章制度或者操作规程的，由生产经营单位给予批评教育，依照有关规章制度给予处分；造成重大事故，构成犯罪的，依照刑法有关规定追究刑事责任。

第九十一条 生产经营单位主要负责人在本单位发生重大生产安全事故时，不立即组织抢救或者在事故调查处理期间擅离职守或者逃匿的，给予降职、撤职的处分，对逃匿的处十五日以下拘留；构成犯罪的，依照刑法有关规定追究刑事责任。

生产经营单位主要负责人对生产安全事故隐瞒不报、谎报或者拖延不报的，依照前款规定处罚。

第九十二条 有关地方人民政府、负有安全生产监督管理职责的部门，对生产安全事故隐瞒不报、谎报或者拖延不报的，对直接负责的主管人员和其他直接责任人员依法给予行政处分；构成犯罪的，依照刑法有关规定追究刑事责任。

第九十三条 生产经营单位不具备本法和其他有关法律、行政法规和国家标准或者行业标准规定的安全生产条件，经停产停业整顿仍不具备安全生产条件的，予以关闭；有关部门应当依法吊销其有关证照。

第九十四条 本法规定的行政处罚，由负责安全生产监督管理的部门决定；予以关闭的行政处罚由负责安全生产监督管理的部门报请县级以上人民政府按照国务院规定的权限决定；给予拘留的行政处罚由公安机关依照治安管理处罚条例的规定决定。有关法律、行政法规对行政处罚的决定机关另有规定的，依照其规定。

第九十五条 生产经营单位发生生产安全事故造成人员伤亡、他人财产损失的，应当依法承担赔偿责任；拒不承担或者其负责人逃匿的，由人民法院依法强制执行。

生产安全事故的责任人未依法承担赔偿责任，经人民法院依法采取执行措施后，仍不能对受害人给予足额赔偿的，应当继续履行赔偿义务；受害人发现责任人有其他财产的，可以随时请求人民法院执行。

第七章 附 则

第九十六条 本法下列用语的含义：

危险物品，是指易燃易爆物品、危险化学品、放射性物品等能够危及人身安全和财产安全的物品。

重大危险源，是指长期地或者临时地生产、搬运、使用或者储存危险物品，且危险物品的数量等于或者超过临界量的单元(包括场所和设施)。

第九十七条 本法自2002年11月1日起施行。

附录二

安全生产许可证条例

第一条 为了严格规范安全生产条件，进一步加强安全生产监督管理，防止和减少生产安全事故，根据《中华人民共和国安全生产法》的有关规定，制定本条例。

第二条 国家对矿山企业、建筑施工企业和危险化学品、烟花爆竹、民用爆破器材生产企业（以下统称企业）实行安全生产许可制度。

企业未取得安全生产许可证的，不得从事生产活动。

第三条 国务院安全生产监督管理部门负责中央管理的非煤矿矿山企业和危险化学品、烟花爆竹生产企业安全生产许可证的颁发和管理。

省、自治区、直辖市人民政府安全生产监督管理部门负责前款规定以外的非煤矿矿山企业和危险化学品、烟花爆竹生产企业安全生产许可证的颁发和管理，并接受国务院安全生产监督管理部门的指导和监督。

国家煤矿安全监察机构负责中央管理的煤矿企业安全生产许可证的颁发和管理。

在省、自治区、直辖市设立的煤矿安全监察机构负责前款规定以外的其他煤矿企业安全生产许可证的颁发和管理，并接受国家煤矿安全监察机构的指导和监督。

第四条 国务院建设主管部门负责中央管理的建筑施工企业安全生产许可证的颁发和管理。

省、自治区、直辖市人民政府建设主管部门负责前款规定以外的建筑施工企业安全生产许可证的颁发和管理，并接受国务院建设主管部门的指导和监督。

第五条 国务院国防科技工业主管部门负责民用爆破器材生产企业安全生产许可证的颁发和管理。

第六条 企业取得安全生产许可证，应当具备下列安全生产条件：

（一）建立、健全安全生产责任制，制定完备的安全生产规章制度和操作规程；

（二）安全投入符合安全生产要求；

（三）设置安全生产管理机构，配备专职安全生产管理人员；

（四）主要负责人和安全生产管理人员经考核合格；

（五）特种作业人员经有关业务主管部门考核合格，取得特种作业操作资格证书；

（六）从业人员经安全生产教育和培训合格；

（七）依法参加工伤保险，为从业人员缴纳保险费；

（八）厂房、作业场所和安全设施、设备、工艺符合有关安全生产法律、法规、标准和规程的要求；

（九）有职业危害防治措施，并为从业人员配备符合国家标准或者行业标准的劳动防护用品；

（十）依法进行安全评价；

（十一）有重大危险源检测、评估、监控措施和应急预案；

（十二）有生产安全事故应急救援预案、应急救援组织或者应急救援人员，配备必要的应急救援器材、设备；

（十三）法律、法规规定的其他条件。

第七条 企业进行生产前，应当依照本条例的规定向安全生产许可证颁发管理机关申请领取安全生产许可证，并提供本条例第六条规定的相关文件、资料。安全生产许可证颁发管理机关应当自收到申请之日起45日内审查完毕，经审查符合本条例规定的安全生产条件的，颁发安全生产许可证；不符合本条例规定的安全生产条件的，不予颁发安全生产许可证，书面通知企业并说明理由。

煤矿企业应当以矿（井）为单位，在申请领取煤炭生产许可证前，依照本条例的规定取得安全生产许可证。

第八条 安全生产许可证由国务院安全生产监督管理部门规定统一的式样。

第九条 安全生产许可证的有效期为3年。安全生产许可证有效期满需要延期的，企业应当于期满前

3个月向原安全生产许可证颁发管理机关办理延期手续。

企业在安全生产许可证有效期内，严格遵守有关安全生产的法律法规，未发生死亡事故的，安全生产许可证有效期届满时，经原安全生产许可证颁发管理机关同意，不再审查，安全生产许可证有效期延期3年。

第十条 安全生产许可证颁发管理机关应当建立、健全安全生产许可证档案管理制度，并定期向社会公布企业取得安全生产许可证的情况。

第十一条 煤矿企业安全生产许可证颁发管理机关、建筑施工企业安全生产许可证颁发管理机关、民用爆破器材生产企业安全生产许可证颁发管理机关，应当每年向同级安全生产监督管理部门通报其安全生产许可证颁发和管理情况。

第十二条 国务院安全生产监督管理部门和省、自治区、直辖市人民政府安全生产监督管理部门对建筑施工企业、民用爆破器材生产企业、煤矿企业取得安全生产许可证的情况进行监督。

第十三条 企业不得转让、冒用安全生产许可证或者使用伪造的安全生产许可证。

第十四条 企业取得安全生产许可证后，不得降低安全生产条件，并应当加强日常安全生产管理，接受安全生产许可证颁发管理机关的监督检查。

安全生产许可证颁发管理机关应当加强对取得安全生产许可证的企业的监督检查，发现其不再具备本条例规定的安全生产条件的，应当暂扣或者吊销安全生产许可证。

第十五条 安全生产许可证颁发管理机关工作人员在安全生产许可证颁发、管理和监督检查工作中，不得索取或者接受企业的财物，不得谋取其他利益。

第十六条 监察机关依照《中华人民共和国行政监察法》的规定，对安全生产许可证颁发管理机关及其工作人员履行本条例规定的职责实施监察。

第十七条 任何单位或者个人对违反本条例规定的行为，有权向安全生产许可证颁发管理机关或者监察机关等有关部门举报。

第十八条 安全生产许可证颁发管理机关工作人员有下列行为之一的，给予降级或者撤职的行政处分；构成犯罪的，依法追究刑事责任：

（一）向不符合本条例规定的安全生产条件的企业颁发安全生产许可证的；

（二）发现企业未依法取得安全生产许可证擅自从事生产活动，不依法处理的；

（三）发现取得安全生产许可证的企业不再具备本条例规定的安全生产条件，不依法处理的；

（四）接到对违反本条例规定行为的举报后，不及时处理的；

（五）在安全生产许可证颁发、管理和监督检查工作中，索取或者接受企业的财物，或者谋取其他利益的。

第十九条 违反本条例规定，未取得安全生产许可证擅自进行生产的，责令停止生产，没收违法所得，并处10万元以上50万元以下的罚款；造成重大事故或者其他严重后果，构成犯罪的，依法追究刑事责任。

第二十条 违反本条例规定，安全生产许可证有效期满未办理延期手续，继续进行生产的，责令停止生产，限期补办延期手续，没收违法所得，并处5万元以10万元以下的罚款；逾期仍不办理延期手续，继续进行生产的，依照本条例第十九条的规定处罚。

第二十一条 违反本条例规定，转让安全生产许可证的，没收违法所得，处10万元以上50万元以下的罚款，并吊销其安全生产许可证；构成犯罪的，依法追究刑事责任；接受转让的，依照本条例第十九条的规定处罚。

冒用安全生产许可证或者使用伪造的安全生产许可证的，依照本条例第十九条的规定处罚。

第二十二条 本条例施行前已经进行生产的企业，应当自本条例施行之日起1年内，依照本条例的规定向安全生产许可证颁发管理机关申请办理安全生产许可证；逾期不办理安全生产许可证，或者经审查不符合本条例规定的安全生产条件，未取得安全生产许可证，继续进行生产的，依照本条例第十九条的规定处罚。

第二十三条 本条例规定的行政处罚，由安全生产许可证颁发管理机关决定。

第二十四条 本条例自公布之日起施行。

附录三

生产安全事故报告和调查处理条例

第一章　总　　则

第一条　为了规范生产安全事故的报告和调查处理，落实生产安全事故责任追究制度，防止和减少生产安全事故，根据《中华人民共和国安全生产法》和有关法律，制定本条例。

第二条　生产经营活动中发生的造成人身伤亡或者直接经济损失的生产安全事故的报告和调查处理，适用本条例；环境污染事故、核设施事故、国防科研生产事故的报告和调查处理不适用本条例。

第三条　根据生产安全事故(以下简称事故)造成的人员伤亡或者直接经济损失，事故一般分为以下等级：

(一) 特别重大事故，是指造成30人以上死亡，或者100人以上重伤(包括急性工业中毒，下同)，或者1亿元以上直接经济损失的事故；

(二) 重大事故，是指造成10人以上30人以下死亡，或者50人以上100人以下重伤，或者5000万元以上1亿元以下直接经济损失的事故；

(三) 较大事故，是指造成3人以上10人以下死亡，或者10人以上50人以下重伤，或者1000万元以上5000万元以下直接经济损失的事故；

(四) 一般事故，是指造成3人以下死亡，或者10人以下重伤，或者1000万元以下直接经济损失的事故。

国务院安全生产监督管理部门可以会同国务院有关部门，制定事故等级划分的补充性规定。

第四条　事故报告应当及时、准确、完整，任何单位和个人对事故不得迟报、漏报、谎报或者瞒报。

事故调查处理应当坚持实事求是、尊重科学的原则，及时、准确地查清事故经过、事故原因和事故损失，查明事故性质，认定事故责任，总结事故教训，提出整改措施，并对事故责任者依法追究责任。

第五条　县级以上人民政府应当依照本条例的规定，严格履行职责，及时、准确地完成事故调查处理工作。

事故发生地有关地方人民政府应当支持、配合上级人民政府或者有关部门的事故调查处理工作，并提供必要的便利条件。

参加事故调查处理的部门和单位应当互相配合，提高事故调查处理工作的效率。

第六条　工会依法参加事故调查处理，有权向有关部门提出处理意见。

第七条　任何单位和个人不得阻挠和干涉对事故的报告和依法调查处理。

第八条　对事故报告和调查处理中的违法行为，任何单位和个人有权向安全生产监督管理部门、监察机关或者其他有关部门举报，接到举报的部门应当依法及时处理。

第二章　事故报告

第九条　事故发生后，事故现场有关人员应当立即向本单位负责人报告；单位负责人接到报告后，应当于1小时内向事故发生地县级以上人民政府安全生产监督管理部门和负有安全生产监督管理职责的有关部门报告。

情况紧急时，事故现场有关人员可以直接向事故发生地县级以上人民政府安全生产监督管理部门和负有安全生产监督管理职责的有关部门报告。

第十条　安全生产监督管理部门和负有安全生产监督管理职责的有关部门接到事故报告后，应当依照下列规定上报事故情况，并通知公安机关、劳动保障行政部门、工会和人民检察院：

（一）特别重大事故、重大事故逐级上报至国务院安全生产监督管理部门和负有安全生产监督管理职责的有关部门；

（二）较大事故逐级上报至省、自治区、直辖市人民政府安全生产监督管理部门和负有安全生产监督管理职责的有关部门；

（三）一般事故上报至设区的市级人民政府安全生产监督管理部门和负有安全生产监督管理职责的有关部门。

安全生产监督管理部门和负有安全生产监督管理职责的有关部门依照前款规定上报事故情况，应当同时报告本级人民政府。国务院安全生产监督管理部门和负有安全生产监督管理职责的有关部门以及省级人民政府接到发生特别重大事故、重大事故的报告后，应当立即报告国务院。

必要时，安全生产监督管理部门和负有安全生产监督管理职责的有关部门可以越级上报事故情况。

第十一条　安全生产监督管理部门和负有安全生产监督管理职责的有关部门逐级上报事故情况，每级上报的时间不得超过2小时。

第十二条　报告事故应当包括下列内容：

（一）事故发生单位概况；

（二）事故发生的时间、地点以及事故现场情况；

（三）事故的简要经过；

（四）事故已经造成或者可能造成的伤亡人数（包括下落不明的人数）和初步估计的直接经济损失；

（五）已经采取的措施；

（六）其他应当报告的情况。

第十三条　事故报告后出现新情况的，应当及时补报。

自事故发生之日起30日内，事故造成的伤亡人数发生变化的，应当及时补报。道路交通事故、火灾事故自发生之日起7日内，事故造成的伤亡人数发生变化的，应当及时补报。

第十四条　事故发生单位负责人接到事故报告后，应当立即启动事故相应应急预案，或者采取有效措施，组织抢救，防止事故扩大，减少人员伤亡和财产损失。

第十五条　事故发生地有关地方人民政府、安全生产监督管理部门和负有安全生产监督管理职责的有关部门接到事故报告后，其负责人应当立即赶赴事故现场，组织事故救援。

第十六条　事故发生后，有关单位和人员应当妥善保护事故现场以及相关证据，任何单位和个人不得破坏事故现场、毁灭相关证据。因抢救人员、防止事故扩大以及疏通交通等原因，需要移动事故现场物件的，应当做出标志，绘制现场简图并做出书面记录，妥善保存现场重要痕迹、物证。

第十七条　事故发生地公安机关根据事故的情况，对涉嫌犯罪的，应当依法立案侦查，采取强制措施和侦查措施。犯罪嫌疑人逃匿的，公安机关应当迅速追捕归案。

第十八条　安全生产监督管理部门和负有安全生产监督管理职责的有关部门应当建立值班制度，并向社会公布值班电话，受理事故报告和举报。

第三章　事故调查

第十九条　特别重大事故由国务院或者国务院授权有关部门组织事故调查组进行调查。

重大事故、较大事故、一般事故分别由事故发生地省级人民政府、设区的市级人民政府、县级人民政府负责调查。省级人民政府、设区的市级人民政府、县级人民政府可以直接组织事故调查组进行调查，也可以授权或者委托有关部门组织事故调查组进行调查。

未造成人员伤亡的一般事故，县级人民政府也可以委托事故发生单位组织事故调查组进行调查。

第二十条　上级人民政府认为必要时，可以调查由下级人民政府负责调查的事故。

自事故发生之日起30日内(道路交通事故、火灾事故自发生之日起7日内)，因事故伤亡人数变化导致事故等级发生变化，依照本条例规定应当由上级人民政府负责调查的，上级人民政府可以另行组织事故调查组进行调查。

第二十一条 特别重大事故以下等级事故，事故发生地与事故发生单位不在同一个县级以上行政区域的，由事故发生地人民政府负责调查，事故发生单位所在地人民政府应当派人参加。

第二十二条 事故调查组的组成应当遵循精简、效能的原则。

根据事故的具体情况，事故调查组由有关人民政府、安全生产监督管理部门、负有安全生产监督管理职责的有关部门、监察机关、公安机关以及工会派人组成，并应当邀请人民检察院派人参加。事故调查组可以聘请有关专家参与调查。

第二十三条 事故调查组成员应当具有事故调查所需要的知识和专长，并与所调查的事故没有直接利害关系。

第二十四条 事故调查组组长由负责事故调查的人民政府指定。事故调查组组长主持事故调查组的工作。

第二十五条 事故调查组履行下列职责：

(一) 查明事故发生的经过、原因、人员伤亡情况及直接经济损失；

(二) 认定事故的性质和事故责任；

(三) 提出对事故责任者的处理建议；

(四) 总结事故教训，提出防范和整改措施；

(五) 提交事故调查报告。

第二十六条 事故调查组有权向有关单位和个人了解与事故有关的情况，并要求其提供相关文件、资料，有关单位和个人不得拒绝。事故发生单位的负责人和有关人员在事故调查期间不得擅离职守，并应当随时接受事故调查组的询问，如实提供有关情况。事故调查中发现涉嫌犯罪的，事故调查组应当及时将有关材料或者其复印件移交司法机关处理。

第二十七条 事故调查中需要进行技术鉴定的，事故调查组应当委托具有国家规定资质的单位进行技术鉴定。必要时，事故调查组可以直接组织专家进行技术鉴定。技术鉴定所需时间不计入事故调查期限。

第二十八条 事故调查组成员在事故调查工作中应当诚信公正、恪尽职守，遵守事故调查组的纪律，保守事故调查的秘密。

未经事故调查组组长允许，事故调查组成员不得擅自发布有关事故的信息。

第二十九条 事故调查组应当自事故发生之日起60日内提交事故调查报告；特殊情况下，经负责事故调查的人民政府批准，提交事故调查报告的期限可以适当延长，但延长的期限最长不超过60日。

第三十条 事故调查报告应当包括下列内容：

(一) 事故发生单位概况；

(二) 事故发生经过和事故救援情况；

(三) 事故造成的人员伤亡和直接经济损失；

(四) 事故发生的原因和事故性质；

(五) 事故责任的认定以及对事故责任者的处理建议；

(六) 事故防范和整改措施。

事故调查报告应当附具有关证据材料。事故调查组成员应当在事故调查报告上签名。

第三十一条 事故调查报告报送负责事故调查的人民政府后，事故调查工作即告结束。事故调查的有关资料应当归档保存。

第四章 事故处理

第三十二条 重大事故、较大事故、一般事故，负责事故调查的人民政府应当自收到事故调查报告之日起15日内做出批复；特别重大事故，30日内做出批复，特殊情况下，批复时间可以适当延长，但延长的时间最长不超过30日。

有关机关应当按照人民政府的批复，依照法律、行政法规规定的权限和程序，对事故发生单位和有关人员进行行政处罚，对负有事故责任的国家工作人员进行处分。

事故发生单位应当按照负责事故调查的人民政府的批复，对本单位负有事故责任的人员进行处理。

负有事故责任的人员涉嫌犯罪的，依法追究刑事责任。

第三十三条　事故发生单位应当认真吸取事故教训，落实防范和整改措施，防止事故再次发生。防范和整改措施的落实情况应当接受工会和职工的监督。

安全生产监督管理部门和负有安全生产监督管理职责的有关部门应当对事故发生单位落实防范和整改措施的情况进行监督检查。

第三十四条　事故处理的情况由负责事故调查的人民政府或者其授权的有关部门、机构向社会公布，依法应当保密的除外。

第五章　法律责任

第三十五条　事故发生单位主要负责人有下列行为之一的，处上一年年收入40%至80%的罚款；属于国家工作人员的，并依法给予处分；构成犯罪的，依法追究刑事责任：

（一）不立即组织事故抢救的；

（二）迟报或者漏报事故的；

（三）在事故调查处理期间擅离职守的。

第三十六条　事故发生单位及其有关人员有下列行为之一的，对事故发生单位处100万元以上500万元以下的罚款；对主要负责人、直接负责的主管人员和其他直接责任人员处上一年年收入60%至100%的罚款；属于国家工作人员的，并依法给予处分；构成违反治安管理行为的，由公安机关依法给予治安管理处罚；构成犯罪的，依法追究刑事责任：

（一）谎报或者瞒报事故的；

（二）伪造或者故意破坏事故现场的；

（三）转移、隐匿资金、财产，或者销毁有关证据、资料的；

（四）拒绝接受调查或者拒绝提供有关情况和资料的；

（五）在事故调查中作伪证或者指使他人作伪证的；

（六）事故发生后逃匿的。

第三十七条　事故发生单位对事故发生负有责任的，依照下列规定处以罚款：

（一）发生一般事故的，处10万元以上20万元以下的罚款；

（二）发生较大事故的，处20万元以上50万元以下的罚款；

（三）发生重大事故的，处50万元以上200万元以下的罚款；

（四）发生特别重大事故的，处200万元以上500万元以下的罚款。

第三十八条　事故发生单位主要负责人未依法履行安全生产管理职责，导致事故发生的，依照下列规定处以罚款；属于国家工作人员的，并依法给予处分；构成犯罪的，依法追究刑事责任：

（一）发生一般事故的，处上一年年收入30%的罚款；

（二）发生较大事故的，处上一年年收入40%的罚款；

（三）发生重大事故的，处上一年年收入60%的罚款；

（四）发生特别重大事故的，处上一年年收入80%的罚款。

第三十九条　有关地方人民政府、安全生产监督管理部门和负有安全生产监督管理职责的有关部门有下列行为之一的，对直接负责的主管人员和其他直接责任人员依法给予处分；构成犯罪的，依法追究刑事责任：

（一）不立即组织事故抢救的；

（二）迟报、漏报、谎报或者瞒报事故的；

（三）阻碍、干涉事故调查工作的；

（四）在事故调查中作伪证或者指使他人作伪证的。

第四十条 事故发生单位对事故发生负有责任的，由有关部门依法暂扣或者吊销其有关证照；对事故发生单位负有事故责任的有关人员，依法暂停或者撤销其与安全生产有关的执业资格、岗位证书；事故发生单位主要负责人受到刑事处罚或者撤职处分的，自刑罚执行完毕或者受处分之日起，5 年内不得担任任何生产经营单位的主要负责人。

为发生事故的单位提供虚假证明的中介机构，由有关部门依法暂扣或者吊销其有关证照及其相关人员的执业资格；构成犯罪的，依法追究刑事责任。

第四十一条 参与事故调查的人员在事故调查中有下列行为之一的，依法给予处分；构成犯罪的，依法追究刑事责任：

（一）对事故调查工作不负责任，致使事故调查工作有重大疏漏的；

（二）包庇、袒护负有事故责任的人员或者借机打击报复的。

第四十二条 违反本条例规定，有关地方人民政府或者有关部门故意拖延或者拒绝落实经批复的对事故责任人的处理意见的，由监察机关对有关责任人员依法给予处分。

第四十三条 本条例规定的罚款的行政处罚，由安全生产监督管理部门决定。

法律、行政法规对行政处罚的种类、幅度和决定机关另有规定的，依照其规定。

第六章 附 则

第四十四条 没有造成人员伤亡，但是社会影响恶劣的事故，国务院或者有关地方人民政府认为需要调查处理的，依照本条例的有关规定执行。

国家机关、事业单位、人民团体发生的事故的报告和调查处理，参照本条例的规定执行。

第四十五条 特别重大事故以下等级事故的报告和调查处理，有关法律、行政法规或者国务院另有规定的，依照其规定。

第四十六条 本条例自 2007 年 6 月 1 日起施行。国务院 1989 年 3 月 29 日公布的《特别重大事故调查程序暂行规定》和 1991 年 2 月 22 日公布的《企业职工伤亡事故报告和处理规定》同时废止。

附录四

重大事故隐患管理规定

第一章 总 则

第一条 为贯彻"安全第一，预防为主"的方针，加强对重大事故隐患的管理，预防重大事故的发生，制定本规定。

第二条 本规定所称重大事故隐患，是指可能导致重大人身伤亡或者重大经济损失的事故隐患。

第三条 本规定适用于中华人民共和国境内的企业、事业组织和社会公共场所(以下统称单位)。

第二章 评估和报告

第四条 重大事故隐患根据作业场所、设备及设施的不安全状态，人的不安全行为和管理上的缺陷，可能导致事故损失的程度分为两级：

特别重大事故隐患是指可能造成死亡 50 人以上，或直接经济损失 1000 万元以上的事故隐患。

重大事故隐患是指可能造成死亡 10 人以上，或直接经济损失 500 万元以上的事故隐患。

重大事故隐患的具体分级标准和评估方法由国务院劳动行政部门会同国务院有关部门制定。

第五条 特别重大事故隐患由国务院劳动行政部门会同国务院有关部门组织评估。

重大事故隐患由省、自治区、直辖市劳动行政部门会同主管部门组织评估。

第六条 重大事故隐患评估费用由被评估单位支付。

第七条 单位一旦发现事故隐患，应立即报告主管部门和当地人民政府，并申请对事故隐患进行初步评估和分级。

第八条 主管部门和当地人民政府对单位存在的事故隐患进行初步评估和分级，确定存在重大事故隐患的单位。重大事故隐患的初步评估结果报送省级以上劳动行政部门和主管部门，并申请对重大事故隐患组织评估。

第九条 经省级以上劳动行政部门和主管部门评估，并确认存在重大事故隐患的单位应编写重大事故隐患报告书。

特别重大事故隐患报告书应报送国务院劳动行政部门和有关部门，并应同时报送当地人民政府和劳动行政部门。

重大事故隐患报告书应报送省级劳动行政部门和主管部门，并应同时报送当地人民政府和劳动行政部门。

第十条 重大事故隐患报告书应包括以下内容：

(一) 事故隐患类别；

(二) 事故隐患等级；

(三) 影响范围；

(四) 影响程度；

(五) 整改措施；

(六) 整改资金来源及其保障措施；

(七) 整改目标。

第三章　组织管理

第十一条　存在重大事故隐患的单位应成立隐患管理小组。小组由法定代表人负责。

第十二条　隐患管理小组应履行以下职责：

（一）掌握本单位重大事故隐患的分布、发生事故的可能性及其程度，负责重大事故隐患的现场管理；

（二）制定应急计划，并报当地人民政府和劳动行政部门备案；

（三）进行安全教育，组织模拟重大事故发生时应采取的紧急处置措施，必要时组织救援设施、设备调配和人员疏散演习；

（四）随时掌握重大事故隐患的动态变化；

（五）保持消防器材、救护用品完好有效。

第十三条　省级以上主管部门负责督促单位对重大事故隐患的管理和组织整改。

第十四条　省级以上劳动行政部门会同主管部门组织专家对重大事故隐患进行评估，监督和检查单位对重大事故隐患进行整改。

第十五条　各级工会组织督促并协助单位对重大事故隐患的管理和整改。

第十六条　县级以上劳动行政部门应负责处理、协商重大事故隐患管理和整改中的重大问题，经同级人民政府批准后，签发《重大事故隐患停产、停业整改通知书》。

第四章　整　　改

第十七条　存在重大事故隐患的单位，应立即采取相应的整改措施。难以立即整改的单位，应采取防范、监控措施。

第十八条　对在短时间内即可发生重大事故的隐患，县级以上劳动行政部门可按有关法律规定查处；也可以报请当地人民政府批准，指令单位停产、停业进行整改。

第十九条　接到《重大事故隐患停产、停业整改通知书》的单位，应立即停产、停业进行整改。

第二十条　完成重大事故隐患整改的单位，应及时报告省级以上劳动行政部门和主管部门，申请审查验收。

第二十一条　重大事故隐患整改资金由单位筹集，必要时报请当地人民政府和主管部门给予支持。

第五章　奖励与处罚

第二十二条　对及时发现重大事故隐患，积极整改并有效防止事故发生的单位和个人，应给予表彰和奖励。

第二十三条　对存在的重大事故隐患隐瞒不报的单位，应给予批评教育，并责令上报。

第二十四条　对重大事故隐患未进行整改或未采取防范、监控措施的单位，由劳动行政部门责令改正；情节严重的，可给予经济处罚或提请主管部门给予单位法定代表人行政处分。

第二十五条　对接到《重大事故隐患停产、停业整改通知书》而未立即停产、停业进行整改的单位，劳动行政部门可给予经济处罚或提请主管部门给予单位法定代表人行政处分。

第二十六条　对重大事故隐瞒不采取措施，致使发生重大事故，造成生命和财产损失的，对责任人员比照刑法第一百八十七条的规定追究刑事责任。

第二十七条　对矿山事故隐患的查处按《矿山安全法》第七章有关规定办理。

第六章　附　　则

第二十八条　省、自治区、直辖市劳动行政部门可根据本规定制定实施办法。

第二十九条　本规定自一九九五年十月一日起施行。

附录五

危险化学品安全管理条例

第一章 总 则

第一条 为了加强危险化学品的安全管理，预防和减少危险化学品事故，保障人民群众生命财产安全，保护环境，制定本条例。

第二条 危险化学品生产、储存、使用、经营和运输的安全管理，适用本条例。

废弃危险化学品的处置，依照有关环境保护的法律、行政法规和国家有关规定执行。

第三条 本条例所称危险化学品，是指具有毒害、腐蚀、爆炸、燃烧、助燃等性质，对人体、设施、环境具有危害的剧毒化学品和其他化学品。

危险化学品目录，由国务院安全生产监督管理部门会同国务院工业和信息化、公安、环境保护、卫生、质量监督检验检疫、交通运输、铁路、民用航空、农业主管部门，根据化学品危险特性的鉴别和分类标准确定、公布，并适时调整。

第四条 危险化学品安全管理，应当坚持安全第一、预防为主、综合治理的方针，强化和落实企业的主体责任。

生产、储存、使用、经营、运输危险化学品的单位(以下统称危险化学品单位)的主要负责人对本单位的危险化学品安全管理工作全面负责。

危险化学品单位应当具备法律、行政法规规定和国家标准、行业标准要求的安全条件，建立、健全安全管理规章制度和岗位安全责任制度，对从业人员进行安全教育、法制教育和岗位技术培训。从业人员应当接受教育和培训，考核合格后上岗作业；对有资格要求的岗位，应当配备依法取得相应资格的人员。

第五条 任何单位和个人不得生产、经营、使用国家禁止生产、经营、使用的危险化学品。

国家对危险化学品的使用有限制性规定的，任何单位和个人不得违反限制性规定使用危险化学品。

第六条 对危险化学品的生产、储存、使用、经营、运输实施安全监督管理的有关部门(以下统称负有危险化学品安全监督管理职责的部门)，依照下列规定履行职责：

(一) 安全生产监督管理部门负责危险化学品安全监督管理综合工作，组织确定、公布、调整危险化学品目录，对新建、改建、扩建生产、储存危险化学品(包括使用长输管道输送危险化学品，下同)的建设项目进行安全条件审查，核发危险化学品安全生产许可证、危险化学品安全使用许可证和危险化学品经营许可证，并负责危险化学品登记工作。

(二) 公安机关负责危险化学品的公共安全管理，核发剧毒化学品购买许可证、剧毒化学品道路运输通行证，并负责危险化学品运输车辆的道路交通安全管理。

(三) 质量监督检验检疫部门负责核发危险化学品及其包装物、容器(不包括储存危险化学品的固定式大型储罐，下同)生产企业的工业产品生产许可证，并依法对其产品质量实施监督，负责对进出口危险化学品及其包装实施检验。

(四) 环境保护主管部门负责废弃危险化学品处置的监督管理，组织危险化学品的环境危害性鉴定和环境风险程度评估，确定实施重点环境管理的危险化学品，负责危险化学品环境管理登记和新化学物质环境管理登记；依照职责分工调查相关危险化学品环境污染事故和生态破坏事件，负责危险化学品事故现场的应急环境监测。

(五) 交通运输主管部门负责危险化学品道路运输、水路运输的许可以及运输工具的安全管理，对危险化学品水路运输安全实施监督，负责危险化学品道路运输企业、水路运输企业驾驶人员、船员、装卸管理人员、押运人员、申报人员、集装箱装箱现场检查员的资格认定。铁路主管部门负责危险化学品铁路运输的安全管理，负责危险化学品铁路运输承运人、托运人的资质审批及其运输工具的安全管理。民用航空主管部门负责危险化学品航空运输以及航空运输企业及其运输工具的安全管理。

（六）卫生主管部门负责危险化学品毒性鉴定的管理，负责组织、协调危险化学品事故受伤人员的医疗卫生救援工作。

（七）工商行政管理部门依据有关部门的许可证件，核发危险化学品生产、储存、经营、运输企业营业执照，查处危险化学品经营企业违法采购危险化学品的行为。

（八）邮政管理部门负责依法查处寄递危险化学品的行为。

第七条 负有危险化学品安全监督管理职责的部门依法进行监督检查，可以采取下列措施：

（一）进入危险化学品作业场所实施现场检查，向有关单位和人员了解情况，查阅、复制有关文件、资料；

（二）发现危险化学品事故隐患，责令立即消除或者限期消除；

（三）对不符合法律、行政法规、规章规定或者国家标准、行业标准要求的设施、设备、装置、器材、运输工具，责令立即停止使用；

（四）经本部门主要负责人批准，查封违法生产、储存、使用、经营危险化学品的场所，扣押违法生产、储存、使用、经营、运输的危险化学品以及用于违法生产、使用、运输危险化学品的原材料、设备、运输工具；

（五）发现影响危险化学品安全的违法行为，当场予以纠正或者责令限期改正。

负有危险化学品安全监督管理职责的部门依法进行监督检查，监督检查人员不得少于2人，并应当出示执法证件；有关单位和个人对依法进行的监督检查应当予以配合，不得拒绝、阻碍。

第八条 县级以上人民政府应当建立危险化学品安全监督管理工作协调机制，支持、督促负有危险化学品安全监督管理职责的部门依法履行职责，协调、解决危险化学品安全监督管理工作中的重大问题。

负有危险化学品安全监督管理职责的部门应当相互配合、密切协作，依法加强对危险化学品的安全监督管理。

第九条 任何单位和个人对违反本条例规定的行为，有权向负有危险化学品安全监督管理职责的部门举报。负有危险化学品安全监督管理职责的部门接到举报，应当及时依法处理；对不属于本部门职责的，应当及时移送有关部门处理。

第十条 国家鼓励危险化学品生产企业和使用危险化学品从事生产的企业采用有利于提高安全保障水平的先进技术、工艺、设备以及自动控制系统，鼓励对危险化学品实行专门储存、统一配送、集中销售。

第二章 生产、储存安全

第十一条 国家对危险化学品的生产、储存实行统筹规划、合理布局。

国务院工业和信息化主管部门以及国务院其他有关部门依据各自职责，负责危险化学品生产、储存的行业规划和布局。

地方人民政府组织编制城乡规划，应当根据本地区的实际情况，按照确保安全的原则，规划适当区域专门用于危险化学品的生产、储存。

第十二条 新建、改建、扩建生产、储存危险化学品的建设项目（以下简称建设项目），应当由安全生产监督管理部门进行安全条件审查。

建设单位应当对建设项目进行安全条件论证，委托具备国家规定的资质条件的机构对建设项目进行安全评价，并将安全条件论证和安全评价的情况报告报建设项目所在地设区的市级以上人民政府安全生产监督管理部门；安全生产监督管理部门应当自收到报告之日起45日内作出审查决定，并书面通知建设单位。具体办法由国务院安全生产监督管理部门制定。

新建、改建、扩建储存、装卸危险化学品的港口建设项目，由港口行政管理部门按照国务院交通运输主管部门的规定进行安全条件审查。

第十三条　生产、储存危险化学品的单位，应当对其铺设的危险化学品管道设置明显标志，并对危险化学品管道定期检查、检测。

进行可能危及危险化学品管道安全的施工作业，施工单位应当在开工的7日前书面通知管道所属单位，并与管道所属单位共同制定应急预案，采取相应的安全防护措施。管道所属单位应当指派专门人员到现场进行管道安全保护指导。

第十四条　危险化学品生产企业进行生产前，应当依照《安全生产许可证条例》的规定，取得危险化学品安全生产许可证。

生产列入国家实行生产许可证制度的工业产品目录的危险化学品的企业，应当依照《中华人民共和国工业产品生产许可证管理条例》的规定，取得工业产品生产许可证。

负责颁发危险化学品安全生产许可证、工业产品生产许可证的部门，应当将其颁发许可证的情况及时向同级工业和信息化主管部门、环境保护主管部门和公安机关通报。

第十五条　危险化学品生产企业应当提供与其生产的危险化学品相符的化学品安全技术说明书，并在危险化学品包装(包括外包装件)上粘贴或者拴挂与包装内危险化学品相符的化学品安全标签。化学品安全技术说明书和化学品安全标签所载明的内容应当符合国家标准的要求。

危险化学品生产企业发现其生产的危险化学品有新的危险特性的，应当立即公告，并及时修订其化学品安全技术说明书和化学品安全标签。

第十六条　生产实施重点环境管理的危险化学品的企业，应当按照国务院环境保护主管部门的规定，将该危险化学品向环境中释放等相关信息向环境保护主管部门报告。环境保护主管部门可以根据情况采取相应的环境风险控制措施。

第十七条　危险化学品的包装应当符合法律、行政法规、规章的规定以及国家标准、行业标准的要求。

危险化学品包装物、容器的材质以及危险化学品包装的型式、规格、方法和单件质量(重量)，应当与所包装的危险化学品的性质和用途相适应。

第十八条　生产列入国家实行生产许可证制度的工业产品目录的危险化学品包装物、容器的企业，应当依照《中华人民共和国工业产品生产许可证管理条例》的规定，取得工业产品生产许可证；其生产的危险化学品包装物、容器经国务院质量监督检验检疫部门认定的检验机构检验合格，方可出厂销售。

运输危险化学品的船舶及其配载的容器，应当按照国家船舶检验规范进行生产，并经海事管理机构认定的船舶检验机构检验合格，方可投入使用。

对重复使用的危险化学品包装物、容器，使用单位在重复使用前应当进行检查；发现存在安全隐患的，应当维修或者更换。使用单位应当对检查情况作出记录，记录的保存期限不得少于2年。

第十九条　危险化学品生产装置或者储存数量构成重大危险源的危险化学品储存设施(运输工具加油站、加气站除外)，与下列场所、设施、区域的距离应当符合国家有关规定：

(一) 居住区以及商业中心、公园等人员密集场所；

(二) 学校、医院、影剧院、体育场(馆)等公共设施；

(三) 饮用水源、水厂以及水源保护区；

(四) 车站、码头(依法经许可从事危险化学品装卸作业的除外)、机场以及通信干线、通信枢纽、铁路线路、道路交通干线、水路交通干线、地铁风亭以及地铁站出入口；

(五) 基本农田保护区、基本草原、畜禽遗传资源保护区、畜禽规模化养殖场(养殖小区)、渔业水域以及种子、种畜禽、水产苗种生产基地；

(六) 河流、湖泊、风景名胜区、自然保护区；

(七) 军事禁区、军事管理区；

(八) 法律、行政法规规定的其他场所、设施、区域。

已建的危险化学品生产装置或者储存数量构成重大危险源的危险化学品储存设施不符合前款规定的，由所在地设区的市级人民政府安全生产监督管理部门会同有关部门监督其所属单位在规定期限内进行整改；需要转产、停产、搬迁、关闭的，由本级人民政府决定并组织实施。

储存数量构成重大危险源的危险化学品储存设施的选址，应当避开地震活动断层和容易发生洪灾、地质灾害的区域。

本条例所称重大危险源，是指生产、储存、使用或者搬运危险化学品，且危险化学品的数量等于或者超过临界量的单元(包括场所和设施)。

第二十条 生产、储存危险化学品的单位，应当根据其生产、储存的危险化学品的种类和危险特性，在作业场所设置相应的监测、监控、通风、防晒、调温、防火、灭火、防爆、泄压、防毒、中和、防潮、防雷、防静电、防腐、防泄漏以及防护围堤或者隔离操作等安全设施、设备，并按照国家标准、行业标准或者国家有关规定对安全设施、设备进行经常性维护、保养，保证安全设施、设备的正常使用。

生产、储存危险化学品的单位，应当在其作业场所和安全设施、设备上设置明显的安全警示标志。

第二十一条 生产、储存危险化学品的单位，应当在其作业场所设置通信、报警装置，并保证处于适用状态。

第二十二条 生产、储存危险化学品的企业，应当委托具备国家规定的资质条件的机构，对本企业的安全生产条件每3年进行一次安全评价，提出安全评价报告。安全评价报告的内容应当包括对安全生产条件存在的问题进行整改的方案。

生产、储存危险化学品的企业，应当将安全评价报告以及整改方案的落实情况报所在地县级人民政府安全生产监督管理部门备案。在港区内储存危险化学品的企业，应当将安全评价报告以及整改方案的落实情况报港口行政管理部门备案。

第二十三条 生产、储存剧毒化学品或者国务院公安部门规定的可用于制造爆炸物品的危险化学品(以下简称易制爆危险化学品)的单位，应当如实记录其生产、储存的剧毒化学品、易制爆危险化学品的数量、流向，并采取必要的安全防范措施，防止剧毒化学品、易制爆危险化学品丢失或者被盗；发现剧毒化学品、易制爆危险化学品丢失或者被盗的，应当立即向当地公安机关报告。

生产、储存剧毒化学品、易制爆危险化学品的单位，应当设置治安保卫机构，配备专职治安保卫人员。

第二十四条 危险化学品应当储存在专用仓库、专用场地或者专用储存室(以下统称专用仓库)内，并由专人负责管理；剧毒化学品以及储存数量构成重大危险源的其他危险化学品，应当在专用仓库内单独存放，并实行双人收发、双人保管制度。

危险化学品的储存方式、方法以及储存数量应当符合国家标准或者国家有关规定。

第二十五条 储存危险化学品的单位应当建立危险化学品出入库核查、登记制度。

对剧毒化学品以及储存数量构成重大危险源的其他危险化学品，储存单位应当将其储存数量、储存地点以及管理人员的情况，报所在地县级人民政府安全生产监督管理部门(在港区内储存的，报港口行政管理部门)和公安机关备案。

第二十六条 危险化学品专用仓库应当符合国家标准、行业标准的要求，并设置明显的标志。储存剧毒化学品、易制爆危险化学品的专用仓库，应当按照国家有关规定设置相应的技术防范设施。

储存危险化学品的单位应当对其危险化学品专用仓库的安全设施、设备定期进行检测、检验。

第二十七条 生产、储存危险化学品的单位转产、停产、停业或者解散的，应当采取有效措施，及时、妥善处置其危险化学品生产装置、储存设施以及库存的危险化学品，不得丢弃危险化学品；处置方案应当报所在地县级人民政府安全生产监督管理部门、工业和信息化主管部门、环境保护主管部门和公安机关备案。安全生产监督管理部门应当会同环境保护主管部门和公安机关对处置情况进行监督检查，发现未依照规定处置的，应当责令其立即处置。

第三章　使用安全

第二十八条 使用危险化学品的单位，其使用条件(包括工艺)应当符合法律、行政法规的规定和国家标准、行业标准的要求，并根据所使用的危险化学品的种类、危险特性以及使用量和使用方式，建立、健全使用危险化学品的安全管理规章制度和安全操作规程，保证危险化学品的安全使用。

第二十九条 使用危险化学品从事生产并且使用量达到规定数量的化工企业（属于危险化学品生产企业的除外，下同），应当依照本条例的规定取得危险化学品安全使用许可证。

前款规定的危险化学品使用量的数量标准，由国务院安全生产监督管理部门会同国务院公安部门、农业主管部门确定并公布。

第三十条 申请危险化学品安全使用许可证的化工企业，除应当符合本条例第二十八条的规定外，还应当具备下列条件：

（一）有与所使用的危险化学品相适应的专业技术人员；

（二）有安全管理机构和专职安全管理人员；

（三）有符合国家规定的危险化学品事故应急预案和必要的应急救援器材、设备；

（四）依法进行了安全评价。

第三十一条 申请危险化学品安全使用许可证的化工企业，应当向所在地设区的市级人民政府安全生产监督管理部门提出申请，并提交其符合本条例第三十条规定条件的证明材料。设区的市级人民政府安全生产监督管理部门应当依法进行审查，自收到证明材料之日起45日内作出批准或者不予批准的决定。予以批准的，颁发危险化学品安全使用许可证；不予批准的，书面通知申请人并说明理由。

安全生产监督管理部门应当将其颁发危险化学品安全使用许可证的情况及时向同级环境保护主管部门和公安机关通报。

第三十二条 本条例第十六条关于生产实施重点环境管理的危险化学品的企业的规定，适用于使用实施重点环境管理的危险化学品从事生产的企业；第二十条、第二十一条、第二十三条第一款、第二十七条关于生产、储存危险化学品的单位的规定，适用于使用危险化学品的单位；第二十二条关于生产、储存危险化学品的企业的规定，适用于使用危险化学品从事生产的企业。

第四章 经营安全

第三十三条 国家对危险化学品经营（包括仓储经营，下同）实行许可制度。未经许可，任何单位和个人不得经营危险化学品。

依法设立的危险化学品生产企业在其厂区范围内销售本企业生产的危险化学品，不需要取得危险化学品经营许可。

依照《中华人民共和国港口法》的规定取得港口经营许可证的港口经营人，在港区内从事危险化学品仓储经营，不需要取得危险化学品经营许可。

第三十四条 从事危险化学品经营的企业应当具备下列条件：

（一）有符合国家标准、行业标准的经营场所，储存危险化学品的，还应当有符合国家标准、行业标准的储存设施；

（二）从业人员经过专业技术培训并经考核合格；

（三）有健全的安全管理规章制度；

（四）有专职安全管理人员；

（五）有符合国家规定的危险化学品事故应急预案和必要的应急救援器材、设备；

（六）法律、法规规定的其他条件。

第三十五条 从事剧毒化学品、易制爆危险化学品经营的企业，应当向所在地设区的市级人民政府安全生产监督管理部门提出申请，从事其他危险化学品经营的企业，应当向所在地县级人民政府安全生产监督管理部门提出申请（有储存设施的，应当向所在地设区的市级人民政府安全生产监督管理部门提出申请）。申请人应当提交其符合本条例第三十四条规定条件的证明材料。设区的市级人民政府安全生产监督管理部门或者县级人民政府安全生产监督管理部门应当依法进行审查，并对申请人的经营场所、储存设施进行现场核查，自收到证明材料之日起30日内作出批准或者不予批准的决定。予以批准的，颁发危险化学品经营许可证；不予批准的，书面通知申请人并说明理由。

设区的市级人民政府安全生产监督管理部门和县级人民政府安全生产监督管理部门应当将其颁发危险化学品经营许可证的情况及时向同级环境保护主管部门和公安机关通报。

申请人持危险化学品经营许可证向工商行政管理部门办理登记手续后，方可从事危险化学品经营活动。法律、行政法规或者国务院规定经营危险化学品还需要经其他有关部门许可的，申请人向工商行政管理部门办理登记手续时还应当持相应的许可证件。

第三十六条 危险化学品经营企业储存危险化学品的，应当遵守本条例第二章关于储存危险化学品的规定。危险化学品商店内只能存放民用小包装的危险化学品。

第三十七条 危险化学品经营企业不得向未经许可从事危险化学品生产、经营活动的企业采购危险化学品，不得经营没有化学品安全技术说明书或者化学品安全标签的危险化学品。

第三十八条 依法取得危险化学品安全生产许可证、危险化学品安全使用许可证、危险化学品经营许可证的企业，凭相应的许可证件购买剧毒化学品、易制爆危险化学品。民用爆炸物品生产企业凭民用爆炸物品生产许可证购买易制爆危险化学品。

前款规定以外的单位购买剧毒化学品的，应当向所在地县级人民政府公安机关申请取得剧毒化学品购买许可证；购买易制爆危险化学品的，应当持本单位出具的合法用途说明。

个人不得购买剧毒化学品(属于剧毒化学品的农药除外)和易制爆危险化学品。

第三十九条 申请取得剧毒化学品购买许可证，申请人应当向所在地县级人民政府公安机关提交下列材料：

(一) 营业执照或者法人证书(登记证书)的复印件；

(二) 拟购买的剧毒化学品品种、数量的说明；

(三) 购买剧毒化学品用途的说明；

(四) 经办人的身份证明。

县级人民政府公安机关应当自收到前款规定的材料之日起3日内，作出批准或者不予批准的决定。予以批准的，颁发剧毒化学品购买许可证；不予批准的，书面通知申请人并说明理由。

剧毒化学品购买许可证管理办法由国务院公安部门制定。

第四十条 危险化学品生产企业、经营企业销售剧毒化学品、易制爆危险化学品，应当查验本条例第三十八条第一款、第二款规定的相关许可证件或者证明文件，不得向不具有相关许可证件或者证明文件的单位销售剧毒化学品、易制爆危险化学品。对持剧毒化学品购买许可证购买剧毒化学品的，应当按照许可证注明的品种、数量销售。

禁止向个人销售剧毒化学品(属于剧毒化学品的农药除外)和易制爆危险化学品。

第四十一条 危险化学品生产企业、经营企业销售剧毒化学品、易制爆危险化学品，应当如实记录购买单位的名称、地址、经办人的姓名、身份证号码以及所购买的剧毒化学品、易制爆危险化学品的品种、数量、用途。销售记录以及经办人的身份证明复印件、相关许可证件复印件或者证明文件的保存期限不得少于1年。

剧毒化学品、易制爆危险化学品的销售企业、购买单位应当在销售、购买后5日内，将所销售、购买的剧毒化学品、易制爆危险化学品的品种、数量以及流向信息报所在地县级人民政府公安机关备案，并输入计算机系统。

第四十二条 使用剧毒化学品、易制爆危险化学品的单位不得出借、转让其购买的剧毒化学品、易制爆危险化学品；因转产、停产、搬迁、关闭等确需转让的，应当向具有本条例第三十八条第一款、第二款规定的相关许可证件或者证明文件的单位转让，并在转让后将有关情况及时向所在地县级人民政府公安机关报告。

第五章　运 输 安 全

第四十三条　从事危险化学品道路运输、水路运输的，应当分别依照有关道路运输、水路运输的法律、行政法规的规定，取得危险货物道路运输许可、危险货物水路运输许可，并向工商行政管理部门办理登记手续。

危险化学品道路运输企业、水路运输企业应当配备专职安全管理人员。

第四十四条　危险化学品道路运输企业、水路运输企业的驾驶人员、船员、装卸管理人员、押运人员、申报人员、集装箱装箱现场检查员应当经交通运输主管部门考核合格，取得从业资格。具体办法由国务院交通运输主管部门制定。

危险化学品的装卸作业应当遵守安全作业标准、规程和制度，并在装卸管理人员的现场指挥或者监控下进行。水路运输危险化学品的集装箱装箱作业应当在集装箱装箱现场检查员的指挥或者监控下进行，并符合积载、隔离的规范和要求；装箱作业完毕后，集装箱装箱现场检查员应当签署装箱证明书。

第四十五条　运输危险化学品，应当根据危险化学品的危险特性采取相应的安全防护措施，并配备必要的防护用品和应急救援器材。

用于运输危险化学品的槽罐以及其他容器应当封口严密，能够防止危险化学品在运输过程中因温度、湿度或者压力的变化发生渗漏、洒漏；槽罐以及其他容器的溢流和泄压装置应当设置准确、起闭灵活。

运输危险化学品的驾驶人员、船员、装卸管理人员、押运人员、申报人员、集装箱装箱现场检查员，应当了解所运输的危险化学品的危险特性及其包装物、容器的使用要求和出现危险情况时的应急处置方法。

第四十六条　通过道路运输危险化学品的，托运人应当委托依法取得危险货物道路运输许可的企业承运。

第四十七条　通过道路运输危险化学品的，应当按照运输车辆的核定载质量装载危险化学品，不得超载。

危险化学品运输车辆应当符合国家标准要求的安全技术条件，并按照国家有关规定定期进行安全技术检验。

危险化学品运输车辆应当悬挂或者喷涂符合国家标准要求的警示标志。

第四十八条　通过道路运输危险化学品的，应当配备押运人员，并保证所运输的危险化学品处于押运人员的监控之下。

运输危险化学品途中因住宿或者发生影响正常运输的情况，需要较长时间停车的，驾驶人员、押运人员应当采取相应的安全防范措施；运输剧毒化学品或者易制爆危险化学品的，还应当向当地公安机关报告。

第四十九条　未经公安机关批准，运输危险化学品的车辆不得进入危险化学品运输车辆限制通行的区域。危险化学品运输车辆限制通行的区域由县级人民政府公安机关划定，并设置明显的标志。

第五十条　通过道路运输剧毒化学品的，托运人应当向运输始发地或者目的地县级人民政府公安机关申请剧毒化学品道路运输通行证。

申请剧毒化学品道路运输通行证，托运人应当向县级人民政府公安机关提交下列材料：

（一）拟运输的剧毒化学品品种、数量的说明；

（二）运输始发地、目的地、运输时间和运输路线的说明；

（三）承运人取得危险货物道路运输许可、运输车辆取得营运证以及驾驶人员、押运人员取得上岗资格的证明文件；

（四）本条例第三十八条第一款、第二款规定的购买剧毒化学品的相关许可证件，或者海关出具的进出口证明文件。

县级人民政府公安机关应当自收到前款规定的材料之日起 7 日内，作出批准或者不予批准的决定。予以批准的，颁发剧毒化学品道路运输通行证；不予批准的，书面通知申请人并说明理由。

剧毒化学品道路运输通行证管理办法由国务院公安部门制定。

第五十一条 剧毒化学品、易制爆危险化学品在道路运输途中丢失、被盗、被抢或者出现流散、泄漏等情况的，驾驶人员、押运人员应当立即采取相应的警示措施和安全措施，并向当地公安机关报告。公安机关接到报告后，应当根据实际情况立即向安全生产监督管理部门、环境保护主管部门、卫生主管部门通报。有关部门应当采取必要的应急处置措施。

第五十二条 通过水路运输危险化学品的，应当遵守法律、行政法规以及国务院交通运输主管部门关于危险货物水路运输安全的规定。

第五十三条 海事管理机构应当根据危险化学品的种类和危险特性，确定船舶运输危险化学品的相关安全运输条件。

拟交付船舶运输的化学品的相关安全运输条件不明确的，应当经国家海事管理机构认定的机构进行评估，明确相关安全运输条件并经海事管理机构确认后，方可交付船舶运输。

第五十四条 禁止通过内河封闭水域运输剧毒化学品以及国家规定禁止通过内河运输的其他危险化学品。

前款规定以外的内河水域，禁止运输国家规定禁止通过内河运输的剧毒化学品以及其他危险化学品。

禁止通过内河运输的剧毒化学品以及其他危险化学品的范围，由国务院交通运输主管部门会同国务院环境保护主管部门、工业和信息化主管部门、安全生产监督管理部门，根据危险化学品的危险特性、危险化学品对人体和水环境的危害程度以及消除危害后果的难易程度等因素规定并公布。

第五十五条 国务院交通运输主管部门应当根据危险化学品的危险特性，对通过内河运输本条例第五十四条规定以外的危险化学品(以下简称通过内河运输危险化学品)实行分类管理，对各类危险化学品的运输方式、包装规范和安全防护措施等分别作出规定并监督实施。

第五十六条 通过内河运输危险化学品，应当由依法取得危险货物水路运输许可的水路运输企业承运，其他单位和个人不得承运。托运人应当委托依法取得危险货物水路运输许可的水路运输企业承运，不得委托其他单位和个人承运。

第五十七条 通过内河运输危险化学品，应当使用依法取得危险货物适装证书的运输船舶。水路运输企业应当针对所运输的危险化学品的危险特性，制定运输船舶危险化学品事故应急救援预案，并为运输船舶配备充足、有效的应急救援器材和设备。

通过内河运输危险化学品的船舶，其所有人或者经营人应当取得船舶污染损害责任保险证书或者财务担保证明。船舶污染损害责任保险证书或者财务担保证明的副本应当随船携带。

第五十八条 通过内河运输危险化学品，危险化学品包装物的材质、型式、强度以及包装方法应当符合水路运输危险化学品包装规范的要求。国务院交通运输主管部门对单船运输的危险化学品数量有限制性规定的，承运人应当按照规定安排运输数量。

第五十九条 用于危险化学品运输作业的内河码头、泊位应当符合国家有关安全规范，与饮用水取水口保持国家规定的距离。有关管理单位应当制定码头、泊位危险化学品事故应急预案，并为码头、泊位配备充足、有效的应急救援器材和设备。

用于危险化学品运输作业的内河码头、泊位，经交通运输主管部门按照国家有关规定验收合格后方可投入使用。

第六十条 船舶载运危险化学品进出内河港口，应当将危险化学品的名称、危险特性、包装以及进出港时间等事项，事先报告海事管理机构。海事管理机构接到报告后，应当在国务院交通运输主管部门规定的时间内作出是否同意的决定，通知报告人，同时通报港口行政管理部门。定船舶、定航线、定货种的船舶可以定期报告。

在内河港口内进行危险化学品的装卸、过驳作业，应当将危险化学品的名称、危险特性、包装和作业的时间、地点等事项报告港口行政管理部门。港口行政管理部门接到报告后，应当在国务院交通运输主管部门规定的时间内作出是否同意的决定，通知报告人，同时通报海事管理机构。

载运危险化学品的船舶在内河航行，通过过船建筑物的，应当提前向交通运输主管部门申报，并接受交通运输主管部门的管理。

第六十一条　载运危险化学品的船舶在内河航行、装卸或者停泊，应当悬挂专用的警示标志，按照规定显示专用信号。

载运危险化学品的船舶在内河航行，按照国务院交通运输主管部门的规定需要引航的，应当申请引航。

第六十二条　载运危险化学品的船舶在内河航行，应当遵守法律、行政法规和国家其他有关饮用水水源保护的规定。内河航道发展规划应当与依法经批准的饮用水水源保护区划定方案相协调。

第六十三条　托运危险化学品的，托运人应当向承运人说明所托运的危险化学品的种类、数量、危险特性以及发生危险情况的应急处置措施，并按照国家有关规定对所托运的危险化学品妥善包装，在外包装上设置相应的标志。

运输危险化学品需要添加抑制剂或者稳定剂的，托运人应当添加，并将有关情况告知承运人。

第六十四条　托运人不得在托运的普通货物中夹带危险化学品，不得将危险化学品匿报或者谎报为普通货物托运。

任何单位和个人不得交寄危险化学品或者在邮件、快件内夹带危险化学品，不得将危险化学品匿报或者谎报为普通物品交寄。邮政企业、快递企业不得收寄危险化学品。

对涉嫌违反本条第一款、第二款规定的，交通运输主管部门、邮政管理部门可以依法开拆查验。

第六十五条　通过铁路、航空运输危险化学品的安全管理，依照有关铁路、航空运输的法律、行政法规、规章的规定执行。

第六章　危险化学品登记与事故应急救援

第六十六条　国家实行危险化学品登记制度，为危险化学品安全管理以及危险化学品事故预防和应急救援提供技术、信息支持。

第六十七条　危险化学品生产企业、进口企业，应当向国务院安全生产监督管理部门负责危险化学品登记的机构(以下简称危险化学品登记机构)办理危险化学品登记。

危险化学品登记包括下列内容：

(一) 分类和标签信息；

(二) 物理、化学性质；

(三) 主要用途；

(四) 危险特性；

(五) 储存、使用、运输的安全要求；

(六) 出现危险情况的应急处置措施。

对同一企业生产、进口的同一品种的危险化学品，不进行重复登记。危险化学品生产企业、进口企业发现其生产、进口的危险化学品有新的危险特性的，应当及时向危险化学品登记机构办理登记内容变更手续。

危险化学品登记的具体办法由国务院安全生产监督管理部门制定。

第六十八条　危险化学品登记机构应当定期向工业和信息化、环境保护、公安、卫生、交通运输、铁路、质量监督检验检疫等部门提供危险化学品登记的有关信息和资料。

第六十九条　县级以上地方人民政府安全生产监督管理部门应当会同工业和信息化、环境保护、公安、卫生、交通运输、铁路、质量监督检验检疫等部门，根据本地区实际情况，制定危险化学品事故应急预案，报本级人民政府批准。

第七十条　危险化学品单位应当制定本单位危险化学品事故应急预案，配备应急救援人员和必要的应急救援器材、设备，并定期组织应急救援演练。

危险化学品单位应当将其危险化学品事故应急预案报所在地设区的市级人民政府安全生产监督管理部门备案。

第七十一条 发生危险化学品事故，事故单位主要负责人应当立即按照本单位危险化学品应急预案组织救援，并向当地安全生产监督管理部门和环境保护、公安、卫生主管部门报告；道路运输、水路运输过程中发生危险化学品事故的，驾驶人员、船员或者押运人员还应当向事故发生地交通运输主管部门报告。

第七十二条 发生危险化学品事故，有关地方人民政府应当立即组织安全生产监督管理、环境保护、公安、卫生、交通运输等有关部门，按照本地区危险化学品事故应急预案组织实施救援，不得拖延、推诿。

有关地方人民政府及其有关部门应当按照下列规定，采取必要的应急处置措施，减少事故损失，防止事故蔓延、扩大：

（一）立即组织营救和救治受害人员，疏散、撤离或者采取其他措施保护危害区域内的其他人员；

（二）迅速控制危害源，测定危险化学品的性质、事故的危害区域及危害程度；

（三）针对事故对人体、动植物、土壤、水源、大气造成的现实危害和可能产生的危害，迅速采取封闭、隔离、洗消等措施；

（四）对危险化学品事故造成的环境污染和生态破坏状况进行监测、评估，并采取相应的环境污染治理和生态修复措施。

第七十三条 有关危险化学品单位应当为危险化学品事故应急救援提供技术指导和必要的协助。

第七十四条 危险化学品事故造成环境污染的，由设区的市级以上人民政府环境保护主管部门统一发布有关信息。

第七章 法律责任

第七十五条 生产、经营、使用国家禁止生产、经营、使用的危险化学品的，由安全生产监督管理部门责令停止生产、经营、使用活动，处20万元以上50万元以下的罚款，有违法所得的，没收违法所得；构成犯罪的，依法追究刑事责任。

有前款规定行为的，安全生产监督管理部门还应当责令其对所生产、经营、使用的危险化学品进行无害化处理。

违反国家关于危险化学品使用的限制性规定使用危险化学品的，依照本条第一款的规定处理。

第七十六条 未经安全条件审查，新建、改建、扩建生产、储存危险化学品的建设项目的，由安全生产监督管理部门责令停止建设，限期改正；逾期不改正的，处50万元以上100万元以下的罚款；构成犯罪的，依法追究刑事责任。

未经安全条件审查，新建、改建、扩建储存、装卸危险化学品的港口建设项目的，由港口行政管理部门依照前款规定予以处罚。

第七十七条 未依法取得危险化学品安全生产许可证从事危险化学品生产，或者未依法取得工业产品生产许可证从事危险化学品及其包装物、容器生产的，分别依照《安全生产许可证条例》、《中华人民共和国工业产品生产许可证管理条例》的规定处罚。

违反本条例规定，化工企业未取得危险化学品安全使用许可证，使用危险化学品从事生产的，由安全生产监督管理部门责令限期改正，处10万元以上20万元以下的罚款；逾期不改正的，责令停产整顿。

违反本条例规定，未取得危险化学品经营许可证从事危险化学品经营的，由安全生产监督管理部门责令停止经营活动，没收违法经营的危险化学品以及违法所得，并处10万元以上20万元以下的罚款；构成犯罪的，依法追究刑事责任。

第七十八条 有下列情形之一的，由安全生产监督管理部门责令改正，可以处5万元以下的罚款；拒不改正的，处5万元以上10万元以下的罚款；情节严重的，责令停产停业整顿：

（一）生产、储存危险化学品的单位未对其铺设的危险化学品管道设置明显的标志，或者未对危险化学品管道定期检查、检测的；

（二）进行可能危及危险化学品管道安全的施工作业，施工单位未按照规定书面通知管道所属单位，或者未与管道所属单位共同制定应急预案、采取相应的安全防护措施，或者管道所属单位未指派专门人员到现场进行管道安全保护指导的；

（三）危险化学品生产企业未提供化学品安全技术说明书，或者未在包装（包括外包装件）上粘贴、拴挂化学品安全标签的；

（四）危险化学品生产企业提供的化学品安全技术说明书与其生产的危险化学品不相符，或者在包装（包括外包装件）粘贴、拴挂的化学品安全标签与包装内危险化学品不相符，或者化学品安全技术说明书、化学品安全标签所载明的内容不符合国家标准要求的；

（五）危险化学品生产企业发现其生产的危险化学品有新的危险特性不立即公告，或者不及时修订其化学品安全技术说明书和化学品安全标签的；

（六）危险化学品经营企业经营没有化学品安全技术说明书和化学品安全标签的危险化学品的；

（七）危险化学品包装物、容器的材质以及包装的型式、规格、方法和单件质量（重量）与所包装的危险化学品的性质和用途不相适应的；

（八）生产、储存危险化学品的单位未在作业场所和安全设施、设备上设置明显的安全警示标志，或者未在作业场所设置通信、报警装置的；

（九）危险化学品专用仓库未设专人负责管理，或者对储存的剧毒化学品以及储存数量构成重大危险源的其他危险化学品未实行双人收发、双人保管制度的；

（十）储存危险化学品的单位未建立危险化学品出入库核查、登记制度的；

（十一）危险化学品专用仓库未设置明显标志的；

（十二）危险化学品生产企业、进口企业不办理危险化学品登记，或者发现其生产、进口的危险化学品有新的危险特性不办理危险化学品登记内容变更手续的。

从事危险化学品仓储经营的港口经营人有前款规定情形的，由港口行政管理部门依照前款规定予以处罚。储存剧毒化学品、易制爆危险化学品的专用仓库未按照国家有关规定设置相应的技术防范设施的，由公安机关依照前款规定予以处罚。

生产、储存剧毒化学品、易制爆危险化学品的单位未设置治安保卫机构、配备专职治安保卫人员的，依照《企业事业单位内部治安保卫条例》的规定处罚。

第七十九条　危险化学品包装物、容器生产企业销售未经检验或者经检验不合格的危险化学品包装物、容器的，由质量监督检验检疫部门责令改正，处10万元以上20万元以下的罚款，有违法所得的，没收违法所得；拒不改正的，责令停产停业整顿；构成犯罪的，依法追究刑事责任。

将未经检验合格的运输危险化学品的船舶及其配载的容器投入使用的，由海事管理机构依照前款规定予以处罚。

第八十条　生产、储存、使用危险化学品的单位有下列情形之一的，由安全生产监督管理部门责令改正，处5万元以上10万元以下的罚款；拒不改正的，责令停产停业整顿直至由原发证机关吊销其相关许可证件，并由工商行政管理部门责令其办理经营范围变更登记或者吊销其营业执照；有关责任人员构成犯罪的，依法追究刑事责任：

（一）对重复使用的危险化学品包装物、容器，在重复使用前不进行检查的；

（二）未根据其生产、储存的危险化学品的种类和危险特性，在作业场所设置相关安全设施、设备，或者未按照国家标准、行业标准或者国家有关规定对安全设施、设备进行经常性维护、保养的；

（三）未依照本条例规定对其安全生产条件定期进行安全评价的；

（四）未将危险化学品储存在专用仓库内，或者未将剧毒化学品以及储存数量构成重大危险源的其他危险化学品在专用仓库内单独存放的；

（五）危险化学品的储存方式、方法或者储存数量不符合国家标准或者国家有关规定的；

（六）危险化学品专用仓库不符合国家标准、行业标准的要求的；

（七）未对危险化学品专用仓库的安全设施、设备定期进行检测、检验的。

从事危险化学品仓储经营的港口经营人有前款规定情形的，由港口行政管理部门依照前款规定予以处罚。

第八十一条 有下列情形之一的，由公安机关责令改正，可以处1万元以下的罚款；拒不改正的，处1万元以上5万元以下的罚款：

（一）生产、储存、使用剧毒化学品、易制爆危险化学品的单位不如实记录生产、储存、使用的剧毒化学品、易制爆危险化学品的数量、流向的；

（二）生产、储存、使用剧毒化学品、易制爆危险化学品的单位发现剧毒化学品、易制爆危险化学品丢失或者被盗，不立即向公安机关报告的；

（三）储存剧毒化学品的单位未将剧毒化学品的储存数量、储存地点以及管理人员的情况报所在地县级人民政府公安机关备案的；

（四）危险化学品生产企业、经营企业不如实记录剧毒化学品、易制爆危险化学品购买单位的名称、地址、经办人的姓名、身份证号码以及所购买的剧毒化学品、易制爆危险化学品的品种、数量、用途，或者保存销售记录和相关材料的时间少于1年的；

（五）剧毒化学品、易制爆危险化学品的销售企业、购买单位未在规定的时限内将所销售、购买的剧毒化学品、易制爆危险化学品的品种、数量以及流向信息报所在地县级人民政府公安机关备案的；

（六）使用剧毒化学品、易制爆危险化学品的单位依照本条例规定转让其购买的剧毒化学品、易制爆危险化学品，未将有关情况向所在地县级人民政府公安机关报告的。

生产、储存危险化学品的企业或者使用危险化学品从事生产的企业未按照本条例规定将安全评价报告以及整改方案的落实情况报安全生产监督管理部门或者港口行政管理部门备案，或者储存危险化学品的单位未将其剧毒化学品以及储存数量构成重大危险源的其他危险化学品的储存数量、储存地点以及管理人员的情况报安全生产监督管理部门或者港口行政管理部门备案的，分别由安全生产监督管理部门或者港口行政管理部门依照前款规定予以处罚。

生产实施重点环境管理的危险化学品的企业或者使用实施重点环境管理的危险化学品从事生产的企业未按照规定将相关信息向环境保护主管部门报告的，由环境保护主管部门依照本条第一款的规定予以处罚。

第八十二条 生产、储存、使用危险化学品的单位转产、停产、停业或者解散，未采取有效措施及时、妥善处置其危险化学品生产装置、储存设施以及库存的危险化学品，或者丢弃危险化学品的，由安全生产监督管理部门责令改正，处5万元以上10万元以下的罚款；构成犯罪的，依法追究刑事责任。

生产、储存、使用危险化学品的单位转产、停产、停业或者解散，未依照本条例规定将其危险化学品生产装置、储存设施以及库存危险化学品的处置方案报有关部门备案的，分别由有关部门责令改正，可以处1万元以下的罚款；拒不改正的，处1万元以上5万元以下的罚款。

第八十三条 危险化学品经营企业向未经许可违法从事危险化学品生产、经营活动的企业采购危险化学品的，由工商行政管理部门责令改正，处10万元以上20万元以下的罚款；拒不改正的，责令停业整顿直至由原发证机关吊销其危险化学品经营许可证，并由工商行政管理部门责令其办理经营范围变更登记或者吊销其营业执照。

第八十四条 危险化学品生产企业、经营企业有下列情形之一的，由安全生产监督管理部门责令改正，没收违法所得，并处10万元以上20万元以下的罚款；拒不改正的，责令停产停业整顿直至吊销其危险化学品安全生产许可证、危险化学品经营许可证，并由工商行政管理部门责令其办理经营范围变更登记或者吊销其营业执照：

（一）向不具有本条例第三十八条第一款、第二款规定的相关许可证件或者证明文件的单位销售剧毒化学品、易制爆危险化学品的；

（二）不按照剧毒化学品购买许可证载明的品种、数量销售剧毒化学品的；

（三）向个人销售剧毒化学品（属于剧毒化学品的农药除外）、易制爆危险化学品的。

不具有本条例第三十八条第一款、第二款规定的相关许可证件或者证明文件的单位购买剧毒化学品、易制爆危险化学品，或者个人购买剧毒化学品（属于剧毒化学品的农药除外）、易制爆危险化学品的，由公安机关没收所购买的剧毒化学品、易制爆危险化学品，可以并处5000元以下的罚款。

使用剧毒化学品、易制爆危险化学品的单位出借或者向不具有本条例第三十八条第一款、第二款规定的相关许可证件的单位转让其购买的剧毒化学品、易制爆危险化学品，或者向个人转让其购买的剧毒化学品(属于剧毒化学品的农药除外)、易制爆危险化学品的，由公安机关责令改正，处10万元以上20万元以下的罚款；拒不改正的，责令停产停业整顿。

第八十五条　未依法取得危险货物道路运输许可、危险货物水路运输许可，从事危险化学品道路运输、水路运输的，分别依照有关道路运输、水路运输的法律、行政法规的规定处罚。

第八十六条　有下列情形之一的，由交通运输主管部门责令改正，处5万元以上10万元以下的罚款；拒不改正的，责令停产停业整顿；构成犯罪的，依法追究刑事责任：

(一) 危险化学品道路运输企业、水路运输企业的驾驶人员、船员、装卸管理人员、押运人员、申报人员、集装箱装箱现场检查员未取得从业资格上岗作业的；

(二) 运输危险化学品，未根据危险化学品的危险特性采取相应的安全防护措施，或者未配备必要的防护用品和应急救援器材的；

(三) 使用未依法取得危险货物适装证书的船舶，通过内河运输危险化学品的；

(四) 通过内河运输危险化学品的承运人违反国务院交通运输主管部门对单船运输的危险化学品数量的限制性规定运输危险化学品的；

(五) 用于危险化学品运输作业的内河码头、泊位不符合国家有关安全规范，或者未与饮用水取水口保持国家规定的安全距离，或者未经交通运输主管部门验收合格投入使用的；

(六) 托运人不向承运人说明所托运的危险化学品的种类、数量、危险特性以及发生危险情况的应急处置措施，或者未按照国家有关规定对所托运的危险化学品妥善包装并在外包装上设置相应标志的；

(七) 运输危险化学品需要添加抑制剂或者稳定剂，托运人未添加或者未将有关情况告知承运人的。

第八十七条　有下列情形之一的，由交通运输主管部门责令改正，处10万元以上20万元以下的罚款，有违法所得的，没收违法所得；拒不改正的，责令停产停业整顿；构成犯罪的，依法追究刑事责任：

(一) 委托未依法取得危险货物道路运输许可、危险货物水路运输许可的企业承运危险化学品的；

(二) 通过内河封闭水域运输剧毒化学品以及国家规定禁止通过内河运输的其他危险化学品的；

(三) 通过内河运输国家规定禁止通过内河运输的剧毒化学品以及其他危险化学品的；

(四) 在托运的普通货物中夹带危险化学品，或者将危险化学品谎报或者匿报为普通货物托运的。

在邮件、快件内夹带危险化学品，或者将危险化学品谎报为普通物品交寄的，依法给予治安管理处罚；构成犯罪的，依法追究刑事责任。

邮政企业、快递企业收寄危险化学品的，依照《中华人民共和国邮政法》的规定处罚。

第八十八条　有下列情形之一的，由公安机关责令改正，处5万元以上10万元以下的罚款；构成违反治安管理行为的，依法给予治安管理处罚；构成犯罪的，依法追究刑事责任：

(一) 超过运输车辆的核定载质量装载危险化学品的；

(二) 使用安全技术条件不符合国家标准要求的车辆运输危险化学品的；

(三) 运输危险化学品的车辆未经公安机关批准进入危险化学品运输车辆限制通行的区域的；

(四) 未取得剧毒化学品道路运输通行证，通过道路运输剧毒化学品的。

第八十九条　有下列情形之一的，由公安机关责令改正，处1万元以上5万元以下的罚款；构成违反治安管理行为的，依法给予治安管理处罚：

(一) 危险化学品运输车辆未悬挂或者喷涂警示标志，或者悬挂或者喷涂的警示标志不符合国家标准要求的；

(二) 通过道路运输危险化学品，不配备押运人员的；

(三) 运输剧毒化学品或者易制爆危险化学品途中需要较长时间停车，驾驶人员、押运人员不向当地公安机关报告的；

（四）剧毒化学品、易制爆危险化学品在道路运输途中丢失、被盗、被抢或者发生流散、泄露等情况，驾驶人员、押运人员不采取必要的警示措施和安全措施，或者不向当地公安机关报告的。

第九十条 对发生交通事故负有全部责任或者主要责任的危险化学品道路运输企业，由公安机关责令消除安全隐患，未消除安全隐患的危险化学品运输车辆，禁止上道路行驶。

第九十一条 有下列情形之一的，由交通运输主管部门责令改正，可以处1万元以下的罚款；拒不改正的，处1万元以上5万元以下的罚款：

（一）危险化学品道路运输企业、水路运输企业未配备专职安全管理人员的；

（二）用于危险化学品运输作业的内河码头、泊位的管理单位未制定码头、泊位危险化学品事故应急救援预案，或者未为码头、泊位配备充足、有效的应急救援器材和设备的。

第九十二条 有下列情形之一的，依照《中华人民共和国内河交通安全管理条例》的规定处罚：

（一）通过内河运输危险化学品的水路运输企业未制定运输船舶危险化学品事故应急救援预案，或者未为运输船舶配备充足、有效的应急救援器材和设备的；

（二）通过内河运输危险化学品的船舶的所有人或者经营人未取得船舶污染损害责任保险证书或者财务担保证明的；

（三）船舶载运危险化学品进出内河港口，未将有关事项事先报告海事管理机构并经其同意的；

（四）载运危险化学品的船舶在内河航行、装卸或者停泊，未悬挂专用的警示标志，或者未按照规定显示专用信号，或者未按照规定申请引航的。

未向港口行政管理部门报告并经其同意，在港口内进行危险化学品的装卸、过驳作业的，依照《中华人民共和国港口法》的规定处罚。

第九十三条 伪造、变造或者出租、出借、转让危险化学品安全生产许可证、工业产品生产许可证，或者使用伪造、变造的危险化学品安全生产许可证、工业产品生产许可证的，分别依照《安全生产许可证条例》、《中华人民共和国工业产品生产许可证管理条例》的规定处罚。

伪造、变造或者出租、出借、转让本条例规定的其他许可证，或者使用伪造、变造的本条例规定的其他许可证的，分别由相关许可证的颁发管理机关处10万元以上20万元以下的罚款，有违法所得的，没收违法所得；构成违反治安管理行为的，依法给予治安管理处罚；构成犯罪的，依法追究刑事责任。

第九十四条 危险化学品单位发生危险化学品事故，其主要负责人不立即组织救援或者不立即向有关部门报告的，依照《生产安全事故报告和调查处理条例》的规定处罚。

危险化学品单位发生危险化学品事故，造成他人人身伤害或者财产损失的，依法承担赔偿责任。

第九十五条 发生危险化学品事故，有关地方人民政府及其有关部门不立即组织实施救援，或者不采取必要的应急处置措施减少事故损失，防止事故蔓延、扩大的，对直接负责的主管人员和其他直接责任人员依法给予处分；构成犯罪的，依法追究刑事责任。

第九十六条 负有危险化学品安全监督管理职责的部门的工作人员，在危险化学品安全监督管理工作中滥用职权、玩忽职守、徇私舞弊，构成犯罪的，依法追究刑事责任；尚不构成犯罪的，依法给予处分。

第八章 附 则

第九十七条 监控化学品、属于危险化学品的药品和农药的安全管理，依照本条例的规定执行；法律、行政法规另有规定的，依照其规定。

民用爆炸物品、烟花爆竹、放射性物品、核能物质以及用于国防科研生产的危险化学品的安全管理，不适用本条例。

法律、行政法规对燃气的安全管理另有规定的，依照其规定。

危险化学品容器属于特种设备的，其安全管理依照有关特种设备安全的法律、行政法规的规定执行。

第九十八条 危险化学品的进出口管理，依照有关对外贸易的法律、行政法规、规章的规定执行；进口的危险化学品的储存、使用、经营、运输的安全管理，依照本条例的规定执行。

危险化学品环境管理登记和新化学物质环境管理登记，依照有关环境保护的法律、行政法规、规章的规定执行。危险化学品环境管理登记，按照国家有关规定收取费用。

第九十九条 公众发现、捡拾的无主危险化学品，由公安机关接收。公安机关接收或者有关部门依法没收的危险化学品，需要进行无害化处理的，交由环境保护主管部门组织其认定的专业单位进行处理，或者交由有关危险化学品生产企业进行处理。处理所需费用由国家财政负担。

第一百条 化学品的危险特性尚未确定的，由国务院安全生产监督管理部门、国务院环境保护主管部门、国务院卫生主管部门分别负责组织对该化学品的物理危险性、环境危害性、毒理特性进行鉴定。根据鉴定结果，需要调整危险化学品目录的，依照本条例第三条第二款的规定办理。

第一百零一条 本条例施行前已经使用危险化学品从事生产的化工企业，依照本条例规定需要取得危险化学品安全使用许可证的，应当在国务院安全生产监督管理部门规定的期限内，申请取得危险化学品安全使用许可证。

第一百零二条 本条例自2011年12月1日起施行。

附录六

工作场所安全使用化学品规定

第一章 总 则

第一条 为保障工作场所安全使用化学品，保护劳动者的安全与健康，根据《劳动法》和有关法规，制定本规定。

第二条 本规定适用于生产、经营、运输、储存和使用化学品的单位和人员。

第三条 本规定所称工作场所使用化学品，是指工作人员因工作而接触化学品的作业活动；本规定所称化学品，是指各类化学单质、化合物或混合物；本规定所称危险化学品，是指按国家标准 GB13690 分类的常用危险化学品。

第四条 生产、经营、运输、储存和使用危险化学品的单位应向周围单位和居民宣传有关危险化学品的防护知识及发生化学品事故的急救方法。

第五条 县级以上各级人民政府劳动行政部门对本行政区域内的工作场所安全使用化学品的情况进行监督检查。

第二章 生产单位的职责

第六条 生产单位应执行《化工企业安全管理制度》及国家有关法规和标准，并到化工行政部门进行危险化学品登记注册。

第七条 生产单位应对所生产的化学品进行危险性鉴别，并对其进行标识。

第八条 生产单位应对所生产的危险化学品挂贴“危险化学品安全标签”（以下简称安全标签），填写“危险化学品安全技术说明书”（以下简称安全技术说明书）。

第九条 生产单位应在危险化学品作业点，利用“安全周知卡”或“安全标志”等方式，标明其危险性。

第十条 生产单位生产危险化学品，在填写安全技术说明书时，若涉及商业秘密，经化学品登记部门批准后，可不填写有关内容，但必须列出该种危险化学品的主要危害特性。

第十一条 安全技术说明书每五年更换一次。在此期间若发现新的危害特性，在有关信息发布后的半年内，生产单位必须相应修改安全技术说明书，并提供给经营、运输、储存和使用单位。

第三章 使用单位的职责

第十二条 使用单位使用的化学品应有标识，危险化学品应有安全标签，并向操作人员提供安全技术说明书。

第十三条 使用单位购进危险化学品时，必须核对包装（ 或容器 ）上的安全标签。安全标签若脱 落或损坏，经检查确认后应补贴。

第十四条 使用单位购进的化学品需要转移或分装到其他容器时，应标明其内容。对于危险化学品，在转移或分装后的容器上应贴安全标签；盛装危险化学品的容器在未净化处理前，不得更换原安全标签。

第十五条 使用单位对工作场所使用的危险化学品产生的危害应定期进行检测和评估，对检测和评估结果应建立档案。作业人员接触的危险化学品浓度不得高于国家规定的标准暂没有规定的，使用单位应在保证安全作业的情况下使用。

第十六条 使用单位应通过下列方法，消除、减少和控制工作场所危险化学品产生的危害：

（一）选用无毒或低毒的化学替代品；

（二）选用可将危害消除或减少到最低程度的技术；

（三）采用能消除或降低危害的工程控制措施（如隔离、密闭等）；

（四）采用能减少或消除危害的作业制度和作业时间；

（五）采取其他的劳动安全卫生措施。

第十七条　使用单位在危险化学品工作场所应设有急救设施，并提供应急处理的方法。

第十八条　使用单位应按国家有关规定清除化学废料和清洗盛装危险化学品的废旧容器。

第十九条　使用单位应对盛装、输送、储存危险化学品的设备，采用颜色、标牌、标签等形式，标明其危险性。

第二十条　使用单位应将危险化学品的有关安全卫生资料向职工公开，教育职工识别安全标签、了解安全技术说明书、掌握必要的应急处理方法和自救措施，并经常对职工进行工作场所安全使用化学品的教育和培训。

第四章　经营、运输和储存单位的责任

第二十一条　经营单位经营的化学品应有标识。经营的危险化学品必须具有安全标签和安全技术说明书。进口危险化学品时，应有符合本规定要求的中文安全技术说明书，并在包装上加贴中文安全标签。出口危险化学品时，应向外方提供安全技术说明书。对于我国禁用，而外方需要的危险化学品，应将禁用的事项及原因向外方说明。

第二十二条　运输单位必须执行《危险货物运输包装通用技术条件》和《危险货物包装标志》等国 家标准和有关规定，有权要求托运方提供危险化学品安全技术说明书。

第二十三条　危险化学品的储存必须符合《常用化学危险品储存通则》国家标准和有关规定。

第五章　职工的义务和权利

第二十四条　职工应遵守劳动安全卫生规章制度和安全操作规程，并应及时报告认为可能造成危害和自己无法处理的情况。

第二十五条　职工应采取合理方法，消除或减少工作场所不安全因素。

第二十六条　职工对违章指挥或强令冒险作业，有权拒绝执彷对危害人身安全和健康的行为，有权检举和控告。

第二十七条　职工有权获得：

（一）工作场所使用化学品的特性、有害成份、安全标签以及安全技术说明书等资料；

（二）在其工作过程中危险化学品可能导致危害安全与健康的资料；

（三）安全技术的培训，包括预防、控制及防止危险方法的培训和紧急情况处理或应急措施的培训。

（四）符合国家规定的劳动防护用品；

（五）法律、法规赋予的其他权利。

第五章　职工的义务和权利

第二十四条　职工应遵守劳动安全卫生规章制度和安全操作规程，并应及时报告认为可能造成危害和自己无法处理的情况。

第二十五条　职工应采取合理方法，消除或减少工作场所不安全因素。

第二十六条　职工对违章指挥或强令冒险作业，有权拒绝执行对危害人身安全和健康的行为，有权检举和控告。

第二十七条　职工有权获得：

（一）工作场所使用化学品的特性、有害成份、安全标签以及安全技术说明书等资料；

（二）在其工作过程中危险化学品可能导致危害安全与健康的资料；

（三）安全技术的培训，包括预防、控制及防止危险方法的培训和紧急情况处理或应急措施的培训。

（四）符合国家规定的劳动防护用品；

（五）法律、法规赋予的其他权利。

第六章　罚　　则

第二十八条　生产危险化学品的单位没有到指定单位进行登记注册的，由县级以上人民政府劳动行政部门责令有关单位限期改正；逾期不改的，可处以一万元以下罚款。

第二十九条　生产单位生产的危险化学品未填写“安全技术说明书”和没有“ 安全标签”的，由县级以上人民政府劳动行政部门责令有关单位限期改正；逾期不改的，可处以一万元以下罚款。

第三十条　经营单位经营没有安全技术说明书 和安全标签危险化学品的，由县级以上人民政府劳动行政部门责令有关单位限期改正；逾期不改的，可处以一万元以下罚款。

第三十一条　对隐瞒危险化学品特性，而未执行本规定的，由县级以上人民政府劳动行政部门就地扣押封存产品，并处以一万元以下罚款；构成犯罪的，由司法机关依法追究有关人员的刑事责任。

第三十二条　危险化学品工作场所没有急救设施和应急处理方法的，由县级以上人民政府劳动行政部门责令有关单位限期改正，并可处以一千元以下罚款；逾期不改的，可处以一万元以下罚款。

第三十三条　危险化学品的储存不符合《常用化学危险品储存通则》国家标准的，由县级以上人民政府劳动行政部门责令有关单位限期改正，并可处以一千元以下罚款。

第七章　附　　则

第三十四条　本规定自 1997 年 1 月 1 日施行。

附录七

易燃易爆化学物品消防安全监督管理办法

第一章　总　　则

第一条　为加强易燃易爆化学物品的消防安全监督管理，保障国家和人民生命财产安全，根据《中华人民共和国条例》《化学危险物品安全管理条例》的规定，制定本办法。

第二条　本办法适用于中华人民共和国境内生产、使用、储存、经营、运输和销毁易燃易爆化学物品的单位和个人。

第三条　本办法所称易燃易爆化学物品，系指国家标准 GB 12268—90《危险货物品名表》中以燃烧爆炸为主要特性的压缩气体和液化气体；易燃液体；易燃固体，自然物品和遇湿易燃物品；氧化剂和有机过氧化物；毒害品、腐蚀品中部分易燃易爆化学物品。

第四条　新建。扩建。改建的生产、储存易燃易爆化学物品的工厂、仓库和装运易燃易爆化学物品的专用车站、码头、必须设在城镇以外的独立安全地带，对已建成的严重影响城市消防安全的工厂、仓库、应纳入城市改造规划，并分别采取限期搬迁、改变使用性质、限制生产或储存化学物品种类和数量等措施，消除不安全因素。

第五条　生产、储存、经营和运输易燃易爆化学物品的单位和个人，必须填报《易燃易爆化学物品消防安全审核审报表》或《易燃易爆化学物品准运证审核申报表》经公安消防监督机构审核合格后，分别填发《易燃易爆化学物品消防安全审核意见书》《易燃易爆化学物品消防安全许可证》或《易燃易爆化学物品准运证》。

无《易燃易爆化学物品消防安全审核意见书》《易燃易爆化学物品消防安全许可证》《易燃易爆化学物品准运证》的单位和个人不得生产、储存、经营、运输易燃易爆化学物品。

第六条　民用建筑、民用地下建筑不得用于生产、储存易燃易爆化学物品。

第二章　生产、使用监督管理

第七条　生产、使用易燃易爆化学物品的单位和个人，必须具备下列条件：

（一）生产、使用易燃易爆化学物品的建筑和场所必须符合建设设计防火规范和有关专业防火规范；

（二）生产、使用易燃易爆化学物品的场所，必须按照有关规范安装防雷保护设施；

（三）生产、使用易燃易爆化学物品场所的电气设备，必须符合国家电气防爆标准；

（四）生产设备与装置必须近按国家有关规定设置消防安全设施、定期保养、校验；

（五）易产生静电的生产设备与装置，必须按规定设置静电导除设施，度定期进行检查；

（六）从事生产易燃易爆化学物品的人员必须经主管部门进行消防安全培训，经考试取得合格证，方准上岗。

第八条　易燃易爆化学物品出厂时，必须有产品安全说明书。说明书中必须有经法定检验机构测定的该物品的闪点、燃点、自燃点、瀑炸极限等数据和防火、灭火、安全储运的注意事项。

第九条　易燃易爆化学物品的灌装容器、包装及其标志，必须符合国家标准或行业标准。

第十条　大量销毁易燃易爆化学物品时，应当征得所在地公安消防监督机构的同意。

第三章　储存、经营监督管理

第十一条　易燃易爆化学物品的储存应当遵守《仓库防火安全管理规则》，同时还应当符合下列条件：

（一）专用仓库，货场或其他专用储存设施，必须由经过消防安全培训合格的专人管理；

（二）应根据 GB 12268—90《危险货物品名表》分类、分项储存、化学性质相抵触或灭火方法不同的易燃易爆化学物品，不得在同一库房内储存；

（三）不得超量储存

第十二条 易燃易爆化学物品的储存单位，必须建立入库验收、发货检查、出入库登记制度、凡包装、标志不符合国家标准，或破损、残缺、渗漏、变形及物品变持、分解的严禁出入库。

第十三条 易燃易爆化学物品仓库管理人员在发货时，必须检查提货单位的《易燃易爆化学物品准运证》，无《易燃易爆化学物品准运证》的不得发货。

第十四条 经营易燃易爆化学物品的单位和个人，必须具备下列条件：

（一）有符合防火、防爆要求的储存、经营设施；

（二）有经过消防培训合格的经营人员；

（三）有消防安全管理制度。

第四章 运输监督管理

第十五条 运输易燃易爆化学物品的车辆办理《易燃易爆化学物品准运证》，无《易燃易爆化学物品准运证》的车辆不得从事易燃易爆化学物品的运输业务。

第十六条 办理《易燃易爆化学物品准运证》必须具备下列条件：

（一）有主管部门或单位的证明、车辆年检证、驾驶员证、押运员证；

（二）有符合消防安全要求的运输工具和配备相应的消防器材；

（三）有经过消防安全培训合格的驾驶员、押运员。

第十七条 《易燃易爆化学物品准运证》分长期和临时两种，全国通用。长期《易燃易爆化学物品准运证》期限为一年，急需运输的可办一次性临时《易燃易爆化学物品准运证》。

第十八条 《易燃易爆化学物品准运证》由承运单位或个人所在县（含县）以上公安消防监督要机构批准填发。

第十九条 运输易燃易爆化学物品，应当遵守下列规定：

（一）运输单位和个人必须对装运物品严格检查，对包装不牢、破损、品名标签、标志不明显的易燃易爆化学物品和不符合安全要求的罐体、没有瓶帽的气体钢瓶不得装运；

（二）轻拿轻放，防止碰撞，拖拉和倾倒；

（三）运输易燃易爆化学物品的车辆、船舶、须彻底清扫冲洗干净后，才能继续装运其他危险物品；

（四）化学性质、安全防保、灭火方法互相抵触的易燃易爆化学物品，不得混合装运；

（五）遇热容易引起燃烧、爆炸或产生有毒气体的化学物品，按复季限运物品安排，宜在夜间运输，必要时应采取隔热降温措施；

（六）遇潮容易引起燃烧、爆炸或产生有毒气体的化学物品，不宜在阴雨天运输，若必须运输时，除具有良好的装卸条件外，还应有防潮遮雨措施。

第二十条 无关人员不得搭乘装有易燃易爆化学物品的运输工具。

第二十一条 运输易燃易爆化学物品的车辆标志，必须符合国家标准 GB 13392—92《道路运输危险货物品的车辆标志》。

第二十二条 运输压缩、液化气体的易燃易爆化学物品的槽、罐车的颜色，必须符合国家色标要求，并安装静电接地装置和阻火设备。

第五章 罚 则

第二十三条 违反本办法规定的，按照《中华人民共和国治安管理处罚条例》和有关消防法规予以处罚。构成犯罪的，依法追究刑事责任。

第六章　附　　则

第二十四条　与本办法相配套的《化学危险物品消防安全监督管理品名表》、《易燃易爆化学物品消防安全许可证》、《易燃易爆化学物品准运证》由公安部统一制定、印制。

第二十五条　本办法自1994年5月1日起施行。

附录八

中华人民共和国职业病防治法

第一章 总 则

第一条 为了预防、控制和消除职业病危害，防治职业病，保护劳动者健康及其相关权益，促进经济社会发展，根据宪法，制定本法。

第二条 本法适用于中华人民共和国领域内的职业病防治活动。

本法所称职业病，是指企业、事业单位和个体经济组织等用人单位的劳动者在职业活动中，因接触粉尘、放射性物质和其他有毒、有害因素而引起的疾病。

职业病的分类和目录由国务院卫生行政部门会同国务院安全生产监督管理部门、劳动保障行政部门制定、调整并公布。

第三条 职业病防治工作坚持预防为主、防治结合的方针，建立用人单位负责、行政机关监管、行业自律、职工参与和社会监督的机制，实行分类管理、综合治理。

第四条 劳动者依法享有职业卫生保护的权利。用人单位应当为劳动者创造符合国家职业卫生标准和卫生要求的工作环境和条件，并采取措施保障劳动者获得职业卫生保护。工会组织依法对职业病防治工作进行监督，维护劳动者的合法权益。用人单位制定或者修改有关职业病防治的规章制度，应当听取工会组织的意见。

第五条 用人单位应当建立、健全职业病防治责任制，加强对职业病防治的管理，提高职业病防治水平，对本单位产生的职业病危害承担责任。

第六条 用人单位的主要负责人对本单位的职业病防治工作全面负责。

第七条 用人单位必须依法参加工伤保险。国务院和县级以上地方人民政府劳动保障行政部门应当加强对工伤保险的监督管理，确保劳动者依法享受工伤保险待遇。

第八条 国家鼓励和支持研制、开发、推广、应用有利于职业病防治和保护劳动者健康的新技术、新工艺、新设备、新材料，加强对职业病的机理和发生规律的基础研究，提高职业病防治科学技术水平；积极采用有效的职业病防治技术、工艺、设备、材料；限制使用或者淘汰职业病危害严重的技术、工艺、设备、材料。国家鼓励和支持职业病医疗康复机构的建设。

第九条 国家实行职业卫生监督制度。国务院安全生产监督管理部门、卫生行政部门、劳动保障行政部门依照本法和国务院确定的职责，负责全国职业病防治的监督管理工作。国务院有关部门在各自的职责范围内负责职业病防治的有关监督管理工作。县级以上地方人民政府安全生产监督管理部门、卫生行政部门、劳动保障行政部门依据各自职责，负责本行政区域内职业病防治的监督管理工作。县级以上地方人民政府有关部门在各自的职责范围内负责职业病防治的有关监督管理工作。县级以上人民政府安全生产监督管理部门、卫生行政部门、劳动保障行政部门（以下统称职业卫生监督管理部门）应当加强沟通，密切配合，按照各自职责分工，依法行使职权，承担责任。

第十条 国务院和县级以上地方人民政府应当制定职业病防治规划，将其纳入国民经济和社会发展计划，并组织实施。县级以上地方人民政府统一负责、领导、组织、协调本行政区域的职业病防治工作，建立健全职业病防治工作体制、机制，统一领导、指挥职业卫生突发事件应对工作；加强职业病防治能力建设和服务体系建设，完善、落实职业病防治工作责任制。乡、民族乡、镇的人民政府应当认真执行本法，支持职业卫生监督管理部门依法履行职责。

第十一条 县级以上人民政府职业卫生监督管理部门应当加强对职业病防治的宣传教育，普及职业病防治的知识，增强用人单位的职业病防治观念，提高劳动者的职业健康意识、自我保护意识和行使职业卫生保护权利的能力。

第十二条 有关防治职业病的国家职业卫生标准，由国务院卫生行政部门组织制定并公布。国务院卫生行政部门应当组织开展重点职业病监测和专项调查，对职业健康风险进行评估，为制定职业卫生标准和职业病防治政策提供科学依据。县级以上地方人民政府卫生行政部门应当定期对本行政区域的职业病防治情况进行统计和调查分析。

第十三条 任何单位和个人有权对违反本法的行为进行检举和控告。有关部门收到相关的检举和控告后，应当及时处理。对防治职业病成绩显著的单位和个人，给予奖励。

第二章 前期预防

第十四条 用人单位应当依照法律、法规要求，严格遵守国家职业卫生标准，落实职业病预防措施，从源头上控制和消除职业病危害。

第十五条 产生职业病危害的用人单位的设立除应当符合法律、行政法规规定的设立条件外，其工作场所还应当符合下列职业卫生要求：

（一）职业病危害因素的强度或者浓度符合国家职业卫生标准；

（二）有与职业病危害防护相适应的设施；

（三）生产布局合理，符合有害与无害作业分开的原则；

（四）有配套的更衣间、洗浴间、孕妇休息间等卫生设施；

（五）设备、工具、用具等设施符合保护劳动者生理、心理健康的要求；

（六）法律、行政法规和国务院卫生行政部门、安全生产监督管理部门关于保护劳动者健康的其他要求。

第十六条 国家建立职业病危害项目申报制度。

用人单位工作场所存在职业病目录所列职业病的危害因素的，应当及时、如实向所在地安全生产监督管理部门申报危害项目，接受监督。

职业病危害因素分类目录由国务院卫生行政部门会同国务院安全生产监督管理部门制定、调整并公布。职业病危害项目申报的具体办法由国务院安全生产监督管理部门制定。

第十七条 新建、扩建、改建建设项目和技术改造、技术引进项目（以下统称建设项目）可能产生职业病危害的，建设单位在可行性论证阶段应当向安全生产监督管理部门提交职业病危害预评价报告。安全生产监督管理部门应当自收到职业病危害预评价报告之日起三十日内，作出审核决定并书面通知建设单位。未提交预评价报告或者预评价报告未经安全生产监督管理部门审核同意的，有关部门不得批准该建设项目。职业病危害预评价报告应当对建设项目可能产生的职业病危害因素及其对工作场所和劳动者健康的影响作出评价，确定危害类别和职业病防护措施。建设项目职业病危害分类管理办法由国务院安全生产监督管理部门制定。

第十八条 建设项目的职业病防护设施所需费用应当纳入建设项目工程预算，并与主体工程同时设计，同时施工，同时投入生产和使用。

职业病危害严重的建设项目的防护设施设计，应当经安全生产监督管理部门审查，符合国家职业卫生标准和卫生要求的，方可施工。

建设项目在竣工验收前，建设单位应当进行职业病危害控制效果评价。建设项目竣工验收时，其职业病防护设施经安全生产监督管理部门验收合格后，方可投入正式生产和使用。

第十九条 职业病危害预评价、职业病危害控制效果评价由依法设立的取得国务院安全生产监督管理部门或者设区的市级以上地方人民政府安全生产监督管理部门按照职责分工给予资质认可的职业卫生技术服务机构进行。职业卫生技术服务机构所作评价应当客观、真实。

第二十条 国家对从事放射性、高毒、高危粉尘等作业实行特殊管理。具体管理办法由国务院制定。

第三章 劳动过程中的防护与管理

第二十一条 用人单位应当采取下列职业病防治管理措施：

（一）设置或者指定职业卫生管理机构或者组织，配备专职或者兼职的职业卫生管理人员，负责本单位的职业病防治工作；

（二）制定职业病防治计划和实施方案；

（三）建立、健全职业卫生管理制度和操作规程；

（四）建立、健全职业卫生档案和劳动者健康监护档案；

（五）建立、健全工作场所职业病危害因素监测及评价制度；

（六）建立、健全职业病危害事故应急救援预案。

第二十二条 用人单位应当保障职业病防治所需的资金投入，不得挤占、挪用，并对因资金投入不足导致的后果承担责任。

第二十三条 用人单位必须采用有效的职业病防护设施，并为劳动者提供个人使用的职业病防护用品。用人单位为劳动者个人提供的职业病防护用品必须符合防治职业病的要求；不符合要求的，不得使用。

第二十四条 用人单位应当优先采用有利于防治职业病和保护，劳动者健康的新技术、新工艺、新设备、新材料，逐步替代职业病危害严重的技术、工艺、设备、材料。

第二十五条 产生职业病危害的用人单位，应当在醒目位置设置公告栏，公布有关职业病防治的规章制度、操作规程、职业病危害事故应急救援措施和工作场所职业病危害因素检测结果。

对产生严重职业病危害的作业岗位，应当在其醒目位置，设置警示标识和中文警示说明。警示说明应当载明产生职业病危害的种类、后果、预防以及应急救治措施等内容。

第二十六条 对可能发生急性职业损伤的有毒、有害工作场所，用人单位应当设置报警装置，配置现场急救用品、冲洗设备、应急撤离通道和必要的泄险区。对放射工作场所和放射性同位素的运输、储存，用人单位必须配置防护设备和报警装置，保证接触放射线的工作人员佩戴个人剂量计。

对职业病防护设备、应急救援设施和个人使用的职业病防护用品，用人单位应当进行经常性的维护、检修，定期检测其性能和效果，确保其处于正常状态，不得擅自拆除或者停止使用。

第二十七条 用人单位应当实施由专人负责的职业病危害因素、日常监测，并确保监测系统处于正常运行状态。

用人单位应当按照国务院安全生产监督管理部门的规定，定期对工作场所进行职业病危害因素检测、评价。检测、评价结果存入用人单位职业卫生档案，定期向所在地安全生产监督管理部门报告并向劳动者公布。

职业病危害因素检测、评价由依法设立的取得国务院安全生产监督管理部门或者设区的市级以上地方人民政府安全生产监督管理部门按照职责分工给予资质认可的职业卫生技术服务机构进行。职业卫生技术服务机构所作检测、评价应当客观、真实。

发现工作场所职业病危害因素不符合国家职业卫生标准和卫生要求时，用人单位应当立即采取相应治理措施，仍然达不到国家职业卫生标准和卫生要求的，必须停止存在职业病危害因素的作业；职业病危害因素经治理后，符合国家职业卫生标准和卫生要求的，方可重新作业。

第二十八条 职业卫生技术服务机构依法从事职业病危害因素检测、评价工作，接受安全生产监督管理部门的监督检查。安全生产监督管理部门应当依法履行监督职责。

第二十九条 向用人单位提供可能产生职业病危害的设备的，应当提供中文说明书，并在设备的醒目位置设置警示标识和中文警示说明。警示说明应当载明设备性能、可能产生的职业病危害、安全操作和维护注意事项、职业病防护以及应急救治措施等内容。

第三十条 向用人单位提供可能产生职业病危害的化学品、放射性同位素和含有放射性物质的材料的，应当提供中文说明书。说明书应当载明产品特性、主要成份、存在的有害因素、可能产生的危害后果、安全使用注意事项、职业病防护以及应急救治措施等内容。产品包装应当有醒目的警示标识和中文警示说明。储存上述材料的场所应当在规定的部位设置危险物品标识或者放射性警示标识。国内首次使用或者首次进口与职业病危害有关的化学材料，使用单位或者进口单位按照国家规定经国务院有关部门批准后，应当向国务院卫生行政部门、安全生产监督管理部门报送该化学材料的毒性鉴定以及经有关部门登记注册或者批准进口的文件等资料。进口放射性同位素、射线装置和含有放射性物质的物品的，按照国家有关规定办理。

第三十一条　任何单位和个人不得生产、经营、进口和使用国家明令禁止使用的可能产生职业病危害的设备或者材料。

第三十二条　任何单位和个人不得将产生职业病危害的作业转移给不具备职业病防护条件的单位和个人。不具备职业病防护条件的单位和个人不得接受产生职业病危害的作业。

第三十三条　用人单位对采用的技术、工艺、设备、材料，应当知悉其产生的职业病危害，对有职业病危害的技术、工艺、设备、材料隐瞒其危害而采用的，对所造成的职业病危害后果承担责任。

第三十四条　用人单位与劳动者订立劳动合同（含聘用合同，下同）时，应当将工作过程中可能产生的职业病危害及其后果、职业病防护措施和待遇等如实告知劳动者，并在劳动合同中写明，不得隐瞒或者欺骗。

劳动者在已订立劳动合同期间因工作岗位或者工作内容变更，从事与所订立劳动合同中未告知的存在职业病危害的作业时，用人单位应当依照前款规定，向劳动者履行如实告知的义务，并协商变更原劳动合同相关条款。

用人单位违反前两款规定的，劳动者有权拒绝从事存在职业病危害的作业，用人单位不得因此解除与劳动者所订立的劳动合同。

第三十五条　用人单位的主要负责人和职业卫生管理人员应当接受职业卫生培训，遵守职业病防治法律、法规，依法组织本单位的职业病防治工作。

用人单位应当对劳动者进行上岗前的职业卫生培训和在岗期间的定期职业卫生培训，普及职业卫生知识，督促劳动者遵守职业病防治法律、法规、规章和操作规程，指导劳动者正确使用职业病防护设备和个人使用的职业病防护用品。

劳动者应当学习和掌握相关的职业卫生知识，增强职业病防范意识，遵守职业病防治法律、法规、规章和操作规程，正确使用、维护职业病防护设备和个人使用的职业病防护用品，发现职业病危害事故隐患应当及时报告。

劳动者不履行前款规定义务的，用人单位应当对其进行教育。

第三十六条　对从事接触职业病危害的作业的劳动者，用人单位应当按照国务院安全生产监督管理部门、卫生行政部门的规定组织上岗前、在岗期间和离岗时的职业健康检查，并将检查结果书面告知劳动者。职业健康检查费用由用人单位承担。

用人单位不得安排未经上岗前职业健康检查的劳动者从事接触职业病危害的作业；不得安排有职业禁忌的劳动者从事其所禁忌的作业；对在职业健康检查中发现有与所从事的职业相关的健康损害的劳动者，应当调离原工作岗位，并妥善安置；对未进行离岗前职业健康检查的劳动者不得解除或者终止与其订立的劳动合同。

职业健康检查应当由省级以上人民政府卫生行政部门批准的医疗卫生机构承担。

第三十七条　用人单位应当为劳动者建立职业健康监护档案，并按照规定的期限妥善保存。职业健康监护档案应当包括劳动者的职业史、职业病危害接触史、职业健康检查结果和职业病诊疗等有关个人健康资料。

劳动者离开用人单位时，有权索取本人职业健康监护档案复印件，用人单位应当如实、无偿提供，并在所提供的复印件上签章。

第三十八条 发生或者可能发生急性职业病危害事故时，用人单位应当立即采取应急救援和控制措施，并及时报告所在地安全生产监督管理部门和有关部门。安全生产监督管理部门接到报告后，应当及时会同有关部门组织调查处理；必要时，可以采取临时控制措施。卫生行政部门应当组织做好医疗救治工作。

对遭受或者可能遭受急性职业病危害的劳动者，用人单位应当及时组织救治、进行健康检查和医学观察，所需费用由用人单位承担。

第三十九条 用人单位不得安排未成年工从事接触职业病危害的作业；不得安排孕期、哺乳期的女职工从事对本人和胎儿、婴儿有危害的作业。

第四十条 劳动者享有下列职业卫生保护权利。

（一）获得职业卫生教育、培训；

（二）获得职业健康检查、职业病诊疗、康复等职业病防治服务；

（三）了解工作场所产生或者可能产生的职业病危害因素、危害后果和应当采取的职业病防护措施；

（四）要求用人单位提供符合防治职业病要求的职业病防护设施和个人使用的职业病防护用品，改善工作条件；

（五）对违反职业病防治法律、法规以及危及生命健康的行为提出批评、检举和控告；

（六）拒绝违章指挥和强令进行没有职业病防护措施的作业；

（七）参与用人单位职业卫生工作的民主管理，对职业病防治工作提出意见和建议。

用人单位应当保障劳动者行使前款所列权利。因劳动者依法行使正当权利而降低其工资、福利等待遇或者解除、终止与其订立的劳动合同的，其行为无效。

第四十一条 工会组织应当督促并协助用人单位开展职业卫生宣传教育和培训，有权对用人单位的职业病防治工作提出意见和建议，依法代表劳动者与用人单位签订劳动安全卫生专项集体合同，与用人单位就劳动者反映的有关职业病防治的问题进行协调并督促解决。

工会组织对用人单位违反职业病防治法律、法规，侵犯劳动者合法权益的行为，有权要求纠正；产生严重职业病危害时，有权要求采取防护措施，或者向政府有关部门建议采取强制性措施；发生职业病危害事故时，有权参与事故调查处理；发现危及劳动者生命健康的情形时，有权向用人单位建议组织劳动者撤离危险现场，用人单位应当立即作出处理。

第四十二条 用人单位按照职业病防治要求，用于预防和治理职业病危害、工作场所卫生检测、健康监护和职业卫生培训等费用，按照国家有关规定，在生产成本中据实列支。

第四十三条 职业卫生监督管理部门应当按照职责分工，加强对用人单位落实职业病防护管理措施情况的监督检查，依法行使职权，承担责任。

第四章 职业病诊断与职业病病人保障

第四十四条 医疗卫生机构承担职业病诊断，应当经省、自治区、直辖市人民政府卫生行政部门批准。省、自治区、直辖市人民政府卫生行政部门应当向社会公布本行政区域内承担职业病诊断的医疗卫生机构的名单。

承担职业病诊断的医疗卫生机构应当具备下列条件：

（一）持有《医疗机构执业许可证》；

（二）具有与开展职业病诊断相适应的医疗卫生技术人员；

（三）具有与开展职业病诊断相适应的仪器、设备；

（四）具有健全的职业病诊断质量管理制度。

承担职业病诊断的医疗卫生机构不得拒绝劳动者进行职业病诊断的要求。

第四十五条 劳动者可以在用人单位所在地、本人户籍所在地或者经常居住地依法承担职业病诊断的医疗卫生机构进行职业病诊断。

第四十六条 职业病诊断标准和职业病诊断、鉴定办法由国务院卫生行政部门制定。职业病伤残等级的鉴定办法由国务院劳动保障行政部门会同国务院卫生行政部门制定。

第四十七条　职业病诊断，应当综合分析下列因素：

（一）病人的职业史；

（二）职业病危害接触史和工作场所职业病危害因素情况；

（三）临床表现以及辅助检查结果等。

没有证据否定职业病危害因素与病人临床表现之间的必然联系的，应当诊断为职业病。承担职业病诊断的医疗卫生机构在进行职业病诊断时，应当组织三名以上取得职业病诊断资格的执业医师集体诊断。职业病诊断证明书应当由参与诊断的医师共同签署，并经承担职业病诊断的医疗卫生机构审核盖章。

第四十八条　用人单位应当如实提供职业病诊断、鉴定所需的劳动者职业史和职业病危害接触史、工作场所职业病危害因素检测结果等资料；安全生产监督管理部门应当监督检查和督促用人单位提供上述资料；劳动者和有关机构也应当提供与职业病诊断、鉴定有关的资料。职业病诊断、鉴定机构需要了解工作场所职业病危害因素情况时，可以对工作场所进行现场调查，也可以向安全生产监督管理部门提出，安全生产监督管理部门应当在十日内组织现场调查。用人单位不得拒绝、阻挠。

第四十九条　职业病诊断、鉴定过程中，用人单位不提供工作场所职业病危害因素检测结果等资料的，诊断、鉴定机构应当结合劳动者的临床表现、辅助检查结果和劳动者的职业史、职业病危害接触史，并参考劳动者的自述、安全生产监督管理部门提供的日常监督检

查信息等，作出职业病诊断、鉴定结论。劳动者对用人单位提供的工作场所职业病危害因素检测结果等资料有异议，或者因劳动者的用人单位解散、破产，无用人单位提供上述资料的，诊断、鉴定机构应当提请安全生产监督管理部门进行调查，安全生产监督管理部门应当自接到申请之日起三十日内对存在异议的资料或者工作场所职业病危害因素情况作出判定；有关部门应当配合。

第五十条　职业病诊断、鉴定过程中，在确认劳动者职业史、职业病危害接触史时，当事人对劳动关系、工种、工作岗位或者在岗时间有争议的，可以向当地的劳动人事争议仲裁委员会申请仲裁；接到申请的劳动人事争议仲裁委员会应当受理，并在三十日内作出裁决。当事人在仲裁过程中对自己提出的主张，有责任提供证据。劳动者无法提供由用人单位掌握管理的与仲裁主张有关的证据的，仲裁庭应当要求用人单位在指定期限内提供；用人单位在指定期限内不提供的，应当承担不利后果。劳动者对仲裁裁决不服的，可以依法向人民法院提起诉讼。用人单位对仲裁裁决不服的，可以在职业病诊断、鉴定程序结束之日起十五日内依法向人民法院提起诉讼；诉讼期间，劳动者的治疗费用按照职业病待遇规定的途径支付。

第五十一条　用人单位和医疗卫生机构发现职业病病人或者疑似职业病病人时，应当及时向所在地卫生行政部门和安全生产监督管理部门报告。确诊为职业病的，用人单位还应当向所在地劳动保障行政部门报告。接到报告的部门应当依法作出处理。

第五十二条　县级以上地方人民政府卫生行政部门负责本行政区域内的职业病统计报告的管理工作，并按照规定上报。

第五十三条　当事人对职业病诊断有异议的，可以向作出诊断的医疗卫生机构所在地地方人民政府卫生行政部门申请鉴定。职业病诊断争议由设区的市级以上地方人民政府卫生行政部门根据当事人的申请，组织职业病诊断鉴定委员会进行鉴定。当事人对设区的市级职业病诊断鉴定委员会的鉴定结论不服的，可以向省、自治区、直辖市人民政府卫生行政部门申请再鉴定。

第五十四条　职业病诊断鉴定委员会由相关专业的专家组成。省、自治区、直辖市人民政府卫生行政部门应当设立相关的专家库，需要对职业病争议作出诊断鉴定时，由当事人或者当事人委托有关卫生行政部门从专家库中以随机抽取的方式确定参加诊断鉴定委员会的专家。职业病诊断鉴定委员会应当按照国务院卫生行政部门颁布的职业病诊断标准和职业病诊断、鉴定办法进行职业病诊断鉴定，向当事人出具职业病诊断鉴定书。职业病诊断、鉴定费用由用人单位承担。

第五十五条　职业病诊断鉴定委员会组成人员应当遵守职业道德，客观、公正地进行诊断鉴定，并承担相应的责任。职业病诊断鉴定委员会组成人员不得私下接触当事人，不得收受当事人的财物或者其他好

处，与当事人有利害关系的，应当回避。人民法院受理有关案件需要进行职业病鉴定时，应当从省、自治区、直辖市人民政府卫生行政部门依法设立的相关的专家库中选取参加鉴定的专家。

第五十六条 医疗卫生机构发现疑似职业病病人时，应当告知劳动者本人并及时通知用人单位。用人单位应当及时安排对疑似职业病病人进行诊断；在疑似职业病病人诊断或者医学观察期间，不得解除或者终止与其订立的劳动合同。疑似职业病病人在诊断、医学观察期间的费用，由用人单位承担。

第五十七条 用人单位应当保障职业病病人依法享受国家规定的职业病待遇。用人单位应当按照国家有关规定，安排职业病病人进行治疗、康复和定期检查。用人单位对不适宜继续从事原工作的职业病病人，应当调离原岗位，并妥善安置。用人单位对从事接触职业病危害的作业的劳动者，应当给予适当岗位津贴。

第五十八条 职业病病人的诊疗、康复费用，伤残以及丧失劳动能力的职业病病人的社会保障，按照国家有关工伤保险的规定执行。

第五十九条 职业病病人除依法享有工伤保险外，依照有关民事法律，尚有获得赔偿的权利的，有权向用人单位提出赔偿要求。

第六十条 劳动者被诊断患有职业病，但用人单位没有依法参加工伤保险的，其医疗和生活保障由该用人单位承担。

第六十一条 职业病病人变动工作单位，其依法享有的待遇不变。用人单位在发生分立、合并、解散、破产等情形时，应当对从事接触职业病危害的作业的劳动者进行健康检查，并按照国家有关规定妥善安置职业病病人。

第六十二条 用人单位已经不存在或者无法确认劳动关系的职业病病人，可以向地方人民政府民政部门申请医疗救助和生活等方面的救助。地方各级人民政府应当根据本地区的实际情况，采取其他措施，使前款规定的职业病病人获得医疗救治。

第五章 监督检查

第六十三条 县级以上人民政府职业卫生监督管理部门依照职业病防治法律、法规、国家职业卫生标准和卫生要求，依据职责划分，对职业病防治工作进行监督检查。

第六十四条 安全生产监督管理部门履行监督检查职责时，有权采取下列措施：

（一）进入被检查单位和职业病危害现场，了解情况，调查取证；

（二）查阅或者复制与违反职业病防治法律、法规的行为有关的资料和采集样品；

（三）责令违反职业病防治法律、法规的单位和个人停止违法行为。

第六十五条 发生职业病危害事故或者有证据证明危害状态可能导致职业病危害事故发生时，安全生产监督管理部门可以采取下列临时控制措施：

（一）责令暂停导致职业病危害事故的作业；

（二）封存造成职业病危害事故或者可能导致职业病危害事故发生的材料和设备；

（三）组织控制职业病危害事故现场。

在职业病危害事故或者危害状态得到有效控制后，安全生产监督管理部门应当及时解除控制措施。

第六十六条 职业卫生监督执法人员依法执行职务时，应当出示监督执法证件。职业卫生监督执法人员应当忠于职守，秉公执法，严格遵守执法规范；涉及用人单位的秘密的，应当为其保密。

第六十七条 职业卫生监督执法人员依法执行职务时，被检查单位应当接受检查并予以支持配合，不得拒绝和阻碍。

第六十八条 安全生产监督管理部门及其职业卫生监督执法人员履行职责时，不得有下列行为：

（一）对不符合法定条件的，发给建设项目有关证明文件、资质证明文件或者予以批准；

（二）对已经取得有关证明文件的，不履行监督检查职责；

（三）发现用人单位存在职业病危害的，可能造成职业病危害事故，不及时依法采取控制措施；

（四）其他违反本法的行为。

第六十九条　职业卫生监督执法人员应当依法经过资格认定。职业卫生监督管理部门应当加强队伍建设，提高职业卫生监督执法人员的政治、业务素质，依照本法和其他有关法律、法规的规定，建立、健全内部监督制度，对其工作人员执行法律、法规和遵守纪律的情况，进行监督检查。

第六章　法律责任

第七十条　建设单位违反本法规定，有下列行为之一的，由安全生产监督管理部门给予警告，责令限期改正；逾期不改正的，处十万元以上五十万元以下的罚款；情节严重的，责令停止产生职业病危害的作业，或者提请有关人民政府按照国务院规定的权限责令停建、关闭：

（一）未按照规定进行职业病危害预评价或者未提交职业病危害预评价报告，或者职业病危害预评价报告未经安全生产监督管理部门审核同意，开工建设的；

（二）建设项目的职业病防护设施未按照规定与主体工程同时投入生产和使用的；

（三）职业病危害严重的建设项目，其职业病防护设施设计未经安全生产监督管理部门审查，或者不符合国家职业卫生标准和卫生要求施工的；

（四）未按照规定对职业病防护设施进行职业病危害控制效果评价、未经安全生产监督管理部门验收或者验收不合格，擅自投入使用的。

第七十一条　违反本法规定，有下列行为之一的，由安全生产监督管理部门给予警告，责令限期改正；逾期不改正的，处十万元以下的罚款：

（一）工作场所职业病危害因素检测、评价结果没有存档、上报、公布的；

（二）未采取本法第二十一条规定的职业病防治管理措施的；

（三）未按照规定公布有关职业病防治的规章制度、操作规程、职业病危害事故应急救援措施的；

（四）未按照规定组织劳动者进行职业卫生培训，或者未对劳动者个人职业病防护采取指导、督促措施的；

（五）国内首次使用或者首次进口与职业病危害有关的化学材料，未按照规定报送毒性鉴定资料以及经有关部门登记注册或者批准进口的文件的。

第七十二条　用人单位违反本法规定，有下列行为之一的，由安全生产监督管理部门责令限期改正，给予警告，可以并处五万元以上十万元以下的罚款：

（一）未按照规定及时、如实向安全生产监督管理部门申报产生职业病危害的项目的；

（二）未实施由专人负责的职业病危害因素日常监测，或者监测系统不能正常监测的；

（三）订立或者变更劳动合同时，未告知劳动者职业病危害真实情况的；

（四）未按照规定组织职业健康检查、建立职业健康监护档案或者未将检查结果书面告知劳动者的；

（五）未依照本法规定在劳动者离开用人单位时提供职业健康监护档案复印件的。

第七十三条　用人单位违反本法规定，有下列行为之一的，由安全生产监督管理部门给予警告，责令限期改正，逾期不改正的，处五万元以上二十万元以下的罚款；情节严重的，责令停止产生职业病危害的作业，或者提请有关人民政府按照国务院规定的权限责令关闭：

（一）工作场所职业病危害因素的强度或者浓度超过国家职业卫生标准的；

（二）未提供职业病防护设施和个人使用的职业病防护用品，或者提供的职业病防护设施和个人使用的职业病防护用品不符合国家职业卫生标准和卫生要求的；

（三）对职业病防护设备、应急救援设施和个人使用的职业病防护用品未按照规定进行维护、检修、检测，或者不能保持正常运行、使用状态的；

（四）未按照规定对工作场所职业病危害因素进行检测、评价的；

（五）工作场所职业病危害因素经治理仍然达不到国家职业卫生标准和卫生要求时，未停止存在职业病危害因素的作业的；

（六）未按照规定安排职业病病人、疑似职业病病人进行诊治的；

（七）发生或者可能发生急性职业病危害事故时，未立即采取应急救援和控制措施或者未按照规定及时报告的；

（八）未按照规定在产生严重职业病危害的作业岗位醒目位置设置警示标识和中文警示说明的；

（九）拒绝职业卫生监督管理部门监督检查的；

（十）隐瞒、伪造、篡改、毁损职业健康监护档案、工作场所职业病危害因素检测评价结果等相关资料，或者拒不提供职业病诊断、鉴定所需资料的；

（十一）未按照规定承担职业病诊断、鉴定费用和职业病病人的医疗、生活保障费用的。

第七十四条 向用人单位提供可能产生职业病危害的设备、材料，未按照规定提供中文说明书或者设置警示标识和中文警示说明的，由安全生产监督管理部门责令限期改正，给予警告，并处五万元以上二十万元以下的罚款。

第七十五条 用人单位和医疗卫生机构未按照规定报告职业病、疑似职业病的，由有关主管部门依据职责分工责令限期改正，给予警告，可以并处一万元以下的罚款；弄虚作假的，并处二万元以上五万元以下的罚款；对直接负责的主管人员和其他直接责任人员，可以依法给予降级或者撤职的处分。

第七十六条 违反本法规定，有下列情形之一的，由安全生产监督管理部门责令限期治理，并处五万元以上三十万元以下的罚款；情节严重的，责令停止产生职业病危害的作业，或者提请有关人民政府按照国务院规定的权限责令关闭：

（一）隐瞒技术、工艺、设备、材料所产生的职业病危害而采用的；

（二）隐瞒本单位职业卫生真实情况的；

（三）可能发生急性职业损伤的有毒、有害工作场所、放射工作场所或者放射性同位素的运输、储存不符合本法第二十六条规定的；

（四）使用国家明令禁止使用的可能产生职业病危害的设备或者材料的；

（五）将产生职业病危害的作业转移给没有职业病防护条件的单位和个人，或者没有职业病防护条件的单位和个人接受产生职业病危害的作业的；

（六）擅自拆除、停止使用职业病防护设备或者应急救援设施的；

（七）安排未经职业健康检查的劳动者、有职业禁忌的劳动者、未成年工或者孕期、哺乳期女职工从事接触职业病危害的作业或者禁忌作业的；

（八）违章指挥和强令劳动者进行没有职业病防护措施的作业的。

第七十七条 生产、经营或者进口国家明令禁止使用的可能产生职业病危害的设备或者材料的，依照有关法律、行政法规的规定给予处罚。

第七十八条 用人单位违反本法规定，已经对劳动者生命健康造成严重损害的，由安全生产监督管理部门责令停止产生职业病危害的作业，或者提请有关人民政府按照国务院规定的权限责令关闭，并处十万元以上五十万元以下的罚款。

第七十九条 用人单位违反本法规定，造成重大职业病危害事故或者其他严重后果，构成犯罪的，对直接负责的主管人员和其他直接责任人员，依法追究刑事责任。

第八十条 未取得职业卫生技术服务资质认可擅自从事职业卫生技术服务的，或者医疗卫生机构未经批准擅自从事职业健康检查、职业病诊断的，由安全生产监督管理部门和卫生行政部门依据职责分工责令立即停止违法行为，没收违法所得；违法所得五千元以上的，并处违法所得二倍以上十倍以下的罚款；没有违法所得或者违法所得不足五千元的，并处五千元以上五万元以下的罚款；情节严重的，对直接负责的主管人员和其他直接责任人员，依法给予降级、撤职或者开除的处分。

第八十一条 从事职业卫生技术服务的机构和承担职业健康检查、职业病诊断的医疗卫生机构违反本法规定，有下列行为之一的，由安全生产监督管理部门和卫生行政部门依据职责分工责令立即停止违法行为，给予警告，没收违法所得；违法所得五千元以上的，并处违法所得二倍以上五倍以下的罚款；没有违法所得或者违法所得不足五千元的，并处五千元以上二万元以下的罚款；情节严重的，由原认可或者批准机关取消其相应的资格；对直接负责的主管人员和其他直接责任人员，依法给予降级、撤职或者开除的处分；构成犯罪的，依法追究刑事责任：

（一）超出资质认可或者批准范围从事职业卫生技术服务或者职业健康检查、职业病诊断的；

（二）不按照本法规定履行法定职责的；

（三）出具虚假证明文件的。

第八十二条　职业病诊断鉴定委员会组成人员收受职业病诊断争议当事人的财物或者其他好处的，给予警告，没收收受的财物，可以并处三千元以上五万元以下的罚款，取消其担任职业病诊断鉴定委员会组成人员的资格，并从省、自治区、直辖市人民政府卫生行政部门设立的专家库中予以除名。

第八十三条　卫生行政部门、安全生产监督管理部门不按照规定报告职业病和职业病危害事故的，由上一级行政部门责令改正，通报批评，给予警告；虚报、瞒报的，对单位负责人、直接负责的主管人员和其他直接责任人员依法给予降级、撤职或者开除的处分。

第八十四条　违反本法第十七条、第十八条规定，有关部门擅自批准建设项目或者发放施工许可的，对该部门直接负责的主管人员和其他直接责任人员，由监察机关或者上级机关依法给予记过直至开除的处分。

第八十五条　县级以上地方人民政府在职业病防治工作中未依照本法履行职责，本行政区域出现重大职业病危害事故、造成严重社会影响的，依法对直接负责的主管人员和其他直接责任人员给予记大过直至开除的处分。县级以上人民政府职业卫生监督管理部门不履行本法规定的职责，滥用职权、玩忽职守、徇私舞弊，依法对直接负责的主管人员和其他直接责任人员给予记大过或者降级的处分；造成职业病危害事故或者其他严重后果的，依法给予撤职或者开除的处分。

第八十六条　违反本法规定，构成犯罪的，依法追究刑事责任。

第七章　附　则

第八十七条　本法下列用语的含义：职业病危害，是指对从事职业活动的劳动者可能导致职业病的各种危害。职业病危害因素包括：职业活动中存在的各种有害的化学、物理、生物因素以及在作业过程中产生的其他职业有害因素。职业禁忌，是指劳动者从事特定职业或者接触特定职业病危害因素时，比一般职业人群更易于遭受职业病危害和罹患职业病或者可能导致原有自身疾病病情加重，或者在从事作业过程中诱发可能导致对他人生命健康构成危险的疾病的个人特殊生理或者病理状态。

第八十八条　本法第二条规定的用人单位以外的单位，产生职业病危害的，其职业病防治活动可以参照本法执行。劳务派遣用工单位应当履行本法规定的用人单位的义务。中国人民解放军参照执行本法的办法，由国务院、中央军事委员会制定。

第八十九条　对医疗机构放射性职业病危害控制的监督管理，由卫生行政部门依照本法的规定实施。

第九十条　本法自2002年5月1日起施行。

参考文献

1 周忠元，陈桂琴．化工安全技术与管理．北京：化学工业出版社，2002
2 蒋军成，虞汉华．危险化学品安全技术与管理．北京：化学工业出版社，2005
3 关荐伊．化工安全技术．北京：高等教育出版社，2006
4 陈性永．化工安全生产知识，第 2 版．北京：化学工业出版社，2005
5 张景林，吕春玲，荀瑞君．危险化学品运输．北京：化学工业出版社，2006
6 刘景良．化工安全技术．北京：化学工业出版社，2003
7 马秉骞主编．化工设备使用与维护．北京：高等教育出版社，2007
8 杨泗霖编著．防火与防爆．北京：首都经济贸易大学出版社，2000
9 余经海主编．化工安全技术基础．北京：化学工业出版社，1999
10 陈莹编著．工业防火与防爆．北京：中国劳动出版社，1994
11 王淑荪等编著．工业防毒技术．北京：北京经济学院出版社，1991
12 王自齐，赵金垣主编．化学事故与应急救援．北京：化学工业出版社，1997
13 杨有启编著．电气安全工程．北京：首都经济贸易大学出版社，2005
14 谈文华，万载扬等编著．实用电气安全技术．北京：机械工业出版社，1998
15 中国石化总公司安监办编．石油化工安全技术．北京：中国石化出版社，1998
16 中国石化总公司安监办编．石油化工典型事故汇编．北京：中国石化出版社，1994
17 陈宝智，王金波主编．安全管理．天津：天津大学出版社，2003
18 林泽炎主编．事故预防实用技术．北京：科学技术文献出版社，1999
19 智恒平主编．化工安全与环保．北京：化学工业出版社，2008
20 王志文编著．化工容器设计．北京：化学工业出版社，2005
21 周忠元等．化工安全技术与管理．北京：化学工业出版社，2002
22 王明明等．压力容器安全技术．北京：化学工业出版社，2004
23 崔政斌等编著．压力容器安全技术．北京：化学工业出版社，2004
24 许文．化工安全工程概论．北京：化学工业出版社，2002
25 朱宝轩．化工安全技术概论．第 2 版．北京：化学工业出版社，2005
26 杨有启．用电安全技术．北京：化学工业出版社，1996
27 刘相臣，张秉淑．化工装备事故分析与预防．北京：化学工业出版社，1994